空军军种核心基础课程教材

军事航空航天概论

李学仁　程　礼　尚柏林　主编

西北工业大学出版社

西安

【内容简介】 本书以飞行器为中心,主要讲述航空航天的基本概念、军事航空航天发展历程、空军发展史和空中作战史,并对军事航空航天力量构成及作战使用等进行系统介绍。

本书的特点是具有整体性、系统性和综合性,在阐述航空航天领域发展概况及基本知识、基本原理的基础上,力图反映航空航天技术的最新成果和发展动态,并注重突出军事应用特色,将技术基础、装备特征与作战应用相融合。

本书主要面向航空航天类高等学校的学生,同时也可作为广大军事航空航天爱好者的科普读物。

图书在版编目(CIP)数据

军事航空航天概论/李学仁,程礼,尚柏林主编
—西安:西北工业大学出版社,2019.5
ISBN 978-7-5612-6410-2

Ⅰ. ①军… Ⅱ. ①李… ②程… ③尚… Ⅲ. ①军事技术-航空学-高等学校-教材 ②军事技术-航天学-高等学校-教材 Ⅳ. ①E154 ②V4

中国版本图书馆 CIP 数据核字(2019)第 001663 号

JUNSHI HANGKONG HANGTIAN GAILUN

军 事 航 空 航 天 概 论

责任编辑:孙 倩		**策划编辑**:雷 鹏	
责任校对:朱辰浩		**装帧设计**:李 飞	

出版发行 西北工业大学出版社

通信地址 西安市友谊西路 127 号　　邮编:710072

电　话 (029)88491757,88493844

网　址 www.nwpup.com

印 刷 者 兴平市博闻印务有限公司

开　本 787 mm×1 092 mm　　1/16

印　张 18.375

字　数 482 千字

版　次 2019 年 5 月第 1 版　　2019 年 5 月第 1 次印刷

定　价 68.00 元

前　言

航空航天技术是诸多科技领域的高度集成,具有高度综合的特性。航空航天已经成为21世纪最活跃和最有影响的科学技术领域,是衡量一个国家综合国力和科学技术先进水平的重要标志之一。航空航天也是国家安全和国民经济的命脉,代表了一个国家的重要利益。现代战争是基于信息系统的体系对抗,航空航天高度融合和空天一体的发展趋势,使得军事航空航天力量越来越成为现代国防军事的主导力量。

本书作为空军军种核心基础课程教材,主要面向空军生长本科学员,以及参加岗前培训的国防生和新入伍的大学生。在本书编写过程中,力求以一个较为新颖的体例结构搭建军事航空航天概论的整体框架。全书以飞行器为中心,主要讲述航空航天的基本概念、军事航空航天发展历程、空军发展史和空中作战史,并对军事航空航天力量构成及作战使用等进行系统介绍。通过提供相关的背景知识,拓宽视野,提高读者对军事航空航天的兴趣,激发对空军热爱、自豪的情感,对空军文化的认同感,并为后续相关专业课程的学习,以及今后从事空军飞行、各类装备技术和管理工作打下基本的理论知识基础。

为强调整体的、系统的和综合的观念,做到"既见树木,又见森林",本书在阐述航空和航天领域发展概况及所涉及的基本知识和基本原理的基础上,力图反映航空航天技术的最新成果和发展动态,并注重突出军事应用特色,将技术基础、装备特征与作战应用相融合。全书内容丰富,叙述简明,体系新颖,并配以大量图片和相关资料,在有限篇幅内为读者了解军事航空航天领域最基础和最重要的知识提供一幅全景图像。

全书共分为七章,第一章为绪论,主要阐述军事航空航天的内涵,并对我国军事航空航天的发展历程和人民空军文化与战斗精神进行系统的介绍;第二章扼要地对航空航天器基本原理进行阐述,对航空航天装备中的动力装置和关键机载设备进行全面的介绍;第三章以作战样式转变为主线,辅以经典空中作战案例,分阶段叙述军事航空装备与军事变革相互推动的发展历程;第四章对航天工程主体装备的发展历程及其军事运用进行介绍;第五章介绍飞机、航天器、导弹等不同类别航空航天装备各自对应的地面设施与保障系统;第六章从力量构成、系统特点、发展规划等方面对世界上主要的空天力量进行系统的梳理与对比;第七章对未来"空、天、网"一体化作战样式及相应的空天力量的主要特征与发展趋势进行展望。

本书由李学仁、程礼、尚柏林任主编。编写分工:第一章由李学仁编写,第二章由程礼、胡孟权和张登成编写,第三章由郭基联、王卓健和钱坤编写,第四章由苏新兵和丁键编写,第五章由周瑞祥和马千里编写,第六章由陈鑫和常飞编写,第七章由李小刚和骆广琦编写。

　　由于水平有限,再加上军事航空航天领域的发展日新月异,军事航空航天理论研究有待于完善与发展,书中不妥之处在所难免,敬请同行专家和广大读者批评指正。

编　者

2018 年 10 月

目　　录

第一章　绪　论

人类自古就有飞天梦。在研究飞行、探索宇宙的过程中,航空航天技术实现了一次又一次飞跃。其中,军事应用起了重要的牵引和推动作用。本章首先介绍军事航空航天的内涵,然后讲述我国军事航空航天的发展历程,最后介绍人民空军在战争中形成的空军文化和战斗精神,以多维的视角展现我国军事航空航天的基本特点。

第一节　军事航空航天的内涵

一、基本概念

人类为了扩大社会生产,从陆地到海洋,从海洋到天空,再到广阔的宇宙空间,不断超越、拓展新的活动空间。航空航天事业是人类活动拓展至大气层和宇宙空间的产物。经过一百多年的快速发展,航空航天已经成为当今世界最活跃和最具影响的科学技术领域。该领域取得的重大成就标志着人类文明的全新高度,代表了一个国家科学技术的先进水平。航空航天领域也是提升国家军事行动能力的战略高地。

(一)航空

航空是指载人或不载人的航空器在地球大气层中的航行活动。航空必须依托空气介质以产生克服航空器自身重力的升力,大部分航空器还要有产生相对空气运动所必需的推力。空气动力学是航空技术的科学基础。

翱翔天空是人类长久以来的梦想,但直到18世纪后期热气球在欧洲成功升空,这一愿望才得以实现。20世纪初期飞机的出现,则开创了现代航空的崭新篇章。

军事航空泛指用于军事目的的一切航空活动,主要包括作战、侦察、通信、预警、运输、训练和搜索救生等。在现代高技术战争中,夺取制空权是取得战争胜利的重要手段,也是军事航空的主要活动。军事航空活动主要由军用飞机来完成。军用飞机可分为作战飞机和作战支援飞机两大类。典型的作战飞机有战斗机(又称歼击机)、攻击机(又称强击机)、战斗轰炸机、战术和战略轰炸机、反潜机等。作战支援飞机包括军用运输机、预警指挥机、电子战飞机、空中加油机、侦察机和军用教练机等。除固定翼飞机外,直升机在对地攻击、侦察、运输、通信联络、搜索救生以及反潜等方面也发挥着巨大的作用,已成为现代军队,特别是一体化联合作战的重要武器装备。

(二)航天

航天是指载人或不载人的航天器在地球大气层之外的航行活动,又称空间飞行或宇宙航行。航天的实现必须使航天器克服或摆脱地球的引力,如果飞出太阳系,还要摆脱太阳引力。

从地球表面发射的飞行器,环绕地球、脱离地球和飞出太阳系所需要的最小速度,分别称为第一、第二和第三宇宙速度,是航天器所需的三个特征速度。火箭推进技术是航天技术的核心。

遨游宇宙是人类在探索自然过程中产生的愿望。20世纪40年代初期,大型液体火箭的成功发射奠定了现代航天技术的基础。1961年4月,苏联航天员加加林乘"东方"1号飞船进入太空,人类终于实现了遨游太空的伟大梦想。

军事航天泛指用于军事目的的一切航天活动。进入和控制近地宇宙空间已经成为军事大国争夺军事优势的新焦点。在美国、俄罗斯等国已发射的航天器中,具有军事用途的超过70%。航天器的军事应用主要分为三类:一是已经大量使用的军用卫星系统,主要包括侦察卫星、海洋监视卫星、预警卫星、通信卫星、导航卫星、气象卫星和测地卫星等;二是处于研究发展中的天基武器系统,主要包括定向能武器(激光武器、粒子束武器和强微波武器等)和动能武器(电磁炮、动能拦截弹等);三是具备军事任务能力的载人航天器,主要包括载人飞船、空间站、航天飞机和未来空天飞机等,例如20世纪80年代美国提出所谓"星球大战"计划,就是以永久性载人空间站为空间基地而部署的。

(三)航空与航天的联系

我国著名科学家钱学森将人类飞行活动分为三个阶段,即航空、航天和航宇。他认为,航空是在大气层中活动,航天是飞出地球大气层在太阳系内活动,而航宇则是飞出太阳系到广袤无垠的宇宙中去航行。航空和航天既有不同的概念内涵,又具有必然的相似和紧密的关联。

从活动空间的关系上看,航天是航空上一层空间,航天器的发射和回收都要经过大气层,这就使航空航天之间产生了必然的联系。尤其是水平降落的航天飞机和研究中的水平起降的空天飞机,它们的起飞和着陆过程与飞机非常相似,兼有航空与航天的特点。

从技术层面的联系上来看,航空航天技术是高度综合的现代科学技术。力学、热力学和材料学是航空航天的科学基础;电子技术、自动控制技术、计算机技术、喷气推进技术和制造工艺技术对航空航天的进步有着重要的作用;医学、真空技术和低温技术的发展促进了航天的发展。上述科学技术在航空和航天的应用中相互交叉渗透,产生了一系列新的学科内容,使航空和航天科学技术形成了完整的学科体系。

从未来发展的关系上看,临近空间(20~100 km)的概念介于传统的航空领域和航天领域之间。临近空间飞行器的研发,将航空技术和航天技术紧密结合在一起,空天一体化已成为未来发展的趋势。

早在1958年,美国空军参谋长怀特上将就提出了"航空航天"的概念,旨在表达航空空间和航天空间是不可分割的整体的观念。由于航空空间与航天空间不像陆、海、空之间那样有明确的界限,因此,二者之间不可能有完全合理的划分。例如洲际导弹在飞行过程中要两次通过航空航天分界线,表明了航空航天存在内在联系。

"航空航天"概念的提出,其背景不仅限于1957年12月14日美国"宇宙神"导弹的首次发射,20世纪50年代末美国空军条令内容的变化也反映了这个问题。1959年,美国空军条令中的航空一词已被航空航天所取代,并把航空作战和航天作战联系在一起阐述。其中一段这样写道:"航空空间和航天空间在作战活动上是不可分割的介质,它包括地球外面整个浩瀚的空间。美国空军的力量即由使用中的武器系统和组织机构的结合体、弹道导弹以及航天器这样的一个家族组成,它们是航空航天的基本力量。"

二、飞行器分类

在地球大气层内、外飞行的器械称为飞行器。飞行器是航空航天领域研究的主体对象。

按照飞行器的飞行环境和工作方式的不同,可以把飞行器分为三类:航空器、航天器以及火箭和导弹。在大气层内飞行的飞行器称为航空器,航空器靠空气的静浮力或靠与空气相对运动产生的空气动力升空飞行。主要在大气层外空间飞行的飞行器称为航天器,航天器在运载火箭的推动下获得必要的速度进入大气层外空间,然后在引力作用下完成类似于天体的轨道运动。火箭是以火箭发动机为动力而升空,可以在大气层内或大气层外飞行的飞行器;导弹也是一种飞行武器,弹体带有战斗部,依靠制导系统控制其飞行轨迹。从动力装置和飞行范围看,火箭和大部分弹道导弹更接近于航天器。

(一)航空器

任何航空器要升到空中,都必须产生一个能克服自身重力的向上的力,这个力叫作升力。航空器要在空中长时间自由地飞行还必须具备动力装置,产生推力或拉力来克服前进的阻力。根据产生升力的基本原理不同,航空器分为轻于同体积空气的航空器和重于同体积空气的航空器两大类。前者靠空气的静浮力升空,又称浮空器;后者靠与空气相对运动产生的升力升空。按照不同的构造特点,航空器还可进一步细分,如图 1-1 所示。军用航空器特指用于军事目的的航空飞行器。其分类方法可以参考航空器的分类方法。

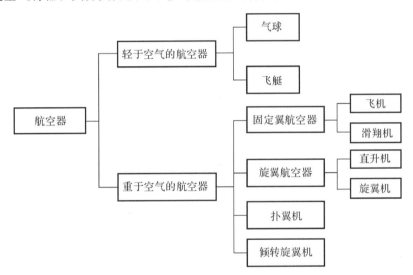

图 1-1 航空器分类

1. 轻于空气的航空器

轻于空气的航空器包括气球和飞艇,它们是早期出现的航空器。

气球一般无推进装置,主体为气囊,气囊下面通常有吊篮或吊舱。按照气囊内所充气体的种类,气球可分为热气球、氢气球和氦气球等。如图 1-2 所示为早期的热气球。按气球升空后有无系留装置可分为自由气球和系留气球两类。气囊一般用浸胶织物或塑料薄膜等柔性材料制造而成,必须具有足够的强度和气密性。气囊的功用是充装密度比空气小的气体,使气球在空气中产生浮力而升空。气囊下面的吊篮或吊舱一般由轻质材料制成,用于放置仪器设备或乘坐人员。气球可用于气象、空间和地面探测,通信中继,体育或休闲运动等领域,也可用于军事侦

图 1-2 热气球

察和监视。

飞艇安装有推进装置,可控制飞行。根据结构形式的不同,飞艇可分为软式、硬式和半硬式三种。飞艇一般由艇体、尾面、吊舱和推进装置等部分组成。艇体的外形呈流线形以减小航行时的阻力,内部充以密度比空气小的氢气或氦气,以产生浮力使飞艇升空。软式和半硬式飞艇的艇体形状靠气囊内的气体压力维持。飞艇的尾面包括安定面和操纵面,用来控制和保持飞艇的航向、俯仰和稳定。吊舱位于艇体的下方,通常采用骨架蒙皮式结构,用于人员乘坐、装载货物或压舱物、安装仪表设备和发动机等。飞艇的推进装置一般由发动机、减速器和螺旋桨构成。通过改变艇体内的气体量、抛掉压舱物、利用艇体和尾面的升力或者改变推力或拉力的方向均可控制飞艇上升和下降。

飞艇在民用方面应用较多。军事上,飞艇曾经用于海上巡逻、反潜、远程轰炸和兵力空运。近年来,随着科学技术的进步,以及临近空间的开发,为飞艇发展提供了新的机遇。世界各国发展了多型飞艇如平流层飞艇,可以满足区域通信、防空反导、对地侦察等军事方面的需求。如图 1-3 所示为诺思罗普·格鲁曼公司建造的新一代巨型氦气长航时多情报载具(LEMV)无人飞艇,已经于 2012 年成功完成试飞。

图 1-3　长航时无人飞艇

2. 重于空气的航空器

重于空气的航空器靠自身与空气相对运动产生的空气动力升空飞行,主要包括固定翼和旋转翼两类。另外,还有像鸟一样飞行的扑翼航空器和新近出现的倾转旋翼航空器。

(1)固定翼航空器。固定翼航空器包括飞机和滑翔机。飞机是指由动力装置产生前进推力或拉力,由固定机翼产生升力,在大气层内飞行的重于空气的航空器。飞机由机体结构和功能系统组成。按飞机的发动机不同,又有喷气飞机和螺旋桨飞机之分。

飞机机体结构通常包括机翼、机身、尾翼和起落架。如果发动机不安装在机身内,那么发动机短舱也属于机体结构的一部分。机翼是飞机产生升力的部件,机翼后缘(或前缘)有可操纵的活动面,外面的叫作副翼,用于控制飞机的横向运动;靠近机身的称为襟翼,用于增加起飞、着陆时的升力。机翼内部通常装有油箱,机翼下面可外挂副油箱或各种武器,部分飞机的起落架和发动机也安装在机翼下。机身用来装载人员、货物、设备、燃料和武器等,也是飞机其他结构部件的安装基础。尾翼是平衡和操纵飞机飞行姿态的部件,通常包括垂直尾翼和水平尾翼两部分,先进气动布局飞机在机身前部也可能布置鸭翼;方向舵位于垂直尾翼后部,用于控制飞机的航向运动;升降舵位于水平尾翼后部或采用全动式水平尾翼,用于控制飞机的俯仰运动。起落架由支柱、减震器、机轮、刹车装置和收放机构组成,用于飞机停放、滑行、起飞和着陆滑跑。

飞机的功能系统一般包括动力装置、燃油系统、操纵系统、液压冷气系统、人机环境工程系统、电气系统、通信导航与敌我识别系统、军械和火力控制系统等。飞机动力装置用于产生飞机前进的动力,以克服飞机与空气相对运动时产生的阻力。现代飞机一般采用燃气涡轮发动机。

滑翔机是指飞行时没有动力装置的重于空气的固定翼航空器(见图1-4)。滑翔机可由飞机拖曳起飞,也可用汽车等其他装置牵引起飞。特殊的动力滑翔机装有小型辅助发动机,不需外力牵引就可以自行起飞,但滑翔时必须关闭动力装置。无风情况下,滑翔机在下滑飞行中依靠自身重力的分量获得前进动力,这种损失高度的无动力下滑飞行称为滑翔;如存在上升气流,滑翔机就可以实现平飞或升高,称为翱翔。滑翔和翱翔是滑翔机的基本飞行方式。滑翔机一般由狭长的机翼、光滑细长的机身及尾翼组成。现代滑翔机主要用于体育运动,美国斯普林斯空军军官学校还将滑翔机飞行列为选修课程。

图1-4　滑翔机

(2)旋翼航空器。旋翼航空器包括直升机与旋翼机。直升机是指以航空发动机驱动旋翼旋转作为升力和推进力来源,能在大气中垂直起落及悬停并能进行前飞、后飞、侧飞和定点回旋等可控飞行的重于空气的航空器。直升机由机身、起落架、动力装置、旋翼系统、操纵系统和其他机载设备组成。直升机的机身与飞机机身类似,用于装载人员、货物、武器和设备等。轻型直升机一般采用滑橇式起落架,多数直升机采用轮式起落架。直升机的动力装置一般采用涡轮轴发动机,用于驱动旋翼旋转,以产生升力与控制直升机飞行姿态的分力。按照旋翼反作用扭矩的平衡方式,直升机可分为四种形式:单旋翼带尾桨式直升机、双旋翼共轴式直升机、双旋翼纵列式直升机和双旋翼横列式直升机。直升机的应用已经遍及军用和民用各个领域,武装直升机已经成为现代战场上的"坦克杀手"。如图1-5所示为武直-10武装直升机。与飞机比较,直升机速度慢、航程短,但起降方便,使用灵活。

旋翼机是一种利用前飞时的相对气流吹动旋翼自转以产生升力的旋翼航空器,全称为自转旋翼机。旋翼机和直升机在外形上有些相似,但它的旋翼不是由动力装置驱动,而是前进时在空气动力的作用下像风车那样自行旋转,产生升力。旋翼机无需安装尾桨,它前进的动力由动力装置直接提供,它不能垂直上升,也不能悬停,必须像飞机一样滑跑加速才能起飞。旋翼机结构较简单,一般用于风景区游览项目或体育活动。

图 1-5　武直-10 武装直升机

(3)扑翼机。扑翼机是指机翼能像鸟和昆虫翅膀那样上下扑动的重于空气的航空器,又称振翼机。扑动的机翼既产生升力,又产生向前的推进力。但是扑翼产生升力和推进力的机理十分复杂,其空气动力规律至今尚未被人们完全掌握。到现在为止,有实用价值的扑翼机还处于研制阶段。在已有的扑翼机设计方案中,有的形如蝙蝠,具有薄膜似的扑动翼面;有的装有带缝隙和活门的扑动翼,类似于鸟的翅膀。扑翼机方案往往是微型航空器的一种可选布局形式。如图 1-6 所示为国内某高校研制的一款微型扑翼机。

图 1-6　国内某高校研制的"信鸽"扑翼机

(4)倾转旋翼机。倾转旋翼机是一种同时具有旋翼和固定翼,并在机翼两侧翼梢处各装有一套可在水平与垂直位置之间转动的旋翼倾转系统组件的飞机。旋翼倾转系统处于垂直位置时,倾转旋翼机相当于横列式直升机,可垂直起降,并能完成直升机的其他飞行动作;旋翼倾转系统处于水平位置时,则相当于固定翼螺旋桨飞机。目前世界上唯一有实用价值的有人驾驶倾转旋翼机为美国贝尔公司研制的 V-22"鱼鹰",美军已在日本冲绳的基地部署该机型,如图 1-7 所示。

图 1-7 Ⅴ-22"鱼鹰"倾转旋翼机

(二)航天器

航天器是指在地球大气层以外的宇宙空间、基本按照天体力学的规律运动的各类飞行器,又称空间飞行器。与自然天体不同的是,航天器可以在人的控制下改变其运行轨道或回收。航天器为了完成航天任务,还必须要有发射场、运载器、航天测控和数据采集系统、用户台站以及回收设施的配合。航天器分可为无人航天器和载人航天器。根据是否环绕地球运行,无人航天器可分为人造地球卫星和空间探测器。按照各自的用途和结构形式,航天器还可进一步细分,如图 1-8 所示。

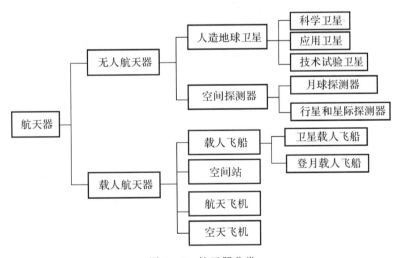

图 1-8 航天器分类

在航天领域,如何区分外层空间的和平应用及军事应用,是一个长期没有解决的问题。实际上也很难区分,两者都应用了空间系统基本组成部分相关的基础理论和技术。简单地讲,终端用户决定了空间利用是出于和平目的还是军事目的,例如全球定位与导航系统(GPS),就兼有民用和军事用途。

1. 无人航天器

无人航天器包括人造地球卫星和空间探测器。

(1)人造地球卫星。人造地球卫星是数量最多的航天器。人造地球卫星一般由有效载荷和平台组成。有效载荷是指在卫星上用于直接实现卫星的应用目的或科研任务的仪器设备,平台则是为保证有效载荷正常工作而为其服务的支持保障系统。卫星的有效载荷可以根据卫星的任务变化加以更换,而平台一般保持不变。

卫星按照其用途,可分为科学卫星、应用卫星和技术试验卫星。科学卫星用于科学探测和研究,主要包括空间物理探测卫星和天文卫星等。直接为国民经济、军事和文化教育服务的人造地球卫星称为应用卫星,主要有通信及广播卫星、气象卫星、测地卫星、地球资源卫星、导航卫星和侦察卫星、预警卫星等,部分卫星还具有多种功能。技术试验卫星是对航天领域中的各种新原理、新技术、新系统、新设备以及新材料等进行在轨试验的卫星。多数情况下,科学卫星也兼有技术试验功能,如我国用一箭三星技术发射成功的"实践"二号甲卫星,就是一颗空间物理探测兼新技术试验卫星,如图1-9所示。

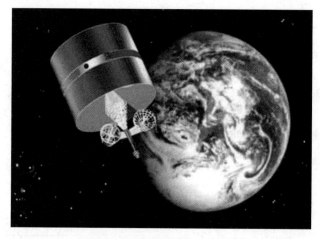

图1-9 "实践"二号甲卫星

(2)空间探测器。空间探测器是指对月球和月球以外的天体和空间进行探测的无人探测器,也称深空探测器。这类探测器的基本构造与一般人造地球卫星差不多,不同的是探测器携带有用于观测天体的各种先进观测仪器。

一般空间探测器的主要目的是了解太阳的起源、演变和现状;通过对太阳系内各主要行星的比较,进一步认识地球环境的形成和演变;了解太阳系的变化历史以及探索生命的起源和演变。专门用于对月球进行探测的叫作月球探测器,其他的统称为行星和星际探测器。

月球是人类进行空间探测的首选目标。世界上多个发达国家向月球发射了探测器,并进行了月球实地考察。在行星和星际探测方面,欧洲一些国家以及美国、苏联(俄罗斯)和日本等国发射了多个探测器,对火星、金星、哈雷彗星、土星、木星、太阳及其星际之间进行了探测。如图1-10所示为中国"嫦娥"三号月球探测器,于2013年12月2日在西昌卫星发射中心发射升空。

2. 载人航天器

载人航天器是人类在太空进行各种探测、试验、研究、军事和生产活动所乘坐的航天器,与无人航天器的主要不同是载人航天器具有生命保障系统。目前的载人航天器主要分为载人飞船、空间站和航天飞机三大类。

图 1-10 "嫦娥"三号月球探测器模拟图

(1)载人飞船。载人飞船是载乘航天员的航天器,又称宇宙飞船。按照运行方式的不同,目前已发射成功的载人飞船分为卫星载人飞船和登月载人飞船两类,前者载人绕低地球轨道飞行,后者载运登月航天员。宇宙飞船通常由轨道舱、返回舱和推进舱组成。轨道舱是航天员生活和工作的地方;返回舱是飞船的指挥控制中心,航天员乘坐它升空和返回地面;推进舱为飞船的飞行和返回提供能源和动力。载人飞船的附加用途是为空间站接送航天员或运送货物。美国的"阿波罗"计划是人类第一次登上月球的伟大工程。在 21 世纪,人类还可望实现登上火星的载人飞行。

1961 年 4 月 12 日,苏联把第一位航天员、空军少校加加林送入太空,人类进入载人航天的新时代。载人航天是高技术密集的综合性尖端科学技术,它不仅可以带动和促进科学技术多方面的发展,更是衡量一个国家综合国力的重要标志。

(2)空间站。空间站是航天员在太空轨道上生活和工作的基地,又称轨道站或航天站。空间站一般采用模块化设计,分段送入轨道组装。空间站发射时不载人,也不载人返回地面,航天员和货物的运送由飞船或航天飞机完成。空间站的功能可以根据任务要求而变更或扩大,弥补了其他航天器功能单一的不足。如图 1-11 所示为苏联的"礼炮"号空间站。

国际空间站是人类历史上最庞大的航天工程,共有 16 个国家参与研制和运行。国际空间站结构复杂、规模大,由航天员居住舱、实验舱、服务舱、对接过渡舱和太阳能电池板等部件组成。

(3)航天飞机。航天飞机是世界上第一种也是目前唯一可重复使用的航天运载器,还是一种多用途的载人航天器。20 世纪七八十年代,美国、苏联、法国和日本等国先后开展了航天飞机研制计划,但只有美国的航天飞机投入使用。航天飞机由一个轨道器、两个固体火箭助推器和一个大型外挂贮箱组成,可以把质量达 23 000 kg 的有效载荷送入低地球轨道。航天飞机提供了在空间进行短期科学实验的手段,有许多国家的航天员参加了航天飞机的飞行。目前,世界上所有航天飞机已经全部退役。如图 1-12 所示为美国第一架实用航天飞机"哥伦比亚"号。

图 1-11　苏联"礼炮"号空间站

图 1-12　美国第一架实用航天飞机"哥伦比亚"号

(三)火箭与导弹

火箭和导弹是一类特殊的飞行器,它们在大气层内和大气层外均可飞行,但一般都只能使用一次,即所谓的单次系统。

1. 火箭

火箭是靠火箭发动机提供推进力的飞行器。火箭发动机自身携带全部推进剂,不依赖空气或其他工作介质产生推力。根据推进动力使用的能源不同,火箭可分为化学火箭、核火箭和电火箭。化学火箭又分为固体火箭、液体火箭和混合推进剂火箭。火箭按照用途可分为无控火箭弹、探空火箭和运载火箭。

火箭的基本组成包括推进系统、箭体结构和有效载荷。推进系统是火箭飞行的动力源;箭体结构的作用是装载火箭的所有部件,使之成为一个整体;有效载荷是火箭所要运送的物体,军用火箭的有效载荷是战斗部,科学研究火箭的有效载荷是各种仪器,运载火箭的有效载荷则是各种航天器。如图 1-13 所示为我国的"长征"运载火箭。

图 1-13 "长征"运载火箭托举"神舟"十号飞船升空

2. 导弹

导弹是一种飞行武器,它依靠制导系统来控制飞行轨迹,目的是把高爆弹头或核弹头送到打击目标附近引爆,并摧毁目标。导弹的种类繁多,分类方法各异。根据作战使命,导弹可分为战略导弹和战术导弹,按照发射点和目标的相对位置,导弹可分为地地导弹、地空导弹、空空导弹和空地导弹四类,其中地地导弹的内涵比较丰富,包括从地面、地下、水面和水下发射的导弹,攻击目标也有地面、水面和水下之分。根据弹道特征,导弹还可分为弹道导弹和巡航导弹。如图 1-14 所示为俄罗斯"RS-20"洲际导弹。

导弹通常由战斗部、弹体结构、动力装置和制导系统组成。战斗部又叫弹头,是用于毁伤目标的专用装置;弹体是把导弹各部件连接起来的支承结构;动力装置是导

图 1-14 俄罗斯"RS-20"洲际导弹

弹飞行的动力源;制导系统用于控制导弹的飞行方向、姿态、高度和速度,引导导弹或弹头准确地飞向目标。

三、地位与作用

航空航天技术表征着一个国家科学技术的先进水平,也代表了一个国家的核心利益。航空航天已经成为 21 世纪最活跃和最有影响的科学技术领域 。航空航天技术是诸多科技的高度集成,荟萃了当今世界上科学技术的众多成果和各个专业的人才,迄今没有任何其他产业部门的综合性可与之相比。因此,航空航天技术是衡量一个国家综合国力和科学技术先进水平的重要标志之一。航空和航天工程作为高新技术产业,涉及多学科、多专业的理论和技术(如力学、热学、光学、材料学、通信、控制、数据计算处理、推进动力、制造工艺、高低温理论和技术

等),目前国际上已形成了完整的航空航天科学理论知识体系和技术工程体系。

航空航天技术是国家安全的命脉。只有拥有强大和先进的军事力量,才能有效维护和保障国家领土和人民的安全,才能在战争中取得主动权和优势。航空航天技术的发展与军事应用联系紧密,相互促进。在历史上,航空航天技术的每一项突破几乎都源于军事目的。航空航天事业对国家安全的重要性无与伦比,从国防军事上讲,它是建设独立自主巩固国防的重要基础。现代战争是以陆海空天为一体的立体化、信息化战争,拥有制空权、制天权是战争胜利的关键所在。军事航空航天装备对战争的进程和结局都发挥着关键性作用,世界军事大国把航空航天武器装备的发展放到了优先突出的位置,以争夺新世纪军事斗争的"制高点"。比如,在美国的国防预算(装备采购)中,1/3以上的投资是军用飞机项目。

军事航空航天在国防事业中的地位与作用主要体现在以下方面。

1. 军事航空航天装备是现代空天作战力量的物质基础

现代航空武器装备包括战斗机、战斗轰炸机、强击机、轰炸机、预警机、电子战飞机、军用运输机、军用无人机、武装直升机、空中加油机以及各种机载武器系统等。航空武器装备的作用是空中对敌空战,夺取和捍卫制空权;对敌地面、海上军事目标进行攻击;执行侦察、通信和预警指挥任务,空中电子战任务以及各种战斗支援和保障任务。航天武器装备包括军用卫星、空间站、空天飞机以及各类空间武器。它们通过侦察、预警监视以及直接发射武器等多种手段极大地提高了现代作战能力。

2. 军事航空航天技术极大地提高了现有武器装备的效能

利用军事空间系统可以为火炮、导弹、飞机、舰艇提供敌方目标的精确位置,并为这些武器装备导航,引导它们准确攻击和摧毁目标,还可以通过空间系统的侦察对作战效果进行评估。利用军事空间系统可以及早地监视与发现敌方,增加武器装备的部署方式和作战距离,提高命中的精度和毁伤效果,并可提供杀伤效果的评估信息,以决定是否需要再次发起攻击。所有这些都是一般地面系统难以做到的。

从以海湾战争和科索沃战争为代表的高技术局部战争来看,军事航空航天具有巨大的军事力量倍增能力和提高主战武器效能的极好的"黏聚性"。比如,导弹预警卫星可以根据来袭导弹的尾焰获取敌方导弹攻击信息,为反导系统提供准确数据,提高反导系统的命中精度;导航定位卫星除可以为战机、坦克、舰船以及单兵等作战平台提供导航信息外,还可为各种导弹提供 GPS 制导和经卫星传输的电视图像制导,使导弹的打击距离和命中精度得到提高。此外,随着对空间主权的日益关注,各种天基武器也将问世和装备部队,使其成为武器装备中崭新的一族。可以说,正是信息在现代战争中的重要地位,使得军事航空航天系统与武器装备紧密结合,全面提高了武器装备的作战效能。

3. 军事航空航天技术极大地增强了体系化作战指挥能力

侦察飞机、预警飞机、电子侦察卫星、导航卫星、预警卫星和通信卫星等在内的各种军事航空航天器或军事空间系统的应用,能够为军事指挥员不断实时地提供所需的有关敌方军事目标、军队部署与调动、军队的武器装备的数量和性能等各方面的重要情报,从而保证作战方案的正确制定及对整个作战过程实施正确的指挥。现在,许多国家军队所建立的指挥、控制、通信、计算机、情报及监视与侦察系统(C^4ISR 系统),无论是战略 C^4ISR 系统还是战区或战术C^4ISR 系统,都越来越依赖空间系统和空基平台获取情报和传输信息,这是军事航空航天技术对现代战争产生影响的重要方面。

以美军为例,在最近几次现代局部战争中,从总统到前线各级指挥官,美军自始至终紧密依靠数十颗军用卫星获取并传输战场情报指挥作战,"全球鹰"等高空长航时无人机能提供大范围实时情报。在高技术战争中,如果没有军事航空航天器提供情报和传输信息,军事指挥员就难以根据瞬息变化的战场态势做出正确的决策,实施有效的作战指挥。

4. 军事航空航天技术有力地促进了现代军事思想的发展

战场立体化、空间军事化特点的不断呈现,使得陆地、海洋、天空、空间、电磁、网络等成为高度一体的全维战场。世界军事强国对空天一体作战的认识日渐深化。天基武器的出现将使军事航天系统突破其传统的支持保障作用,成为占有战场"制高点"的集侦察、通信、导航、预警与打击为一体的综合武器系统。可以说,军事航天作为一种新的战争手段,正在更多、更快地纳入军事力量体系。这就迫切需要指导空天作战的军事理论,以使其更充分地发挥效能。在这样的形势下,目前世界主要军事大国都在进行军事航空航天理论的研究。美国空军正式把"空军在空间的作用"列为条令的内容,提出了具有普遍指导意义的空间作战思想与理论,规定了实施军种和联合空间战役的要求和程序。苏联军事战略理论也曾提出"空间防御是空中防御的一部分"等军事航天理论。军事航空航天在战争中的应用呼唤着军事航空航天理论,而军事航空航天理论又推动了军事航空航天应用的发展。

第二节 我国军事航空航天发展历程

一、早期探索

嫦娥奔月、万户飞天等传说和故事,很早就流传在我国民间,反映了古人朴素的航空理想和"飞行梦"。我国的航空发展史则是一部异常艰难的探索史和创造史。我们的祖先曾以非凡的智慧为航空事业的发展做出了卓越的贡献。几千年来,我国劳动人民在实现飞行这一美好愿望的努力中有过许多重要而有深远影响的创造。

1. 飞行器的原始探索——木鸟

春秋战国时期的墨子和公输班曾制造过能飞的木鸟,又称木鸢。著名的木鸟制造家还有汉朝的张衡。《后汉书·张衡传》中记载道:"木雕独一飞"。张衡制造成功了安上羽毛翅膀,装设机关,能飞几里路的木鸟。

2. 飞机的远祖——风筝

中国的风筝是航空器的始祖。风筝在中国大约有 2 000 年的历史。相传最早的风筝出自楚汉相争时的韩信之手。据传说,韩信利用风筝测量距离,想用地道战法攻进未央宫。风筝自诞生之后到唐朝,一直是用于传递消息的军用品。后来从军用品渐渐变成大众化玩具。

风筝传到西方后,它的飞行原理成了飞机空气动力学方面最有价值的飞行机理之一。公元 1752 年,著名科学家富兰克林曾利用放起来的风筝研究天空的静电。气象台也用风筝观测高空气象。德国的李林达尔曾利用风筝研究过滑翔。俄国的海军军官莫查伊斯基潜心研究风筝,并亲自乘着大风筝飞上天空。美国的莱特兄弟用风筝研究飞行,终于发明了世界上第一架有动力、可操纵的有人驾驶飞机。

3. 热气球的鼻祖——松脂灯

五代时候的莘七娘，随丈夫去福建打仗时，曾用竹篾扎成方架，糊上纸，做成大灯，下面放置燃烧着的松脂，灯就靠热空气飞上天空，用作军事联络的信号。这种灯叫作"松脂灯"，也就是"孔明灯"，这种松脂灯显然是一种早期热气球。

4. 直升机的始祖——竹蜻蜓

说起直升机的由来，人们自然会想到它的"直系祖先"——竹蜻蜓。作为儿童玩具的竹蜻蜓又名飞螺旋，是我国古代劳动人民发明的。据考证，竹蜻蜓构想起源于向后拨水、推动船只前进的船桨和船橹。在明朝，这种竹蜻蜓就传入了欧洲。西欧的学者曾对其加以研究，并且做了试验，他们把竹蜻蜓叫作"中国陀螺"。

5. 火箭之初探——神火飞鸦

在南宋的末年，人们就曾把火药筒绑到箭杆上做成火箭。到了元、明时代，喷气推进的火箭已经成为抵御入侵的有力武器了，明朝戚继光就曾用火箭抗击侵入沿海地区的倭寇。稍后于戚继光的茅元仪，在公元1621年写成的军事科学巨著《武备志》中，就记录了很多种火箭武器。例如，书中记载的"神火飞鸦"火箭，就是利用火箭推力把炸药送到敌方阵地上，再引火爆炸的。当时的火箭，可以用手拿着发射，也可以在战车上或船舰上发射，不但可以一箭单发，还可以30多箭甚至百余箭齐发，射程可达200～400步，很有威力。

二、旧中国空军

清朝末期，随着闭关锁国观念的逐渐瓦解，中国航空事业才从仿效西方气球飞行、探索航空理论和试制飞机等方面艰难起步。进入军阀战争时期，由于近代战争的刺激和军阀纷争的需要，迅速发展到购买外国飞机、创建航空学校和兴办航空修造厂等层面，从而推动了我国航空事业的兴起和专门从事军事活动的航空队崛起。清末到近代军阀战争时期，可谓是中国空军的最初萌芽阶段。

(一)清末时期的航空萌芽

19世纪80年代末，西方气球载人飞行技术传入中国。至20世纪初，中国人不仅能仿制气球，实施载人飞行表演，而且开始利用气球进行军事侦察活动。1887年，天津武备学堂买到一个法国制造的旧气球，当时，上海江南制造局工程师兼数学家华蘅芳正在天津武备学堂任数学教习，他接受了仿制气球飞行的任务。不久，华蘅芳制成一个直径五尺的气球，并将自制氢气顺利灌进球内，气球立即腾空飞行，这是中国人仿效西方技术，自制成功的第一个氢气球。

清末时期，中国曾有不少有识之士开始研究飞机的设计、制造和飞行。其中，冯如的成就最为引人注目。在1903年美国莱特兄弟的飞机试飞成功的影响下，年轻的冯如决心钻研飞机，提倡航空振兴中华。1906年，他到旧金山在华侨中筹集资金，倡办飞机制造公司。次年于旧金山奥克兰开始设厂制造飞机。虽遭多次失败，但经他反复努力，终于在1910年制成中国首架飞机，并试飞成功。

(二)军阀战争中航空兴起

1911年的辛亥革命风云，结束了长达260余年清王朝的统治，中华民国政府登上历史舞台。民国政权的建立,为迅速振兴航空事业,推动旧中国空军的形成,提供了机会。但是,新政权很快落入以袁世凯为首的军阀手中,中国的航空事业只能在军阀混战中艰难兴起。为适应资产阶级反对军阀统治战争和军阀争霸战争的需要,形形色色的航空队在各地应运而生。至此,中国空军虽无法与世界空军发展潮流同步,但已进入萌芽阶段。

辛亥革命爆发后,广东政府首先组成飞机队,参加辛亥革命,由刚从美国回国的冯如任队长,这是中国历史上第一支航空队。虽然这支航空队未参加战斗,但由于是在辛亥革命武装部队中建立起来的第一支飞机队,以及冯如在国际航空界的崇高声誉,因此大大增强了革命军的声势。

1913 年 3 月,根据袁世凯的指令,民国政府驻南京陆军第三师交通团飞行营,以及单翼飞机两架和附设随营修理厂调至北京,归驻南苑陆军建制。同年 9 月,袁世凯接受法国顾问的建议,花费 30 万元一次购买了法国"高德隆"双翼教练机 12 架,决定在北京南苑飞行营的基础上筹建航空学校。1914 年初,从陆、海军挑选飞行人员 50 人,聘请法国飞行教官和技师各 2 名、留洋归国飞行教官 2 名,开始飞行训练。至此,中国第一所正规航空学校——北洋南苑航空学校正式诞生。

(三)抗战中的国民党空军

旧中国空军由萌芽阶段跃入形成阶段,是在 1928 年北伐胜利、民国政府完成全国表面统一后而逐渐实现的。1936 年间,民国政府空军正式成军,在全国分设五个军区,并确定了各区的实力配备和编制。这标志着一支与陆、海军并列的具有独立作战能力的中国空军真正形成。在持续 8 年之久的抗日战争中,年轻的中国空军出师迎敌,虽磨难重重,几起几落,但在总体上仍有所发展。应当说,中国空军在反对日本帝国主义的伟大斗争中,经受了考验,做出了贡献。空军爱国将士,英勇抗敌,不屈不挠,表现了中华民族的英雄气概和崇高的爱国主义精神,为中国空军发展史写下了令人赞颂的篇章。

在淞沪战役中,中日空军连续不断地激战,历时一个多月,我空军击落敌机 60 余架,沉重地打击了侵略者的嚣张气焰,谱写了许多可歌可泣的篇章。1937 年 8 月 14 日下午,日军航空队的 96 式远程轰炸机出动,企图对宁、沪、杭地区的中国空军机场实施轰炸。中国空军驱逐机部队主力第四大队,当天上午紧急移防杭州笕桥机场。该大队首批 21 中队和 23 中队的"霍克"Ⅱ式战斗轰炸机刚刚落地,还未加油,日本 96 式轰炸机已飞临笕桥上空。大队长高志航立即率队起飞迎战,将敌领队长机击落,首开击落敌机的记录,并且以 6∶0 的战绩,首战告捷,极大地鼓舞了中国人民抗日的勇气。8 月 15 日,毛泽东撰文指出:"所有前线的军队无论是陆军、空军和地方部队都进行了英勇的抗战,表现了中华民族的英雄气概,中国共产党谨以无尚的热忱,向所有全国的爱国军队爱国同胞,致以民族革命的敬礼。"国民政府为纪念"八·一四"空战的胜利,把 8 月 14 日定为"空军节"。

三、人民空军的成长壮大

人民空军是中国人民解放军的一个重要组成部分,是一支在革命战争中孕育,在革命胜利中诞生,在陆军基础上创建,在战斗中成长,伴随着共和国前进步伐而发展壮大起来的英雄部队。在半个多世纪的光荣历程中,广大空军官兵在抗美援朝、国土防空作战中浴血奋战,在革命化、现代化、正规化建设道路上振翅高飞,在支援国家建设和抢险救灾中冲锋在前,为祖国和人民立下了卓越功勋。人民空军建设发展的历史,是一部艰苦创业、英勇奋斗、从胜利走向胜利的历史,是一部听党指挥、服务人民、英勇善战的历史。

(一)革命烽火中孕育诞生

第一次国共合作的大革命时期,孙中山在广州创办了航空学校,我党选派当时在黄埔军校学习的刘云等 4 名党员,进入这所航空学校第一期学习飞行或机械技术。在着力培养、储备人才的同时,我党还不失时机地利用一些暂时具备的条件,开始尝试组建自己的飞行部队。

1945 年 8 月,抗日战争胜利后,党中央决定在东北建立一所航空学校,为将来建立人民空军打基础。延安航空研究小组的同志和原第十八集团军工程学校的部分学员,以及在新疆学过航空技术的同志,迅速赶往东北,收集航空器材,筹建航空学校。1945 年 9 月 30 日,在通化正式成立了中国共产党领导下的第一个航空队——东北民主联军航空队,1946 年 1 月扩编为东北民主联军航空总队,主要任务是收集航空器材。1946 年 3 月 1 日,以延安赴东北的航空技术人员和东北民主联军航空总队为基础,正式成立了东北民主联军航空学校,全校共有学员631 人,各型飞机 100 余架。这是中国共产党人创建的第一所航空学校,人们习惯称它为东北老航校。

为配合陆、海军解放台湾,中共中央决定加速组建空军。1949 年 7 月,中央军委决定以第四野战军第十四兵团机关和军委航空局为基础,组建空军领导机关。10 月 25 日,中央军委正式任命刘亚楼为空军司令员,肖华为空军政治委员兼政治部主任,王秉璋为空军参谋长。至此,空军领导班子正式组成。11 月 11 日,中央军委致电各军区、各野战军,正式宣告中国人民解放军空军司令部成立。1949 年 11 月 11 日被确定为中国人民解放军空军建军日。

(二)抗美援朝战争初露锋芒

年轻的人民空军刚刚诞生,就参加了抗美援朝作战。在与强敌的实战中初露锋芒,在战斗中锻炼成长,创造了光辉的战绩,立下了不朽的功勋,在人民空军作战史上写下了辉煌的篇章。

1950 年 6 月 25 日,朝鲜战争爆发,以美国为首的"联合国军"公然进行武装干涉。10 月19 日,中国人民志愿军跨过鸭绿江大桥,开赴朝鲜战场。12 月,中国人民志愿军空军在经过短暂准备后也参加了抗美援朝作战。这是一场力量对比悬殊的较量:以美国为首的"联合国军"空军拥有 14 个空军联队,各型作战飞机 1 200 多架,多数飞行员参加过第二次世界大战,飞行时间在 1 000 小时以上;志愿军空军参战之初只有刚刚组建的 2 个歼击机师,1 个轰炸机团,各类飞机不足 200 架,飞行员平均飞行时间只有几十个小时,没有参加过空战。面对强大的敌人,我志愿军空军怀着对祖国和人民的无比热爱和忠诚,勇敢顽强,敢打敢拼,创造了令世人震惊的辉煌战绩。

1951 年 11 月 18 日下午,我第 3 师 9 团起飞 16 架飞机,协同友空军 88 架飞机至永柔、安州、清川江附近打击轰炸、扫射我铁路目标的敌机。战斗中,9 团共击落敌 F - 84 飞机 6 架,取得 6∶0 的好战绩。1 大队队长王海率领 6 机,猛扑敌机群,勇猛冲杀,分割敌人,利用敌队形大乱,击落敌机 5 架。3 师 9 团 1 大队在整个抗美援朝战争中,与敌空战 80 多次,击落击伤敌机 29 架,荣立集体一等功,被誉为英雄的"王海大队"。

从 1950 年 12 月参战到 1953 年 7 月停战,志愿军空军共有 10 个歼击航空兵师和 2 个轰炸航空兵师、784名飞行员和59 733名地面人员参战,共战斗出动26 491架次,实战4 872架次,取得了击落美机330架、击伤95架的辉煌战绩,打出了人民空军的威风。在抗美援朝空战中,人民空军由不会打仗到学会打仗,由打小仗到学会打大仗,由单一机种作战到多机种联合作战,由在昼间简单气象条件下作战,到昼间较复杂气象条件下和夜间简单气象条件下作战,由一支参战初期规模很小的部队,发展为一支有相当规模和战斗力的部队,指挥能力和技术战术水平得到提高,并涌现出一大批英雄模范和战斗功臣。当时美空军参谋长范登堡惊呼:共产党中国几乎一夜之间就变成了世界上主要的空军强国之一。

新中国的航空工业也在抗美援朝战争中诞生。初期阶段主要承担修理军用飞机以保障完成战争需要的紧迫任务。到1952年底,修理各型飞机470多架,发动机2 600多台,有力地支援了抗美援朝战争。

1953年开始的第一个五年计划期间,我国的航空工业在苏联的援助下进行建设。新中国第一架试制成功的飞机,就是仿制苏联的雅克-18飞机生产的初级教练机。该机命名为初教5,于1954年7月3日首飞成功,1个月后就开始批量生产。

新中国自行设计并研制成功的第一架飞机是歼教1,如图1-15所示,于1958年7月26日首飞成功。后来由于空军训练计划的变动,该机没有投入成批生产。歼教的研制成功对培养我国第一代飞机设计人员,积累自行研制飞机的经验,具有重要意义。

图1-15 歼教1

我国自行设计制造并投入成批生产和大量装备部队的第一种飞机是初教6。该机性能比初教5有所提高,采用前三点式起落架以适应现代飞机的训练要求。初教6于1958年8月27日首飞成功,随后不久解决了改装国产发动机等问题,于1962年1月定型。

我国第一架喷气式战斗机是歼-5飞机。这是一种高亚声速歼击机,用于国土防空和争夺前线制空权,兼有一定的近距对地攻击能力,其装有1台带加力燃烧室的离心式涡轮喷气发动机,是当时世界上比较先进的战斗机。歼-5飞机1956年7月19日首飞成功,同年交付部队正式服役。歼-5飞机的研制成功和大量装备部队,使我国航空工业和空军进入喷气时代,成为当时在世界范围内掌握喷气技术的少数国家之一。

歼-6飞机是我国第一代超声速战斗机,最大平飞速度达到声速的1.4倍,机身头部进气,装两台发动机,采用大后掠角机翼和全动式水平尾翼,如图1-16所示。该机1958年12月17日首飞,后来大批装备我空、海军部队。

图 1-16　歼-6

(三)国土防空作战屡建奇功

人民空军从成立之日起,就担负着繁忙的国土防空任务,保卫着祖国领空安全。新中国成立初期,人民空军主要担负要地防空等作战任务,1950 年 10 月,空军第四混成旅担负了上海地区的防空任务。从 1951 年 11 月开始,根据中央军委指示,空军先后有 11 个师分别担负东北地区主要工业城市、京津唐地区和上海、青岛、广州等要地防空作战任务,各部队保持高度警惕,严阵以待,随时准备歼灭入侵之敌。1952 年 9 月 20 日,空二师飞行员何中道、李永年击落入侵上海地区的美军 B-29 轰炸机 1 架,取得了人民空军执行国土防空作战任务的首次胜利。至 1953 年 11 月,驻上海和青岛的空军部队先后与入侵美机和国民党飞机作战 6 次,取得了击落敌机 4 架、击伤 3 架的战绩。

抗美援朝结束后,人民空军进入全面开展正规化建设的新时期。1957 年 5 月空军与防空军合并,实行空防合一的体制,空军逐渐发展成为一支以航空兵为主体,包括空降兵、地空导弹兵、高射炮兵、雷达兵、探照灯兵等兵种的合成军种,并在国土防空作战中承担更为艰巨的作战任务。

从 20 世纪 50 年代初到 60 年代末,空军部队在实施正规化军事训练和院校建设的同时,按照中央军委的部署,积极完成协同陆、海军作战的任务,先后参加了解放浙东沿海岛屿作战、紧急入闽封锁金门等作战任务,保卫了祖国领空,取得了卓越的战果。从 1954 年至 1969 年,空军在遂行国土防空作战任务中,共击落敌机 90 架、击伤 177 架,为保卫祖国领空安全做出了重大贡献。

(四)改革开放中开拓前进

党的十一届三中全会后,我军建设进入新的发展时期。根据中央军委新时期积极防御的战略方针,适应军队建设指导思想的战略性转变,从 20 世纪 90 年代开始,空军加速推进由国土防空型向攻防兼备型转变、由数量规模型向质量效能型转变、由打赢一般技术条件下局部战争向打赢高技术条件下局部战争转变,加强空军质量建设,使空军部队战斗力不断得到提高,人民空军革命化、现代化、正规化建设迈上了新台阶。

在此期间,空军有计划地进行武器装备科研,有重点地引进先进技术和装备,武器装备逐步改善,一大批新型武器装备陆续装备部队,缩小了同世界空军强国的差距,提高了空军航空兵的作战能力。歼-10 飞机在此期间研发成功。歼-10 于 1986 年 1 月立项研制,1997 年 11 月 01 架样机出厂,1998 年 3 月 23 日首飞成功,2003 年通过定型、列装、生产,2005 年正式装备部队,成为我国自行研制的新一代高性能战斗机,如图1-17所示。

图 1-17 歼-10

(五)新世纪跨越式发展

新世纪新阶段,世界新军事变革迅猛发展,中国周边安全环境日趋严峻复杂。习近平主席"能打仗、打胜仗"的指示,对空军不断提高战斗力、完成打赢使命提出了更高的要求。在强国梦、强军梦的感召和鼓舞下,空军部队加速推进转型建设和军事斗争准备,进一步提高官兵的能力素质和打赢本领,空军部队现代化建设驶入了快车道,呈现出全新的发展态势。

在此期间,依靠自主知识产权发展的航空武器装备成就喜人。2011年1月11日,中国隐形战斗机歼-20一飞冲天,引发世界关注,如图1-18所示。中国第四代战斗机歼-20的首飞,表明中国已成为世界上具有第四代战斗机研发能力的国家之一,在航空高端装备研制方面有了发言权。

图 1-18 歼-20

2012年11月23日,我军飞行员驾驶国产歼-15舰载战斗机首次成功降落在我国航空母舰"辽宁舰"上,加快了我军航母形成作战能力的进程。歼-15是我国自主设计、拥有自主知识产权的首型舰载多用途战斗机,如图1-19所示。

图 1-19 歼-15

2013 年 1 月 26 日，我国首款自主研制的战略重型运输机运-20 在跑道上加速后，鲲鹏展翅，一跃而起，首飞取得圆满成功，如图 1-20 所示。运-20 的成功首飞，标志着中国航空工业的一次重大胜利，标志着中国拥有了自己的大型运输机，是中国建设战略空军的一座里程碑。

图 1-20 运-20

四、军事航天的发展

新中国的航天工业起步于 1956 年。当时我国的经济还很落后，工业基础和科学技术力量也相对薄弱。为了把有限的人力、物力和财力集中使用到国家最重要、最急需、最能影响全局的地方，党和政府决定重点发展以导弹、原子弹为代表的尖端技术，随后大力发展运载火箭和人造地球卫星等航天技术，这就是我国的"两弹一星"工程。半个多世纪以来，我国在导弹武器、运载火箭、人造地球卫星和载人航天方面取得了辉煌成就，航天工业为我国的国防建设做出了巨大贡献。

(一)导弹武器

1956 年 10 月 8 日，我国第一个导弹研究院，即国防部第五研究院正式成立。开始是在苏联专家的援助下仿制 P-2 近程地地导弹，以后独立研制各类火箭和导弹武器。1958 年 9 月

22 日,北京航空学院(现更名为北京航空航天大学)师生研制的我国第一枚探空火箭"北京"2号 BJ－2S 型固体火箭发射成功。从 9 月 24 日到 10 月 3 日,又连续发射 5 枚"北京"2 号高空探空火箭,均获成功。1960 年 2 月 19 日,由液体主火箭和固体助推器组成的两级探空火箭 T－7M 发射成功。

1960 年 9 月 10 日,采用国产燃料,独立操作,成功发射了一枚苏制 P－2 导弹,为我国仿制的 P－2 导弹的发射取得了宝贵经验。1960 年 11 月 5 日,仿制的 P－2 近程地地导弹在我国西北某导弹试验基地点火升空,7 min 后,弹头落在目标区内,试验获得圆满成功。该导弹的研制成功是我国武器装备历史上的一个重要里程碑。

近程地地导弹发射成功后,我国开始独立研制中近程地地导弹。经过不断努力和修改设计,这种以液体燃料为推进剂的导弹于 1964 年 6 月 29 日发射成功,并在接下来的 1 年时间内,连续 11 次发射成功。1964 年 10 月 16 日,我国原子弹爆炸成功。1966 年 10 月 27 日,我国中近程地地导弹装载核弹头从试验场升空,弹头按预定程序分离,然后在靶心上空实现核爆炸。导弹核武器的试验成功,表明我国有了可用于实战的核导弹。

1969 年 5 月 26 日,我国独立研制的中程液体地地导弹发射试验取得完全成功。该导弹采用了 4 台发动机并联的动力装置。1970 年 1 月 30 日,我国的中远程液体地地导弹首次长射程飞行试验成功。该导弹由两级火箭组成。1980 年 5 月 18 日,我国第一枚洲际液体地地导弹从西北某试验基地发射升空,经过 30 min 的飞行,准确到达南太平洋预定海域,使我国成为世界上第三个拥有洲际导弹的国家。这次洲际导弹的发射是全程试验,弹道最高点达 1 000 km,射程在 9 000 km 以上,如图 1－21 所示为我国"东风"－31 洲际战略导弹。

图 1－21 "东风"－31 洲际战略导弹

1982 年 10 月 12 日,常规动力潜艇成功地从水下发射了我国第一枚固体推进战略导弹。1988 年 9 月 27 日,我国核动力潜艇从水下发射固体潜地导弹定型试验获得圆满成功,标志着我国完全掌握了导弹核潜艇水下发射技术,在驰骋大洋的战略核力量中,出现了中国导弹核潜艇的身影。潜地导弹在战略防御中具有机动性强、隐蔽性好的特点,我国是世界上第五个拥有潜地战略导弹的国家。

在地(舰)空导弹方面,我国从1957年仿制苏式C-75导弹起步,经过40多年的努力,已经研制出能在不同高度、不同作战条件下打击来犯之敌的多种防空导弹,其中包括中高空地空导弹"红旗"1号至3号,中低空地(舰)空导弹"红旗"61号和"红旗"61号甲导弹,以及低空和超低空地空导弹"红缨"5号、"红缨"5号甲和"红旗"号导弹等。当我国的地空导弹事业还在襁褓中的时候,就与侵犯我国领空的美制高空侦察机进行了较量。1962年9月9日,我地空导弹部队采用机动打埋伏的战术,在南昌上空将一架美制U-2高空侦察机击落,此后还多次击落美制U-2飞机。

我国反舰导弹的发展也是从20世纪50年代后期开始的。从仿制国外的舰舰导弹,经过改型设计,增大射程,发展为多个型号的岸舰导弹。然后自行设计,独立发展了采用固体火箭发动机的亚声速和超声速舰舰、空舰等反舰导弹,其中包括"上游"1号、"海鹰"1号舰舰导弹,"海鹰"2号及其甲、乙改型岸舰导弹,"鹰击"6号、"鹰击"8号空舰导弹以及低空超声速反舰导弹等。部分反舰导弹的技术水平已跻身于世界先进行列,如图1-22所示为我国C802反舰导弹。目前,现代巡航导弹的研究和开发也取得了重大成果。

图1-22　C802反舰导弹

(二)运载火箭

我国的运载火箭用"长征"命名,已经具备了发射低、中、高不同地球轨道、不同类型卫星及载人飞船的能力,并具备无人深空探测的能力。低地球轨道(LEO)运载能力达到14 t,太阳同步轨道(SSO)运载能力达到15 t,地球同步转移轨道(GTO)运载能力达到14 t。截至2018年5月9日,我国长征系列运载火箭已飞行274次,发射成功率达到94.89%。到目前为止,我国已经发射成功的"长征"火箭共计4代17种型号。其中"长征"一号、"长征"二号、"长征"二号捆、"长征"三号和"长征"四号甲等5个型号已退役;"长征"二号丙、"长征"二号丁、"长征"二号F、"长征"三号甲、"长征"三号乙、"长征"三号丙、"长征"四号乙、"长征"四号丙、"长征"五号、"长征"六号、"长征"七号和"长征"十一号等12个型号在役。另外,还有"长征"五号乙、"长征"八号2个型号在研,"长征"九号1个型号在论证中。

长征系列运载火箭的发展共经历了五个阶段。第一阶段是基于战略导弹技术起步,主要包括 CZ-1 和 CZ-2；第二阶段是按照运载火箭技术自身发展规律研制的火箭，包括 CZ-3、CZ-3A 系列和 CZ-4 系列；第三阶段是为满足商业发射服务而研制，典型代表是 CZ-2E；第四阶段是为载人航天需要而研制的运载火箭，如 CZ-2F 火箭；第五阶段是为适应环保及快速反应需要而研制的运载火箭，如 CZ-5 系列、CZ-6、CZ-7、CZ-8 系列和 CZ-11 等。如图 1-23 所示为我国研制的部分运载火箭。

图 1-23 我国研制的部分运载火箭

1970 年 4 月 24 日 21 时 35 分，我国第一枚运载火箭"长征"一号携带着中国的第一颗人造地球卫星"东方红"一号，从我国酒泉卫星发射场发射升空，10 min 后，卫星顺利进入轨道。"长征"一号运载火箭是一种串联式三级火箭，第一、二级使用液体火箭发动机，第三级使用固体火箭发动机。火箭高约 30 m，起飞总重近 82 000 kg，起飞推力约 100 000 kg。正是该火箭将 173 kg 重的"东方红"一号卫星送入地球轨道。"长征"一号 D 运载火箭是在"长征"一号基础上改进设计的，主要用于发射低轨道小型、微型卫星，可以把 750 kg 的有效载荷送入近地轨道，发射成本较低，具有一定的国际竞争力。

"长征"二号运载火箭是二级液体火箭，于 1975 年 11 月成功地发射了我国第一颗返回式卫星。此后，根据发射卫星的需要，陆续派生出许多型号，使"长征"二号成为一个运载火箭的大家族。"长征"二号系列主要用于发射高度在 500 km 以下的各类近地轨道卫星和其他航天器。1982 年 9 月，"长征"二号 C 运载火箭发射返回式卫星成功。与"长征"二号相比，"长征"二号 C 火箭近地轨道运载能力从 1 800 kg 提高到 2 500 kg。1993 年 4 月，中美签订用中国火箭发射美国"铱"星的合同，由此产生了"长征"二号 C/改进型火箭，它能将 1 500 kg 的有效载荷送入 630 km 的极地圆轨道，每次发射可将两颗"铱"星送上天。从 1997 年 12 月到 1999 年 6 月，该火箭先后 6 次圆满完成了合同规定的任务。"长征"二号 D 运载火箭是在"长征"二号 C 的基础上改进而成的，有效载荷提高到 3 100 kg。简称"长二捆"的"长征"二号 E 运载火箭是为适应国际卫星发射市场的需要研制发展而成的。在"长征"二号 C 的基础上，将箭体加长，并在第一级火箭周围捆绑 4 个液体火箭助推器，可把 9 200 kg 的有效载荷送入 200 km 以上的近地轨道。1992 年 8 月 14 日，"长二捆"运载火箭将第一颗澳大利亚卫星送入太空，卫星准确入轨。"长征"二号 F 运载火箭是"长征二号"家族中的最新改进型号，主要用于发射我国的"神舟"号飞船，并于 1999 年 11 月 20 日成功地将我国第一艘实验飞船"神舟"一号送入地球轨道，2003 年 10 月 15 日，将"神舟"五号载人飞船发射升空。

掌握地球静止轨道发射技术，发射地球同步通信卫星和气象卫星，是一个国家运载火箭技术进入世界先进行列的重要标志。在"长征"二号技术基础上，我国发展了"长征"三号三级液体火箭。1984年4月8日,"长征"三号运载火箭成功地将我国"东方红"二号试验通信卫星送入预定地球同步轨道,实现了我国航天技术水平的一次新的飞跃。"长征"三号A运载火箭是在"长征"三号基础上研制的大型三级火箭,技术性能有较大提高,地球同步轨道的运载能力比"长征"三号增加1 000 kg,达到2 600 kg。1994年2月8日,"长征"三号A运载火箭首次发射就将两颗卫星送入预定轨道;1994年11月30日,该火箭发射成功了我国新一代实用通信卫星"东方红"三号。

"长征"三号B运载火箭在"长征"三号A的第一级火箭周围捆绑了4个与"长二捆"相同的液体火箭助推器,火箭的地球同步转移轨道运载能力达到了5 100 kg,使我国的运载火箭技术进入了世界大型火箭的行列;1997年8月,该火箭将重3 770 kg的亚洲功率最大的通信卫星(菲律宾"马部海"卫星)送入预定轨道。

"长征"四号运载火箭是用于发射太阳同步轨道卫星的运载工具。1988年9月7日,"长征"四号运载火箭首次发射,将我国制造的第一颗实验气象卫星准确送入高度为901 km的太阳同步轨道。"长征"四号B运载火箭是"长征"四号的改进型,1999年5月10日,"长征"四号B成功地发射了"实践"五号科学实验卫星。

(三)人造地球卫星

从1957年10月世界上第一颗人造地球卫星上天开始,我国就启动了卫星的预研工作。1968年2月20日,中国空间技术研究院正式成立,标志着我国的卫星事业进入新阶段。1970年4月24日,我国成功发射第一颗人造地球卫星"东方红"一号。卫星用无线电波发送"东方红"乐曲,是一颗听得到和看得见的人造地球卫星,如图1-24所示。我国的人造地球卫星主要分四大应用卫星系列,即近地轨道返回式遥感卫星、地球静止轨道通信广播卫星、太阳同步轨道和地球同步轨道气象卫星以及导航定位卫星。

图1-24 "东方红"一号卫星

"长征"五号运载火箭又称"大火箭""冰箭""胖五",是由中国运载火箭技术研究院研制的新一代大型低温液体运载火箭,是目前中国运载能力最强的运载火箭。"长征"五号为二级半构型,芯级使用液氧/液氢推进剂,助推器使用液氧/煤油推进剂。其全长56.97 m,整流罩直径5.2 m,芯级直径为5 m,助推器直径为3.35 m,起飞质量878.556 t,标准地球同步转移轨道运载能力为13 t。"长征"五号运载火箭可在整流罩内增加"远征"二号上面级作为第三级,即为"长征"五号/"远征"二号(CZ-5/YZ-2)。"长征"五号运载火箭于2016年11月3日在文昌航天发射场成功首飞。

"长征"六号(CZ-6)是由上海航天技术研究院研制的新一代无毒、无污染小型低温液体运载火箭,主要用于发射太阳同步轨道卫星。火箭具备适应简易设施发射的能力,可实现快速发射。"长征"六号运载火箭于2015年9月20日在太原卫星发射中心成功发射。

"长征"七号运载火箭(CZ-7)是新一代高可靠、高安全的中型液体运载火箭,主要用于发射"天舟"货运飞船,以满足中国载人空间站建设的需求。"长征"七号采用"两级半"构型,为全液氧煤油火箭。"长征"七号于2016年6月25日在文昌航天发射场首发成功,并成功发射了我国第一艘货运飞船——"天舟"一号。

"长征"十一号运载火箭是新型四级全固体运载火箭,是"长征"系列火箭中首枚小型固体运载火箭。与现役以液体推进剂为动力的"长征"系列火箭相比,它的发射准备时间由"月"缩短为"小时",大大提升我国快速进入空间的能力。该运载火箭采用国际通用星箭接口,可满足不同任务载荷、不同轨道的多样化发射需求。"长征"十一号于2015年9月25日在酒泉卫星发射中心首次发射成功。

1975年11月26日,我国第一颗返回式卫星发射升空,3天后,卫星成功返回地面,带回了许多遥感照片。此后,我国又发射了近20颗返回式遥感卫星,其中绝大多数成功回收。这些卫星除军事应用外,还可利用卫星带回的大量遥感数据和照片,为国土普查、地质调查、水利建设、地图测绘、环境监测、地震预报、铁路选线、考古研究等领域服务。利用返回式卫星还可以进行材料科学和生物科学方面的研究活动。我国的返回式卫星有三种型号,分别是20世纪70年代研制成功的对地观测和国土普查卫星,20世纪80年代研制成功的地图测绘卫星和20世纪90年代研制成功的第二代对地观测和国土普查卫星。

我国的通信卫星通称"东方红"系列。1984年和1986年发射的"东方红"二号通信卫星,星上只有2个C波段转发器;在20世纪80年代后期和90年代初发射成功的3颗"东方红"二号甲通信卫星,星上有4个转发器,设计寿命4年,实际情况是全部超期服役;1997年5月首次发射成功的"东方红"三号通信卫星,星上有24个C波段转发器,设计寿命8年,整星技术相当于发达国家20世纪80年代的水平。

"东方红"四号是中国目前最先进的通信卫星,性能在同期国际同类通信卫星中位居前列。2006年10月29日首次发射升空,"东方红"四号卫星具有整星功率大、承载能力强、服务寿命长等特点,卫星设计寿命15年,可提供38个C频段转发器和16个KU频段转发器,主要执行通信广播、电视直播等任务。截至2016年上半年,共有14颗采用"东方红"-4卫星平台的民/商用通信卫星在轨,它们共携带了500台左右的转发器,波及亚洲、非洲中西部及南部、南美洲,覆盖全球约58%的陆地面积和80%的人口。2015年全球覆盖面积提高至80%,人口提高至92%。通信卫星使我国的通信、电视、广播、信息传输事业得到了飞速的发展。

我国的气象卫星称为"风云"系列。1988年和1990年第一批共发射了2颗"风云"一号气象卫星,它们均为太阳同步轨道气象卫星,可获取多种气象资料。第二批"风云"一号卫星的第一颗于1999年5月10日发射成功,工作情况良好。1997年6月10日,我国成功发射了第一颗"风云"二号气象卫星。"风云"二号是地球同步轨道气象卫星,重约600 kg,装有多种探测仪器,拥有可见光、红外和水汽3个通道,每半小时获得一幅覆盖地球1/3的全球原始卫星云图。2008年11月18日,"风云"三号A星及地面应用系统投入业务运行,标志着我国实现了极轨气象卫星的升级换代。"风云"四号气象卫星是我国第二代静止气象卫星,主要发展目标是卫星姿态稳定方式为三轴稳定,提高观测的时间分辨率和区域机动探测能力;提高扫描成像仪性能,以加强中小尺度天气系统的监测能力;发展大气垂直探测和微波探测,解决高轨三维遥感;发展极紫外和 X 射线太阳观测,加强空间天气监测预警。"风云"四号卫星计划发展光学和微波两种类型的卫星。2016 年 12 月 11 日在西昌卫星发射中心成功发射。2018 年 5 月 1 日开始正式投入业务运行。

北斗卫星导航系统(BeiDou Navigation Satellite System,BDS)是我国自行研制的全球卫星导航系统,是继美国全球定位系统(GPS)、俄罗斯格洛纳斯卫星导航系统(GLONASS)之后第三个成熟的卫星导航系统。北斗卫星导航系统和美国 GPS、俄罗斯 GLONASS 以及欧盟 GALILEO,是联合国卫星导航委员会已认定的供应商。北斗卫星导航系统由空间段、地面段和用户段三部分组成,可在全球范围内全天候、全天时为各类用户提供高精度、高可靠定位、导航、授时服务,并具短报文通信能力,已经初步具备区域导航、定位和授时能力,定位精度 10 m,测速精度 0.2 m/s,授时精度 10 ns。2017 年 11 月 5 日,中国第三代导航卫星顺利升空,标志着中国正式开始建造"北斗"全球卫星导航系统。

中国和巴西联合研制的"资源"一号卫星,是我国在卫星研制领域与国外首次合作的成果。第一颗"资源"一号卫星于 1999 年 10 月 14 日发射升空,目前仍在轨工作;第二颗"资源"一号卫星于 2003 年 10 月 21 日发射成功。该星主要用于监测国土资源的变化、测量耕地面积、估计森林蓄积量、勘探地下资源和监督资源的合理开发等方面。我国自主研制的首颗质量在 100 kg 以下的微小型卫星"创新"一号,随第二颗"资源"一号卫星搭载在"长征"四号 B 运载火箭上发射升空,实现了我国小卫星的在轨运行。2012 年 1 月 9 日,"资源"三号卫星在太原卫星发射中心成功发射,这是中国第一颗自主研发的民用高分辨率立体测绘卫星。

这些卫星遍布了低、中、高所有的卫星轨道,形成了批量生产的能力,构筑了水平较高、功能配套的应用卫星研制体系。

(四)载人航天

1999 年 11 月 20 日 6 时 30 分,一枚新研制的"长征"二号 F 型运载火箭托举着中国的"神舟"一号试验飞船发射升空。这是一艘初样产品,在进行了预定的科学试验后,飞船返回舱顺利返回,于次日 3 时 41 分成功着陆,留下了中国载人试验飞船的第一条航迹。作为我国研制的第一艘飞船,"神舟"一号考核了飞船的 5 项重要技术:舱段连接和分离技术、调姿与制动技术、升力控制技术、防热技术和回收着陆技术。

2001 年 1 月 10 日,"神舟"二号试验飞船发射成功,发射 13 min 后飞船进入预定轨道。飞船在太空飞行了 7 天,环绕地球 108 圈后返回地面。"神舟"二号是我国第一艘正样无人飞船,技术状态和载人飞船基本一致。这次无人飞行试验还实现了轨道舱的留轨,在返回舱返回地面后,轨道舱继续在轨运行了半年时间,获得了大量有用信息。

2002 年 3 月 25 日,"神舟"三号发射成功,同样在环绕地球 108 圈后,成功回收了飞船的返回舱。"神舟"三号飞船具备了航天员逃逸和应急救生功能,改进和完善了伞系统;飞船上还增加了一名新"乘客"——模拟人。它的身上搭载了人体代谢模拟装置和模拟人的生理信号装置,能够定量模拟航天员呼吸和血液循环系统的心律、血压、耗氧以及产生热量等多种重要生理参数,为真人载人飞行提供了可靠的参考数据。

2002 年 12 月 30 日,"神舟"四号无人试验飞船发射成功,在完成预定的空间科学和技术试验后,于 2003 年 1 月 5 日准确着陆。"神舟"四号是我国载人航天工程的第三艘正样无人飞船,除没有载人外,技术状态与载人飞船完全一致。在这次飞行中,载人航天应用系统、航天员系统、飞船环境控制与生命保障分系统全面参加了试验,先后在太空进行了对地观测、材料科学、生命科学试验以及空间天文和空间环境探测等研究项目;预备航天员在发射前也进入飞船进行了实际体验。飞船在轨飞行期间,船上各种仪器设备性能稳定,工作正常,取得了大量宝贵的飞行试验数据和科学资料。

2003 年 10 月 15 日,"长征"二号 F 运载火箭,托着我国第一艘载人飞船"神舟"五号胜利升空。航天员杨利伟,乘坐这艘飞船进入太空,实现了中国人几千年来的飞天梦。"神舟"五号由 3 舱 1 段组成,即返回舱、轨道舱、推进舱和附加段,总长 8.86 m,总质量 7 790 kg,返回舱直径 2.5 m。飞船在 343 km 高度的圆形轨道上绕行地球 14 圈。杨利伟乘坐返回舱于 10 月 16 日安全降落在内蒙古主着陆场,全程飞行 21 h23 min,取得了我国首次载人航天飞行的圆满成功。我国成为世界上第三个有能力把航天员送入太空的国家。

2005 年 10 月 12 日,"神舟"六号飞船将两名航天员同时送入太空;2008 年 9 月 28 日,"神舟"七号发射成功,翟志刚成功完成中国首次太空行走;2011 年 11 月 1 日,中国发射"神舟"八号飞船,与"天宫"一号实现首次太空对接;2012 年 6 月 18 日,"神舟"九号与"天宫"一号目标飞行器进行载人交会对接;2013 年 6 月 26 日,"神舟"十号飞船结束 15 天的太空之旅成功着陆,3 名航天员凯旋,"天宫"一号与"神舟"十号载人飞船飞行任务取得圆满成功。2016 年 10 月 17 日,"神舟"十一号发射升空,10 月 19 日与"天宫"二号实现自动交合对接。11 月 17 日分离,11 月 18 日返回舱降落在预定区域。从 2003 年杨利伟首飞太空至 2018 年底,我国共有 10 名航天员进入太空。

(五)探月工程

我国在 2003 年启动了名为"嫦娥工程"的月球探测计划,该计划分三个阶段实施,一期工程为"绕",即绕月探测;二期工程为"落",即实施月球软着陆和自动巡视勘察;三期工程为"回",即实现月球样品采样后自动返回。整个计划在 20 年左右的时间内完成。2007 年 11 月 7 日,我国"嫦娥"一号顺利进入轨道,开始绕月飞行和进行科学探测,2009 年 3 月 1 日"嫦娥"一号卫星在北京航天飞行控制中心科技人员的精确控制下,准确落于月球预定撞击点,实现了预期目标,为中国一期探月工程画上了一个完美的句号。2010 年 10 月 1 日,中国发射第二个月球探测器"嫦娥"二号,开始了新一阶段的月球探测。"嫦娥"三号月球探测器于 2013 年 12 月 2 日由"长征"三号 B 改进型运载火箭发射升空。"嫦娥"三号是中国发射的第一个地外软着陆探测器,也是美国"阿波罗"计划结束后全球重返月球的第一个软着陆探测器。

第三节　人民空军文化与战斗精神

一、空军战略

新世纪新阶段,人民空军适应国家安全环境和利益拓展提出的需求,立足履行使命任务的新要求,加快转型建设步伐,由国土防空型向攻防兼备型转变,由机械化向信息化跨越,由航空型向空天一体发展,向大国空军、强国空军的建设目标迈开了坚实步伐。"攻防兼备、空天一体"的战略思想,牵引了空军建设与运用的发展途径和方向。

(一)由国土防空型向攻防兼备型转变

20世纪90年代初,党中央、中央军委根据世界上发生的几场高技术局部战争和我国军事斗争面临的严峻形势,以及空军所担负的使命,把攻防兼备确定为我国空军建设发展的指导思想,要求筹划与指导空军力量建设,既要重视防空力量建设,又要注重进攻力量建设,使空军在兵力结构上达到攻防兼备的要求,具备进攻和防御的双重作战能力。确定建设攻防兼备型空军,是对人民空军建设发展方向的科学定位。

人民空军由国土防空型向攻防兼备型转变,是适应现代战争发展要求的必然选择。在现代战争中,空中攻防武器系统的地位发生了重大变化,空中作战"攻强防弱"的不对称性更加明显。要有效地夺取和保持制空权,从战略上争取主动,就必须具有强大的进攻作战能力,注重发展进攻性武器,提高攻防兼备的作战能力,确保国家空防安全和战略主动。

随着国际形势的深刻变化和我国对世界的影响力的增长,我国发展面临的外部制约也在增加,传统安全威胁和非传统安全威胁因素相互交织,影响我国安全的不稳定、不确定因素增多,维护国家安全和发展利益面临着许多新的挑战。人民空军只有加快攻防兼备的战略转型,提高攻防兼备的作战能力,才能切实履行好维护国家安全和利益的神圣使命。

(二)由机械化向信息化跨越

20世纪六七十年代兴起的世界新军事变革,是迄今人类历史上影响最深刻、最广泛的军事领域的一场革命。与历次军事变革不同,世界新军事变革的原动力是信息技术的不断发展,核心是信息化,其实质是一场军事信息化革命。已发生的几场局部战争充分表明,信息已经成为战斗力的第一要素,制信息权已成为制空权、制海权之上的新的制高点。

信息在现代战争中的突出地位和作用,要求人民空军尽快实现由机械化向信息化的转变。在现代高技术战争中,信息在构成作战力量各要素中起着主导作用。信息技术的发展,提供了以信息力控制火力和机动的手段,大大提高了武器装备使用的效能。当前人民空军的信息化水平虽有了明显提高,但与发达国家空军相比还存在较大差距,特别是侦察系统、通信系统、指挥控制系统的信息化程度比较低,先进的信息化武器平台、精确制导弹药数量比较少,从总体来看还是一支机械化空军。按照建设信息化军队、打赢信息化战争的目标要求,必须大力加强空军信息化建设,加快实现由机械化空军向信息化空军的转型,走出一条以信息化主导机械化、以信息化带动机械化、以机械化促进信息化的复合式发展道路,建设一支具有较高信息化水平的人民空军。

(三)由航空型向空天一体发展

随着世界新军事变革的蓬勃兴起和航空航天技术的迅猛发展,空天力量的建设和发展对维护国家安全和国家利益有着极为重要的战略意义,正成为军事领域争夺激烈的新的制高点。针对外层空间军事化和空天一体化的发展趋势,必须着眼于未来军事斗争的需要,努力实现人民空军由航空型向空天一体型方向的转变。

随着高新技术特别是航空航天技术的发展及其在军事领域的应用,空中力量与航天资源结合日趋紧密。世界各主要强国积极创新空天一体作战理论、经略空天一体作战环境、发展空天一体作战装备、建设空天一体作战力量,抢占空天战略制高点的斗争呈现日趋激烈的态势。人民空军向"空天一体"转变符合未来世界空天力量发展的大趋势,符合我国未来军事斗争的实际需要,也是空军履行使命任务和未来发展的客观要求。

建设空天一体空军,必须强化以天强空的观念,充分发挥天基信息支援作用,将航空空间的作战行动与航天空间的保障行动紧密结合起来,全面提升空军在战场感知、指挥控制、远程机动、精确打击等方面的整体作战能力。

二、空军文化

文化作为一种社会存在,有其发生、发展的时代背景和作用。就空军文化而言,尽管在源远流长的军事文化体系中是最短的一个分支,但由于坚持了时代性与传承性的统一,所以在历史的进程中发展很快。它既秉承了先进军事文化忠义、尚武、争胜的精髓,又吸纳了航空航天技术装备运用所衍生的敏捷、锐利、规范、豪放等行为要求,形成了勇于担当、挑战风险、科学严谨、强势傲物的文化特质,成为军事文化中最具活力、最具战略意义的新型、高附加值军种文化。在空军发展的过程中,空军文化始终成为建设强大空军的精神凝聚力,不断地推动空军向前发展。

(一)航空兵——空中铁拳显神威

空中铁拳精神,是以志愿军空军第十二师为代表的空军航空兵部队,在抗美援朝战场上不畏强敌、敢打敢拼,在创造辉煌战绩的过程中,锤炼凝结而成的革命精神。它是我军光荣传统和作风在空军航空兵部队的具体体现,是人民空军战斗精神、战斗作风在抗美援朝空战中的生动体现,是激励广大官兵团结奋斗、勇往直前的巨大动力。

1952 年 3 月,刚刚成立一年零三个月的空十二师,就奉命参加抗美援朝作战。全师指战员凭着对党和人民的赤胆忠心,凭着在久经考验的陆军基础上形成的优良传统和作风,凭着钢铁般团结所凝聚的集体智慧和力量,与强大的对手在空中展开激战。在参加作战的 16 个月中,共战斗出动 282 批 3 075 架次,空战 84 次,击落、击伤敌机 67 架,创造了辉煌战绩,打出了国威军威。全师涌现出空军唯一的二等功臣团——空三十四团,集体立功单位 54 个,一级战斗英雄、特等功臣 1 名,一等功臣 9 名,二等功臣 59 名,三等功臣 836 名,在抗美援朝作战史上写下了辉煌的一页。中朝人民联合空军司令员聂凤智称赞该师"像一只有力的铁拳,只要把它伸出去,就一定会把敌人打痛"。空军司令员刘亚楼向中央军委和毛泽东同志汇报空军作战情况时评价说:"空十二师在所有参战部队中,是一番作战打的时间最长的一个师,也是进步最快、战果比最大(击落与被击落之比为 2∶1)的一个师"。该师在抗美援朝战火的洗礼中,形成了具有鲜明特色的光荣传统和战斗作风,这就是以"铁拳般的凝聚力、铁拳般的突击力和铁拳般的打击力"为核心内容的"空中铁拳精神"。

(二)老航校——航空梦开始的地方

1946 年 3 月,我党和我军第一所航空学校——东北民主联军航空学校,也就是东北老航校,在通化正式成立。刚刚诞生就面临着国民党空军的疯狂轰炸,当时老航校既没有高射武器,也没有能打仗的飞机。为了尽量减少损失,航校必须北上向较为安全的地带转移。于是一路上演绎着人推火车、马拉飞机的传奇,从通化到牡丹江,最终到达黑龙江省密山市。

老航校组建初期,人员来自四面八方,有从苏联留学回国的航空技术骨干,有刚参加革命的青年学生,有国民党起义的技术人员,也有日本空军投降人员以及伪满留用人员。我党凭着博大的胸怀把这些人紧紧地团结起来,互相尊重,互帮互学,不搞宗派,不垒山头,形成了一个坚强的战斗集体,克服了重重困难,圆满完成了建校育人的历史使命,并培养了一批空中战斗英雄。老航校精神,是我党在创建东北老航校过程中形成的,为人民空军的建立、成长和壮大发挥了不可磨灭的重要作用。其核心内容是四句话十六个字:团结奋斗、艰苦创业、勇于献身、开拓新路。老航校革命精神是中华民族自强自立精神的生动体现。

(三)英雄营——刺破天青震寰宇

英雄的背后,注定有一段惊天动地的非凡历史和英雄壮举。彪炳史册的地空导弹"英雄营"正是如此:1962年9月9日,年轻的空军地空导弹第二营,将一架窜扰至江西南昌上空的U-2型高空侦察机从万米高空斩落在地。这是空军地空导弹部队第一次击落U-2飞机,也创造了雷达兵首次直接保障地空导弹部队击落U-2飞机的一个开创性战例。二营官兵六进西北,五下江南,在15万千米的漫漫征程中进行艰辛的"地空游击战",先后击落4架高空侦察机,其中包括3架当时世界上最先进的U-2飞机。

"千里眼精织长空天网,英雄营智歼来犯之敌"。在那段战斗岁月里,雷达团配合导弹部队创造了两打U-2飞机、一打P-2V飞机的"三战三捷"的辉煌战绩,培育雷达兵"人在阵地在,人在天线转,人在情报通"的战斗作风、战斗意志和战斗精神。

(四)甘巴拉——"生命禁区"的赞歌

空军雷达兵第四十二团甘巴拉雷达站位于西藏贡嘎县,驻守在被称为"生命禁区"的青藏高原海拔5 374 m的甘巴拉山上,是目前世界上海拔最高的人控雷达站。1965年建站以来,雷达站一代代官兵始终牢记我党我军全心全意为人民服务的宗旨,发扬我军艰苦奋斗的优良传统,以对祖国的赤胆忠心,挑战生命禁区,忠实履行使命,出色完成了军民航引导和空中警戒任务,用青春和热血铸就了"甘愿吃苦、默默奉献、恪尽职守、顽强拼搏"的甘巴拉精神。

甘巴拉精神,是甘巴拉雷达站一代代官兵用热血和忠诚谱写的时代颂歌,是空军部队广大官兵牺牲精神和奉献情怀的生动写照。学习甘巴拉精神,就要耐得住清贫,耐得住寂寞,不怕艰苦,不怕牺牲,扎根军营,默默奉献,无论面临什么样的困难和危险,都能够忠实履行自己的职责,完成好党和人民交给的任务。

(五)机务文化——扎身基层谋奉献

航空机务文化是空军航空机务保障系统经过半个多世纪的工作实践所创造和积累的各种宝贵财富的总和。机务文化的主要内容由三个方面组成:一是人,表述"机务人"的素质养成和队伍建设;二是物,表述机务文化的物质产品和成果;三是事,表述机务文化的发展过程和精神成果。诸如用于机务保障中的各种物质器具和物质设施、工作中的各种规章制度、行为模式和价值观念等都属于机务文化中的一种表现形式。

空军"机械师尖兵"夏北浩同志总结的"三想、四到""三个负责、四个一样",至今仍有弘扬和传承的价值,堪称机务文化的典型范例。航空机务文化的核心就是"机务人"创建的"机务精神"。所谓"机务精神",就是把"忠诚于党、热爱人民、报效国家、献身使命、崇尚荣誉"的军人价值观凝聚在机务实践中所展示出的岗位意识和职业道德。

三、战斗精神

同世界空军强国相比较,我人民空军虽然建立较晚,但是从成立的那一天起,就把培育过硬的战斗精神作为空军部队建设的重要内容,使过硬的战斗精神成为人民空军战胜各种困难和敌人、创造一个又一个战争奇迹的重要精神支柱。

过硬的战斗精神是人民空军艰苦创业的重要精神力量。人民空军是在陆军基础上建立和发展起来的。空军在建立初期,就从陆军部队选拔了一批具有丰富战斗经验的干部,作为航校的领导和骨干力量。不仅如此,早期的飞行员也主要是从陆军经过战斗锻炼的连排干部中选拔培养出来的。从陆军选拔空军建设的骨干力量,主要是由于他们能将在革命战争实践中磨砺的坚强的斗志、勇敢的作风和大无畏的英雄品质迅速融入空军建设中来,为尽快培养空军的飞行人才,建立一支有战斗力的航空兵部队奠定坚实的战斗思想和战斗作风基础。

1950年10月,人民空军担负了抗美援朝作战任务,空军党委提出了"一切为了战斗胜利"的口号,积极开展了"三热爱""三视"教育和战时立功运动等活动,帮助官兵树立正确的战争观,激发高涨的战斗热情和顽强的作战意志,发扬勇于打大仗、打恶仗和不怕困难、不怕疲劳、不怕伤亡的顽强战斗作风。"三热爱"教育主要是对广大官兵进行热爱祖国、热爱朝鲜人民、热爱世界和平教育。通过"三热爱"教育,广大官兵充分认识到抗美援朝战争的意义在于保卫祖国、保卫世界和平,大大激发了敢打必胜的决心、信心和士气,为夺取战争胜利奠定了战斗精神方面的坚实基础。"三视"教育的主要内容是"仇视、鄙视、蔑视美帝国主义"。通过"三视"教育,广大官兵牢固树立了必胜的信心,敢于同美帝国主义进行面对面的较量。此外,还通过开展战时立功运动和"评指挥、评动作、评纪律"等一系列活动激发革命英雄主义精神,把敢打敢拼的战斗作风与求真务实的科学态度结合起来,准确评定成果,及时张榜表彰,从而增强了部队的团结,培养了优良的战斗作风,鼓舞了部队的作战士气。在整个抗美援朝战争中,志愿军空军始终把深入细致的思想教育和生动活泼的宣传鼓动作为鼓舞部队战斗情绪、增强胜利信心、提高战斗力的重要手段,大大激发了广大飞行员的战斗热情。

为了使刚刚成立的航空兵部队都能在空中战场迅速学会打仗,锤炼过硬战斗精神,人民空军采取了轮番参加实战的方式,组织部队进行实战锻炼。与此同时,空军党委还做出了关于指挥机构和干部轮战锻炼的决定,指示当时的华东、华北、中南军区空军的指挥机构以完全换班的形式进行实战指挥锻炼;指示当时的西南、西北军区空军采取实习见学的形式进行实战指挥锻炼。实践证明,轮战的方法对航空兵部队战斗精神的磨砺和战斗力水平的提高,发挥了独特的作用,是人民空军在作战中总结的宝贵经验。

在后来的全面建设和发展过程中,人民空军始终重视培育航空兵部队的过硬战斗精神。如在20世纪70年代的加速训练甲类团规划中,提出了飞行人员要有高度的政治觉悟、严格的纪律和英勇顽强的作风,做到一切行动听指挥,不怕牺牲,敢于近战、夜战,发扬革命英雄主义和拼搏精神。

新世纪新阶段,着眼于新时期的使命任务,人民空军的战斗精神培育与军事斗争准备紧密结合在一起,出台和落实系列政策措施,形成较为完备、能够有序运行的战斗精神培育格局和工作机制,取得了更加明显的成效,形成了"忠诚、勇敢、善战"的空军战斗精神。近年来,空军各部队始终保持了"箭在弦上、引而待发"的战备态势,在执行反"台独"应急作战准备、抗震救灾、奥运空中安保、中俄联合军演等重大任务和行动中,广大官兵不畏艰险、顽强拼搏、连续奋战,表现出高度的政治觉悟、顽强的战斗意志和过硬的战斗作风,为实现强国梦和强军梦,奠定了坚实的精神基础。

思 考 题

1. 什么是航空器？什么是航天器？两者有何区别和联系？
2. 重于空气的飞行器有哪几类？它们各自有什么特征？
3. "神舟"号属于哪一类航天器？这样的航天器有什么特点？
4. 利用网络资源查找"中国首位飞机设计师"和"中国航空第一人"的主要事迹。
5. 军事航空航天在国防事业中的地位作用主要体现在哪些方面？
6. 新世纪新阶段,如何理解人民空军提出的"空天一体、攻防兼备"战略？
7. 空军文化主要体现在哪些方面？

参 考 文 献

[1] 昂海松,童明波,余雄庆.航空航天概论[M].北京:科学出版社,2008.
[2] 谢础,贾玉红.航空航天概论[M].北京:航空航天出版社,2005.
[3] 顾诵芬,张钟林.航空航天科学技术航空卷[M].济南:山东教育出版社,1998.
[4] 朱晖,黄春一,赵元均.战略空军论[M].北京:蓝天出版社,2009.

第二章　航空航天器基本原理

飞行器(航空航天器的统称)为什么能飞行于天际或遨游于太空？这是飞行原理所要阐明的问题。从力学的观点来看,阻碍飞行器飞行的力主要有两种:一是地球的吸引力,这种力试图将飞行器拉回地面;二是空气的阻力,这种力试图阻碍飞行器向前运动。不同的飞行器,克服这两种阻碍的方法也不同。航空器借助空气产生的升力来克服地球的引力,依靠发动机推力/拉力克服空气的阻力。航天器依靠惯性离心力克服地球的吸引,由于是在真空或接近真空中飞行,空气阻力很小,依靠惯性便可向前运动。可见,飞行器飞行原理的差别与各自所处的飞行环境关系密切。因此,本章首先介绍飞行器的飞行环境,然后再分别阐述航空器、航天器的飞行原理以及航空航天动力装置的基本原理,最后介绍航空机载设备。

第一节　飞　行　环　境

飞行器的飞行环境主要包括大气环境和空间环境。大气环境是航空器的唯一飞行环境,空间环境是航天器的主要飞行环境。在大气环境中,空气密度、温度、天气等因素对航空器飞行的影响很大;而空间环境中,各种电磁辐射、高能粒子辐射、等离子体、微流星体等是航天器飞行的主要影响因素。

一、大气环境

大气是地球周围的一层气态物。大气在地球引力作用下聚集在地球周围,大气层总质量的 90% 集中在离地球表面 15 km 高度以内,总质量的 99.9% 集中在地球表面 50 km 高度以内。大气层没有明显的上限,它的各种特性在铅垂方向上变化很大,例如空气压强和密度都随高度增加而降低,温度则随高度变化有很大差异。在离地球表面 10 km 高度,压强约为海平面压强的 1/4,空气密度只相当于海平面空气密度的 1/3。根据大气中温度随高度的变化,可将大气层划分为对流层、平流层、中间层、热层和散逸层 5 个层次。大气层分布如图 2-1 所示。

(一)对流层

这是最靠近地面的一层大气。对流层的上界随地球纬度、季节的不同而变化。在赤道上,其高度在 16～18 km 之间,在高纬度和中纬度上为 8～12 km。这一层由于处在大气的最下层,密度最大,所包含的空气质量几乎占整个大气质量的 3/4。在对流层里空气可以有上下方向的流动,雷雨等现象都发生在这一层,飞行中所遇到的各种天气变化几乎都出现在这一层中。其温度随高度而下降。

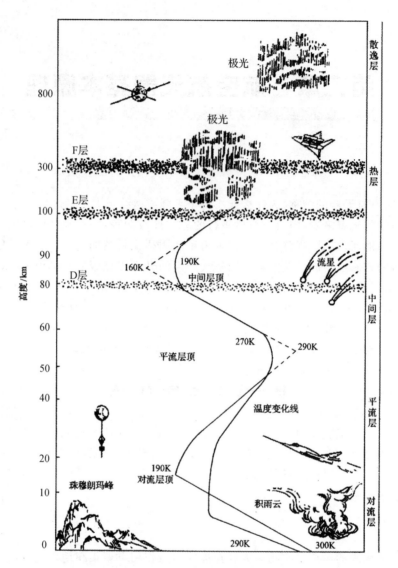

图 2-1　大气层分布图

(二)平流层

平流层位于对流层的上面,其顶界约为 50 km。平流层中的空气约占整个大气质量的 1/4。在平流层中,空气只有水平方向的流动,没有雷雨等现象,故得名为平流层。

随着高度的增加,起初气温基本保持不变(约为 216 K);到 20～32 km 以上,气温升高较快,到了平流层顶界,气温升至 270～290 K。平流层的这种气温分布特征与它受地面影响较小和存在大量臭氧有关。平流层的主要特点是空气沿铅垂方向的运动较弱,因而气流比较平稳,能见度较好。

(三)中间层

中间层为离地球表面 50～85 km 的一层大气。在这一层内,气温随高度升高而下降,且空气有相当强烈的铅垂方向的运动。当高度升到 80 km 左右时,气温降到 160～190 K。

(四)热层

从中间层顶界到离地平面 800 km 之间的一层称为热层。在此层内,空气密度极小,由于空气直接受到太阳短波辐射,空气处于高度电离状态,温度又随高度增高而上升。

(五)散逸层

热层顶界以上为散逸层,它是地球大气的最外层。在此层内,空气极其稀薄,又远离地面,受地球引力很小,因而大气分子不断地向星际空间逃逸。大气外层的顶界为 2 000～3 000 km 的高度。

大气的绝大部分质量集中在对流层和平流层这两层大气内,目前大部分航空器也只在这两层内活动。

大气的物理特性随地理坐标、季节、昼夜和高度而变化。航空器的空气动力特性和动力装置特性都与大气物理特性有关,即使是同一架航空器,其飞行性能也因大气状况而异。为了比较飞行性能的计算结果和试飞结果,飞行力学中采用一种假想的标准大气模型。在这种标准大气模型中排除了地理坐标、季节和昼夜对大气特性的影响。

目前,国际上主要有三种类型的标准大气:国际标准大气、美国标准大气和俄罗斯标准大气。这些标准大气都是根据各国对北纬 40°～50° 区域的地球大气多年观测的结果,加以"模型化"而制定的。我国平均纬度在北纬 35° 左右,接近国际标准大气的纬度,故可直接采用国际标准大气。国际标准大气是由国际性组织(如国际民用航空组织、国际标准化组织)颁布的一种"模式大气",它依据实测资料,用简化方程近似地表示大气温度、密度和压强等参数的平均铅垂分布,并排列成表。国际标准大气取中纬度地点的平均值作为标准。具有以下的规定:大气被看成完全气体,服从气体的状态方程,以海平面的高度为零高度。在海平面上,大气的标准状态:气温为 15℃,压强为 1 个标准大气压,密度为 1.225 kg/m³,声速为 341 m/s。根据上述规定,并通过理论计算,即可以确定各高度处的大气物理状态参数(密度、温度和压强等)。

二、空间环境

空间飞行环境主要是指真空、电磁辐射、高能粒子辐射、等离子体和微流星体等所形成的飞行环境,如图 2-2 所示。

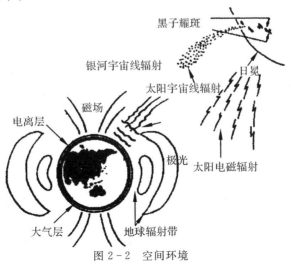

图 2-2 空间环境

（一）地球空间环境

地球空间环境包括地球高层大气环境、电离层环境和磁环境。高层大气密度和压强随高度的增加按指数规律下降，最后接近真空。电离层距地球表面 $60\sim1\,000$ km，在这里大气中的原子在太阳辐射作用下，电离成自由电子和正离子，电子浓度不但随高度变化，还随昼夜、季节、纬度和太阳的活动的改变而变化。

地球本身具有较强的磁场，它从距地球表面 $600\sim1\,000$ km 处开始向远处空间延伸，影响范围向上可达数万千米。磁层中还存在着密集的高能带电粒子辐射带，又称"范爱伦辐射带"，可能会引起航天器材料、器件和人体的辐射损伤。

（二）行星际空间环境

行星际空间是一个真空度极高的环境，存在着太阳连续发射的电磁辐射、爆发性的高能粒子辐射和稳定的等离子体流（太阳风）。这里的环境主要受太阳活动的影响，此外还受来自银河系的宇宙线和微流星体等的影响。太阳向空间辐射各种波长的电磁波，除可见光外，还有红外线、紫外线和 X 射线等。当太阳耀斑发生大爆炸时，可以使宇宙射线增强一万倍，其时间可延续好几个小时，此时可导致地球上的短波无线电通信中断，要想防护或避开都是很困难的。来自银河系的高能带电粒子强度很小，对航天器影响不大。

第二节　航空器飞行原理

航空器按照产生升力的原理可分为空气静力飞行器和空气动力飞行器。空气静力飞行器也称为轻于空气的飞行器，利用空气的静浮力升空，在技术上较易实现。空气动力飞行器也称为重于空气的飞行器，通过飞行器与空气的相对运动产生空气动力，获得支持飞行器的升力。本节主要以空气动力飞行器为对象介绍其飞行原理。

一、空气性质和流动规律

（一）空气主要性质

1. 易流动性

流体是液体和气体的总称。流体与固体不同，它没有确定的几何形状。流体的这种容易流动（或抗拒变形能力很弱）的特性，称为易流动性。航空器的工作介质是空气，空气作为一种流体，它具有易流动性，并且与液体又有所不同。一定量的液体虽无确定的几何形状，但却有一定的体积，在容器中能够形成一定的自由表面。而空气则不同，它连体积也是不确定的，总是能够充满容纳它的整个容器。

2. 连续介质假设

在物理学中，我们知道空气是由大量分子组成的，每个分子都在不停地做无规则的热运动。分子之间距离很大，分子的平均自由程（指一个分子经一次碰撞后到下一次碰撞前平均走过的距离）比分子本身的尺寸大得多。在标准状况下，空气分子的平均自由程约为 6×10^{-6} cm。而空气分子的平均直径约为 3.7×10^{-8} cm，两者之比约为 $170:1$。因此，从微观上来说，空气是一种有间隙的不连续介质。但是航空器的特征尺寸一般以米计，至少以厘米计，比空气分子的平均自由程大得多。在分析空气动力时,空气受航空器的扰动而运动时,必然是大量空气分子一起运动的。因此,一般并不需要详细地研究空气分子的个别运动,而是研究空气的宏观运动。因此我们有理由采用连续介质假设,即把空气看成连绵一片的、没有间隙的、充满了它所占据的空间的连续介质。

采用了连续介质假设后,可以类似于固体定义空气的物理属性,如密度、速度、压力等,它们都可看作是空间的连续函数,可以应用数学分析这一有力工具来处理。连续介质假设是建立在流体分子平均自由程远远小于物体的特征尺寸的基础上的。在某些情况下,例如在 120 km 的高空,空气分子的平均自由行程和飞行器的特征尺寸在同一数量级,连续介质假设就不再成立。例如对于航天飞行器,当其在高空大气层和外层空间中飞行时,空气分子间的平均自由行程很大,这时空气就不能当作连续介质来处理。

3. 压缩性

在一定温度条件下,具有一定质量流体的体积或密度随压力变化而改变的特性,叫作可压缩性(或称弹性)。对空气施加压力,空气的体积或密度会发生变化。也就是说,空气具有压缩性。对于具体空气流动问题,是否应该考虑空气的压缩性,应该根据流动过程中所产生的压力变化是否引起了密度的显著变化而定。一般情况下,当空气流动速度较低时,压力变化引起的密度变化很小,可以不考虑空气的可压缩性对流动特性的影响。

声速 a 是指声波在流体中传播的速度,声波是一个振动的声源产生的疏密波(压缩与膨胀相间的波)。航空器在空气中飞行时将把行进中碰到的流体微团推开并把这些微团加以压紧。物体向前运动挪开后,原来被推开、压紧的微团将膨胀开来,回到其原来的位置。因此,飞机或物体在空气中运动时,在围绕它的空气中也将一直产生着疏密波(或称小扰动波)。它的传播速度也是声速,但不一定听得到,因为人的耳膜只能感受到在一定的振动频率范围内的声波。小扰动波或声波在静止流体中向所有方向以球面波形式传播开去。如果往平静的湖面投掷一块石头,并观察在湖面上形成的水波,可以得到关于声波传播过程的一些几何上的图形概念。

实验表明,在水中声速约为 1 440 m/s(大约 5 200 km/h),而在海平面标准状态下,在空气中的声速仅为 341 m/s(1 227 km/h)。由于水的可压缩性很小,而空气很容易被压缩,所以可以推论:流体的压缩性越大,声速越小;流体的压缩性越小,声速越大。

研究航空器飞行原理时,经常提到来流马赫数 Ma_∞(或称为飞行马赫数)。来流马赫数 Ma_∞ 定义为远前方来流的速度 v_∞(即飞行速度)与飞行高度上大气中的声速 a_∞ 之比,即 $Ma_\infty = v_\infty/a_\infty$。$Ma_\infty$ 是两个速度之比,为一个无量纲量。正如前述,声速越大,空气就越难压缩,这是从空气本身的物理特性来说的。另外,从航空器的飞行方面来看,飞行速度越大,航空器加给空气的压力就越大,空气被压缩就越厉害。因此,来流马赫数 Ma_∞ 的大小可作为判断空气受到压缩程度的指标。Ma_∞ 越大,飞行引起的空气受到压缩的程度就越大;反之,就越小。

在飞行实践中,当 $Ma_\infty < 0.3$ 时,称为低速飞行,这时空气受到压缩的程度很小,可以不考虑空气的可压缩性,即可把空气当作不可压缩的流体来进行理论分析。当 $0.3 < Ma_\infty < 0.85$ 时,称为亚声速飞行;当 $0.85 < Ma_\infty < 1.3$ 时,称为跨声速飞行;当 $Ma_\infty > 1.3$ 时,称为超声速飞行;当 $Ma_\infty > 5.0$,称为高超声速飞行。除了低速飞行外,研究航空器的空气动力都必须考虑空气的可压缩性影响。特别是进入跨声速飞行后,因为压缩性会产生一种称为激波的独特流动现象,将对航空器的空气动力和外形设计带来重大影响。这里提到的划界马赫数,只是一个大概数,航空器的空气动力设计好与坏是会改变划界马赫数的。

4.黏性

黏性是流体的另一个重要物理属性。众所周知,摩擦有两种,即外摩擦和内摩擦。一个固体在另一个固体上滑动时产生的摩擦叫外摩擦,而同一种流体相邻流动层间相对滑动时产生的摩擦叫内摩擦,也叫作流体的黏性。例如,在水槽中的水面上撒些轻而细小的铝粉,观察铝粉在水槽中的流动,很容易发现水的黏性效应(内摩擦现象)。在水槽中心线上流速最大,越靠近壁面,流速越小,紧靠壁面的一层水黏附在壁面上,流速变为零。因此,有速度差的相邻流动层间,即使靠近壁面也是同一种流体之间存在摩擦,即内摩擦。通常以 μ 作为量度流体黏性大小的尺度,称为流体的内摩擦系数或称为流体的动力黏性系数。不同流体的 μ 值各不相同。在常温下,水的 $\mu = 1.002 \times 10^{-3}$ Pa·s,而空气的 $\mu = 1.81 \times 10^{-5}$ Pa·s。

(二)空气流动基本规律

1.相对运动原理

有风的时候,只要静静地站在风中就可以感受到空气迎面扑来,衣服和头发也会随风飘起;没有风的时候,骑上自行车"兜风",依然可以有同样的感觉——空气迎面扑来,吹动了衣服和头发。这说明了一个简单的道理:不论是静止站着还是骑自行车向前行驶,只要和空气之间的相对运动速度相同,就会有同样的感觉。如果航空器也像人一样有"感觉"的话,那么航空器静止不动,疾风吹过时,它的"感觉"和它在静止大气中飞行的"感觉"也应该一样。这就是空气的相对运动原理,具体可描述为当航空器在静止大气中飞行时,作用在航空器上的空气动力和航空器静止,空气以大小相同、方向相反的速度流过航空器时作用在航空器上的空气动力是等效的。

空气运动的相对性原理给研究问题带来很大的方便。根据该原理,将飞机模型安放在风洞中,当风洞中气流的速度和将来飞机的飞行速度相同时,模型的受力情况和飞机就类似。通过测量模型飞机的受力情况,可以近似确定飞机的受力,这就是风洞试验的基本原理(见图2-3)。

图2-3 风洞试验

2. 质量守恒

如图 2-4 所示,让一股空气流过一变截面管道,在管道上取 3 个截面,其截面积分别为 S_1,S_2,S_3。定义单位时间流过横截面面积的流体质量为流体的质量流量,用 q_m 表示。根据质量守恒定律(质量不会自生也不会自灭),流过 3 个截面的质量流量相等,有 $q_{m,1} = q_{m,2} = q_{m,3}$,即

$$\rho_1 v_1 S_1 = \rho_2 v_2 S_2 = \rho_3 v_3 S_3 \tag{2-1}$$

对于不可压缩流体,密度 $\rho_1 = \rho_2 = \rho_3 =$ 常数,则

$$v_1 S_1 = v_2 S_2 = v_3 S_3 \tag{2-2}$$

以上两式称为连续方程。从中可知,对于不可压缩流体来讲,通过流管各横截面的体积流量必须相等。它表明,流管横截面变小,平均流速必须增大;反之,流管横截面变大,平均流速必须减小,否则将违背质量守恒定律。日常生活中,常常可以发现在河床浅而窄的地段,河水流得比较快;在河床深而宽的地段,河水流得比较慢,其原因正是质量守恒要求的结果。

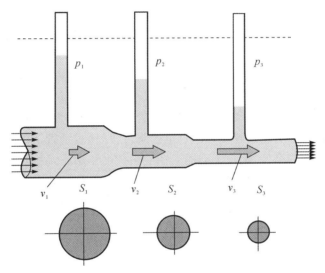

图 2-4 管道实验

3. 能量守恒

能量守恒定律表明,在任何与周围隔绝的物质系统中,不论发生什么变化或过程,能量的形态虽然可以发生转换,但能量的总和保持恒定。

在如图 2-4 所示的管道实验中,在管道上的 3 个截面处分别测量空气的压力,假如气流作低速流动,因为 $S_1 > S_2 > S_3$,所以 $v_1 < v_2 < v_3$,通过试验发现,不仅各截面上的气流速度不同,而且气体的压力也不同,管道截面积小的地方压力低。这一事实表明,在低速流动中,流速大的地方,气体的压力小;流速小的地方,气体的压力大。

瑞士物理学家伯努利首先导出了不同剖面的管道内理想流体的流速和静压的定量关系

$$p_1 + \frac{1}{2}\rho v_1^2 + \rho g z_1 = p_2 + \frac{1}{2}\rho v_2^2 + \rho g z_2 \tag{2-3}$$

或

$$p + \frac{1}{2}\rho v^2 + \rho g z = p_0 \tag{2-4}$$

式(2-4)称为"伯努利方程",这是升力原理的基本方程,也是风速管的测速原理。

式中 p—— 静压(静压就是"压力能",也就是压力。在静止的空气中,其大小等于当时当地的大气压力);

  $1/2\rho v^2$—— 动压(即流体流动时由于流速产生的附加压力,也就是单位体积流体包含的"动能"。它和速度有关);

    p_0—— 总压。

研究航空器时,由于航空器的高度一般较小,可以忽略空气势能的变化。伯努利方程的实质是能量转化和守恒定律,即静压代表的势能和动压代表的动能之间可以相互转化,但它们的总量保持不变。

4. 低速、亚声速和超声速的本质区别

(1)管内流动。由低速流的质量守恒方程和伯努利方程可知,低速流的特点是截面积和气体流速的乘积为一常数,截面积小的地方流速快,截面大的地方流速慢,流速快的地方压力低,流速慢的地方压力高,但动、静压之和为一常值。

低速气流(可近似为不可压缩流体,即 ρ=常数)在管道内的流动变化,如图2-5所示。当管道收缩时,$S_2 < S_1$,$v_2 > v_1$(流速增加),$p_2 < p_1$(静压减小);反之,当管道扩张时,$S_2 > S_1$,$v_2 < v_1$(流速减小),$p_2 > p_1$(静压增加)。此外,沿流动方向流体静压是增加或是减小,对贴近管壁的边界层流动有很大的影响。当管道截面积减小时,沿流动方向静压减小,气流从高压流向低压区(称为顺压梯度),气流流动是顺利的。当管道截面积增大时,沿流动方向静压增大,气流从低压流向高压区(称为逆压梯度),当管道扩张过快时,靠近管道的一薄层空气(称为附面层或边界层)由于黏性内摩擦,消耗了动能。在逆压梯度作用下,附面层内的空气会停止流动甚至倒流,产生附面层从壁面分离的现象,如图2-5(c)所示。读者可在突然变宽的河道边(或渠道边)观察到类似的现象。在喷气飞机进气道的设计中,必须考虑到这一现象,不能把管道横截面积增加得过快。

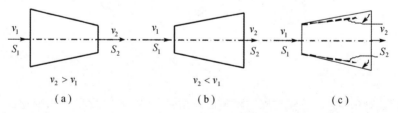

图2-5   低速气流在变截面管道中的流动
(a)收缩管;(b)扩张管;(c)附面层与壁面分离现象

随着气流速度的增加,必须把气流当成可压缩流体。尤其当气流速度接近和高于声速时,大气呈现出强烈的压缩和膨胀现象,压力、密度和温度都会发生显著的变化,气流特性会出现一些不同于低速流动的质的差别。

对于亚声速空气管内流动,虽然要考虑流动中的空气密度变化,但和低速管流没有本质区别。简而言之,收缩管道使亚声速气流增速、减压;扩张管道使亚声速气流减速、增压。

超声速气流在变横截面管道中的流动情况,结论与低、亚声速气流情况的结论完全相反。收缩管道将使超声速气流减速、增压;反之,扩张管道反使超声速气流增速、减压。过去,人们没认识这些规律,总以为只要增大压力差,增大管道的收缩比(S_1/S_2)就能在收缩管道中,不仅使低速气流加速,而且在收缩管道出口截面上获得 $Ma_2>1.0$ 的超声速气流(高速度的喷气流),但始终未能如愿,出口截面上最大也只能得到 $Ma_2=1.0$ 的声速气流。后来经过长期的摸索实践才发现,除了压力差外,还应当选用横截面积先收缩后扩张的管形(后被命名为拉瓦尔管,见图 2-6),才能在拉瓦尔管的出口截面上获得希望的 $Ma_2>1.0$ 的超声速气流。

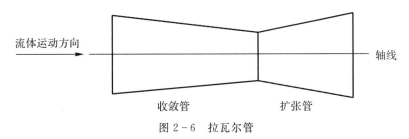

图 2-6　拉瓦尔管

结合前面的叙述,就不难理解这样的结果:先用收缩管形使低、亚声速气流加速,在管道最小横截面处(此处称为拉瓦尔管的喉道)得到 $Ma=1.0$ 的声速气流;接着再用扩张管形使声速气流继续加速变成为超声速气流,再控制出口截面积与喉道截面积的比值大小,在出口截面上就可以得到预期大小的超声速气流。在空气动力学实验设备中,超声速风洞实验段进口前面,就需要安装这样的拉瓦尔管。

(2)激波。如前所述,声波是一个振动的声源使周围空气产生周期性的压力和密度的变化,形成一疏一密的疏密波(压缩与膨胀相间的波)。它以声速向外传播。当空气静止时,声波以扰动源为中心,以声速向外传播。只要时间足够长,扰动会波及整个空间(假设扰动波没有衰减)。当空气具有运动速度时(相当于空气静止,扰动源以一定速度向前运动),一方面,扰动波以声速向外传播,另一方面,扰动波被空气流顺流带走,扰动波的传播速度是以上两个速度的叠加。扰动传播速度在顺流方向上要快一些,在逆流方向上要慢一些。在亚声速流中,只要时间足够长,扰动仍会波及整个空间,只不过扰动波对扰动源来讲不再是球对称了。在声速流中,在逆流方向上,扰动波传播速度为零,扰动波只能遍及扰动源后的半个空间。在超声速流中,如图 2-7 所示,扰动波只能遍及以扰动源为顶点的锥形区域内。在该区域外,"感觉"不到扰动。以飞机飞行为例,可以这样理解,飞机亚声速飞行时,被扰动的空气作为"通信员",跑在飞机前头,"通知"前面的空气预先为飞机"让路";而当飞机超声速飞行时,这个"通信员"已经落在飞机后面了,无法通知前面的空气为飞机"让路",飞机引起的扰动波产生积聚,空气被强烈压缩而形成激波。空气流通过激波后,气流受到阻滞,速度突然减小,压力、密度突然增大。由阻滞而产生的热量使空气温度升高,加温所消耗的能量来自空气动能。动能的消耗会使飞机产生阻力,这种阻力称为"激波阻力",简称"波阻"。

二、固定翼飞机飞行原理

如图 2-8 所示,固定翼飞机(在不致混淆的情况下,以下简称飞机)主要由机翼、机身、尾翼、操纵面、起落架和尾翼构成。

其中机翼是飞机主要的气动面,它最重要的作用是产生升力,飞机机身的基本作用是承受飞机的有效载荷,飞机的操纵面是用于控制飞机飞行状态的舵面,飞机通过操纵面的偏转可以实现俯仰、偏航和滚转运动,飞机起落架用于飞机在机场的停放、滑行,特别是在起飞着陆时保证飞机运动的稳定和安全。

固定翼飞机要飞起来,必须克服地球的引力和空气的阻力,如图 2-9 所示,飞机通过升力克服地球引力,通过发动机推力克服空气阻力。综合来看,飞机飞行时,主要受到三种力的作用:①地球的引力,即重力;②发动机的作用力,即推力;③空气对飞机的作用力,即空气动力,包括升力和阻力。飞机的飞行原理主要利用空气流动的基本规律阐述飞机上的空气动力的成因和变化规律。由于飞机的主要气动部件是机翼,下面先简单介绍机翼,进而介绍作用在飞机上的空气动力,最后介绍飞机的性能、稳定与操纵的基本概念。

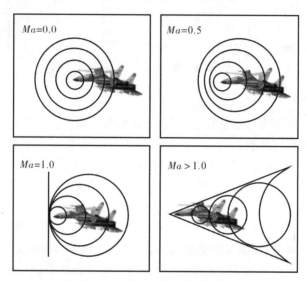

图 2-7　不同飞行速度下声音的传播

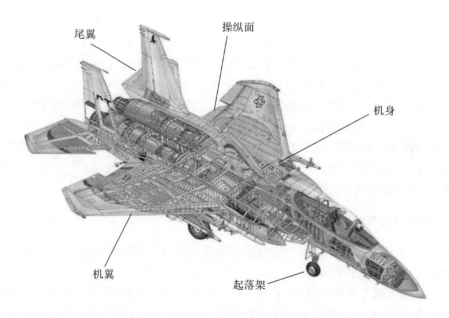

图 2-8　固定翼飞机的主要构成

图 2-9　飞机飞行时的受力示意图

(一)机翼

机翼的形状可以由翼型和机翼平面形状两方面来描述。所谓翼型(也称翼剖面),就是用平行于飞机机身对称平面的切平面切割机翼所得的剖面(见图 2-10)。翼剖面的形状主要有平凸形、双凸形、对称形、圆弧形和菱形等,如图 2-11 所示。平凸形翼型大都用于低速飞机;而高速飞机机翼的翼型,一般都采用对称翼型;超声速飞机的机翼,有时采用前缘较尖的对称翼型,如圆弧形和菱形等。如今,世界各国研究机构实验了数以千计的翼型。在设计飞机时可以根据需要选择。

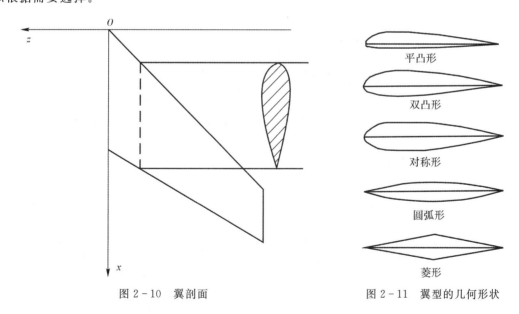

图 2-10　翼剖面　　　　　　　　　　图 2-11　翼型的几何形状

常见的机翼平面形状有矩形、梯形、后掠和三角形等。如图 2-12 所示,以机翼翼根根弦前缘点为坐标原点,x 轴沿机翼对称面内翼型弦线,向后为正,z 轴垂直与飞机对称面向左为正。表征平面形状的主要参数如下:

机翼面积 S:机翼在 xOz 平面内的投影面积。

机翼展长 l:机翼在 z 方向上的最大长度。

弦长 $b(z)$:机翼展向剖面弦长,是展向位置 z 的函数。有代表性的弦长是 $z=0$ 时的根弦

长 $b_r(b_0)$ 和 $z=\pm 1/2$ 时的尖弦长 $b_t(b_1)$。机翼的几何平均弦长 $b_{cp}=\dfrac{S}{l}$。

展弦比 λ:$\lambda=\dfrac{l}{b_{cp}}=\dfrac{l^2}{S}$,一般机翼 $\lambda=2\sim 12$。

根梢比 η:$\eta=\dfrac{b_0}{b_1}$,一般机翼 $\eta=1\sim\infty$。

后掠角 χ:机翼前缘、1/4(1/2)弦线、后缘与 z 轴的夹角分别称为前缘后掠角 χ_0、1/4(1/2)弦线后掠角 $\chi_{1/4}(\chi_{1/2})$,后缘后掠角 χ_1,一般后掠翼飞机 $\chi_{1/4}=35°\sim 60°$。如果飞机机翼前掠,则后掠角变为负值,成了前掠翼。

上(下)反角 ψ:机翼弦平面与 xOz 平面的夹角,即飞机处于水平状态时,机翼与水平面的夹角,如图 2-13 所示,机翼向上时为上反角,向下为下反角。

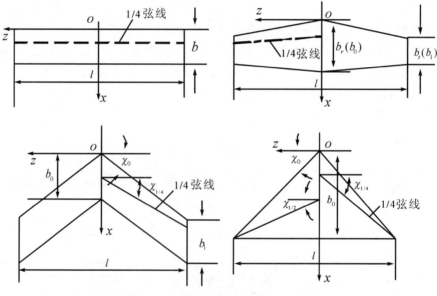

图 2-12 机翼平面形状的主要几何参数

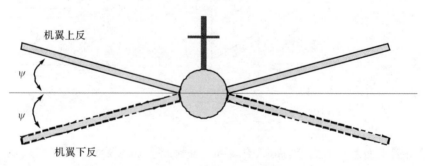

图 2-13 机翼上(下)反角

(二)作用在飞机上的空气动力

空气流过飞机或者飞机在大气中飞行时,空气对飞机的作用力称为空气动力。飞机上的空气动力 R 包括升力 Y(空气动力在垂直于速度方向上的分量)和阻力 Q(空气动力在平行于速度方向上的分量）。显然，人们总是希望飞机的升力大，阻力小，即升阻比 $K = Y/X$ 越大越好。

1. 升力

下面以翼型为例，说明飞机升力的产生过程。为了描述机翼在气流中的位置，引入迎角这一概念。所谓"迎角"就是翼弦与相对流速 v_∞ 之间的夹角，常用符号 α 表示，如图 2 - 14 所示。

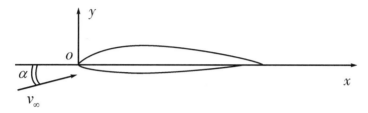

图 2 - 14 翼型的迎角

当低速或亚声速流流过翼型时，如图 2 - 15 所示，平行的空气流接近翼型前缘时开始发生转折，一部分空气向上绕过翼型前缘流经上表面，另一部分空气由翼型下表面流过，最后上下表面的气流在翼型的尖后缘处汇合向后流去。

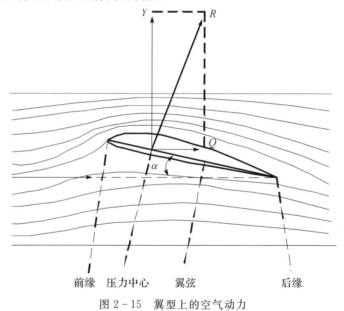

图 2 - 15 翼型上的空气动力

对于具有正弯度的翼型，由于上表面凸起较多而下表面凸起较少（有的甚至是凹的），加上翼型具有一定的迎角，可以想象，流经上表面的气流速度应大于下表面的气流速度。确实从图 2 - 15 中的流线谱可知，气流流过上翼面时，流管收缩变密，速度增大，压力降低，低于前方气流的大气压力。气流流过下翼面时，相反地，由于前端上仰，气流受到阻拦，流线扩张变疏，速度减小，压力增高，高于前方的大气压力，因此产生上下翼面的压力差。这个压力差在垂直于来流方向上的分量就是翼型的升力。

对于超声速流，升力产生的基本机理有所不同。一般超声速翼型采用薄的对称翼型。当超声速流以正迎角流过翼型时，如图 2 - 16 所示，在机翼前缘会产生两道波，下表面为激波，上表面视来流迎角大小可能为激波（迎角大），也可能是膨胀波（迎角小）。超声速来流通过激波（或膨胀波）后，方向转为和翼型表面平行，流到翼型后缘时，超声速气流再通过两道波，方向转为和来流方向平行向后流去。

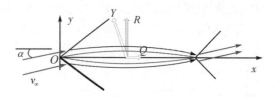

图 2-16　超声速流流过翼型

在正迎角情况下，气流通过前缘激波后，下翼面的气流转折角度大，所以下表面的激波强度较上表面的强度大，气流通过下翼面激波时受压程度大。波后气流压力大，即下翼面受到的压力大。这样翼型上、下表面就产生了压力差。这个压力差在垂直于来流方向上的分量就是翼型的升力。

通过实验和理论的证明，可得出下列"升力公式"用以计算飞机升力大小：

$$Y = C_y \left(\frac{1}{2} \rho v^2 \right) S \tag{2-5}$$

式中　　ρ——飞机所在高度的空气密度；

v——飞机和气流的相对速度；

S——机翼面积；

$1/2\rho v^2$——动压；

C_y——称为升力系数，是一个无因次量，与机翼形状和迎角相关。

对于一种机翼，升力系数和迎角的关系如图 2-17 所示。曲线中升力系数等于零的迎角称为零升迎角，对于正弯度翼型，零升迎角为负值，对于对称翼型，零升迎角就等于零。在一定范围内，升力系数随迎角的增大而增大，升力系数达到最大时的迎角称为失速迎角。当迎角大于失速迎角，升力系数反而下降。究其原因就是当迎角过大时，机翼上翼面上产生较大的逆压梯度，从而使得附面层产生分离，使上翼面压力加大，升力下降。

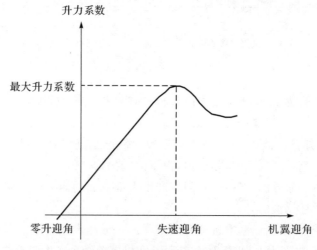

图 2-17　升力系数与迎角的关系

在失速前,机翼的升力系数近似与迎角成正比,以升力线斜率 C_y 表示其比例系数,则 $C_y = C_y^\alpha \alpha$,于是升力的大小可以进一步表示为

$$Y = C_y^\alpha (\alpha - \alpha_0) \left(\frac{1}{2} \rho v^2 \right) S \tag{2-6}$$

从式(2-6)可以得到增加升力的主要措施:①利用增升装置增加机翼面积;②利用增升装置增大翼型弯度,以改变零升迎角和升力线斜率;③利用增升装置改善气流流动情况,延缓附面层分离,增大失速迎角。机翼上常用的增升装置主要有各种襟翼和前缘缝翼,如图 2-18 所示。

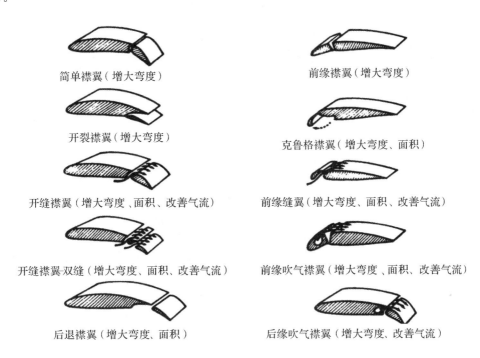

图 2-18　各种增升装置及增升原理

2. 阻力

飞机上不但机翼会产生阻力,机身、起落架、尾翼等都可产生阻力。近代飞机在巡航时,机翼阻力占总阻力的 $25\% \sim 35\%$,因此,不能以机翼阻力来代表整个飞机的阻力。

通常,飞机飞行时应该尽可能地降低阻力,但有时也需要利用阻力。例如,当歼击机同敌机在空中格斗时,有时突然打开减速板,增加阻力,降低速度,便于绕到敌机后方有利位置进行攻击。另外,飞机在着陆时往往利用减速板和减速伞增加阻力以缩短着陆滑跑距离。

按产生阻力的原因来分,低速飞机上的阻力有摩擦阻力、压差阻力、诱导阻力和干扰阻力,跨声速和超声速飞机除具有上述四种阻力外,还会产生激波阻力,简称波阻。在以上阻力中,诱导阻力是由升力产生的,升力为零,诱导阻力也为零。而摩擦阻力、压差阻力、干扰阻力以及激波阻力与升力无关,又统称为零升阻力。

(1)摩擦阻力。黏性是空气的物理特性之一。当气体流过物体表面时,由于黏性的作用,

空气微团与物体表面发生摩擦,阻滞了气流的流动,由此而产生的阻力就叫作摩擦阻力。

如图2-19所示,在靠近机翼表面的空气附面层(边界层)中,气流的流动情况有两种:①附面层中的气流呈分层流动,各层间互不混杂,称为"层流附面层";②附面层中的气流活动杂乱无章,称为"湍流附面层"。一般来说,空气流过物体时,首先形成层流附面层,随空气流过物体距离的增加,层流附面层转捩为湍流附面层。实践证明,层流附面层的摩擦阻力小,而湍流附面层的摩擦阻力大。因此,尽可能在机翼和飞机表面保持层流状态。

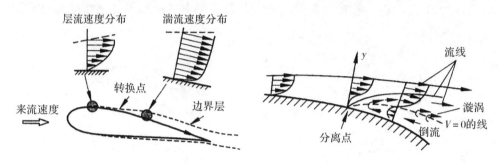

图2-19 翼型表面空气流动

(2)压差阻力。凡是运动的物体因前后压力差而形成的阻力就称为黏性压差阻力。如图2-19所示,在翼型上表面后段,气流受逆压梯度作用产生附面层分离形成涡流区。在涡流区中,随着旋涡一个个地产生和移动,压力也不稳定地变化着。由于空气的旋转运动,便产生动能的摩擦损失,即使流速可以恢复到机翼前部的流速,压力也不能恢复到原来的大小,而要比翼型前部的压力小,这就是产生压差阻力的原因。压差阻力的大小一般通过实验得出。实验结果表明,附面层的分离区越大,压差阻力也越大;反之,压差阻力越小。要减小压差阻力,就要减小气流分离区,就是说要使附面层分离点后移,由于分离点位置与压力梯度及附面层流动状态有关,因此,为减小物面的逆压梯度,通常将飞机的机身、机翼、挂弹架等都做成圆头、尖尾的形状,圆头作用是适应不同的来流方向,尖尾作用使翼型后部边界层不易出现分离,我们就把这样的形状称为流线型。

(3)干扰阻力。飞机的各个部件,如机翼、机身和尾翼等,单独放在气流中产生的阻力的总和并不等于把它们组合成一架飞机时所产生的阻力,而后者往往大于前者。所谓"干扰阻力"指的就是飞机的阻力和单独各个部件阻力代数和的差值,它是由于各个部件组合在一起时,空气流动相互干扰产生的额外阻力增量。换句话讲,飞机的零升阻力等于机翼的零升阻力、机身的零升阻力、尾翼(含平尾和垂尾)的零升阻力和飞机干扰阻力的总和。飞机干扰阻力又包括机翼机身之间的干扰阻力、尾翼机身之间的干扰阻力以及机翼尾翼之间的干扰阻力等。为了消除这些不利的干扰,一般都采用整流片来仔细修改机翼与机身连接部分的外形,"填平补齐",消除分离。

(4)诱导阻力。诱导阻力是伴随升力的产生而产生的。如果没有升力,也就没有诱导阻力。诱导阻力的产生可通过机翼和翼型在迎角大于零升迎角时所出现的流动差别来说明,机翼的翼展为有限值,而翼型的翼展为无限大,即气流流过二元翼型的情况代表了气流流过无限翼展机翼的情况,因此,翼型气动特性代表了无限翼展机翼的气动特性。

气流以正迎角绕流机翼时,机翼产生向上的升力,下翼面的压力必高于上翼面的压力;下翼面的高压气流有向上翼面流动的倾向。对于无限翼展机翼，由于存在无翼尖，上、下翼面压力差不会引起展向流动，展向任一剖面均保持二维特性。对有限翼展机翼来说，由于翼端尖存在，下翼面高压气流通过翼尖（该处上、下表面压力相等）与上表面互相沟通。下表面从翼根剖面产生向外侧的展向流速，上表面产生向内侧的展向流速，使得下翼面流线向翼尖偏斜，上翼面的流线向对称面偏斜，如图 2-20 所示。

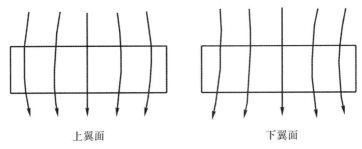

上翼面　　　　　　　　　下翼面

图 2-20　机翼上、下表面流线

由于上、下翼面流线的偏斜，上、下翼面气流在后缘汇合时，又由于展向分速度的突跃在后缘拖出无数条涡线，组成一个涡面，称为机翼的自由涡面。自由涡面在距机翼后缘约一倍展长的地方，由于黏性和涡的相互诱导作用，逐渐卷起并形成一对旋转方向相反的涡卷向后延伸，其轴线大致与来流平行。

尾涡的出现将产生诱导速度场，如图 2-21 所示，它在机翼外侧引起上洗，在机翼内侧引起下洗。所以在飞机机翼上产生一个与升力方向相反的速度分量，称为下洗速度（w）。

上洗流　　　　　　　　下洗流

图 2-21　飞机的尾涡扰作用示意图

由于气流下洗现象的存在，如图 2-22 所示，流过某机翼剖面的气流除了原来向后的相对速度 v 以外又增加了下洗速度 w，它与原来相对速度 v 组成了合速度 u，u 与 v 的夹角就是下洗角 $\Delta\alpha$，下洗角使得原来的迎角 α 减小了。

根据升力的含义，它应与相对速度 v 垂直。可是气流流过机翼以后，由于下洗速度 w 的作用，使 v 的方向改变，向下转摅一个下洗角 $\Delta\alpha$，而成为 u。因此，升力 Y 也应当偏转一个角度，而与 u 垂直成为 Y_1。然而这时飞机仍沿原来 v 的方向前进。Y_1 必然在其上有一投影分力 Q_i。它的方向与飞机飞行方向相反，所起的作用是阻碍飞机的前进。实际上是一种阻力。这种阻力是由升力的诱导而产生的，因此叫作诱导阻力。它是由于气流下洗使原来的升力偏转而引起的附加阻力。

诱导阻力和机翼的平面形状、剖面形状、机翼展弦比有关。减小诱导阻力的主要措施有①首选措施是增大机翼的展弦比λ，使得翼尖下洗严重区在机翼展长中所占的比例减小。②其次是选择适当的平面形状，椭圆形平面形状的机翼诱导阻力最小。③采用"翼尖小翼"来阻挡翼尖绕流，达到减小诱导阻力的目的。

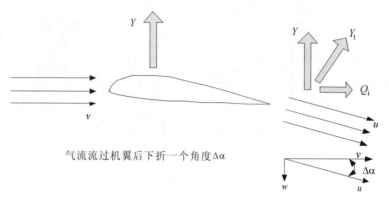

气流流过机翼后下折一个角度Δα

图2-22　诱导阻力产生原理

（5）激波阻力。如前所述，在超声速飞行中会形成激波。空气流通过激波后，气流受到阻滞，速度突然减小，压力、密度突然增大。由阻滞而产生的热量使空气温度升高，加温所消耗的能量来自空气动能。动能的消耗会使飞机产生阻力，这种阻力称为"激波阻力"，简称"波阻"。

波阻的大小取决于激波的强弱，而激波的强弱又取决于飞机外形，尤其是机身和机翼等部件的头部形状。如图2-23所示，头部圆钝产生与飞机脱开的脱体正激波，这种激波强度大，波阻也大；头部尖锐的产生附体斜激波，斜激波强度弱，波阻也小。因此，超声速飞机的头部一般设计成尖锐，机翼翼型一般选用前缘半径很小的对称薄翼型。

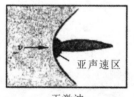
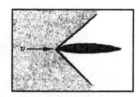

正激波　　　　　　　　　　　斜激波

图2-23　不同头部形状对激波的影响

其实，飞机在接近声速飞行时，飞机表面上的某些部分的速度就可能超过声速，在这些局部超声速区首先形成激波，称为"局部激波"，气流通过"局部激波"后压力增加，从而使得"逆压梯度"增加，导致激波后面的附面层容易发生分离，造成"激波失速"。飞机开始产生局部激波的马赫数称为临界马赫数，它是亚声速和跨声速的分界点。在跨声速飞行阶段，随飞行马赫数增加，局部激波不断发展移动，所以，跨声速飞行时飞机的升力起伏不定，作用在机翼上的空气动力压力中心也会前后振荡。

除采用尖锐前缘的部件外形外，减小波阻的主要手段是采用后掠翼。如图2-24所示，虽然当飞机飞行速度v超过临界速度，但垂直于机翼前缘的有效速度分量$v\cos\chi$可能仍然小于临界速度，从而推迟出现激波。由于垂直于机翼前缘的有效速度分量的减小，即使出现激波，其强度也较弱，从而有效减小波阻。

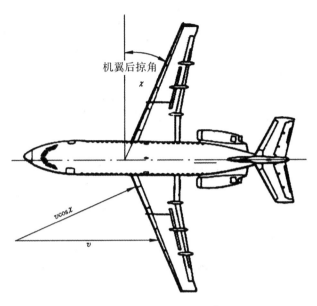

图 2-24　后掠翼的减阻作用

(三)飞机的飞行性能与品质

飞行器不仅要"能飞",而且应该"飞得好"。飞行性能和品质就是判断飞行器能否"飞得好"的主要标准。飞行性能指的是飞行器的飞行能力,比如能飞多高,能飞多快,能飞多远等;飞行品质主要指的是飞行器的稳定性和操纵性,即飞行器操纵起来是否方便,飞行员(乘客)感觉是否舒适等。飞行性能太差,就不会有太大的实用性,飞行品质太差,驾驶员就不容易有效控制飞行器,严重时可能酿成飞行事故。

1.性能

固定翼飞机的飞行性能主要包括速度性能、高度性能、续航性能、机动性能和起飞着陆性能等。

(1)速度性能。固定翼飞机的速度性能指标主要有平飞最大速度和平飞最小速度。

平飞最大速度是指飞机在一定飞行高度上进行水平直线飞行,发动机满油门状态所能获得的最大速度。当飞行速度较大时,随飞行速度增大,飞行阻力增加,发动机推力也必须增加以克服阻力。当速度增加到一定程度时,发动机推力达到最大,这时的速度就是平飞最大速度。由于发动机推力和飞行阻力随高度的变化而变化,因而不同高度上飞机的平飞最大速度是不同的。

平飞最小速度是指飞机在一定高度上可进行等速直线水平飞行的最小速度。飞机的平飞最小速度越小,飞机起飞着陆距离就越短,对于空投运输机,能使空投物资和伞兵的散布面积越小。飞机平飞时,必须保持升力等于重力,即 $C_y \frac{1}{2}\rho v^2 S = G$。速度越小,要求飞机的升力系数越大(飞行迎角越大)。当速度减小到一定程度时,飞机的升力系数增大到最大升力系数(迎角增大到失速迎角),此时的速度就是平飞最小速度。

(2)高度性能。固定翼飞机的高度性能指标主要有上升率(爬升率)、理论静升限和实用静升限。

上升率(爬升率)v_y是指飞机在等速直线飞行中单位时间内上升的高度,其最大值称为最大爬升率,是衡量歼击机性能的重要指标。飞机在爬升时,发动机推力不仅要克服飞行阻力,还要克服重力分量。发动机推力克服飞行阻力后的剩余部分叫作剩余推力,它用于飞机爬升,剩余推力越大,爬升能力越强。

理论静升限是飞机能保持等速直线水平飞行的最大高度,也就是最大上升率为零的高度。飞机在上升过程中,随着飞行高度增加,发动机的剩余推力逐渐减小,最大上升率逐渐降低(见图 2-25)。当飞机上升到某一高度时,剩余推力恰好为零。该高度就是理论静升限。

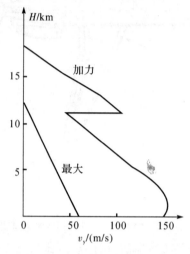

图 2-25 上升率曲线及升限

实用静升限:理论静升限多少只有理论上的意义。实际使用一般都在稍低于静升限的高度上飞行。实用静升限指的是在给定飞机重量发动机工作状态(最大加力、最大或额定状态)下,飞机在垂直平面内等速爬升时,对于亚声速飞行,最大上升率为 0.5 m/s 时的飞行高度;对于超声速飞行,最大上升率为 5 m/s 时的飞行高度。

(3)续航性能。固定翼飞机的续航性能指标主要有航程、活动半径和续航时间。

航程:飞机在不空中加油的情况下所能达到的最远飞行距离,如图 2-26 所示。对于飞机而言,飞机的巡航速度和最大升阻比是决定航程的重要因素;对飞机发动机而言,每千米耗油率(飞行 1 km 的耗油量)是决定飞机航程的重要因素。

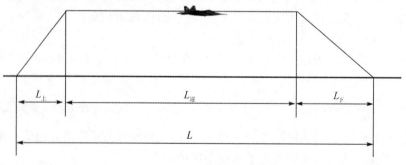

图 2-26 飞机的航程

活动半径:飞机由机场起飞,到达空中某一位置,完成一定任务(空战、投弹等)后返回原机场所能达到的最远单程距离,也称为作战半径,如图 2-27 所示。飞机作战半径一般小于飞机航程的一半,它是衡量歼击机的重要性能指标。

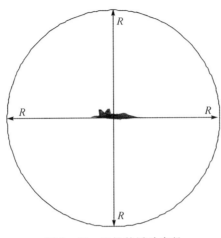

图 2-27　飞机的活动半径

续航时间:飞机耗尽燃料所能持续飞行的时间。续航时间一般在最大载油量和最小燃油消耗率的情况下得到。续航时间对于长航时飞机、巡逻机、反潜机十分重要,飞得越久意味着可以更好地完成巡逻和搜索任务。

(4)机动性能。机动性能是指飞机在飞行过程中改变飞行速度、高度以及飞行方向的能力。飞机能在越短的时间间隔内,根据飞行员的意愿和操纵,迅速改变飞行速度、高度和方向,飞机的机动性越好。根据要改变的运动参数,飞机的机动性可分为速度机动性、高度机动性和方向机动性。它们分别表征飞机迅速改变飞行速度、高度和方向的能力。飞机的机动飞行按其航迹的特点可分为水平机动性、垂直机动性和空间机动性。在完成飞行任务,夺取空中作战优势的飞行中,飞机的机动性起着十分重要的作用,是军用飞机战术技术性能指标的重要组成部分。

因为重力矢量可以看成是一个常矢量,改变飞机运动状态的控制力是空气动力和发动机推力的合力。这个合力越大,改变飞机运动状态的能力就越大,飞机的机动性就越好。描述这个控制力大小的参数是过载,其定义为除重力以外,作用于飞机上的一切外力的合力与飞机重量之比,其方向沿着该合力的方向。常用的过载分量是飞机的法向过载,它等于飞机升力与重力之比。

飞机的机动动作主要有俯冲、跃升、水平盘旋、筋斗、斜筋斗、战斗转弯、横滚、战斗半滚(又称半筋斗翻转)、半滚倒转和过失速机动等。其中俯冲、跃升和筋斗为飞机在铅垂面内的机动,水平盘旋为飞机在水平面内的机动,斜筋斗、战斗转弯、横滚、战斗半滚(又称半筋斗翻转)和半滚倒转为飞机的空间机动。

俯冲:飞机用势能换取动能,迅速降低高度而增加速度的机动飞行动作,如图 2-28 所示。俯冲按航迹变化也可以分为三部分:进入俯冲段、直线俯冲段和改出俯冲段。攻击机(强击机)在对地轰炸时往往采用俯冲轰炸,飞机在直线俯冲段投弹,便于瞄准目标。

跃升:飞机以动能换取势能,迅速增加飞行高度的机动飞行,如图 2-28 所示。跃升飞行航迹一般可以分为进入跃升段、直线跃升段和改出跃升段。在作战使用中,利用这种机动,可以迅速取得高度,获得有利的作战态势、追击高空目标或规避敌机火力。

水平盘旋:飞机最常见的水平面内机动飞行是转弯。连续转弯使航向变化大于360°的,叫作盘旋。对于战斗机而言,水平盘旋的半径、周期(盘旋一周需要的时间)越小,就越容易绕到敌机后面进行尾追攻击。影响最小盘旋半径、最小盘旋周期的因素很多,粗略分析时可认为最大升力系数决定最小盘旋半径和最小盘旋周期。

筋斗:飞机在垂直平面内航迹倾角改变360°的机动飞行,如图2-28所示。航迹倾角由0°改变到180°的筋斗前半部分机动飞行称为半筋斗飞行。

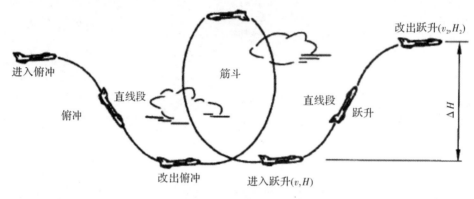

图2-28 飞机俯冲、筋斗和跃升

斜筋斗:斜筋斗的轨迹位于与水平面成一 χ 角的空间平面内[见图2-29(a)]。其飞行动作实际上是筋斗和盘旋结合起来的一种特技动作,如果 χ 角不大,它接近于非定常盘旋。

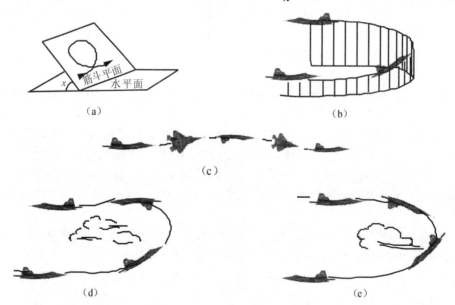

图2-29 常见的空间机动动作

(a)斜筋斗;(b)战斗转弯;(c)横滚;(d)战斗半滚;(e)半滚倒转

战斗转弯:飞机迅速上升,在增加高度的同时改变飞行方向180°的机动飞行,称为战斗转弯,又称上升转弯,如图2-29(b)所示。在操纵上,转弯前半段主要是增加高度,后半段在增加高度的同时增大滚转角和偏航角,使飞行方向改变180°。

横滚：飞机基本保持原运动方向,高度改变小,且绕纵轴滚转的飞行动作称为横滚。按滚转角的大小,横滚可分为半滚(滚转180°)、全滚(滚转360°)和连续横滚。全滚飞行动作如图2-29(c)所示。全滚时,由于升力方向不断改变,重力得不到升力的平衡,飞机会自动掉高度。为了使全滚改出不掉高度,应使飞机处于上升状态,使全滚前半段增加一定高度,以弥补后半段所掉高度。

战斗半滚(又称半筋斗翻转)：战斗半滚是在铅垂平面内迅速增加高度的同时改变飞行方向180°的机动飞行,如图2-29(d)所示。其前段的轨迹与筋斗相同,当飞机快到达筋斗的顶点时,使飞机沿纵轴滚转180°,然后平飞,所以后半段动作与半滚相似。

半滚倒转：半滚倒转是在铅垂平面内迅速降低高度的同时改变飞行方向180°的机动动作,如图2-29(e)所示。该特技动作是首先使飞机绕纵轴滚转180°(半滚),然后完成筋斗的后一半动作。

过失速机动：飞机在超过失速迎角后仍能作可控的机动飞行。正常飞机超过失速迎角后由于附面层分离将会失去控制。机动性很好的战斗机如米格-29、苏-27等,虽然能超过失速迎角完成"眼镜蛇""尾冲"等动作,如图2-30所示,但在动作过程中难以有效控制飞机速度和机身指向,不能算是真正意义上的过失速机动。

过失速机动是第四代战斗机的重要特性,一般需要采用推力矢量技术,如F-22可控迎角达到60°。在60°迎角情况下,飞机可在约1s内使机头指向改变90°,使得飞机容易将机头对准敌机,获得抢先开火的机会。典型的过失速机动为赫布斯特机动,如图2-31所示,飞机从一定速度进入,急拉杆至迎角超过失速迎角($\alpha=70°$),并伴随速度骤减；随后在过失速状态下进行绕速度矢量滚转,力图以最小半径、最快地改变机头指向180°；再推杆卸载和利用重力下滑加速,最后返回小迎角飞行。显然该机动的最大特点是其转弯半径较常规机动显著减小,从而能使飞机迅速占据有利位置或迅速将头指向目标,获得抢先开火的机会,在空战中占有明显的优势。攻击完成后,飞机恢复到原始速度/能量状态较快,具备了准备再次进攻或躲避敌人进攻的能力。

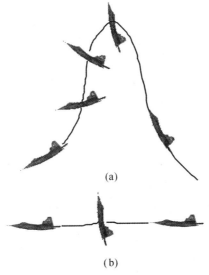

(a)

(b)

图2-30　"尾冲""眼镜蛇"动作

(a)尾冲机动；(b)眼镜蛇机动

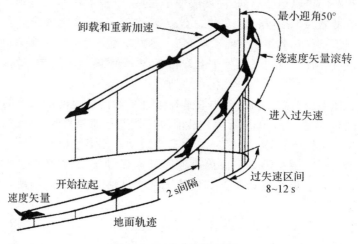

图 2-31　赫布斯特机动

（5）起飞着陆性能。衡量飞机起飞着陆性能的主要指标是起飞距离和着陆距离。起飞距离和着陆距离直接关系到需用机场跑道的长短和机场范围的大小。过长的跑道、过大的机场范围，无论从经济或军事作战方面来看都是不利的。但是，如果起飞距离过长，而机场跑道长度不足或机场范围太小，飞机则不能起飞；勉强起飞则容易引起飞行事故。

如图 2-32 所示，起飞前，飞机滑行到起飞线上，飞行员把油门杆推到起飞位置，同时使用刹车使飞机停在起飞线上。起飞时，飞行员松开刹车使飞机沿跑道加速滑跑。当飞机滑跑速度达到某一速度时，飞行员拉杆抬起前轮。当滑跑速度达到一个确定的速度（叫作离地速度）时，飞机开始离开地面，作加速上升飞行。对于歼、强类飞机，飞机上升到 15 m 时，起飞过程结束。这个高度，叫作起飞安全高度。我国军用标准规定，轰炸、运输类飞机的起飞安全高度为10.5 m。飞机从起飞线滑跑开始到加速上升到起飞安全高度的整个运动过程叫作起飞。可以看出，起飞过程大体上可分为两个阶段：起飞滑跑阶段（地面段）和上升加速阶段（空中段）。飞机从起飞线滑跑开始到飞机离地瞬间所经过的距离叫作飞机的起飞滑跑距离；飞机从离地速度开始至加速上升到起飞安全高度所经过的水平距离叫作上升前进距离；起飞滑跑距离和上升前进距离之和叫作飞机的起飞距离。飞机的起飞距离主要取决于发动机推力大小和离地速度。离地速度越小，飞机越容易起飞，有利于减小起飞距离；发动机推力越大，则飞机加速和爬升越快，起飞距离越短。

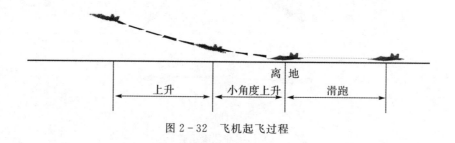

图 2-32　飞机起飞过程

如图 2-33 所示,飞机着陆过程包括从安全高度开始的下滑、接地、滑跑减速至完全停止的整个过程。飞机从安全高度下滑时,发动机基本上处于慢车工作状态,飞机以着陆速度直线下滑,至高度 8~10 m,飞行员开始将拉平飞机,至高度 1 m 左右拉平过程结束,进入平飘。然后飞机平飞减速飘落接地。飞机着陆性能主要是指着陆距离,也就是整个着陆过程中飞机运动所经过的水平距离。与起飞距离一样,着陆距离也由两段组成:从着陆安全高度开始到接地瞬间结束的下滑前进距离(空中段)和由接地开始至飞机完全停止瞬间的着陆滑跑距离(地面段)。飞机的着陆距离主要取决于着陆接地速度以及落地后的减速性能。着陆接地速度越小,着陆距离越小;为改善落地后的减速性能,现代飞机除机轮刹车外,还广泛采用减速板、减速伞、反推力装置等来减小着陆距离。为减小离地和接地速度,现代飞机基本都采用不同的增升装置来改善起飞着陆性能。

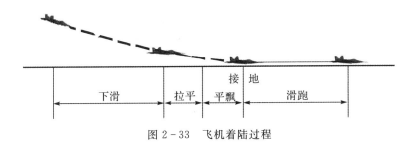

图 2-33　飞机着陆过程

2. 稳定性

如果飞机受到扰动后,在飞行员不进行任何操纵的情况下能够自动恢复到受扰动前的原始状态,则称飞机是稳定的;如果不能恢复甚至更加偏离原始状态,则称飞机是不稳定的。

如图 2-34 所示,建立固连于飞机的机体坐标系,坐标系原点 O 在飞机的质心上,纵轴 Ox 沿机头指向前方,竖轴 Oy 在飞机对称面内指向机体上方,横轴 Oz 垂直于飞机对称面。飞机绕 Ox,Oy 和 Oz 轴

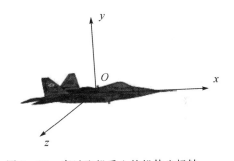

图 2-34　穿过飞机重心的机体坐标轴

的转动分别称为滚转、偏航和俯仰运动,其中滚转和偏航运动往往耦合在一起。

飞机绕 Oz 轴的稳定性叫作纵向稳定性,也叫作俯仰稳定。飞机主要靠焦点和重心位置保证俯仰稳定。当迎角变化时,飞机各个部件的升力都要改变,飞机各个部件升力增量的合力作用点,称为飞机的焦点。换句话说,飞机焦点就是迎角变化而引起的整个飞机升力增量的作用点。除机翼外,决定飞机焦点位置的主要部件是飞机水平尾翼。

如图 2-35 所示,如果飞机原来以一定的迎角作水平直线飞行,受向上阵风的扰动,飞机抬头,迎角增加。那么在飞机的焦点上,就会产生一个向上的升力增量,若飞机重心位于其焦点之前,它对飞机重心形成使机头下俯的稳定力矩,使飞机逐渐恢复到原来的飞行状态。同样,如果扰动使飞机低头,则恢复力矩使飞机抬头,即飞机是稳定的。由此可以得出一个重要结论:飞机的重心若位于飞机焦点之前,飞机具有纵向稳定性,飞机重心位于焦点之后,则飞机便失去纵向稳定性。

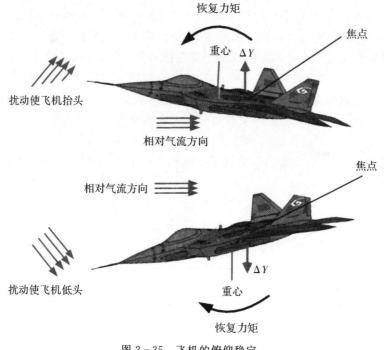

图 2 - 35　飞机的俯仰稳定

　　飞机绕 Oy 轴的稳定性叫作航向稳定性,也叫作方向稳定。飞机主要靠垂直尾翼来保证飞机的方向稳定。如图 2 - 36 所示,当飞机受到扰动使得机头右偏,气流与垂直尾翼之间就有了迎角,在垂直尾翼上产生侧力,相对于重心形成飞机的方向恢复力矩,使飞机恢复原来的飞行方向。

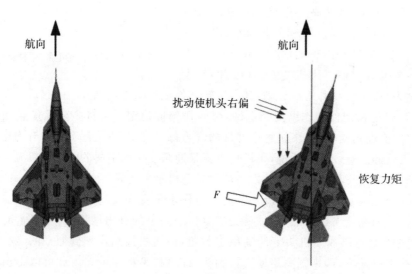

图 2 - 36　飞机的方向稳定

飞机绕 Ox 轴的稳定性叫作横向稳定性,也叫作滚转稳定。飞机主要靠机翼上反角、后掠角来保证飞机的横向稳定。早期采用直机翼的飞机为保证横向稳定性采用机翼上反;现代高度飞机采用大后掠机翼,横向稳定性足够,不需要机翼上反,有时由于横向稳定性太强,还需要机翼适当下反。

需要注意的是,飞机的滚转和偏航运动往往耦合在一起,飞机的横向和方向稳定性也紧密联系,需要配合适当。

3. 操纵性

飞机除了具有做稳定飞行,并且有适当的机构保证这种稳定飞行的能力之外,还应具有良好的操纵能力,才能飞行。实际上,飞机如果不稳定,虽然很困难,还能勉强飞行。然而飞机如果不能操纵,则是根本不能飞行的。

一架飞机在稳定飞行时,倘若驾驶员用不大的力加在驾驶杆或脚蹬上,改变某一个操纵面的偏转角度,飞机很快地做出反应,改变其飞行状态,这架飞机的操纵就是灵敏的,或者是好操纵的。倘若反应很慢,则是操纵不灵敏,或不好操纵的。倘若没有反应,或者反应错误,则是不能操纵的。

飞机的操纵包括俯仰操纵、方向操纵和滚转操纵,分别通过三个操纵面——升降舵、方向舵和副翼来进行的。转动这三个操纵面,在气流的作用下,就会对飞机产生操纵力矩,使其绕横轴、竖轴和纵轴转动,以改变飞行姿态。

飞行中操纵升降舵,飞机就绕着横轴转动。飞行员向后拉驾驶杆,经传动机构传动,升降舵便向上偏转,这时,水平尾翼上的向下附加升力产生对飞机横轴的力矩,使机头上仰[见图2-37(a)];向前推驾驶杆,则升降舵向下偏转,使机头下俯图[见2-37(b)]。现代的超声速飞机,多以全动式水平尾翼代替只有升降舵可以活动的水平尾翼。因为全动式水平尾翼的效能比升降舵的效能高得多,可以改善飞机超声速飞行的纵向操纵性。

飞行中操纵副翼,飞机便绕着纵轴转动。向左压驾驶杆,左副翼向上,右副翼向下,这时左机翼升力减小,右机翼升力增大,使飞机向左倾斜[见图2-37(c)];向右压驾驶杆,则右副翼向上,左副翼向下,飞机便向右倾斜。如果是用驾驶盘的飞机,则左转或右转驾驶盘,与左右压杆的操纵作用是一样的。

飞行中操纵方向舵,飞机则绕竖轴转动。蹬左脚蹬,方向舵向左偏转,垂直尾翼上的空气动力产生对飞机竖轴的力矩,使机头向左偏转[见图2-37(d)];蹬右脚蹬,则方向舵向右偏,机头也向右偏转。

飞行员操纵飞机时,手脚的操纵动作是和人们运动的本能反应相一致的。当手脚协同操纵时,飞机就会做出各种复杂的飞行动作。

三、直升机飞行原理

直升机上产生升力的部件是旋翼,旋翼由桨叶和桨毂组成,桨毂安装在旋翼轴上,桨叶连接在桨毂上。旋翼的本质其实是"旋转的机翼",旋翼的翼型类似于固定翼飞机的翼型,旋翼产生升力的原理也和固定机翼类似,其基本依据都是伯努利方程。当然,由于旋翼的旋转运动,旋翼上的空气动力和固定机翼也有不少差别。

如图2-38所示,所有翼型上的升力在旋翼桨叶上的合力称为升力或旋翼拉力,用于克服直升机重力;翼型阻力产生的合力矩称为阻力矩,由发动机产生的力矩来克服。

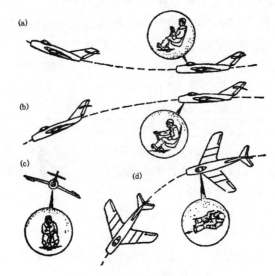

图 2-37　飞机的操纵示意图

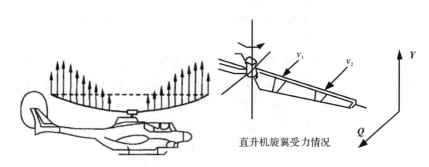

直升机旋翼受力情况

图 2-38　直升机旋翼上的空气动力

旋翼旋转时会产生一个反作用力矩,使机身逆着旋翼旋转的方向在空中"打转",这种有害的反作用力矩称为反扭矩。单旋翼直升机靠尾桨产生的力矩来克服,如图 2-39 所示。双旋翼直升机的两个旋翼旋转方向相反,可以相互抵消(见图 2-40)。无尾桨直升机利用旋翼气流来平衡反扭矩,如图 2-41 所示。

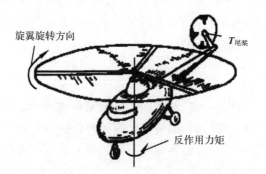

图 2-39　单旋翼直升机反作用扭矩的克服

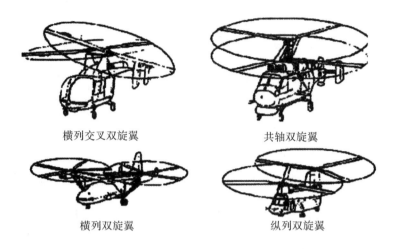

横列交叉双旋翼　　　　　　　　共轴双旋翼

横列双旋翼　　　　　　　　纵列双旋翼

图 2-40　双旋翼直升机反作用扭矩的相互抵消

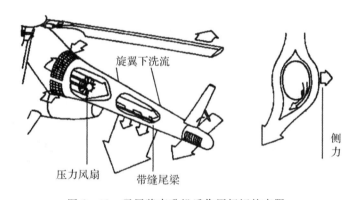

旋翼下洗流

侧力

压力风扇　　　带缝尾梁

图 2-41　无尾桨直升机反作用扭矩的克服

　　在直升机悬停或垂直飞行状态时,旋翼桨叶和空气之间由于旋翼的旋转产生相对运动,桨叶的气流相对速度分布相对于旋翼中心是对称的,因此各片桨叶上产生的升力和阻力相对于旋翼中心也是对称的。在一定的旋转速度下,通过设置在旋翼桨毂上的变距铰来改变桨叶安装角的大小,就可以改变桨叶翼型的迎角,从而改变旋翼拉力的大小,实现悬停、垂直上升或下降。

　　在直升机前飞、侧飞、后飞和各种机动飞行时,各片桨叶上的气流相对速度分布相对于旋翼中心是不对称的。以前飞为例,如图 2-42 所示,图中 v_0 为直升机前进速度,v 为圆周速度,两者叠加形成桨叶上的气流相对速度,v_1,v_2 分别为左右桨叶上两对称剖面的气流相对速度。显然,$v_1 < v_2$,即桨叶上的气流速度分布不对称。由于桨叶上的气流速度分布不对称引起桨叶上的升力分布不对称。右边前行桨叶升力大于左边后行桨叶升力,这样就会产生一个绕直升机重心的力矩,使直升机横向倾斜。随直升机速度的增大,左右两侧的气流不对称性加剧,直升机横翻力矩增大,可能使直升机横翻坠毁。另外,当左边后行桨叶旋转到右边成为前行桨叶时,升力增大,此时,右边前行桨叶旋转到左边成为后行桨叶,升力减小。这种周期变化的桨叶拉力对桨叶叶根形成很大的交变弯矩,加速桨叶的疲劳破坏。

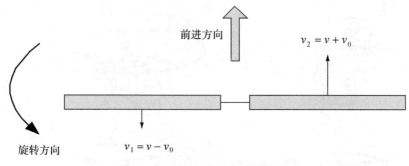

图 2 - 42　直升机前飞时的相对风速

　　由于气流速度不对称引起的横翻力矩和疲劳破坏问题在相当长的时期内使得直升机无法投入实际使用,阻碍了直升机的发展。为了解决这些问题,通常在直升机的旋翼桨毂上设置挥舞铰(水平铰)和摆振铰。安装挥舞铰后,桨叶旋转轨迹呈倒置圆锥,同时采用变距铰、挥舞铰和摆振铰的桨毂称为全铰接式桨毂。全铰接式桨毂结构复杂,制造和维修成本高,随着技术的发展,出现了许多新型的桨毂形式,如无铰式、星形柔性式、球柔性式和无轴承式桨毂等。

　　直升机在飞行中可以改变倒置圆锥的旋转轴线方向,从而改变旋翼拉力方向,实现前飞、侧飞、后飞和各种机动飞行,如图 2 - 43 所示。

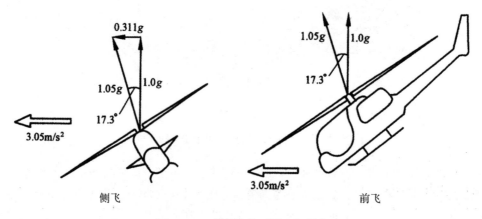

图 2 - 43　直升机的不同飞行状态

第三节　航天器运行原理

一、天体运动规律

　　要进行宇宙航行,首先要了解宇宙天体的运动规律,自然天体的基本运行规律是开普勒行星运动三大定律和牛顿万有引力定律。17 世纪德国天文学家开普勒提出了行星运动的三大定律(见图 2 - 44～图 2 - 46):

　　第一定律(椭圆定律):所有行星绕太阳的运动轨道都是椭圆,而太阳位于椭圆的一个焦点上。

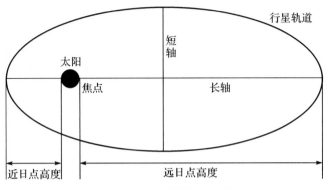

图 2 - 44 开普勒第一定律

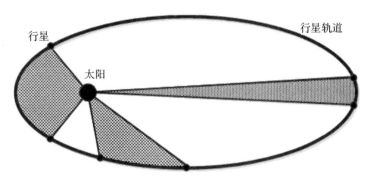

图 2 - 45 开普勒第二定律

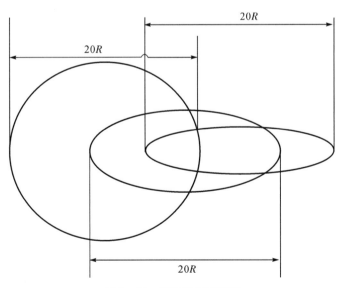

图 2 - 46 开普勒第三定律

第二定律(面积定律):在相等的时间内,行星与太阳的连线所扫过的面积相等。

第三定律(调和定律):行星运动周期的二次方与行星至太阳的平均距离的三次方成正比,或者说,行星运动周期的二次方与椭圆轨道的半长轴的三次方成正比,即行星公转的周期只和半长轴有关。行星椭圆轨道的半径越大,周期就越长,而且周期只取决于半长轴。如图2-46所示为三种不同椭圆度的轨道,它们的半长轴相等,周期也就相同,随后牛顿导出万有引力定律。他认为,天体的运动是由于天体间存在引力,引力作用下的天体都在按一定的速度和轨道运行。运行轨道是一个圆锥曲线(或二次曲线),即圆、椭圆、抛物线和双曲线。

卫星绕地球运动的轨道多为椭圆轨道(圆轨道是椭圆轨道的特例),它是一条闭合的轨道(见图2-47)。而抛物线和双曲线轨道是非闭合轨道,它们可以延伸到无穷远,因此是脱离地球引力飞向太阳,乃至脱离太阳引力,飞离太阳系的运行轨道。

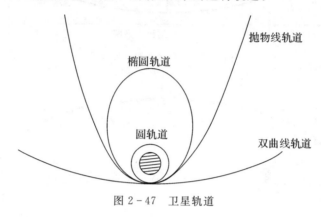

图2-47 卫星轨道

要使物体飞离地球像天体那样作轨道飞行,首先需要获得一定的速度,即宇宙速度。一般分为环绕速度、脱离速度和逃逸速度。

环绕速度是指人造天体在地球的某一高度上围绕地球进行圆周运动所需要的最小速度,也称为第一宇宙速度。脱离速度是指人造天体在地球的某一高度上摆脱地球引力,进入太阳系,成为太阳系人造行星所需要的最小速度,也称为第二宇宙速度。逃逸速度是指人造天体在地球的某一高度上摆脱太阳的引力,飞出太阳系,成为恒星际航天器所需要的最小速度,也称为第三宇宙速度。表2-1为不同高度下的宇宙速度。

表2-1 不同高度下的宇宙速度

离地面高度/km	第一宇宙速度/(km·s⁻¹)	第二宇宙速度/(km·s⁻¹)	第三宇宙速度/(km·s⁻¹)
0	7.912	11.189	16.7
500	7.619	10.725	—
1 000	7.356	10.403	—
5 000	5.924	8.378	—
35 800	3.107	—	—

当飞行器达到第一宇宙速度才能克服地球引力而环绕地球飞行,不落回地球表面;飞行器达到第二宇宙速度可以脱离地球飞向太阳系的其他行星;飞行器速度提高到第三宇宙速度就可以飞离太阳系。

二、运行轨道

(一)地球轨道

地球轨道又称为卫星轨道,是指从卫星与运载火箭分离开始,到卫星返回地面为止,卫星质心的运动轨迹。

1. 地心赤道坐标系

地心赤道坐标系以地心为坐标原点,z 轴指向北极,x 轴和 y 轴组成的平面就是赤道平面,x 轴指向春分点方向,y 轴与 x 轴垂直。从地球上看,太阳从空间走过的路线即地球绕太阳公转的轨道称为黄道。由于黄道和赤道之间有一个 $23.5°$ 的夹角即赤黄交角,因此黄道和赤道有两个交点。我们规定,太阳由南向北经过赤道的这一点叫作升交点,在天文上也叫作春分点,用符号 γ 表示,太阳经过这一点的日子一般为 3 月 21 日。地心与升交点的连线即为 x 轴。和升交点相对的那一点为降交点,也就是秋分点。

地心赤道坐标系是建立在地球上的,即把宇宙空间看作以地心为球心的无限大球体,宇宙空间上的每个天体都可以投影到地球上。所以每个天体的位置都可以用三个量来表示:一个量是地心到这个天体的距离(地心距);一个是赤经,它是从春分点所在的经圈沿赤道度量,向东为正,向西为负;一个是赤纬,它从赤道开始度量,向北为正,向南为负。

地球卫星轨道的空间位置可以在地心赤道坐标系中描述,从而得到描绘卫星运动的一组独立参数,称为轨道要素(见图 2-48)。

2. 轨道要素

确定卫星空间位置的轨道要素一般采用以下 6 个参数:轨道半长轴、轨道偏心率、轨道倾角、升交点赤经、近地点幅角和过近地点时刻。

(1)轨道半长轴。它的长度是椭圆长轴的一半,可用千米或地球赤道半径或天文单位为单位。根据开普勒第三定律,半长轴与运行周期间有确定的换算关系。

(2)轨道偏心率。它是椭圆两焦点之间的距离与长轴长度的比值。偏心率越大,椭圆越扁。偏心率等于 1 时是抛物线轨道,偏心率大于 1 时是双曲线轨道。

(3)轨道倾角。它是轨道平面与地球赤道平面的夹角。用地轴的北极方向与轨道平面的正法线方向的夹角度量。倾角小于 $90°$ 时为顺行轨道,卫星从西(西南或西北)向东(东北或东南)运行。倾角大于 $90°$ 时为逆行轨道,卫星运行方向与顺行轨道相反。倾角等于 $90°$ 时为极轨道。

(4)升交点赤经。当轨道倾角不为 0 时,轨道与赤道也有两个交点。卫星由南向北经过赤道的这一点叫升交点,由北向南经过赤道的这一点叫降交点。春分点与升交点对地心的张角叫升交点赤经,以春分点向东度量为正。

(5)近地点幅角。它是近地点与升交点对地心的夹角,沿卫星运动方向从升交点量到近地点,近地点幅角决定了椭圆轨道在轨道平面的方位。

(6)过近地点时刻。它是卫星经过近地点的时刻,以年、月、日、时、分、秒表示。用这个时刻作为卫星在轨道上的时间起量点,通过计算可以得出卫星在任意时刻到达轨道上的哪个位置。

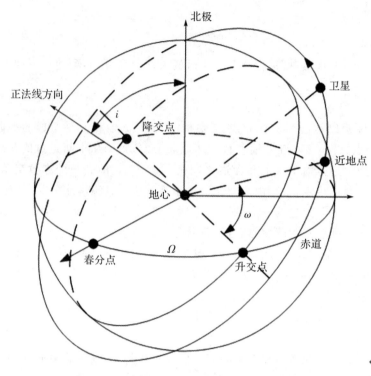

图 2-48　轨道要素

3. 卫星轨道

卫星轨道为一开普勒轨道。根据卫星分类的不同和承担任务的不同,卫星轨道可分为多种。

(1)圆轨道与椭圆轨道。不同的轨道高度有不同的圆轨道速度,如在 1 000 km 高的轨道上,如果入轨速度正好是 7.35 km/s,而且入轨速度方向和当地水平线平行,就可以形成圆轨道。入轨速度大小和方向,这两个条件只要有一个不满足,就形成椭圆轨道,严重的还不能形成轨道,而是进入大气层损毁。因此,实际运动中的卫星轨道没有一条是偏心率正好等于 0 的圆轨道。但是为了设计和计算上的方便,把偏心率小于 0.1 的轨道近似地看作圆轨道或近圆轨道,除此之外的都是椭圆轨道。

(2)顺行轨道与和逆行轨道。轨道的顺行和逆行是以卫星飞行方向来区分的。从北极看,凡卫星飞行方向和地球自转方向相同的轨道,就是顺行轨道,与此相反的叫逆行轨道。顺行轨道的轨道倾角小于 90°;逆行轨道的轨道倾角大于 90°。从运载火箭发射方向看,凡向东北或东南方向发射的卫星,可以利用地球的自转速度,形成的轨道将是顺行轨道;而向西北或西南方向发射的卫星将形成逆行轨道。卫星不可以利用地球的自转速度,因此需要更多燃料。

(3)地球同步轨道。地球自转一周的时间是 23 h 56 min 04 s,运行周期与它相同的顺行轨道就是地球同步轨道。对地面上的观察者来说,每天相同时刻卫星会出现在相同的地方。如果这种轨道是倾角为 0 的圆轨道,则在地面上的人看,在这种轨道上运行的卫星是静止不动的,所以称为地球静止轨道,在地球静止轨道上运行的卫星为静止卫星。静止卫星距地面 35 786 km,飞行速度为 3.07 km/s。地球同步轨道的精度要求很高,稍有偏差卫星就会漂离静止位置,因此要求卫星必须具有轨道修正能力。

(4)太阳同步轨道。轨道面在空间不是固定不动的,它绕地球自旋轴转动,当转动的角速度(方向和大小)和地球公转的平均角速度(每年 360°)一致时,这样的轨道称为太阳同步轨道。

太阳同步轨道的倾角大于 90°,即它是一条逆行轨道,运载火箭须向西北或西南方向发射。因为是逆着地球自转方向发射,所以发射同样质量的卫星要选用推力较大的运载火箭。由理论推算知,当倾角达到最大(180°)且是圆轨道时,太阳同步轨道的高度不会超过 6 000 km。

太阳同步轨道上运行的卫星,以相同方向经过同一纬度的当地时间是相同的。例如,当卫星由南向北经过北纬 40°上时为上午 8 点(当地时间),那么以后卫星只要是同一方向飞过这个地方的时间都是当地时间上午 8 点。因此,只要选择好适当的发射时机,就可以使卫星飞过指定地区时始终有较好的光照条件,并且卫星在这些区域的上空始终处在太阳光的照射下,这时太阳能电池可以充足供电而不会中断。对地观测卫星(如气象卫星、地球资源卫星、侦察卫星)要求拍摄清晰的地面目标图像,因此一般都采用太阳同步轨道。

(5)极轨道。轨道倾角在 90°附近的轨道叫极轨道。在这种轨道上运行的卫星每圈都经过南北两极,气象卫星、导航卫星、地球资源卫星常采用这种轨道,以便俯瞰包括两极在内的整个地球表面,实现全球覆盖。

(6)回归轨道。卫星在轨道上飞行时,投影到地球的点(当不考虑地球的扁率时,卫星与地心的连线与地球表面的交点)叫作星下点,随着卫星在空间的运动和地球自转,使得星下点的位置在地面不断移动,形成星下点轨迹。对于星下点轨迹周期性重复的轨道称为回归轨道。在回归轨道上飞行的卫星,每经过一个周期(几小时、几天或几周),卫星依次重新经过各地上空,这样可对卫星覆盖区进行动态监视,以发现这一段时间内被观测区域内目标的变化。如果结合回归轨道和太阳同步轨道设计成太阳同步回归轨道,则对监视某一区域的军事目标、自然灾害等将非常有利。

卫星在轨道运行过程中除受地心引力作用外,还会受到太阳引力、月球引力、其他天体引力、大气阻力、太阳光辐射压力等作用的影响。尽管这些作用力与地球引力相比很小,但仍然会使卫星偏离预定轨道。为了保持卫星预定轨道,卫星需要有一定的修正能力。利用卫星上的动力调整卫星的速度,修正轨道参数,使卫星运行轨道与标准轨道的偏离量限制在给定范围内称为轨道保持。对不同高度的卫星轨道保持的方法也有所不同。

(二)月球轨道

月球轨道是指航天器从地球出发到达环月球飞行或登陆月球的过程中其质心的运动轨迹。采用绕月轨道的航天器是月球探测器,采用登月轨道的探测器包括登月飞船和登月探测器。

月球探测器从地面发射到月球有多种方式,常用的有四种类型:

第一种:运用运载火箭先把月球探测器送入近地圆轨道上,星、箭分离后,靠月球探测器自行加速进入地月转移轨道而到达月球[见图 2 - 49(a)]。

第二种:用运载火箭把月球探测器送入环地球飞行的大椭圆轨道,星、箭分离后,通过月球探测器在椭圆轨道的近地点处加速来进入地月转移轨道,最终到达月球[见图 2 - 49(b)]。

第三种:运用运载火箭把月球探测器加速到入口速度,直接送入地月转移轨道而到达月球

[见图 2-49(c)]。

第四种:运用运载火箭把月球探测器送至地月引力平衡点处,然后在此处使月球探测器加速进入环月轨道[见图 2-49(d)]。

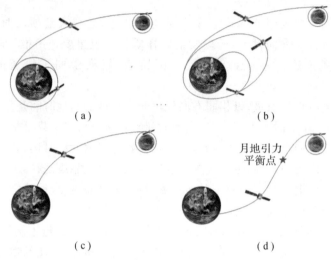

图 2-49 月球探测卫星奔月方式

其中前三种方式在过去的探月活动中都曾使用过,它们各有特点。使用第一种方式实现奔月所需的时间最长,使用第三种方式需要的时间最短。决定轨道的选择因素,是火箭的推力、卫星质量的大小、卫星上发动机的推力和卫星携带推进剂的总质量等。

根据"嫦娥"一号卫星的使命和性能以及我国现有运载火箭的能力,经过精确地分析和计算,为了用最小的成本实现奔月过程,"嫦娥"一号卫星选择了第二种轨道飞行方式,即由运载火箭将"嫦娥"一号首先送入环绕地球的近地大椭圆轨道,然后卫星在该轨道的近地点分三次加速,从而进入地月转移轨道,到达月球后再经过几次减速使它成为月球卫星。"嫦娥"二号卫星则运用运载火箭把月球探测卫星直接送入地月转移轨道,然后经过近月制动而进入月球轨道,完成月球探测任务后进入深空探测轨道。

"嫦娥"一号和"嫦娥"二号卫星轨道特点:火箭把"嫦娥"二号送入远地点高度接近 3.8×10^5 km 的直接奔月轨道,而"嫦娥"一号的入轨点远地点高度只有约 5 100 km;由于采用了不同的轨道设计,"嫦娥"二号约用 5 天即可到达月球,将"嫦娥"一号近 14 天的奔月时间大大缩短;"嫦娥"二号卫星环绕月球飞行的轨道高度为 100 km,比"嫦娥"一号距月球近了 100 km。

(三)星际轨道

星际轨道是指航天器在星球间飞行和着陆的过程中其质心的运动轨迹。星际轨道包括行星际轨道和恒星际轨道,在太阳系内的轨道称为行星际轨道,超出太阳系范围则称为恒星际轨道。

行星际轨道可分为靠近目标行星飞行的飞越轨道、环绕目标行星飞行的行星卫星轨道、在目标行星表面着陆的轨道、人造行星轨道(日心轨道)和飞离太阳系轨道。

发射探测行星或太阳的航天器时,一般先要进入绕地球飞行的停泊轨道。在这一轨道上飞行时,测控站计算飞向行星的最佳路线和出发时间,然后航天器加速,以相对于地球的逃逸速度,沿双曲线轨道脱离地球引力作用,进入日心轨道,成为人造行星。此时,航天器相对于地球的逃逸速度应换算成相对于绕太阳飞行的人造行星轨道速度。

　　航天器沿日心轨道飞行,到达某个行星的引力作用球边界(行星的引力作用范围)时,航天器的日心轨道速度要换算成相对于该行星的飞行速度,这个速度也达到了对应于该行星的逃逸速度。航天器以双曲线轨道在该行星作用球内飞行。如果双曲线轨道和行星相遇,则航天器将与行星相撞,产生硬着陆。

　　为了使航天器能长期对行星进行探测,或在行星上实现软着陆,就必须使航天器减速,达到围绕该行星飞行的椭圆(或圆)轨道速度。这样航天器就能被行星引力场捕获,成为该行星的人造卫星,它运行的轨道就是行星卫星轨道。根据任务需要,航天器也可进行轨道机动或降低轨道高度,以利于在航天器上拍摄行星照片,或向行星上释放小型着陆舱等。

　　如果要在行星上着陆,可先从航天器上分离着陆舱,着陆舱脱离行星卫星轨道,向着行星表面飞行。此后,启动着陆舱上的动力减速装置或利用行星大气阻力减速,最终实现在行星上软着陆。着陆过程中和着陆后的探测数据可通过在行星卫星轨道上运行的航天器发回地球。

　　此外,也可利用行星引力场助推(即当航天器在行星的背阳面飞行时,航天器的速度将增加),使航天器进一步加速,航天器将掠过这颗行星,飞向另外一颗行星。甚至经过几次引力场助推后,使航天器获得脱离太阳系的速度,飞离太阳系。

三、发射与返回

(一)发射

　　发射航天器的任务主要由运载火箭来完成。运载火箭携带航天器从地面起飞,到达某一飞行高度后把航天器送入运行轨道,这段飞行轨迹称为发射入轨。航天器进入运行轨道的初始位置称为入轨点,入轨点也是运载火箭最后一级发动机推力的终止点。航天器入轨点的运动状态参数决定了航天器运行轨道的轨道要素。

　　运载火箭发射弹道的设计,要满足运载火箭在入轨点的运动状态,把航天器送入预定的运行轨道。根据入轨情况的不同,运载火箭的发射入轨可分为直接入轨、滑行入轨和过渡入轨三大类型。

　　1. 直接入轨

　　运载火箭从地面起飞以后,各级火箭发动机逐级连续工作,并按预定程序转弯。发动机工作结束时,运载火箭的角度和速度都已达到入轨要求,因此可以直接把航天器送入预定轨道,完成航天器的入轨任务,如图 2 - 50 所示。这种发射轨道适用于发射低轨道的航天器。

　　2. 滑行入轨

　　运载火箭的滑行入轨飞行程序如下:首先是一个主动段,在此阶段火箭从地面起飞,并加足了它飞行时所需的大部分动能,然后关闭发动机;接下来进入自由飞行段,这时火箭依靠其所获得的动能在地球引力作用下进行自由飞行,一直到与所要达到的轨道相切的位置;最后再次进入一个主动段,这时发动机再一次点火,最后加速到使火箭达到入轨要求的速度,将航天器送入轨道,如图 2 - 51 所示。这种入轨方式多用于发射轨道高度为 2 000 km 以下的航天器。

　　3. 过渡入轨

　　过渡入轨的运载火箭其运动轨迹可分为加速段、驻留段、再加速段、过渡段和最后加速入轨段。其中 3 个加速段为动力飞行段,其余的驻留段和过渡段为自由飞行段。

从第一个加速段到驻留段,航天器可以像直接入轨一样经过一个加速段进入围绕地球的圆形轨道;也可以像滑行入轨那样经过两个加速段进入圆形驻留轨道。航天器在驻留轨道上自由运行时,可以根据对入轨点的要求,选择适当的时间和位置启动发动机,使航天器加速脱离驻留轨道,进入一个椭圆轨道,这一椭圆轨道叫作过渡轨道。当达到椭圆轨道的远地点时,发动机再次点火加速,使其达到入轨所要求的速度,从而使航天器进入目标轨道。过渡入轨的飞行过程如 2-52 所示。

采用过渡入轨的优点在于可以较充分地对驻留轨道进行观测,并且可以任意选择转移轨道的起点,有利于对入轨点的测控。这种入轨方式多用于发射高轨道航天器,如地球静止卫星和环月探测器。这种方式虽然多了一个加速段,但也增大了入轨点选择的灵活性。

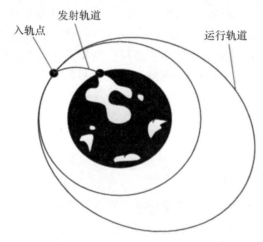

图 2-50　航天器的直接入轨

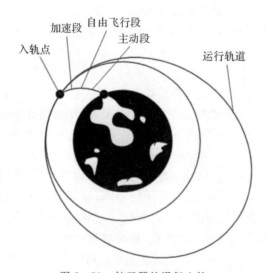

图 2-51　航天器的滑行入轨

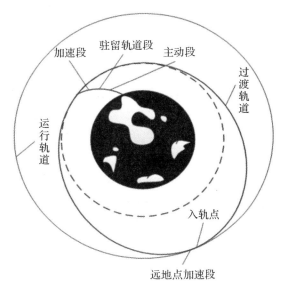

图 2 - 52　航天器的过渡入轨

(二)返回

返回型航天器在空间完成预定的飞行任务后,须将航天员、胶片、生物试样、月球或行星土壤样品等送回地面。返回是返回型航天器整个飞行任务的最后阶段,也是整个飞行任务成败的最终标志。

航天器返回技术就是使航天器脱离原来的运行轨道进入地球大气层,并在地面安全着陆的技术。航天器的返回是一个减速、下降的过程,即航天器耗散动能和位能的过程。航天器返回技术的实质就是对航天器所具有的巨大能量——动能和势能的处置。

航天器在轨道上的运动是在有心力场作用下基本上按天体力学规律的运动。改变运动速度可使航天器脱离原来的运行轨道转入另一条轨道。若速度的变化使航天器转入一条飞向地球并能进入大气层的轨道,便有可能实现返回。地球大气虽然稀薄(尤其是高层大气),但如果再入体有较大的阻力面积,气动阻力所产生的减速仍足以将其速度大大减小。至今再入航天器都是利用地球大气层这一天然条件,应用气动减速原理实现地面安全着陆的。

航天器返回一般有两种方法。一种是轨道衰减法或制动椭圆法,这种方法利用地球高层稀薄大气的微弱阻力使航天器运行轨道自然降低,然后进入稠密大气层以实现返回。采用这种方法返回虽然简单,但很难预计着陆时间和位置,而且需要很长的制动时间,因此这种方法只是在载人航天的初期,准备在发生故障无法实现航天器的强制返回时,作为一种备用的应急返回方案。另一种是直接进入法,即应用变轨的原理,强制航天器脱离原来运行轨道再入地球大气层实现返回。

直接进入法一般分为四个步骤:离轨、过渡、再入和着陆。

1. 离轨

利用火箭发动机的冲量来改变航天器的运行速度,使它转入一条能进入地球大气层的过渡轨道,是最有效的强制离轨方法。具有变轨能力的航天器(如"哥伦比亚"号航天飞机、"阿波罗"号飞船)直接由变轨发动机提供离轨冲量。无变轨能力的航天器(如"水星"号飞船、"双子星座"号飞船、"东方"号飞船、"发现者"号卫星)则须有专门的制动火箭。

2. 过渡

从离开原运行轨道到进入大气层为止,航天器在大气层外沿过渡轨道返回时基本按天体力学规律运动。返回起点不同,航天器沿过渡轨道返回的航程长短也相差悬殊。从月球返回的航程长达 40×10^4 km,历时 60 h。根据需要,航天器在途中可再次启动变轨发动机修正轨道,以确保穿入再入走廊。环地轨道返回的过渡段较短,仅数百千米至数千千米,历时几分钟至几十分钟,航天器不再进行轨道修正,由离轨条件保证其安全返回。

3. 再入

航天器返回时重新进入大气层称为再入。再入航天器以宇宙速度进入大气层将经受严酷的再入环境,但通过再入航天器气动外形的合理设计和再入轨道控制,可以使航天器在再入大气层过程中既达到减速目的,又保证制动过载和气动加热不超过允许的限度。按航天器气动特性和轨道特征,再入有弹道再入和升力再入两种方式。

4. 着陆

作为弹道式或半弹道式再入航天器的返回舱,经再入气动减速后,在下降到 20 km 以下的高度时达到稳定下降速度。如果不进一步采取减速措施,返回舱将以 150~200 m/s 的稳定下降速度冲向地面,这是不能允许的。为此,返回舱必须有回收系统,逐级展开气动力减速装置(如降落伞),使返回舱进一步减速,直至以一定速度垂直下降,安全着陆或溅落。

航天器返回后要进行及时回收,航天器的回收区可设在陆上,也可设在海上。陆上回收区应选择地势平坦、开阔、视野好、人烟稀少、交通较方便并且位于现有测控站附近的地方;海上回收区应选择海况较好,在附近岛屿上有测控站的海域。美国载人飞船回收区设在太平洋夏威夷群岛的南北两侧海域,航天飞机助推火箭的回收区设在离发射场 260 km 的大西洋海面上。俄罗斯的回收区设在陆地上。我国"神舟"系列飞船的回收区设在内蒙古中部的草原上。

美国航天飞机返回地面时需要着陆场。美国肯尼迪航天中心有专门的航天飞机着陆场,着陆跑道长 4 800 m,宽 91 m,两端各有 305 m 的安全超越滑行道。美国爱德华空军基地是航天飞机的紧急着陆场。

第四节　航空与航天动力

为飞行器提供动力,推动飞行器前进的装置称为动力装置,也称为推进系统,是飞行器上比较复杂的系统之一。从狭义上讲,动力装置就是发动机(有时还包括螺旋桨和辅助系统等),它不但为飞行器提供推力,通常还为飞行器的供电、液压、环控等提供能源动力,因此常被人们形象地称为"飞行器的心脏",它直接关系到飞行器的性能、安全性和经济性。

动力技术是航空航天的核心技术,从广义上讲,推进系统就是航空航天技术发展的发动机。历史经验表明,一代航空发动机成就一代飞机,一代火箭发动机成就一代航天器。例如在第四代战斗机的"4S"标准中,"超声速巡航"和"超机动能力"都主要是取决于第四代涡轮风扇发动机的性能和技术水平。在"隐身能力"方面,发动机进气道的雷达反射量约占飞机雷达总反射量的 1/4,飞机的红外特性更是与航空发动机密切相关;航空发动机提供的强大电力是"超视距打击"的基本保证。为发展大型空间实验室和航天飞机都必须首先发展数百吨甚至上千吨级以上推力的大型液体和固体火箭发动机。

一、推力的产生与推进系统的分类

推进系统是利用反作用原理为飞行器提供推力的。根据牛顿第三定律,推进系统驱动一种工质(工作介质,通常是空气或者燃气)沿飞行相反方向加速流动,工质就在飞行器上施加一个反作用力,推动飞行器前进的这个反作用力就是推力。根据牛顿第二定律可以知道,推力的大小与单位时间所加速的工质质量及工质速度成正比。

火箭发动机是一种常见的航天推进系统。如图 2-53 所示是液体火箭发动机的工作原理。将燃料和氧化剂注入燃烧室后,会产生大量的高温气体。高压气体加速流到发动机的喷管喉道后,速度达到声速。气体通过发动机的喷管喉道后,继续加速,达到高超声速,并迅速排放,产生巨大推力。为了提高火箭的推力,可以增加每秒钟排出的气体量,或增加气体速度,或两者都增加。从航天器发射图片可以看到大型火箭在高速状态下会排出大量气体。

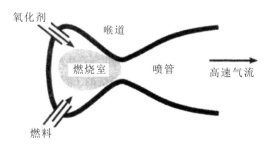

图 2-53　液体火箭发动机的工作简图

航空推进系统的工作原理与火箭发动机的非常相似,作用在飞机上的推力就是通过螺旋桨加速气流或喷气式发动机排气产生的反作用力。

推力的大小等于单位时间所加速的气体质量与气体速度的乘积。但是,如果增加喷气速度,消耗的功率会随速度的二次方增大。若喷气速度增加 1 倍,可用功率会增加 1 倍,而所消耗的功率是之前的 4 倍! 如果将喷气量增加 1 倍的话,可用功率同样可以增加 1 倍,但消耗功率仅增加 1 倍。一般来说,最佳的航空推进系统应该在消耗功率最小的状态下产生最大的推力,因此设计师们更偏爱加大喷气量来获得更大的推力,而不是通过增加喷气速度。

航空与航天推进系统常见的分类原则有以下两种。

一是按产生推力的原理分为螺旋桨推进系统和喷气式推进系统(见图 2-54),前者只能在大气层内使用,而后者又可以进一步细分为空气喷气发动机、火箭发动机和组合发动机。

二是按是否以空气作为氧化剂参与发动机工作分为吸气式发动机和非吸气式发动机。吸气式发动机必须吸进空气作为燃料的氧化剂,所以不能到稠密大气层之外工作,一般所说的航空发动机都是指这类发动机。火箭发动机完全依靠自身携带的推进剂工作,能够在高空和大气层外使用,所以它是运载火箭、导弹和各种航天器的主要动力装置。尽管火箭发动机也可以在大气层能工作,但一般不能重复使用、工作时间较短、效率较低,所以一般不作为航空器的动力。组合发动机是两种或两种以上不同类型发动机的组合,包括不同类型空气喷气发动机之间的组合,以及空气喷气发动机与火箭发动机之间的组合等。

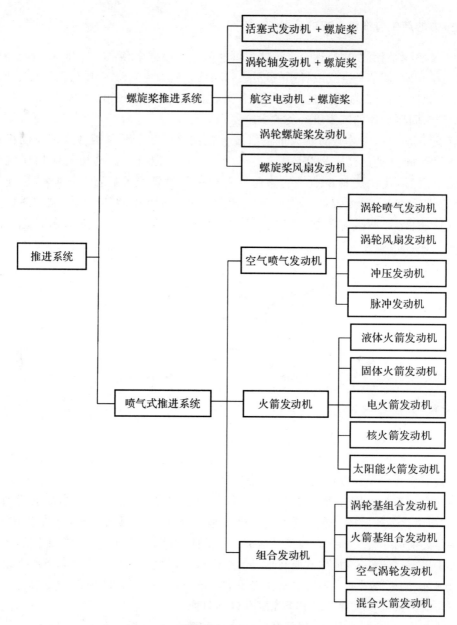

图 2-54　按发动机产生推力的原理分类

不同类型的发动机有其不同的特点,适用于不同类型和使用范围的飞行器(见表 2-2)。

表 2-2　各种发动机的适用范围

飞行器类型	主要动力装置
歼击机、歼击轰炸机	涡轮喷气发动机、涡轮风扇发动机
轰炸机、运输机、大型特种飞机	涡轮喷气发动机、涡轮风扇发动机、涡轮螺旋桨发动机、螺旋桨风扇发动机

续表

飞行器类型	主要动力装置
教练机、通用飞机、大中型无人机	活塞式发动机、涡轮喷气发动机、涡轮风扇发动机、涡轮螺旋桨发动机
小型无人机	活塞式发动机、航空电动机、涡轮喷气发动机
直升机	活塞式发动机、涡轮轴发动机
飞艇等浮空器	活塞式发动机、航空电动机、涡轮螺旋桨发动机
空对空导弹	固体火箭发动机、冲压发动机、各类组合发动机
空对地(海)导弹、地(海)对地(海)导弹	固体火箭发动机、涡轮喷气发动机、涡轮风扇发动机、冲压发动机、各类组合发动机
地(海)对空导弹	固体或液体火箭发动机
航天器发射	液体或固体火箭发动机
航天器轨道机动与姿态控制	各类火箭发动机
临近空间飞行器	各类组合发动机

实际上，并不存在一种绝对"好"的发动机，从图 2-55 中可以看出，航空发动机都有一定的适用速度范围。

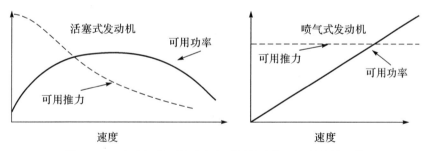

图 2-55　发动机的可用功率与可用推力是飞机速度的函数

本节着重介绍常规火箭发动机、螺旋桨发动机和涡轮喷气(风扇)发动机等三类常见的航空、航天动力。

二、火箭发动机

火箭发动机已经历了上千年跌宕起伏的发展历史，是发展最早、工作原理和结构最简单、推力范围最大(适用推力从 1 N 到 12 MN 以上)、工作时间最短(工作时间通常按秒计)的航空航天动力，广泛应用于各种运载火箭、导弹和航天器，有时也作为飞机的助推发动机或试验发动机，例如飞机首次超声速试飞就是采用火箭发动机作为动力的。

(一)发展历程

我国是固体火箭发动机和固体火箭的发源地。早在公元 7 世纪的唐朝就有了黑火药的配方,这是最早的固体火箭推进剂。在宋朝初期(公元 969 年),冯义升和岳义方利用火药制成了人类历史上有记载的最早的火箭。到了公元 12 世纪时,宋人在战争中开始使用原始火箭武器"霹雷炮""震天雷"等。元军的西征将中国的火箭技术经阿拉伯人传入欧洲,随后又传入印度。到了明代,火箭又有了进一步的发展,出现了"火箭溜""神火飞鸦""火龙出水"等具有一定射向和射角的火箭武器。之后,我国的火箭技术发展缓慢,开始落后于欧洲。

火箭技术的发展伴随着军事技术的发展。19 世纪初期,印军在抗英战争中使用了火箭,19 世纪中期,英军在进攻丹麦时开始大规模使用火箭,以后丹麦和俄国也相继将火箭用于军事。此后,由于火炮技术的发展,出现了硝化棉火药和线膛炮管技术,大幅度提高了火炮的射程与精度,其性能远优于火箭弹,火箭武器的发展也因此而停滞不前。

直至 19 世纪末期和 20 世纪初期,世界上一些探索宇宙奥秘的先驱者,提出火箭发动机不仅能用于战争,而且是实现宇宙航行的唯一运输工具。由于当时的固体火箭发动机的能量不能满足宇宙航行的要求,俄国人齐奥尔科夫斯基提出使用液体火箭发动机和多级火箭的设想,并绘制了示意图。1926 年,美国人戈达德成功研制并发射了世界上第一枚用液氧/煤油作推进剂的液体火箭发动机。

在第二次世界大战期间,德国研制成功了以液氧/酒精作推进剂的 V2 导弹,真正将液体火箭发动机应用于实战。

第二次世界大战结束之后,苏联和美国在 V2 导弹的基础上大力发展自己的液体火箭发动机技术,并广泛应用于各种类型的运载火箭和导弹中。苏联在 1957 年 10 月用液体火箭发动机作动力发射了世界上第一颗人造地球卫星,并于 1961 年 4 月用液体火箭发动机作动力发射了载人飞船。RD - 170 火箭发动机是俄罗斯研制的世界最大推力液体火箭发动机,使用煤油＋液氧,单台推力 800 t(采用四燃烧室,四喷嘴设计,也有人认为它是四台发动机并联,但共享燃气发生器和涡轮泵),用于能源号运载火箭和天顶号运载火箭。美国于 1957 年用液体火箭发动机 A - 6 作动力的"红石"战术导弹开始服役;1959 年用液体火箭发动机 LR - 79 作动力的"雷神"中程导弹服役;1966 年由用液氧和液氢作推进剂的液体火箭发动机 RL - 10 推进的"半人马座"运载火箭将"勘测者"号探测器送到月球;1966 年美国研制成功了用于"土星"5 号运载火箭的液体火箭发动机 F - 1,该发动机推力达到 700 t,是推力最大的单室液体燃料火箭发动机。目前,液体火箭发动机已经逐渐退出导弹动力领域,而主要用于航天动力领域。

长期以来,固体推进剂的发展比较缓慢,直至 1932 年才发明了无烟火药(双基推进剂)。双基推进剂的出现,对于各种近程、小型的战术火箭武器的发展起到了巨大的作用。迄今为止,上述武器仍多采用双基推进剂的固体火箭发动机。但双基推进剂的能量虽比过去的黑火药或单基推进剂的能量有所提高,却仍然不能满足远射程和宇宙航行的要求。从 20 世纪 50 年代以来,由于固体高能复合推进剂的研制成功,与壳体相黏结的浇铸型内燃装药技术的应用,以及高性能壳体材料的采用,使固体火箭发动机向大尺寸、长时间工作的方向发展,加上它固有的结构简单、操作方便等特点,使得它在实现战略军事目标和完成宇航任务方面能与液体发动机相竞争,并越来越处于优势地位。美国 1960 年开始将固体火箭发动机用于"北极星"AI 潜地中程导弹;1962 年使用固体火箭发动机的"潘兴 I"战术导弹、"民兵 I"洲际导弹开始服役。1979 年服役的"三叉戟 I"潜地洲际导弹,以及 1986 年装备美国部队的"和平卫士"洲际导弹也都采用固体火箭发动机。苏联在 1982 年服役的 SS - N - 20 潜地洲际弹道导弹和中国在 1982 年发射的潜地导弹用的也是固体火箭发动机。各种类型导弹的动力越来越普遍采用固体火箭发动机。

值得一提的是,美国为航天飞机研制的一对固体火箭助推器,安装在外储箱两侧,工作2 min后溅落到大洋上,被打捞后灌注推进剂重新使用,可重用数次。每台助推器能产生1.8倍于F-1发动机的推力,是推力最大的固体火箭发动机,而且开创了载人航天使用固体助推器的先河。

(二)工作原理和特点

火箭推进系统可以由单台或多台火箭发动机构成。推进剂(包括燃烧剂和氧化剂)在发动机燃烧室中燃烧生成高温燃气,通过喷管膨胀高速喷出,产生反作用力。推力的大小等于单位时间所喷出的燃气质量与燃气速度的乘积。火箭发动机的主要特点如下:

(1)火箭发动机可以在离地面任意高度上工作。由于外界大气的压力随高度的增加而减少,火箭发动机的推力也随飞行高度的增加而增加,到大气层外推力最大,所以火箭发动机是目前航天飞行唯一的动力装置。

(2)火箭发动机的推力大小不受飞行速度的影响。不像空气喷气发动机产生推力的高速喷流是靠吸入空气流与燃料混合燃烧获得相对速度增量实现的,喷气速度就是飞行速度的极限。

(3)火箭发动机的推进剂包括燃烧剂和氧化剂,相对于其他利用空气助燃的发动机(只消耗燃料)来说,其推进剂的消耗量要大得多。因此,采用高能推进剂,减少推进剂消耗,降低结构质量,始终是火箭发动机研制中要求解决的问题。

(4)火箭发动机在高温、高压和高飞行速度的恶劣条件下工作,要求特殊的材料、结构形式和冷却措施来保证其可靠地工作。

(三)比冲

物理学中定义作用力和作用时间的乘积为冲量。对于火箭发动机,推力与工作时间的乘积就是发动机的总冲量,简称为总冲。通常情况下,可以近似认为推力为常数,则火箭发动机的总冲(N·s)等于发动机推力(N)与发动机工作时间(s)的乘积。火箭发动机在稳定工作状态下,每单位质量的推进剂所产生的冲量称为比冲(m/s),即总冲(N·s)除以推进剂的总有效质量(kg)。

比冲是火箭发动机最重要的性能参数。如发动机的总冲一定,比冲越高,则所需的推进剂越少,相应发动机的尺寸和质量都可以降低;或者说,如推进剂的质量给定,比冲越高,则总冲就越大,相应火箭的射程或有效载荷运载能力也增加。

(四)基本组成

火箭发动机包括发动机,燃料或推进剂,输送燃料或推进剂的系统(管道、阀门、泵或挤压装置等),以及其他附件、仪表、安装支架等。不同种类的动力装置,其组成也不尽相同。如液体火箭推进系统包括液体火箭发动机、安装发动机并承受推力的机架、推进剂贮箱、输送推进剂的导管和涡轮泵、贮箱的增压系统等;而固体火箭推进系统则将固体推进剂浇铸成型在发动机的燃烧室内,没有贮箱、导管以及输送和增压装置等。

1. 液体火箭发动机

使用常温或低温下呈液态的推进剂的火箭发动机称为液体火箭发动机。这种发动机具有性能高、推力可调、可多次启动、适应性强等特点,容易满足运载火箭和航天器对推进系统的要求。

液体火箭发动机一般由推力室、推进剂输送系统和发动机控制系统组成,液体火箭发动机的推进剂贮箱通常属于火箭结构的组成部分。按照所采用推进剂组元的数目,分为单组元、双组元和三组元三种类型,其中应用最广泛的是双组元发动机。双组元发动机的推进剂包括氧化剂和燃烧剂,分别存放在单独的贮箱内。工作时,输送系统分别将它们送入推力室。

推力室是发动机产生推力的部件,由头部喷注器、燃烧室和喷管组成(见图2-56)。发动机工作时推进剂经过喷注器按一定流量和混合比喷入燃烧室,通过雾化、混合、燃烧,产生温度高达数千度、压力数十兆帕的高温高压燃气,通过喷管膨胀加速以超声速流喷出产生推力。

图2-56 液体火箭发动机推力室

头部喷注器位于燃烧室前端,其作用是将推进剂喷入燃烧室并使之雾化和混合。喷注器由多个单元的喷嘴组成,常见的喷嘴有直流式、离心式、同轴式等类型。

燃烧室通常为球形、椭球形或圆筒形,前端与头部喷注器、后端与喷管焊接成一体。燃烧室内外壁构成不同形式的冷却夹套,推进剂中的一种组元(一般是燃烧剂)在进入喷注器之前先作为冷却剂从冷却夹套通过,带走高温燃气传给内壁的热量,然后再进入头部喷注器。这种冷却方式冷却剂吸收的热量没有被浪费,而是增加了推进剂本身的能量,所以称为再生式冷却。但当热量很大、壳壁的某些部位仅用再生式冷却不能满足要求时,可以在内壁喷入冷却用的推进剂,使壁面形成冷却液膜以降低壁面温度,这被称为薄膜冷却方式。

喷管为收缩-扩张的拉瓦尔喷管和燃烧室组成整体式结构,并与燃烧室一起采用一体式的再生式冷却。从工艺上考虑,拉瓦尔喷管的收缩段和燃烧室组合在一起形成平滑过渡。在拉瓦尔喷管的临界截面和扩散段,气流膨胀加速形成超声速喷流。为减少流动损失,临界截面附近也应平滑过渡。

对于使用非自燃推进剂的发动机,推力室还设有点火装置。一般采用电火花塞、火药点火器或用自燃燃料作为点火能源。

推进剂输送系统是液体火箭发动机中将推进剂由贮箱输送到燃烧室的所有装置的总称。常用的推进剂输送系统有挤压式和泵压式两种。

液体火箭发动机的发动机控制系统负责对发动机的工作程序、工作参数和安全等进行自动控制。发动机的工作程序包括启动、工作和关机三个阶段。对工作程序的控制通常由飞行器的控制系统按预置好的程序向发动机液路和气路上的阀门发出打开或关闭的指令来实现。阀门按动力源的不同有电爆阀门、气动阀门、液压阀门和电磁阀门等。发动机工作参数的控制主要是推力控制和推进剂混合比控制。采用挤压式输送系统的发动机可通过调节贮箱的压力来控制推力。泵压式输送系统则通过控制涡轮的功率来控制推力。为了防止由于飞行器或发动机工作不正常而造成地面设备损坏或人员伤亡，发动机上通常装有备份装置、紧急关机指令装置和自毁装置。

2. 固体火箭发动机

使用固体推进剂的火箭发动机称为固体推进剂火箭发动机，简称固体火箭发动机或固体发动机。固体推进剂是由氧化剂、燃烧剂和其他添加剂组成的固态混合物。与液体火箭发动机相比，固体火箭发动机的优点是结构简单，没有液体发动机所必需的贮箱、阀门、泵和管路等复杂装置；固体推进剂装药成型后可长期贮存并长期处于发射准备状态；结构紧凑，可靠性和安全性高，维护和操作简单方便，而且具有较高的密度比冲。因此，固体发动机主要应用于要求作战反应迅速，机动隐蔽，生存能力强的导弹武器系统，特别是有利于导弹的小型化和机动化。另外，固体火箭发动机还具有能适应旋转状态下工作、失重状态下点火并在短时间内发出巨大推力等特点，在航天器上广泛用于轨道上急剧加速或机动飞行时的助推器，分离、软着陆时的制动火箭，救生、救险系统以及飞行器的定向和稳定系统等。

如图 2-57 所示，固体火箭发动机主要由药柱、燃烧室壳体、喷管组件和点火装置等组成。

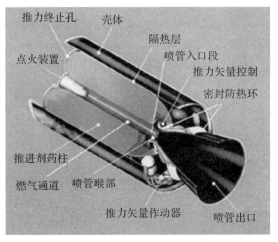

图 2-57 固体火箭发动机示意图

固体火箭发动机的装药由一种或几种固体推进剂组成，成型后称为药柱。药柱一般采取浇铸的办法充填到燃烧室内成型，其几何形状由专门的模具保证，称为贴壁浇铸式；也可以预先制成药柱，然后充填装配到燃烧室内，称为自由装填式。

燃烧室壳体是贮存药柱并供其燃烧的组件，通常燃烧室还是火箭箭体结构的组成部分。发动机工作时，燃烧室内承受高温、高压的作用，而且一般不采取冷却措施，材料通常为合金钢、钛合金或碳纤维复合材料。金属壳体通常为整体焊接或旋压成型，复合材料壳体则为整体缠绕或编织成型。壳体内壁敷设有具有良好抗烧蚀和隔热性能的绝热层，对于贴壁浇铸式药柱的燃烧室,往往在绝热层内壁还喷涂一层衬层,以增强绝热层与药柱间的黏结力。

点火装置由电爆管、点火药和壳体结构组成。点火药为黑火药或烟火剂。通电后电爆管引燃点火药。点火装置一般置于燃烧室头部,也有置于药柱中间或末端的。大型固体火箭发动机的点火装置本身就是一个小型固体发动机,称为点火发动机。

喷管组件的作用是将燃烧产生的热能转换为喷射气流的动能,其原理和形状在叙述拉瓦尔喷管和液体火箭发动机时已做介绍。

由于固体火箭发动机不采取冷却措施,为了承受高温高速气流的冲刷,喷管喉衬和入口段采用整体的碳-碳复合材料,出口锥段采用碳纤维或高硅氧纤维编织或缠绕成型的复合材料。为充分利用空间,缩短长度,大多数固体发动机采用潜入式喷管,即喷管的一部分伸入燃烧室内。根据需要,固体火箭发动机可以有一个或多个喷管。

为了控制推力方向,喷管常与推力矢量控制系统构成喷管组件,如燃气舵、致偏环和摆动喷管及其伺服控制机构等。

固体推进剂进入燃烧以后,一般不容易自动熄火。为了满足制导精度的要求,固体发动机必须有实现推力终止的装置,一般在燃烧室前端设置一些特制的窗口或反向喷管,并带有一套能同步打开的机构。当火箭按规定完成主动段飞行,达到规定速度时,控制系统发出指令,立即打开窗口,突然降压,使装药熄灭。反向喷管打开瞬间,还会产生反向推力,使发动机推力迅速消失。

三、螺旋桨及发动机

(空气)螺旋桨及发动机已经历了上百年辉煌的发展历史,是一种成熟而经济的航空动力。喷气式发动机出现以前,所有带动力的航空器无不以螺旋桨作为动力装置,目前仍广泛应用于各种亚声速飞机、直升机、旋翼机、倾转旋翼机、飞艇和气垫船等。

螺旋桨推进系统靠桨叶在空气中旋转将原动机的转动功率转化为推进力或升力,其由两个不同的部分组成:第一部分是原动机,它的作用是将能源转换为机械能量,常见的有活塞发动机、电动机和燃气涡轮发动机;第二部分是螺旋桨(也包括涵道风扇),它将机械能量转换为对周围空气做功以产生推力(升力),以下重点讲述这部分内容。

(一)发展历程

竹蜻蜓是一种我国有上千年历史的古老儿童玩具,它用竹片削成叶片,中间插一根竹竿,用力一搓竹竿,叶片就会升起来,远看像一只蜻蜓。竹蜻蜓实际上就是一个没有安装发动机的螺旋桨,因此并不能将其归为航空动力。

1843年4月,英国人汉森就设计了一架机身长26 m、翼展45 m,以一台18～22 kW的蒸汽机为动力驱动的两个螺旋桨的航空器,取名"空中蒸汽车",并获得了专利。这是人类历史上第一个重于空气的航空器的发明专利,也是人类最早采用螺旋桨推进的固定翼飞机方案。后来,在工程师斯特林费罗的帮助下,制造了一架"空中蒸汽车"7∶1缩比模型,并于1845年6月17日进行了试验。但是由于飞机的质量太大,最终没有离开地面。

美国人兰利设计了一种非常简单的蒸汽机,用汽油或酒精加热螺旋管(蒸汽发生器),从一端输入水,另一端产生高压蒸汽,蒸汽推动活塞驱动螺旋桨产生推力。利用这样的发动机,兰利的模型飞机在1896年取得了极大成功,是历史上第一种成功实现稳定飞行的重于空气的飞机。

　　1903 年 12 月 17 日,美国莱特兄弟开创了人类动力飞行的新纪元。在他们研制飞机的过程中,发动机是面临的最大问题。根据他们的设计,发动机功率至少要达到 6 kW,而质量不能超过 89 kg,所有发动机制造厂都婉言拒绝了他们的请求。无奈他们在技师查理·泰勒的协助下,经历了无数次失败,终于将一台原来带动自行车车间设备的内燃机,改造完成了具有里程碑意义的航空发动机。这是一台的 4 缸水冷式活塞式汽油发动机,功率达到了 8.95 kW,峰值可达 12 kW,而质量只有 81 kg,发动机通过自行车链条带动一对直径达到 2.6 m 的木制螺旋桨。

　　在两次世界大战期间,由于战争的刺激,使用内燃机螺旋桨发动机的飞机发展到鼎盛时期。在四十年间,活塞式航空发动机发展了直列式、V 形、W 形和星形等汽缸布局形式,汽缸数量从 4 缸发展到 24 缸,发动机的功率从 9 kW(12 马力)提高到 2 759 kW(3 700 马力),提高了 300 多倍,功重比(发动机功率/质量)从 0.112 kW/kg 提高到 1.864 kW/kg,提高了 16 倍以上。飞机的飞行速度从 16 km/h 提高到了 800 km/h,接近螺旋桨飞机的极限速度。飞机的飞行高度超过了 15 000 m,飞机的质量从 340 kg 提高到 160 t。在这个时代,废气涡轮增压器和变距螺旋桨是与活塞式航空发动机相关的最重要发明,它们显著提高了航空动力装置的效率。

　　驱动螺旋桨的原动机并不仅限于内燃机,还可以是燃气涡轮发动机(包括涡轮轴发动机,或者将螺旋桨和发动机组合为一体形成涡轮螺旋桨发动机和螺旋桨风扇发动机等)和电动机。涡轮螺旋桨发动机及近年来发展的螺旋桨风扇发动机的优势主要在燃油的经济性方面。

　　电动推进系统是指依靠电动机而不是热机驱动螺旋桨的推进系统,电力来源包括燃料电池、太阳能电池、超级电容器、无线能量传输或其他种类的电池等。已经研制成功的采用电动推进系统的载人飞机主要有太阳能飞机、蓄电池电动飞机和燃料电池飞机等类型,电动推进系统也用于各类飞艇。1957 年 6 月 30 日,第一架电动飞机模型试飞成功。2010 年 7 月 8 日,太阳能飞机首次完成 26 h 昼夜连续飞行。2013 年,采用液氢燃料电池的电动飞机实现了 48 h 持续飞行。电动推进系统因其噪声小、红外辐射低等优点可能成为无人侦察机动力装置的发展方向。

　　为了提高螺旋桨的适用速度,主要有两个发展思路:螺旋桨风扇和涵道风扇。

　　螺旋桨风扇发动机既可看作带先进高速螺旋桨的涡轮螺旋桨发动机,又可看作除去外涵道的超高涵道比涡轮风扇发动机,结合了涡轮螺旋桨发动机耗油率低和涡轮风扇发动机飞行速度高的优点,其有效涵道比为 25～60。其先进高速螺旋桨是这种发动机的特有关键部件,它带有多个宽弦、薄叶型的后掠桨叶,能在较高的飞行速度下保持较高的效率。螺旋桨可以是单排的或双排的。双排螺旋桨往往采用对转设计,后排螺旋桨可以校直前排螺旋桨出口的旋流,从而提高效率。桨扇发动机尚未被广泛采用,唯一投入生产的桨扇发动机是用于乌克兰安-70 运输机的 D-27 发动机。

　　涵道风扇,指在自由螺旋桨的外围设置涵道的一种推进装置。自由螺旋桨的桨叶因高速圆周运动使叶尖处速度最高,诱导阻力比较大,对外界气流产生冲击造成噪声大,这是自由螺旋桨动力效率低的主要原因。自由螺旋桨由于是悬臂梁结构杆件,在气动作用下叶尖处容易变形导致效率进一步恶化,这是限制螺旋桨高速运动的瓶颈之一,也是螺旋桨飞机及直升机速度限制之关键。涵道风扇螺旋桨的优点:由于叶尖处受涵道限制,冲击噪声减小。诱导阻力减少,而效率较高。在同样功率消耗下,涵道风扇较同样直径的孤立螺旋桨,会产生更大的推力。同时,由于涵道的环括作用,其结构紧凑、气动噪声低、使用安全性好,因此作为一种推力或升力装置,被应用于飞行器设计当中,例如美国 F-35B 战斗机的升力风扇。

(二)工作原理和特点

简单来说,螺旋桨就是旋转的机翼。直升机的主螺旋桨就称之为旋翼,倾转旋翼飞机的旋翼也是螺旋桨。

图 2-58 示出了距螺旋桨轴轴心某一半径处的桨叶剖面,桨叶剖面工作原理与飞机机翼的翼型产生升力的道理相似。当螺旋桨旋转时,气流流过凸起的叶背,结果产生向前进方向的升力,亦即飞机向前飞行的拉力(推力)。空气密度越大,螺旋桨扇向后方的空气质量(即经过螺旋桨向后方的空气流量)越大,螺旋桨产生的拉力越大;相反,空气密度越小,螺旋桨产生的拉力越小。拉力的大小等于单位时间所加速的气体质量与气体速度的乘积。面积越大的螺旋桨,效率越高,这是因为面积越大,可以推动的空气越多。

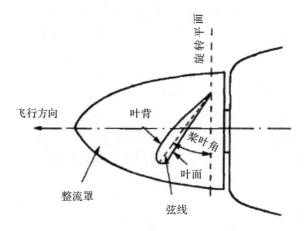

图 2-58 螺旋桨及桨叶剖面示意图

螺旋桨的尺寸和旋转速度取决于诸多因素。首先,大型、低转速的螺旋桨可能因为离地距离太低而无法工作。其次,螺旋桨的转速与发动机类型的匹配也很重要。满足以上这些要求后,还需要保持螺旋桨的桨尖速度低于声速(由于噪声和额外的功率损耗的原因)。

对于一个螺旋桨而言,在固定迎角和恒定的前进速度条件下,其转移到空气上的能量与螺旋桨的转速的三次方成正比。这就意味着,转动螺旋桨所需要的功率随其旋转速度而快速地增长。因此,在一定的发动机功率下,确定正确的螺旋桨桨叶总面积是非常重要的。如果桨叶太小的话,发动机上的负荷会较低,在进入高速转动时,发动机就容易"超转速",这可能会损坏发动机。但如果桨叶太大的话,发动机将无法达到其最佳的运行速度,因此不能为螺旋桨提供最大功率(全功率)。

(三)螺旋桨效率

螺旋桨效率以螺旋桨的输出功率与输入功率之比表示。输出功率为螺旋桨的拉力与飞行速度的乘积。输入功率为发动机带动螺旋桨旋转的功率。在飞机起飞滑跑前,由于前进速度为零,因而螺旋桨效率也是零,发动机的功率全部用于增加空气的动能。随着前进速度的增加,螺旋桨效率不断增大,速度在 200~700 km/h 范围内效率较高,飞行速度再增大,由于压缩效应桨尖出现波阻,效率急剧下降。螺旋桨在飞行中的最高效率可达85%~90%。螺旋桨的直径比喷气发动机的大得多,作为推进介质的空气流量较大,在发动机功率相同时,螺旋桨后面的空气速度低,产生的推力较大,这对起飞(需要大推力)非常有利。

(四)基本组成

1. 多叶螺旋桨

螺旋桨主要由桨叶和桨毂组成,如图2-59所示。桨叶是产生拉力的构件包括叶根、叶尖、前缘和后缘几个部分。桨毂用于安装桨叶,并将螺旋桨固定在发动机轴上。早期的螺旋桨多为两个桨叶,随着大功率发动机的发展,先后出现了三叶、四叶甚至六叶等多叶螺旋桨来增加总面积。

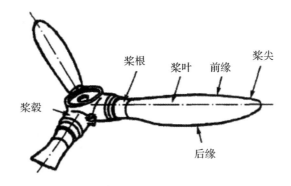

图2-59　螺旋桨的结构

在总面积相同的情况下,从两片桨叶过渡到多片桨叶是一个微妙权衡的结果。双桨叶螺旋桨需用功率较低,因此对低速飞机来说它是最佳的选择。而多桨叶螺旋桨往往用于需用功率较高时,如快速爬升与期望获得更高的飞行速度。多桨叶螺旋桨还具备一些其他优点,如其产生的有害噪声较小,并能减少振动。而不选用多桨叶螺旋桨的其中一个原因就是它们的制造费用太昂贵了。另一个原因是,对于多桨叶螺旋桨来说,其上的每个桨叶都要经受更多的扰动空气,因而会出现功率转移、效率降低的情况。在一般情况下,使用的桨叶数目越少,效率就越高。

2. 变距螺旋桨

在螺旋桨的尺寸与转速已确定的情况下,流过螺旋桨的气流量基本上是固定的。因此,为了得到更大的推力,必须增加螺旋桨后面的气流速度。螺旋桨的桨距类似于机翼的迎角。对于一个固定桨距的螺旋桨,桨叶的安装角度相对于螺旋桨的旋转方向是固定的。螺旋桨的迎角由螺旋桨的桨距、旋转速度以及飞机通过气流时的速度来确定。飞机飞行速度越快,迎角就越小,如图2-60所示,从而使得螺旋桨推动的气流量减少,产生的推力也随之降低。同样,此时需要的发动机功率也会降低。

固定桨距的效率取决于桨叶的旋转速度和飞机速度,其效率最大时所对应的飞机速度范围是相当狭窄的。正因为如此,一个固定桨距的螺旋桨必须使用较高的桨距来获得全面的性能。但在某一给定高度,发动机的可用功率取决于其转速,而发动机的转速同时也是螺旋桨的转速。在飞机起飞阶段,飞机速度较低,此时桨距太高,可能导致会发动机无法以最佳速度旋转,且不能产生最大的功率。而在巡航速度下,相同的桨叶可能要求关小发动机油门,以防止发动机在太高的转速下工作。

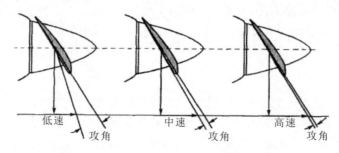

图 2-60 转速一定时攻角随飞行速度的变化

飞机在飞行中的飞行状态是多变的,桨叶相对气流的方向经常改变,若要随时获得较高的螺旋桨效率,应当使飞行员既能控制螺旋桨的转速,又能控制其桨距,随时调节桨叶角(即随时变距),以使攻角尽量接近最有利攻角。

能够调节桨叶角,使螺旋桨在任何飞行条件下都能在接近最有利攻角下恒速运转,此种螺旋桨称为变距螺旋桨或恒速螺旋桨。恒定速度螺旋桨就像发动机上的一台控制器,其有两个控制开关,一个是油门,另一个是转速控制器。油门控制发动机的功率输出,转速控制器通过调节螺旋桨转速,控制发动机的速度。如果发动机运行得太快,螺旋桨会自动增加桨距,直到发动机减慢到预定的速度为止。这使恒定速度螺旋桨的效率能达到最大效率包线范围,同时还能使发动机始终在高效率下运转。

在飞机起飞与爬升时,应调整螺旋桨桨距到一个比较小的数值,因为这一阶段飞机的速度较低,迎角还相当大。而在巡航时,由于飞机速度增加会导致螺旋桨迎角减小。这时,应加大螺旋桨的桨距,使发动机在其最佳性能状态下工作。小型飞机上使用的典型的恒定速度螺旋桨,可将巡航时的燃油效率提高约 14%,并能改善发动机起飞和爬升时的可用功率。

改变桨叶角(即变距)需要用专门的变距装置,叫作变距系统或恒速系统(CSU)。该系统有气动机械式、电动式和液压式三种。轻型飞机多使用滑油驱动的液压式恒速系统,并能够在允许的桨距范围内进行无级调节。

装有两台或多台发动机的飞机,在飞行中,如果其中某台发动机失效,则其螺旋桨不仅不再产生拉力,反而成为飞行的阻力。此时,可将螺旋桨的桨叶角调节到最大(接近 90°),使桨叶与相对气流方向顺起来,称为顺桨。这样,不仅大大减小了飞行阻力,并可防止出现风车状态使发动机遭受损害,从而保障了空中飞行安全。回桨是顺桨的反过程,即将螺旋桨退出顺桨状态回到正常工作状态的功能。

当飞机向地面降落时,把桨叶角控制到小桨距(称为地面小桨距)甚至控制到负桨距,目的是使螺旋桨产生负拉力,起到飞机着陆后在滑跑中的刹车作用,用以减少滑跑距离。轻型飞机的滑跑速度不大,活塞螺旋桨动力装置少用逆桨装置;涡轮旋螺桨动力装置使用逆桨装置较多。

四、涡轮喷气(风扇)发动机

航空涡轮喷气发动机及其衍生的各型燃气涡轮发动机只有不到百年的发展历史,因其功率大、质量轻、加速性好、可靠性高、维修性好、隐身性好等无可比拟的优势,已经稳据陆海空三军装备高端动力装置的头把交椅,广泛应用于各种飞机、直升机、军舰、坦克和导弹等,被誉为现代工业"皇冠上的明珠",是国家科技、工业、经济和国防实力的重要标志。目前,世界上只有美、英、法、俄和中国 5 个联合国常任理事国具有自主设计、批量生产航空发动机的能力。

在美国国家关键技术计划说明文件中把航空发动机描绘成:"是一个技术精深得使一个新手难以进入的领域,它需要国家充分保护并利用该领域的成果,长期数据和经验的积累,以及国家大量的投资"。在指导美军 21 世纪联合作战的纲领性文件《2020 年联合设想》中,提到构成美国未来战略基础的九大优势技术,航空发动机排在第二位,位于核技术之前。这里说的航空发动机主要是涡轮喷气(风扇)发动机。

(一)发展历程

可以说没有内燃机就没有机械化时代。但是,更快的速度对螺旋桨发动机的功率需求呈三次方增长,内燃机结构越来越复杂,质量不可容忍地增加,可靠性也成为一个大问题。例如,美国莱康明公司曾在 20 世纪 40 年代制造出一台有 36 个汽缸,总功率达到 3 000 kW 的活塞发动机,其质量高达 2.7 t,体积也达到难以装上飞机的程度。另外,随着飞行速度的提高,螺旋桨叶尖与空气的相对速度首先达到声速,产生激波,导致效率急剧下降并有机毁人亡的危险。然而山重水复疑无路,柳暗花明又一村。两个青年人在信息不通的情况下,在同一时期各自独立地发明了一种全新的航空动力装置——涡轮喷气发动机。

发明者之一英国人惠特尔(Frank Whittle)是英国克伦威尔皇家空军飞行学校的学员。他在学校中不但掌握了娴熟的飞行技术,而且学到了丰富的航空理论。他善于独立思考,在毕业论文《飞机设计的未来发展》中,分析了活塞式发动机和螺旋桨的局限性,着重讨论了火箭喷气发动机和涡轮旋翼发动机两种新型动力形式。1930 年 1 月,他申请了世界上第一项关于涡轮喷气发动机的专利。遗憾的是,这项发明并没有引起英国军方的重视。直到 1934 年他进入剑桥大学学习机械工程,后又继续攻读研究生,才在导师和朋友的帮助下,筹集到了经费开始研制工作。1937 年 4 月,他研制出世界上第一台离心式涡轮喷气发动机。1941 年 5 月 15 日,推力为 650 kg 的改进型惠特尔发动机装在格罗斯特公司的 E28/29 飞机上进行了成功的首飞。惠特尔经过十几年百折不挠的努力,终于取得了成功。

另一名发明者德国人奥海因(Hans Von Ohain)是哥廷根大学的学生,他也是在毕业论文中提出了涡轮喷气发动机的方案,在 1936 年他也获得一项相关的专利。幸运的奥海因不但得到了导师的充分肯定和悉心指导,而且得到工业界的经费支持。因此,奥海因的发动机由于得到了资助先于惠特尔的发动机走向实用。1939 年 8 月 27 日,在第二次世界大战爆发的前一个星期,世界上第一架真正的喷气式飞机 He178 首飞成功,其配装了一台推力仅有 454 kg(推重比为 1.12)的亨克尔 HeS3b 涡轮喷气发动机,就轻松达到了螺旋桨飞机将近极限的 700 km/h。

这两位伟大的发明者被誉为涡轮喷气发动机共同的发明者,直到 1978 年 5 月 3 日他们才首次见面(见图 2-61)。1992 年两人共同获得查尔斯•德拉佩奖,该奖项被誉为工程界的诺贝尔奖。

由于涡轮喷气发动机卓越的高度速度优势,在第二次世界大战后很快就将飞机带进了喷气新

图 2-61 燃气涡轮发动机发明人德国人奥海因(左)和英国人惠特尔

时代。1944 年世界上第一种具有实战价值并批量生产的喷气式战斗机——德国的 Me‐262 投入战场,取得了辉煌的战绩。直到 1950 年 11 月 8 日才发生了第一场喷气机对喷气机的空战,一架 F‐80 击落了一架米格 15。可喜的是 1951—1953 年,年轻的中国空军驾驶着当时世界上最先进的米格 15 喷气式战斗机与强大的敌人展开空前绝后的喷气机大空战,取得了辉煌的战果。

从 20 世纪 40 年代开始,50 年代出现了功重比达到 2.5 kW/kg 以上的涡轮轴和涡轮螺旋桨发动机,迅速取代内燃机成为直升机和中低速飞机的动力装置;60 年代出现了燃油消耗率显著降低的涡轮风扇发动机。在飞机动力装置 30 多年的角逐中,"年轻气盛"的涡轮喷气发动机(在这里"年轻气盛"是一个非常恰当的形容词,因为喷气发动机发明晚于内燃机,所以谓之"年轻",而现代航空喷气发动机的空气流量要比现代坦克内燃机的大上千倍,所以谓之"气盛"!)轻松取胜、一枝独秀。在加力式涡轮喷气发动机的推动下,飞机的飞行速度轻松超过了声速,直逼热障。1974 年 9 月,美国的间谍飞机 SR‐71 在 26 000 m 高度上,创造了 3 666 km/h 的飞行记录,飞行速度达到声速的三倍。目前,单台涡轮喷气(风扇)发动机的推力小到不足 20 N,大到 500 000 N 以上,而矢量推力技术出现使飞机更加灵活。

为了兼顾持续高马赫数飞行任务需要高单位推力,低马赫数和长航程需要低耗油率的设计要求,人们提出了变循环发动机(VCE)。变循环发动机是通过改变发动机一些部件的几何形状、尺寸或位置来改变其热力循环的燃气涡轮发动机。利用变循环改变发动机循环参数,如增压比、涡轮前温度、空气流量和涵道比,可以使发动机在各种飞行和工作状态下都具有良好的性能。为竞争第四代战斗机的动力装置,美国的 GE 公司设计制造了能同时满足高单位推力和部分功率状态低耗油率相互矛盾要求的双涵变循环发动机 F120。虽然因采用的新技术太多而没有被选用,但这种设计理念已经成为下一代战斗机发动机的基本特征。

多(全)电飞机是未来飞机的发展方向,与采用机械、液压和气动作动系统的传统飞机相比,飞机的质量将大大减轻,而且飞机的性能、维修性、可靠性和成本等指标也将大大改善。多(全)电发动机是燃气涡轮发动机的机电融合结果,是多(全)电飞机电力能源供应的源泉。它以支承发动机转子的非接触式磁悬浮轴承、安装在转子轴上的内装式整体起动/发电机和分布式电子控制系统为基本特征。它取消传统的接触式滚动轴承、润滑系统和机械(液压、气压)作动系统,从而可大大减轻质量,降低复杂性,改善可靠性和维修性,降低成本。此外,所产生的电功率由两根以上发动机轴分担,可以重新优化燃气发生器,有利于控制喘振和扩大空中点火包线,改善发动机适用性;利用磁悬浮轴承可以减少振动,对叶尖间隙进行主动控制;在发动机轴上安装的内装式整体起动/发电机能够产生几兆瓦的电功率,除为多(全)电飞机提供电力外,还可用于生成激光或微波束,作为机载高能束武器的能源。

(二)工作原理和特点

航空推进系统是利用反作用原理为航空器提供推力的。根据牛顿第三定律,航空推进系统驱动一种工质(工作介质,通常是空气或者燃气)沿飞行相反方向加速流动,工质就在航空器上施加一个反作用力,推动航空器前进这个反作用力就是推力。

最简单的涡轮喷气发动机结构如图 2‐62 所示。当涡轮喷气发动机工作时,空气首先被连续不断地吸入压气机,并在其中经过压缩形成高压空气(压力通常高达几十个大气压),然后流入燃烧室,与喷射进来的燃油混合燃烧形成高温高压的燃气,再进入涡轮中膨胀做功以驱动压气机。经过涡轮的气流仍然具有较高的压力和温度,通过尾喷管以高速排出发动机(速度通常可达每秒钟几百米)。燃油的化学能经过燃烧转化为燃气的热能,再经过热力循环转化为燃气的机械能,产生反作用推力。没有转化的热能被排出发动机,不但产生了浪费,而且增加了飞机的红外辐射强度,对隐身十分不利。

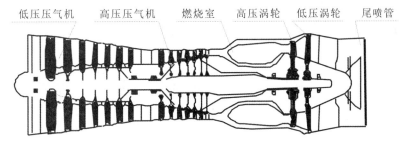

图 2-62 典型的涡轮喷气发动机结构和工作原理简图

上述工作过程与四冲程内燃机:进气、压缩、燃烧(膨胀做功)和排气四个过程相似,如图 2-63所示。

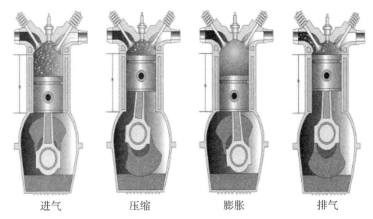

图 2-63 典型的四冲程内燃机结构和工作原理简图

不同之处在于涡轮喷气发动机是工质沿流通通道高速连续流动的"速度型发动机",压缩、燃烧、膨胀做功和排气分别在不同的部件中完成,燃烧是连续的,因此发动机可以高速运转,功率密度高;而内燃机则是工质沿一定的容积间歇流动的"容积型发动机",所有部件都参与进气、压缩、燃烧(膨胀做功)和排气四个过程,燃烧是间断的,往复运动限制了发动机的高速运转,功率密度低。

根据热力学原理,燃气的热能不可能全部转化为机械能,能量转化的比例称为热效率。热力循环的效率主要取决于压气机的增压比(即出口空气压力与进口空气压力之比)和涡轮前燃气温度(即燃烧室出口的燃气温度),两者越高效率越高。但是,两者都不是可以无限提高的。一般而言,增压比越高压气机的效率损失越大,稳定性问题越多。涡轮前燃气温度的上限是燃油理想燃烧的最高温度,目前主要受到涡轮材料耐温能力的限制。

假定进气速度 C_0,排气速度 C_9,流经发动机的空气流量 W_a,显然 $C_9 > C_0$。根据动量定理,反作用力的方向与飞行方向相同,大小等于工质质量与工质流经推进系统前后速度差的乘积。因此,涡轮喷气发动机的推力为

$$F = W_a(C_9 - C_0) \qquad\qquad (2-7)$$

由式(2-7)可知,提高发动机推力主要要从两方面下工夫:一是设法提高排气与进气速度差,也就是在相同飞行速度下尽可能提高发动机的排气速度,但是排气速度过高会造成与周边空气很大的掺混损失和噪声;二是设法提高流经发动机的空气流量。

在相同推力的条件下,涡轮风扇发动机和涡轮螺旋桨发动机的空气流量显著大于涡轮喷气发动机,而排气速度和温度都要小得多,因此更加省油。尽管涡轮螺旋桨发动机的燃油消耗率最低,但是螺旋桨的固有缺陷限制了其大规模的使用。涡轮风扇发动机兼有推力大和燃油消耗率低的优点,目前被广泛用于各种类型的军用和民用飞机。

(三)推重比

评判航空发动机的优劣有很多技术指标。从不同角度看,最常用的有推力、推重比、发动机效率和燃油消耗率,还有加速性能、工作稳定性、环境适应性、隐身性、寿命,还可以加上发动机噪声、污染、维修性、保障性以及几何尺寸、质量和价格等。对于军用航空发动机,主要有推重比、可靠性、稳定性和燃油消耗率等技术指标。

所谓推重比就是发动机的推力与自身质量(重量)之比,这是军用航空发动机最常用、最重要的性能指标,因为它直接影响到飞机的最大飞行速度、升限、任务载荷和机动性。高推重比是航空发动机研制不懈追求的目标。

实际上,1842年英国人亨森设计的飞机在结构形式上与1903年莱特兄弟的飞机十分相似。该飞机以一台18～22 kW的蒸汽机为动力驱动两个螺旋桨,发动机功率还要大一倍多。但是它从来没有飞起来过,原因之一就是发动机太重了。显然作为飞机的动力仅仅推力大是不行的,同时还要质量轻,也就是推重比(或者功重比)要大。

一般来说,在发动机推力不变的情况下,如果发动机质量增加1 kg,则亚声速飞机整体质量将增加4～5 kg,超声速飞机整体质量将增加6～10 kg,因此发动机的推重比直接影响到飞机的最大飞行速度、升限、任务载荷和机动性(飞机能够迅速地加速、爬升和转弯等的能力)等。

目前,喷气式战斗机已经发展到了第四代,而飞机每跨越一代都要求发动机的推重比发生一个质的跃升。第一代战斗机发动机的推重比只有3左右,飞机只能亚声速或跨声速飞行,但也超过了螺旋桨战斗机的最大速度。第二代战斗机发动机的推重比提高到了5左右,飞机超过了声速,实现了两倍声速、2万米高度的高空高速飞行。第三代战斗机发动机的推重比达到了8,富余的推力使飞机可以很好地兼顾速度和机动性。第四代战斗机发动机的推重比超过了10,飞机的推重比提高到1.2,使飞机具有了超声速巡航的能力(发动机不使用加力,飞机在1高空以1.5马赫左右的速度持续飞行30 min以上)和超机动能力(采用推力矢量喷管)。

目前公认推重比为10一级的航空发动机有欧洲四国联合研究的EJ200中推涡扇发动机、法国M88系列中推涡扇发动机、俄罗斯AL-41F大推力涡扇发动机以及美国的F119和F135系列发动机。但是推重比实际能达到10的发动机只有美国的F119和F135系列。

(四)基本组成

第三代和第四代战斗机都使用混合排气的加力式双转子涡轮风扇发动机,典型结构如图2-64所示。

加力式涡轮风扇发动机主要由轴流式压气机(风扇)、燃烧室、轴流式涡轮、加力燃烧室和喷管等五大部件和控制系统附件等组成。

图 2-64 混合排气的加力式双转子涡轮风扇发动机

轴流式压气机(风扇):依靠高速旋转的叶轮以较小的流动损失对流过它的空气连续做功,提高空气的压力。轴流式压气机通常分为若干级,每一级由工作叶片(转子叶片)和整流叶片(静止叶片)组成,空气的压力逐级提高。每一级的基本工作原理是相似的:一是利用压气机叶片通道扩张提高气体压力,适用于亚跨声速气流;二是利用弱激波系提高气流压力,适用于超声速气流。风扇也是一种压气机,作用同样是提高空气压力,其叶片比一般的压气机叶片宽而长。

燃烧室:通过喷油嘴向燃烧室喷入雾化良好的燃油,与从压气机流过来的高压气体混合,形成燃油、空气的可燃混合气体,在适当位置点火燃烧,把燃油中的化学能经过燃烧释放出来,转为热能以提高气流温度,在燃烧室出口形成温度可达 1 500～1 800 K 的高温高压高速燃气。

轴流式涡轮:安装在燃烧室后面,依靠从燃烧室来的高温高压高速燃气,对涡轮膨胀做功,使涡轮高速旋转(一般大型发动机为 8 000～15 000 r/min,小型发动机的转速可更高)。轴流式涡轮与轴流式压气机相似,通常也分为若干级,每一级由导向叶片(静止叶片)和工作叶片(转子叶片)组成,空气的压力逐级降低。涡轮与压气机安装在同一个轴上组成发动机转子,涡轮的作用就是带动压气机旋转。

为了保证高增压比压气机能够在全转速范围内稳定工作,防止喘振发生,先进涡轮风扇发动机普遍采用双转子结构,甚至三转子结构。它是将压气机和涡轮都分为高、低压两部分,并分别用两个轴连接。高压压气机由高压涡轮通过高压轴带动,形成高压转子;低压压气机(风扇)由低压涡轮通过低压轴带动,形成低压转子。低压轴套在高压轴内,但是两个转子之间没有机械联系,只有气动联系。

通常将高压压气机、燃烧室、高压涡轮一起称为核心机。核心机配装上风扇、低压涡轮、外涵道等低压部件就形成了涡轮风扇发动机。有部分经过风扇增压的空气并不全部流入核心机,而是经过外涵道直接流到涡轮之后,流经外涵道的空气与流入核心机的空气的质量比称为涵道比,它是涡轮风扇发动机的一个重要参数。涡轮喷气发动机和涡轮螺旋桨发动机分别可以看成是涡轮风扇发动机的两个极端情况。涡轮喷气发动机没有外涵道,因此涵道比为零;如果把涡轮螺旋桨发动机的螺旋桨看成为特殊的风扇,其涵道比可达 60～90;桨扇发动机可以说是综合了涡轮风扇发动机和涡轮螺旋桨发动机的特点,其涵道比在 25～60 的范围内。

在核心机不变的情况下,通过选择不同的涵道比和风扇增压比,配装上低压部件就能派生出不同用途的发动机。在亚声速飞行条件下,通常涵道比越大燃油消耗率越低。因此,战斗机发动机的涵道比通常较小,一般在 0.2～1.0 范围;而运输机发动机的涵道比较大,一般在 3 以上,最大可达 15,如图 2-65 所示。大涵道比涡轮风扇发动机都是分开排气的,即经过风扇增压的大部分空气直接排到机外产生推力,少部分进入核心机。

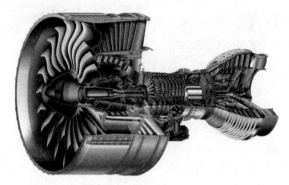

图 2-65 分开排气的双转子涡轮风扇发动机

加力燃烧室:早期的涡轮喷气发动机还很难使飞机突破声障,为此在涡轮后面加装了加力燃烧室。利用在主燃烧室来流中未燃烧完的氧气,以及外涵道来流中的氧气,由加力喷油嘴向加力燃烧室喷入燃油,再次燃烧,进一步提高燃气温度(一般可达 2 000 K),以使气流在喷管出口获得更高的喷气速度,从而提高推力。尽管,第四代战机的发动机可以不使用加力燃烧室实现超声速飞行,但距离作战要求还有差距,因此加力燃烧室依然是战斗机发动机的基本组成部分。

喷管:分为收敛喷管和收敛-扩散喷管(也称为拉瓦尔喷管),如图 2-66 所示,其作用是使涡轮后或加力燃烧室后的高温、高压气体充分膨胀,提高气流出口速度,将热能有效地转换为动能,尽可能减少气动损失减少红外辐射。简单的收敛喷管仅能将燃气加速到声速,而收敛-扩散喷管可以使燃气在其中充分膨胀,速度超过声速,最大限度提高推力。

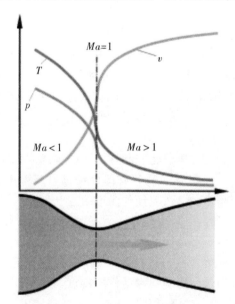

图 2-66 燃气在拉瓦尔喷管中压力、温度和速度变化示意图

为了适应战斗机大幅度地改变推力,喷管的面积被设计成可调的。方向可调的喷管被称为矢量喷管,它已经成为第四代战斗机发动机的标志之一,如图 2-67 所示。

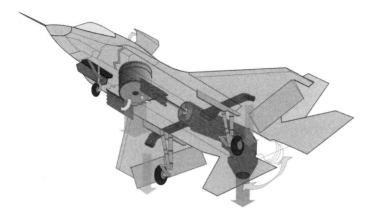

图2-67　F-35B战斗机通过升力风扇和矢量喷管实现垂直起降示意图

控制系统:使发动机按所需要的规律稳定工作,一般通过调节燃油流量和几何通道来实现。控制系统分为机械液压式和电调两种。

为了保证发动机工作还有滑油系统、起动系统和状态监控系统等。

第五节　航空机载设备

飞行器在空中飞行过程中,飞行员需要不断地了解飞行器的飞行状态、发动机的工作状态和其他分系统的工作情况,以便飞行员按照飞行计划操纵飞行器完成飞行任务;各类自动控制系统需要检测控制信息,以便实现自动控制。这些任务都是由航空机载设备完成的,飞行器的机载设备是为了完成飞行任务而安装的各种设备的总称。

机载设备将飞行器各个组成部分连接起来,相当于航空器的大脑、神经和指挥系统。它能够帮助飞行员安全地、及时地、可靠地、精确地操纵飞行器;保障飞行器各项任务功能、战术技术性能的实现;自动完成预定的飞行任务(如自动导航、自动着陆等);完成某些飞行员无法完成的操纵任务(如高难度的特技飞行动作、危险状态的自动改出等)。现代飞行器的技术性能和作战性能在很大程度上取决于机载设备的先进程度。

一、飞行控制系统

自从有人驾驶的动力飞机问世以来,飞行安全一直是飞机设计的最高目标。为了满足飞行安全性和完成飞行任务的目标要求,现代飞行控制系统的主要作用,就是实现飞机的自主飞行和改善飞机的性能。因此,高品质的飞行控制系统是现代高性能飞机实现安全飞行和完成复杂飞行任务的重要保证,是现代飞机设计技术中不可缺少的重要环节。

从飞行控制系统的功能来看,一般可以把它分为两种不同的系统:自动飞行控制系统及人工飞行控制系统。所谓自动飞行控制系统是指飞行员不参与飞机操纵,完全由控制系统代替飞行员来控制飞行器的飞行,而人工飞行控制系统旨在改善飞行器的稳定性和操纵性,使飞行器更适合飞行员操纵。

(一)人工飞行控制系统

自从20世纪初第一架重于空气的飞行器诞生以来,人类是通过操纵位于飞机不同部位上的气动操纵面,改变作用于飞机上的气动力及力矩,实现不同的飞行任务。在座舱中,驾驶员移动驾驶杆或脚蹬,通过操纵系统偏转位于不同翼面上的气体操纵面,实现对飞机运动的控制。近百年来,飞机操纵系统的发展大致经历了如下几个阶段:

(1)飞机诞生以后的前 30 多年中,飞机的操纵系统是简单的机械操纵系统,由钢索的软式操纵,发展为拉杆的硬式操纵。驾驶杆及脚蹬的运动经过钢索或拉杆的传递直接拖动舵面运动,如图 2-68(a)所示。驾驶员在操纵过程中必须克服舵面上所承受的气动力,并依据这种感觉来操纵飞机。只要对传动的摩擦、间隙和传动系统的弹性变形加以限制,就可以获得满意的性能。

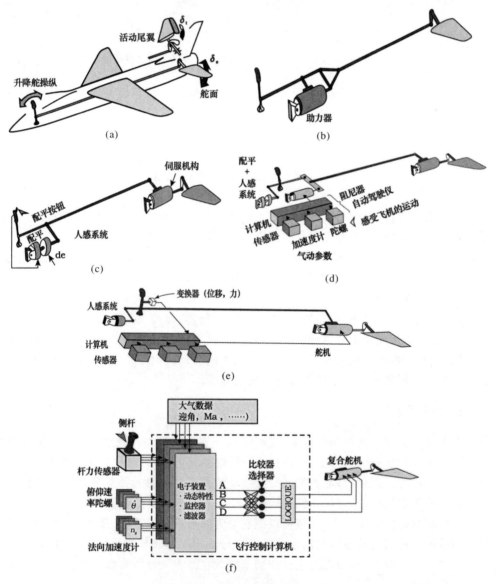

图 2-68　飞机主操纵系统的安装

(a)机械操纵系统;(b)助力操纵系统;(c)全助力操纵系统;
(d)增稳系统;(e)控制增稳系统;(f)数字式电传操纵系统

（2）随着飞机尺寸、质量及飞行速度的不断提高，由于舵面铰链力矩的增大，驾驶员难于直接通过钢索或拉杆拉动舵面。20世纪40年代末出现了液压助力器，将其安装在操纵系统中，如图2-68(b)所示，作为一种辅助装置来增大施加在舵面上的作用力，以发挥飞机的全部机动能力，这即为助力操纵系统。在这种系统中驾驶员仍然可以通过拉杆或钢索感受到舵面上所受到的气动力，并依据这种感觉来操纵飞机。

（3）当超声速飞机出现后，超声速飞行时飞机的焦点急剧后移，纵向静稳定力矩剧增，此时需要相当大的操纵力矩才能满足飞机机动性要求，此外，由于尾翼上出现了超声速区，升降舵操纵效率大为降低，不得不采用全动平尾进行操纵。全动平尾的铰链力矩很大，并且数值的变化范围较宽，非线性特性影响严重，驾驶员无法直接承受舵面上的铰链力矩和依据它来操纵飞机。因此，出现了全助力操纵系统，如图2-68(c)所示。在这种系统里，切断了舵面与驾驶杆的直接联系，驾驶员的操纵指令直接控制助力器上的分油活门，从而通过助力器改变舵面的偏转并承受舵面的铰链力矩。此时，驾驶杆上所承受的杆力仅用于克服传动机构中的摩擦，与飞行状态无关，驾驶员亦无法从杆力的大小来感受飞机飞行状态的变化，不符合飞行操纵习惯。为使驾驶员获得必要的操纵感觉，感到适当的杆力和杆位移，在系统中增加了人感装置。人感装置是用弹簧、缓冲器以及配重等构成的系统，用来提供驾驶杆上所受的人工感力，这种人工感力虽然在移动操纵面时是不需要的，但在操纵飞机时给驾驶员提供适当的操纵品质还是必要的。驾驶杆的操纵情况（如杆力梯度、杆位移梯度）要随飞行状态变化，可利用特定的力臂调节器等来实现。如美国的F-86，F104，B727以及苏联的米格14都采用了这种全助力操纵系统。

（4）20世纪50年代中期以来，随着飞机向高空高速方向发展，飞行包线不断扩大，飞机的气动外形很难既满足低空低速的要求又满足高空高速的要求，常常会产生在高空高速飞行时，飞机的静稳定增加而阻尼不足，而在低速飞行时稳定性不够的现象。通常，单纯依靠改变人工操纵系统和飞机的气动外形，难以满足飞机操纵品质要求。为了提高飞机的稳定性和改善飞机的阻尼特性，第一次将人工操纵系统与自动控制结合起来，将增稳系统引入到人工操纵系统中，形成了具有稳定功能的全助力操纵系统，如图2-68(d)所示。在这种系统里利用角速率陀螺或加速度计测量飞机相关变量的变化形成人工阻尼和增稳信号，通过串联或并联舵机操纵舵面使飞机在高空或高速条件下，仍具有满意的操纵品质。从驾驶员操纵角度来看，增稳系统是飞机的组成部分，驾驶员操纵的犹如一架具有优良品质的"等效飞机"。在这种系统里，增稳系统和驾驶杆是互相独立的，增稳系统并不影响驾驶员的操纵。由于舵面既受驾驶杆机械传动指令控制，又受增稳系统产生的指令控制，为了操纵安全起见，增稳系统对舵面的操纵权限受到限制，一般仅为舵面全权限的3%～6%。

（5）增稳系统在增大飞机的阻尼和改善稳定性的同时，在一定程度上降低了飞机操纵反应的灵敏性，从而使飞机的操纵性变坏。为了克服这种缺点，在增稳系统的基础上，进一步发展成为控制增稳系统。它与增稳系统的主要区别在于，在控制增稳系统里，将驾驶员操纵驾驶杆的指令信号变换为电信号，并经过一定处理后，引入到增稳系统中，作为增稳系统的指令输入信号，控制舵机的运动。通过合理的设计将可获得满意的操纵性和机动性，较好地解决了稳定性与操纵性之间的矛盾，控制增稳系统的典型结构如图2-68(e)所示。由于驾驶员还可通过该系统直接控制舵面，因此控制增稳系统的权限可以增大到全权限的30%以上。

传统的机械操纵系统以及带增稳或控制增稳的机械操纵系统都存在一系列缺点，主要有

1)在大型飞机上机械操纵系统越来越笨重,尺寸也大;

2)不可避免地会存在一系列非线性,如摩擦力和传动间隙等,其所产生的迟滞现象是造成系统自振的重要因素;

3)由于机械操纵直接固定在机体上,它容易传递飞机的弹性振动,引起驾驶杆偏移,有时会造成人机诱发振荡等。

此外,具有好的操纵性能的机械操纵机构相当复杂,且不易与自动飞行控制及控制增稳系统相协调。

20世纪70年代初成功地研制和开发了"电传操纵系统",较好地克服了机械操纵系统所存在的一系列缺点。所谓电传操纵系统就是将控制增稳系统中的机械操纵部分完全取消,驾驶员的操纵指令完全通过电信号,利用控制增稳系统实现对飞机操纵。电传操纵系统的结构如图2-68(f)所示。

从图2-68(f)中可见,简单地说,电传操纵系统就是一个全时全权限的"电信号系统+控制增稳"的飞行操纵系统。因此,电传操纵系统将具有下述特征:

1)电传操纵系统主要靠电信号传递飞行员的操纵指令,系统中将不再含有机械操纵系统。如果某些系统,因考虑电传系统完全失效后的安全性而带有机械备份系统,严格说,这种系统只能称之为伪电传操纵系统。这种系统主要出现在电传操纵系统研制和试飞初期,在现代民机电传操纵系统(如A320,B777飞机)中还保留有应急机械备份操纵系统(用应急机械配平系统实现)。

2)控制增稳系统是电传操纵系统不可分割的系统组成部分。如果没控制增稳功能,系统仅能称为电信号系统,而不能称为电传操纵系统。

采用电传操纵系统,除了可以克服前述机械操纵系统所存在的一系列缺点外,它还有许多其他的优点,如可以进一步改善飞机的操纵品质,对飞机结构变化的影响不敏感,可以降低和减少维护工作量以及更容易与自动飞行控制系统相耦合等。更为重要的是,采用电传操纵系统将为实现其他一些控制功能奠定基础,并为解决现代高性能飞机操纵与稳定中许多问题提供了有效的手段。

尽管电传操纵系统具有许多优点,但也存在一些急需解决的问题。首先就是全时全权限的电传操纵系统必须要具有相当于机械操纵系统的可靠性,而要达到这种要求需要付出极高的代价。如若采用余度系统提高系统的可靠性,其成本还是比较高的,而质量和体积也难有很多降低。此外,由于电传操纵系统主要核心部件是电子部件,特别是数字部件,因此,电传操纵系统易受雷电和周围环境电磁干扰的影响。解决防雷电和电磁兼容性问题,是电传操纵系统设计中的重要问题。

电传操纵系统在20世纪50年代末就已出现。第一架采用电传操纵系统的作战飞机是F-111。该机于1964年开始飞行,当时采用了三余度带机械备份的模拟式系统。之后,在其他型号的飞机(如"狂风"战斗机、F-8C飞机、德国的F-104G、波音YC-14短距起落运输机等)也进行了电传操纵系统的验证,并且开始采用数字式系统。但最初电传操纵系统的共同特点是,为了安全可靠,都带有机械备份系统,以提供非相似的余度。

20世纪60年代中期集成电路的出现,对航空技术的发展产生了巨大影响,为制造小型可靠的余度电传系统提供了物质条件。1972年美国空军发起的轻型战斗机验证计划的竞标中,第一架采用无机械备份的电传操纵系统飞机 YF－16 被美国空军选为新的轻型战斗机,从此开始了无任何机械备份的电传操纵系统的发展。为了强调无机械备份电传操纵系统的巨大潜力,有时还将其称为全电传(Full Fly-By-Wire,FFBW)操纵系统。YF－16 经过试验验证及大量技术改造,很快成为世界上第一架无机械备份的模拟式电传操纵系统的飞机。

数字技术的发展以及更小、更密集和更有效的大规模集成电路的发展,推动了数字式电传系统的应用。1978 年,美国已开始将数字式电传系统用于 F－18 战斗机,但该机仍保留有机械备份系统。在此期间,英国采用一架"美洲虎"战斗机作为研究电传操纵系统的验证机。该机装有四余度数字式电传操纵系统,于 1981 年首次试飞,这是第一架无任何机械备份的数字式电传操纵系统的飞机。

20 世纪 80 年代中期,美国利用 AFTI/F－16 验证机所用的数字式电传系统的改型,重新装备了 F－16C/D 型飞机。该电传系统为四余度,系统的体积比模拟式系统降低了 2/3。

由于电传操纵系统比机械操纵系统具有许多无可比拟的优点,并且随着科学技术的发展,电传操纵系统所急待解决的某些问题已逐步得到了解决,所以,从 20 世纪 80 年代以来,电传操纵系统获得了极大的发展,许多新研制的军用及民用飞机均采用了电传操纵系统。80 年代开始研制的瑞典的 JAS39"鹰狮"战斗机,采用了数字式全电传操纵系统,该系统没有机械备份系统,是一种具有"非相似余度"并作为最后备份的 3 个模拟通道的三通道数字系统。1986 年投入商业运营的空中客车 A320 飞机是带有机械备份的数字式电传操纵系统,采用共 5 套非相似余度的数字计算机,可以保证其中任何一套计算机正常工作时,飞机安全飞行。90 年代中期投入运营的 B777 飞机也采用了数字式电传操纵系统,利用人工应急机械配平系统作为系统最后备份。俄罗斯生产的苏－27 战斗机是一种四余度模拟式电传操纵系统,可实现双故障/工作,该系统无任何备份系统。

(二)自动飞行控制系统

1912 年美国的爱莫尔·斯派雷(Eimer Sperry)和他的儿子劳伦斯·斯派雷(Lawrence Sperry)制成第一台自动驾驶仪(电动陀螺稳定装置)。该装置由两个双自由度陀螺、磁离合器以及用空气涡轮驱动的执行机构组成,用它保持飞机稳定平飞。早期飞机的自动控制就是采用自动驾驶仪稳定飞机的角运动。具体结构以气压-液压式(气压式敏感元件、计算放大装置和液压式执行机构)为主。第二次世界大战期间,美国制造了功能完善的电气式 C1 自动驾驶仪(苏联的仿制品为 АП5),其敏感元件是电动陀螺,采用电子管放大器和电动舵机。第二次世界大战后期,无人驾驶的飞行武器——导弹问世。典型产品是德国的 V1(飞航式)和 V2(弹道式)导弹。这种全自动飞行武器上的自动驾驶仪不仅用来稳定导弹,而且更重要的是与弹上或地面其他装置耦合完成战斗任务。第二次世界大战后,飞机自动驾驶仪逐渐与机上其他装置耦合以控制航迹(如定高和自动下滑等),既能稳定飞机,又能全面地控制飞机,直至全自动(盲目)着陆。20 世纪 50 年代前,自动驾驶仪主要用于运输机和轰炸机的平飞。歼击机突破声障及飞行包线扩大后,飞机自身稳定性恶化,要求在机上安装飞行控制系统(如增稳系统)以改善飞机的稳定性。60 年代自动驾驶仪功能扩展,发展成为自动飞行控制系统(Automatic Flight Control System,AFCS),典型产品如美国的 PB－20D。我国在 1966 年自行研制成功第一台自动驾驶仪(621 自动驾驶仪)。

自动飞行就是用自动控制系统代替驾驶员控制飞机。假设要求飞机作水平直线飞行,驾驶员是如何控制飞机的呢？飞机受干扰（如阵风）偏离原姿态（例如飞机抬头），驾驶员用眼睛观察到仪表板上陀螺地平仪的变化，用大脑做出决定，通过神经系统传递到手臂，推动驾驶杆使升降舵向下偏转，产生相应的下俯力矩，飞机趋于水平。驾驶员又从仪表上看到这一变化，逐渐把驾驶杆收回原位。当飞机回到原始状态（水平）时，驾驶杆和升降舵面也回到原位。以上过程如图 2-69 所示。

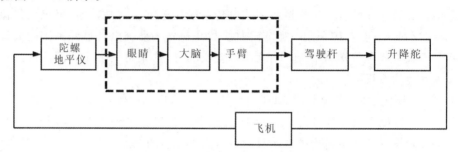

图 2-69　驾驶员控制飞机的方块图

由图 2-69 看出，这是一个"反馈"系统，即闭环系统。图中虚线框表示驾驶员。如前所述，自动飞行是用自动控制系统代替驾驶员，所以自动控制系统中必须包括与虚线框内三个部分相对应的装置，并与飞行器组成一个闭环系统，如图 2-70 所示。

自动飞行的原理如下：飞机偏离原始状态，敏感元件感受到偏离方向和大小，并输出相应信号，经放大、计算处理，操纵执行机构（称为舵机），使控制面（例如升降舵面）相应偏转。由于整个系统是按负反馈的原则连接的，其结果是使飞机趋向原始状态。当飞机回到原始状态时，敏感元件输出信号为零，舵机以及与其相连的舵面也回到原位，飞机重新按原始状态飞行。

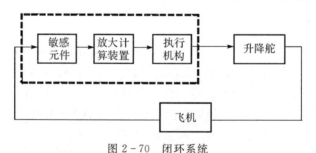

图 2-70　闭环系统

由此可见，自动控制系统中的敏感元件、放大计算装置和执行机构可代替驾驶员的眼睛、大脑神经系统与肢体，自动地控制飞机的飞行。这三部分是自动飞行控制系统的核心，称为自动驾驶仪（Autopilot）。

总之，自动飞行的基本原理就是自动控制理论中最重要、最本质的"反馈控制"原理，自动飞行控制系统正是基于这个反馈控制的原理形成回路。不同的飞行任务要求组成各种不同回路。为便于分析，我们认为复杂的自动飞行回路由以下三个回路组成：

（1）舵回路。自动飞行控制系统根据输入信号，通过执行机构（舵机）控制舵面。为改善舵机的性能，通常引入内反馈（将舵机的输出反馈至输入端），形成随动系统（或伺服系统或伺服回路），简称为舵回路。舵回路由舵机、放大器及反馈元件组成，如图 2-71 虚线框内所示。图中测速机测出舵面偏转的角速度，反馈给放大器以增大舵回路的阻尼，改善舵回路的性能。位置传感器将舵面角位置信号反馈到舵回路的输入端,从而使控制信号与舵偏角——对应。舵回路可用伺服系统理论来分析。舵回路的负载是舵面的惯量和作用在舵面上的气动力矩(铰链力矩)。

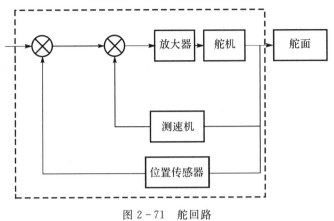

图 2-71　舵回路

(2)稳定回路。舵回路加上敏感元件和放大计算装置组成自动驾驶仪,并与飞机组成新回路——稳定回路,如图 2-72 所示。该回路的主要功能是稳定飞机的姿态,或者说稳定飞机的角运动。敏感元件用来测量飞机的姿态角。由于该回路中包含了飞机,而飞机的动态特性又随飞行条件(如速度、高度等)而异,因而稳定回路的分析变得较为复杂。

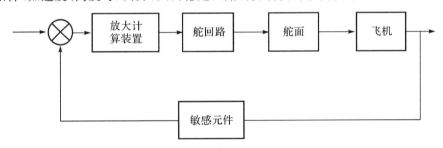

图 2-72　稳定回路

(3)控制回路。稳定回路加上测量飞机重心位置的元件以及运动学环节(表征飞机空间位置几何关系的环节)又组成一个更大的新回路,称为控制回路(或控制与导引回路,简称制导回路)。下面以飞机自动下滑着陆系统为例,说明控制回路的原理。这里只研究飞机的纵向(俯仰、上下和前后)运动。要求飞机在着地前沿预定航迹下滑到预定高度(十几米),然后将飞机拉平,飞机不断下降,最终以允许的下降速率着陆。预定的下滑航迹是由机场的无线电装置形成的。飞机处于预定下滑航迹,飞机上相应的无线电接收机输出信号为零。飞机偏离下滑航迹,接收机输出相应极性和幅值的信号(见图 2-73),送至稳定回路,在自动驾驶仪控制下飞机回到下滑航迹。例如飞机在预定下滑航迹的上方,接收机将某极性的信号送给自动驾驶仪使升降舵下偏,产生低头控制力矩,使飞机进入下滑航迹。飞机进入下滑航迹后,接收机输出为零,舵偏角为零,飞机保持在下滑航迹上。由此可见,飞机重心的运动(即空间位置的变化)是通过控制飞机的角运动来实现的。目前在大气中飞行的大多数飞行器都采用这种方式控制重心运动。控制回路方块图示于图 2-74。

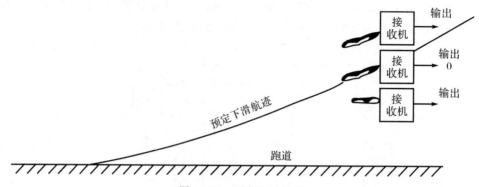

图 2-73　预定下滑航迹

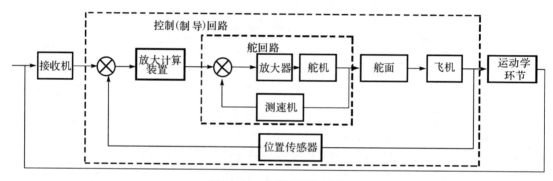

图 2-74　控制(制导)回路

二、导航系统

导航是把航空器、航天器、火箭和导弹等运动体从一个地方引导到目的地的过程。目前常用的飞行器导航方式有无线电导航、惯性导航、卫星导航、图像匹配导航和天文导航等。

(一)无线电导航系统

无线电导航系统的任务是由地面导航台发射一定的无线电波,在飞行器上通过接收设备,测定飞行器相对于导航台的方位、距离等参数,以确定飞行器的导航参数,并通过显示系统提供给飞行员作飞行参考,或通过电气信号提供给自动驾驶系统,完成航向、航线修正、自动着陆等导航任务。

无线电导航使用的无线电波是通过直接传播或通过大气电离层反射传播的,很少受气候条件的限制,并且作用距离远、精度高、设备简单可靠,所以是飞行器导航的主要技术手段之一。尤其是在夜间或复杂气象条件下,保证飞行器的安全着陆,无线电导航设备是必不可少的导航工具。根据导航方式的不同,可分为测向无线电导航、测距无线电导航、测距差无线电导航和测速无线电导航等几种类型。

(二)惯性导航系统

惯性导航是通过测量飞行器的加速度,经运算处理得到飞行器当时的速度和位置的一种综合性导航技术。它的主要功能是自动测量飞行器各种导航参数及飞行控制参数,供飞行员使用或与其他控制系统配合,完成对飞行器的自动控制(驾驶)。

惯性导航系统主要由惯性敏感元件(加速度计)、角度测量设备(陀螺仪)、数字计算机和显示设备等组成。通过加速度计测量飞行器的加速度,然后对时间积分,就可得到速度和位移。因为速度是矢量,有方向性,若以起始点为原点,则可以得到当时相对于原点的位置,也可以实时给出飞行器的速度和航迹,并结合磁航向指示器给出飞行器的地理航向。

惯性导航系统广泛应用于各类飞行器、军用飞机、民用飞机、弹道导弹和运载火箭等,除飞行器外,舰艇、船舶甚至有些高级轿车也配有惯性导航系统。组成惯性导航系统的设备都安装在飞行器上,并且它们的工作不依赖于外界信息,也不向外界辐射能量,是一种完全自主性导航系统。由于系统的误差会随时间积累,除采用高精度的元器件外,目前主要是采用其他导航方式校正惯性导航系统的误差,以提高导航精度。平台式二维惯性导航原理如图 2-75 所示。

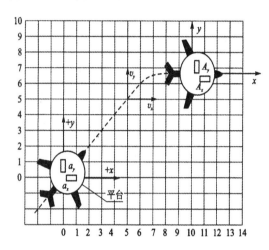

图 2-75　平台式二维惯性导航原理图

(三)卫星导航系统

卫星导航是 20 世纪 80 年代发展起来的先进的导航技术。这种导航技术是用专用的导航卫星取代地面导航台向地面发射导航信息,充分利用卫星高度高、信号覆盖面广的特点,完成地面导航台所无法实现的功能。

目前世界上性能最好、功能最完备的是美国的卫星全球定位系统(Global Positioning System,GPS)。另外,还有俄罗斯的全球导航卫星网(Glonass),欧洲空间局(ESA)计划中的"伽利略"导航卫星系统和中国的"北斗"导航定位卫星系统等。

美国的 GPS 系统包括导航卫星、地面站组和用户设备三个部分。其中导航卫星共 24 颗,21 颗主星 3 颗备份,地面站组包括 4 个监控站、1 个上行注入站和 1 个主控站,用户设备包括 GPS 接收机和接收天线(见图 2-76)。GPS 系统是一种高精度的导航系统,其定位精度一般可以达到 10~30 m。如果通过其他一些技术,其定位精度可达厘米级。GPS 系统除提供位置外,还具有时钟校准(授时精度在微秒级)、三维速度测量(精度约 0.2 m/s)等功能。GPS 系统可全天候工作,用户数量不受限制,用户设备是被动式工作(只接收不发射),便于隐蔽。在军用航空中,GPS 系统为保障轰炸机、巡航导弹等攻击的准确性,为特种航空侦察、通信、搜索、救援以及指挥监控等方面提供了有效的定位手段。

俄罗斯的 Glonass 系统与美国的 GPS 系统类似,也是由 21 颗导航卫星组成,卫星分布在

3 个轨道平面内,每个轨道面有 7 颗卫星,各轨道倾角为 64.8°,轨道高度 19 100 km,运行周期 11 h 15 min。卫星工作频率在 1 240～1 617 MHz,定位精度 100 m 左右。

我国采用北斗卫星导航系统,目前已发射 31 颗(截至 2018 年 3 月 30 日)卫星,系统已在测绘、电信、水利、交通运输、渔业、勘探、森林防火和国家安全等诸多领域逐步发挥重要作用。

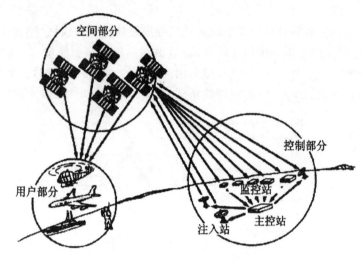

图 2-76　GPS 卫星导航系统

(四) 其他导航系统

1. 图像匹配导航系统

地球表面的山川、平原、森林、河流、海湾、建筑物等构成了地表特征形状,这些信息一般不随时间和气候的变化而改变,也难以伪装和隐藏。利用这些地表特征信息进行的导航方式称为图像匹配导航。

预先将飞行器经过的地域,通过大地测量、航空摄影、卫星摄影或已有的地形图等方法将地形数据(主要是地形位置和高度数据)制作成数字化地图,存储在飞行器的计算机中,这种地图称为原图。飞行器在飞越已经数字化的预定空域时,其上的探测设备再次对该区域进行测量(录取),取得实际的地表特征图像,将实时图与预先存储的原图进行比较,由此可以确定飞行器实际飞行的地理位置与标准位置的偏差,用以对飞行器进行导航。图像匹配导航可分为地形匹配导航和景象匹配导航两种。地形匹配导航是以地形高度轮廓为匹配特征,景象匹配导航是以一定区域的地表特征为匹配特征。

2. 天文导航系统

天文导航是通过观测天体来确定飞行器的位置和航向的导航技术。生活中可以看太阳来大致知道方位;晴朗的夜晚,北半球的人们可以通过北极星来确定哪边是北方,这些都是最简单的天文导航。

天文导航根据天体的辐射能(可见光、红外线等)进行工作,它不像无线电导航那样易被发现和干扰,也不像惯性导航那样有累计误差,是一种自主导航技术,但对于航空器来说,天文导航易受天气条件的影响。因此天文导航比较适合于在高空飞行的飞机、在大气层外飞行的宇宙飞船、航天飞机和弹道导弹等飞行器。

3. 组合导航技术

随着航空航天技术的发展,导航技术应用越来越广泛,人们对飞行器的导航精度要求也越来越高。现有的无线电导航、惯性导航、卫星导航、图像匹配导航和天文导航等不同的导航技术,都有各自的优点,但在使用上也都存在各种误差,并且会受到外界条件的干扰和影响。

惯性导航是一种完全自主的导航系统,它不受飞行器以外的环境条件影响,也无法对它进行干扰,但定位误差会随时间积累,导航精度随时间增加而降低。无线电导航一般不受气象条件影响,没有积累误差,但易被发现和干扰,而且需要导航台的支持才可以工作。图像匹配导航和天文导航同样易受天气状况和昼夜因素的影响,严重时甚至无法工作。卫星导航技术目前是较为完备的导航技术,它没有积累误差,天气影响较小,能进行全球、全天候导航,在使用实时差分技术后,定位精度可提高很多,但也有整个导航系统比较复杂、导航信号较弱、易受人为干扰等缺点。

在实际飞行器导航中,通过采用两种或两种以上的组合导航的方式,弥补不同导航技术的不足,发挥各种导航技术的优点,互相取长补短,使得组合后的系统能提高导航精度,增加导航系统工作的可靠性,常见的组合导航方式有惯性/无线电导航系统、惯性/卫星导航系统、惯性/天文导航系统、惯性/图像匹配导航系统、惯性/天文/无线电导航系统等。

三、武器系统

航空武器系统是指由航空武器(空空导弹、空地导弹、航炮、航空火箭、航空炸弹、航空鱼雷等)和航空火力控制系统(机载雷达、光电探测器、平视显示器、火控计算机等)以及其他为作战所必需的机载设备(发射悬挂装置、悬挂物管理系统等)所组成的综合系统。航空器(载机)作为武器的投射平台,在广义上应归属于航空武器系统之列。

(一)航空武器的诞生

航空武器是从地面和海上武器移植而来的,经历了从无到有、从地到天、从低级到高级、从量变到质变的发展过程。

从 1903 年 12 月 17 日世界上第一架有动力飞行的飞机——莱特兄弟的"飞行者"1 号上天,到 1914 年 7 月 28 日第一次世界大战爆发,飞机的军事活动主要是空中侦察、照相、撒传单和炮兵校射等,除飞行员随身携带的手枪外,飞机上没有安装任何武器。第一次世界大战初期,敌对双方飞行员在空中相遇时,只能举起拳头、匕首或手枪示威,并未真刀真枪地交战。早期有的飞行员还用砖头、钢索、抓钩等砸、缠、抓敌机的螺旋桨,用装在飞机后部的长刀划破敌机的蒙皮。

最早的空中作战方式是轰炸,而最早实施轰炸的是气球。1849 年 8 月 22 日,奥地利人把一枚定时炸弹挂到一个热气球上,轰炸了意大利的威尼斯,开创了人类历史上的首次气球轰炸。

1911 年 9 月,意大利与土耳其两国为争夺北非殖民地爆发了意土战争。11 月 1 日,意大利飞行员加沃第少尉向北非土耳其军队阵地扔下 4 颗重 2.04 kg 的"西佩利"式手榴弹。这是世界空战史上第一次对地面目标的轰炸,由此开始了飞机轰炸地面目标的历史。意土战争中,飞机是首次参战,它虽然没有后来那样的飞机对飞机的激烈空战,但开创了飞机侦察、轰炸、宣传、照相、夜航、坠机事故、飞行员被俘等一系列活动的先例,成功地显示出了飞机的威力,预示了现代战争的战略、战术的发展前景。

在 1911 年墨西哥内战中,革命军的一架"寇蒂斯"式飞机与政府军的一架侦察机相遇,双方飞行员用手枪对射,开创了人类历史上的首次飞机空战。

1914 年 10 月在第一次世界大战中机枪首次应用于空战。10 月 15 日,法国的一架"瓦赞"双座飞机用机枪击落一架德国的"阿维亚蒂克"双座飞机,开创了人类历史上的首次战斗机空战,所用机枪是地面步兵用的 7.62 mm 口径机枪。这得益于福克研制的机枪射击与螺旋桨旋转的同步协调器,它利用凸轮系统连接螺旋桨的转轴和机枪的发射装置,从而保证只有当枪口与螺旋桨的叶片不在一条直线上时,枪弹正好从枪口射出来,彻底解决了子弹穿越螺旋桨旋转面会击中桨叶的问题。

1915 年 8 月 12 日,英国的"肖特"184 型舰载飞机用 1 枚鱼雷,击沉土耳其的 1 艘运载着 3 000 名士兵的运输舰,开创了人类历史上的首次空对舰作战。作战时所用的鱼雷是海军舰用制式 356 mm 口径"白头"鱼雷。

1917 年 9 月 26 日,德国出动数架飞机在俄国舰队必经的斯韦布半岛的泽瑞尔近海投布了水雷,次日俄国舰队中的"奥恰尼克"号驱逐舰触雷爆炸,沉入海底,开创了人类历史上首次空投水雷作战。作战时所用的水雷是海军舰用制式水雷。

第一次世界大战期间,为适应空战和轰炸的需要,各种专用航空机枪、航空机炮、航空炸弹、航空鱼雷和航空水雷相继设计生产并投入作战使用,成为当时各类作战飞机的主战兵器。

第二次世界大战期间,在地面发射用来形成弹幕的火箭弹的基础上,首次研制成功航空火箭弹;在普通炸弹的基础上,首次研制成功制导炸弹;首次研制成功空地导弹、空空导弹和原子弹。除空空导弹之外,上述新型航空武器均投入战场使用并取得一定程度的成功。

第二次世界大战后,出现了以美、苏为首的两大阵营对峙的冷战局面。在 20 世纪 40 年代末和 50 年代初,刮起了一股"要导弹,不要机炮"之风,掀起了空空导弹发展的高潮。在此高潮中,美国以其雄厚的经济实力为后盾,同时发展"猎鹰""麻雀""响尾蛇"三种空空导弹,继美国之后,苏联、英国和法国也相继发展了各自的空空导弹。

从 20 世纪 50 年代开始,在世界各地爆发的局部战争中,尤其是 20 世纪最后 10 年爆发的 4 次高技术局部战争,以及在进入 21 世纪之初的阿富汗战争、伊拉克战争中,新型航空武器一个接一个地诞生。那些突破传统概念、以崭新机理出现的新概念航空武器,如新概念航空机炮、航空炸弹和导弹,将在 21 世纪的空中作战中陆续登台亮相。

(二)航空武器系统

航空武器系统是军用飞机的核心,它的效能和质量决定了军用飞机的作战能力。事实已证明,空中对抗实际上是航空武器系统的对抗,航空武器系统是制胜的关键,没有先进的机载武器系统,就没有先进的战斗机,也就无法完成现代战争所赋予的使命。

航空武器系统的功能是对敌方的空中、地面、水上和水下各种目标进行探测、识别、跟踪、评估载机和目标态势,进行信息综合和处理,控制载机所携带的各种武器实施瞄准攻击并对其进行引导。

就功能而言,航空武器系统可分为机载武器系统和地面保障设备两部分(见图 2-77)。其中,机载武器系统包括用于武器瞄准、控制和管理的航空火力控制系统;用于武器安装、运载、发射和投放的悬挂发射装置;用于直接杀伤摧毁目标和完成特定攻击任务的航空武器弹药。地面保障设备包括地面检测设备和运挂弹等专用车辆,它是武器和弹药以及机载火控系统的重要维护、保障手段,是航空武器系统中不可缺少的部分。

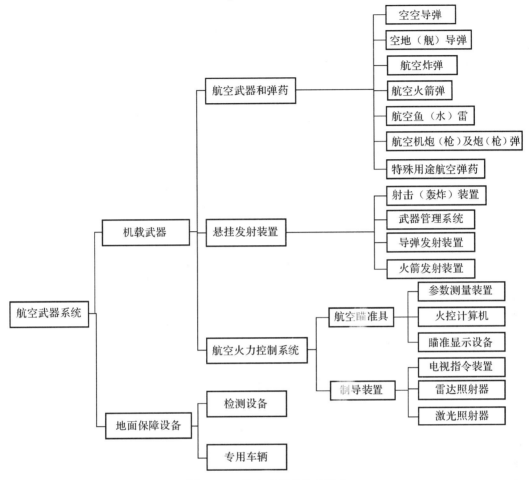

图 2-77 航空武器系统的组成

1. 航空火力控制系统

航空火力控制系统简称火控系统,旧称瞄准系统。现在火控系统一般由目标参数测量装置、载机参数测量装置、火控计算机、瞄准显示控制装置、悬挂物管理系统等组成,是集光学、电子、精密机械、激光、红外、电视、计算机等技术于一体的硬软件设备综合系统。其工作原理是由目标参数测量装置探测、跟踪目标,测量目标的位置和运动参数,以及载机参数测量装置测量载机的位置和运动参数。机载火控计算机根据目标和载机的参数以及武器的弹道参数不断解算出武器的瞄准信息,并将其输送给瞄准显示控制装置,使武器准确地处于瞄准目标状态。当目标进入武器的有效射程、到预定的发射投放点时,由悬挂物管理系统自动地或由飞行员人工地向悬挂发射装置给出发射投放信号,使武器命中目标。对于中段指令修正制导和半主动制导的导弹,发射后火控系统向其提供制导所需的信息。

(1)目标参数测量装置包括火控雷达、红外搜索跟踪装置、前视红外系统、激光测距器、水声探测器和磁异常探测器等,测量的参数有目标距离、目标距离变化率、目标方位角、目标方位角速度、目标俯仰角和目标俯仰角速度等。

(2)载机参数测量装置包括无线电高度表、大气数据计算机、惯性导航系统/全球定位系统、航向姿态测量装置、迎角侧滑角传感器和加速计等，测量的参数有载机飞行高度、速度、过载（加速度）、航向角、俯仰角、滚转角、迎角、侧滑角、航向角速度、俯仰角速度、滚转角速度和偏流角等。

（3）火控计算机是火控系统的核心部件。在新型火控系统中，火控计算机已被任务计算机所取代，除承担武器的瞄准发射投放计算外，还承担作战任务和飞行规划、航行管理、能量管理，以及各种机载传感器的合成与数据融合、信息处理等。

（4）瞄准显示控制装置包括光学显示器、平视显示器、下视显示器、头盔显示器、雷达、红外和电视显示器等。由于平视显示器既能显示瞄准攻击信息，又能显示飞行数据、导航和着陆等信息，现已取代光学瞄准具。

（5）悬挂物管理系统用于管理和控制载机的所有武器和悬挂物，主要由飞机接口装置、控制显示装置、挂点接口装置、悬挂物管理处理机、多路数据传输总线（航空电子系统总线和军械总线）以及软件等组成。它通过飞机接口装置，与飞机各有关系统（如飞控系统、惯导系统、环控系统和电气系统等）相连；通过控制显示装置，与飞行员相连；通过挂点接口装置，与武器和悬挂物相连。以便为飞行员提供在执行任务全过程中有效管理包括武器在内的所有悬挂物所需的通信、控制和显示功能。

目前，航空火力控制系统正向着多功能（适用多种武器）、多状态（对空、对地、格斗、拦射、单/多目标攻击）、昼夜全天候和全环境使用的方向发展。与此相适应，出现了快速射击、离轴发射、越肩发射、连续计算命中点/线、连续计算投放点、综合火力/飞行控制、直接升力/侧力控制、自动机动攻击、超视距多目标攻击等新火力控制原理和技术。

2. 悬挂发射装置

悬挂发射装置包括悬挂装置、射击装置和发射装置。

（1）悬挂装置。悬挂装置包括同武器连接的各种挂架和同挂架或飞机连接的各种挂梁。

挂架按挂点位置分为机内挂架和外部挂架。前者有固定的梁式、框式、箱式挂弹架和外伸式、旋转式挂弹架；后者有机翼（翼尖、翼下、翼上）和机身挂架；还可按悬挂武器的数量分为单一式挂架（挂 1 枚）和复式挂架（挂多枚）。挂梁有通用梁、专用梁和过渡梁。过渡梁是处于飞机与某一挂架之间或处于两种挂架之间的外挂梁，前者是为了适应载机的结构特点和挂弹要求而将某种专用或通用挂架装到飞机上，以便在该挂架上悬挂该机执行作战任务所需的武器；后者是为了适应载机的作战需要而将另一些挂架同载机已有挂架相连，如复式炸弹架弹发射架以及火箭发射器、机炮吊舱和组合式武器吊舱等。

（2）射击装置。射击装置用于航空机炮（枪）的安装射击，有炮（枪）架、炮塔和武器吊舱。炮（枪）架有固定式和活动式之分。现代固定翼攻击飞机大都采用固定炮架，将机炮安装在机身头部下侧或翼根处。旋翼机中的通用直升机大都采用活动炮架，并由舱门内侧安装变为外侧安装或装在座舱下部、机身侧部。

专用武装直升机则广泛采用活动炮塔取代炮架。炮塔又称活动射击装置，按操纵能源分为电动炮塔、液压炮塔、电动/液压炮塔等，按操纵方式分为有人操纵遥控炮塔和无人操纵自动炮塔，还可按安装位置分为上/下/尾部炮塔。

武器吊舱有机炮（枪）吊舱和组合式武器吊舱，适用于未固定安装机炮（枪）的各种作战飞机和直升机。已固定安装机炮（枪）的作战飞机和直升机，在任务需要时也可加挂武器吊舱。现役组合式武器吊舱主要有下列类型：机枪和火箭弹组合式吊舱、机枪和炸弹组合式吊舱、机枪和照相枪组合式吊舱、火箭弹和炸弹组合式吊舱、炸弹和照相枪组合式吊舱等。

（3）发射装置。发射装置用于机载导弹和火箭弹的安装发射，分为导弹发射架和火箭发射器。

导弹发射架有导轨式、导管式和挂架式多种类型。按安装位置分为翼尖、翼下、机身下和舱内发射架，按工作状态分为固定式、伸缩式和旋转式发射架，按发射方式分为滑动式、弹射式和投放式发射架。

火箭发射器有巢式、滑环式和挂架式多种类型。按安装位置分为翼尖、翼下、机身头部/腹部和弹舱门内发射器，按工作状态分为固定式、伸缩式和旋转式发射器。

目前，悬挂发射装置正沿着以下方向发展：采用保形挂架，减小外挂阻力；研究多点弹射挂架，消除气动流场干扰；发展舱内挂架，减少雷达反射面积；发射架趋于模式化；武器吊舱趋于组合化。

四、其他机载设备

(一)雷达设备

雷达意为"无线电探测和测距"，即利用无线电波的方向性和反射作用来探测目标的形状、速度、方位和距离。电磁波遇到障碍物(目标)会发生反射，波长越短的电磁波，传播的直线性越好，反射能力也越强，雷达通常使用的就是微波波段的无线电波。雷达设备不受气候条件的影响，在低能见度及夜间均可发现目标、判别敌我、指引攻击、导航着陆，因此它是飞行员的"火眼金睛"，也是衡量战斗机的重要标志。机载雷达设备种类繁多，包括火控雷达、截击雷达、轰炸雷达、预警和指挥雷达以及气象和航行雷达等。

1. 火控雷达

火控雷达是用来搜索、瞄准、攻击、制导和轰炸的雷达。早期的火控雷达只是一种测距器，必须与瞄准具配合进行攻击。现代的火控雷达已发展成多功能、全方位、全高度、抗干扰的截获和攻击系统，成为航空火力控制系统的重要组成部分。脉冲多普勒雷达利用动、静体的音频差别可以测出运动物体的速度和方向，可以从杂波背景中找出运动目标，具有上视和下视能力，可跟踪 10 个目标，能同时对两个目标实施攻击，能对地面、海面活动目标鉴别和攻击，并能显示地形，可制导多种导弹、火箭弹、炸弹等。目前，如 F－16、F－18、苏－27、米格－31 等战斗机的火控系统都装有这种雷达。新型的相控阵雷达的天线是由成百上千甚至上万个天线单元排成阵列(见图 2－78)，用电子计算机控制阵面上相位的分布和扫描，跟踪目标数量可达数百个，并可对发射出去的多枚导弹进行跟踪制导，有多目标搜索跟踪、敌我识别和地形跟随、地形回避等多种功能，能够代替多种不同功能的雷达，是歼击机和轰炸机理想的机载火控雷达。

2. 合成孔径雷达

合成孔径雷达是一种机载侧视雷达，它是利用雷达与目标的相对运动，把尺寸较小的真实天线孔径用数据处理的方法，合成一个较大的等效天线孔径的雷达；或者说，把一个物理长度不大的天线合成一个有效长度很大的天线，从而提高对目标的分辨力，它与光学照明的分辨力相当，且能有效地识别伪装和穿透掩盖物又不受黑夜和复杂气象影响。侧视雷达向左右两边探测范围宽达 200 km，在 10 000 m 高空，每小时可拍摄 8 000 km² 地带，分辨力达到 1 m 以内，已广泛用于空中侦察、航空测绘和航空遥感等领域，成为侦察与勘探雷达。小合成孔径技术已应用到超声速歼击机的脉冲多普勒火控雷达中，显著地提高了战场搜索和地形显示的分辨力。

图 2-78 相控阵雷达

3. 预警雷达

预警雷达是一种提前发现目标(如洲际导弹、潜地导弹和各型飞机),发出警告,引导攻击的机载雷达。它由预警飞机载至高空,可探测到地平线以下低空入侵的目标,并能监视敌后方战略武器发射的动静,提前发出警报,也可引导和指挥己方歼击机进行拦截和攻击。预警雷达包括早期的警戒雷达和远程搜索雷达,20世纪70年代新一代预警机都采用了能抑制地面杂波干扰的脉冲多普勒雷达,轰炸机的尾部还装有护尾雷达,现代歼击机也已装上威胁物警告系统,当敌机追踪我机或我机进入敌机导弹发射范围之内发出警告。

预警雷达还可以用于空中交通管制和空中监视等非军事领域,如民航机场的空中交通管制。

4. 敌我识别系统

敌我识别系统是一种辨别敌我飞机的机载电子系统。它由询问器和应答器组成,并与火控雷达同步工作。雷达发现目标后,询问器用预定的脉冲密码频率发射询问信号。友机的应答器经解码识别后自动发回应答信号,询问器收到应答信号后输入雷达显示器。在雷达收到的目标回波亮点旁,同时显示应答标志,表明目标是我方友机;如亮点旁无应答标志,则表明是敌机或敌方导弹,因为敌机不识密码,不予应答。敌我识别系统与火控雷达和预警雷达组合使用,可同时完成截获和识别任务,不仅能识别敌我,也能识别敌机或敌舰的型号,还能在电子对抗中识别真假目标。

5. 地形跟随和地形回避雷达

地形跟随和地形回避雷达是飞机上探测地形变化和回避地物的雷达。为躲避地面防空雷达的截获,军用飞机常采用低空突防方式进入敌区,但低空山峦起伏,极易发生碰撞,故安装地形跟随和地形回避雷达,前者与用于地面保持等高飞行,后者用于绕山回避飞行。它将雷达探测的地形信息及等高范围输入计算机,指令自动飞行控制系统操纵飞机作跟随或回避飞行。

6. 导航雷达

导航雷达是确定飞机的位置并引导飞机按预定航线飞行的机载雷达。地形成像雷达是利用地物对电波散射特性来获得地形图像的雷达,可在夜间探测地标位置来计算导航参数。多普勒导航雷达是飞机向地面发射几束不同方向的波束,利用回波频率的差异(即多普勒效应)测出地速和偏航角,通过航行速度三角形计算,从而确定飞机的方向和位置以及飞机飞行的航迹,这种不依赖地标或地面导航台的导航方式称为自主导航。

7. 气象雷达

气象雷达可以探测前方雷雨区的方位和距离,以便改变航道、确保安全。客机机头非金属雷达罩内即安装气象雷达天线。

8. 全景雷达

全景雷达属于侦查勘察雷达,可进行全景扫描。

(二)通信设备

任何航空器在空中飞行时都必须进行"空对空"和"空对地"的联络,实现这种联络的工具就是航空器的无线电通信设备。在大型飞机上,往往还装备有"机内有线通信系统"。航空无线电通信设备大体可分为民航通信设备和军航通信设备两大类。

1. 民航通信设备

按照国际民航组织(ICAO)的统一规定,民用通信设备主要使用甚高频波段的调幅电台,其无线电频率限制在 $118 \sim 135.975$ MHz 内,每隔 25 kHz 为一个频道,共设置 720 个频道,供不同情况下选用。机场上空的进场和离场管制、地面调度管理和空中交通管制所使用的频道也包括在 $118 \sim 135.975$ MHz 内。全世界统一规定空中和海上遇难时的求援频道为 121.500 MHz。

甚高频范围内($118 \sim 135$ MHz)的无线电波只能实现直线通信,通信距离不能超出地平线的范围。为了实现远距离通信,有些民用飞机上还加装了短波电台(频率范围在 $2 \sim 30$ MHz 内或更低),因为短波无线电信号可以利用电离层反射到远方的地面。

2. 军航通信设备

按照设在瑞士的国际无线电频率管理委员会的规定,军航通信设备的无线电频率主要安排在甚高频波段 $225 \sim 400$ MHz 内,频道间隔为 25 kHz,共 7 000 个频道。我国的军用航空通信电台以前承袭苏联的老式设备,其工作频率在民航通信范围的附近,受民航业务和电视业务的干扰很大。目前,我国的军航通信频率正逐步向国际通用标准转化和更新。军航通信电台的工作模式是双工的,即双方可同时收发信号。

常用的机载通信设备包括以下几种:

(1)通信电台:由发射机、接收机、天线、电源盒、送话器和耳机组成。短波通信电台用于远距离通信,通过电离层反射会出现盲区和静区,会出现信号中断,影响地面台的指挥和联络。超短波电台直线传播,无盲区,适合于近距指挥。

(2)机内通话器:带有音频放大器的机内乘员间的通话设备,也可通过机上电台与机外通话,现代客机上已经能与地面通长途电话。

(3)救生电台:飞机遇难后乘员所携带的小型超短波电台,可以自动发出国际通用求救信号"SOS",从 1992 年起,"SOS"更改为新的呼救信号"GMDSS"。

(三)电气设备

机载电气设备包括电源、配电设备和用电设备三个部分。电源是产生并供给电能的装置,配电设备用于传输和分配电能,用电设备用于将电能转换为其他能量(光能、机械能等)。

1. 电源

航空器的电源一般由主电源、二次电源和应急电源组成。主电源是航空器全部电能的来源,其发电机由主发动机带动工作。二次电源是变换主电源的电压、电流或频率的电源设备,如变压器、变流器等;应急电源是一个独立的电源设备(如蓄电池),当主电源不能提供足够的功率时(或主电源失效时),应急电源向航空器上的重要用电设备供电。

与其他能源比较,电能有许多突出的优点:容易变换为其他形式的能量;传输简单、容易实现操作过程的自动化;质量轻,占用空间小。

2. 配电设备

配电设备是电源与用电设备之间的中间连接设备,其主要组成部分包括电网、配电器具(各种开关等)、电流和电压的检测仪表、安全保护器具(熔断器等)、电网滤波器(防止无线电干扰)以及安装联络设备(配电控制板、插头座等)。

3. 用电设备

随着航空器性能和自动化程度的不断提高,各种用电设备也相应发展起来。现代航空器上的用电设备包括无线电设备(雷达、导航、通信设备等)、自动控制设备(自动驾驶仪等)、各种电力传动机构、灯光照明设备、座舱温度调节设备和防冰加热设备等。

电力传动机构利用电动机或电磁铁将电能转变为动能,经过输出装置(齿轮、连杆等)带动部件工作,简称电动机构。现代航空器需要操纵的机构大多不可能由飞行员人力承担,因此广泛应用电动机构。常见的电动机构有电动起动机(用于起动发动机)、调整片操纵机构、电动油泵、电动绞车、活动式着陆灯传动机构和水平尾翼应急电动机构等。

现代飞机安装了大量的电加热元件用来防止飞机结冰和提高机体温度,以便保证飞机的气动外形和飞机部件的正常工作,同时也是为了给飞行员和乘客提供良好的生活环境,例如,机翼前缘、发动机进气道、风挡玻璃的防冰和座舱、飞行服以及食品的加热等。

灯光照明设备用于航空器内部和航空器外部的照明。航空器内部的照明包括座舱照明和客舱照明和仪表显示等;航空器外部的照明包括着陆灯、滑行灯、航行灯、编队灯和防撞灯等,如图 2-79 所示。

(四)生命保障设备

1. 气密座舱

随着航空器飞行高度的升高,空气越来越稀薄,压力越来越小,温度越来越低,这些变化都可能威胁航空器上人员的生命安全。高空大气条件对人体的生理影响主要包括压力和温度的影响。

随着高度的增加,由于大气变得很稀薄,人不能吸入足够的氧气供细胞和组织使用,从而发生高空缺氧。生理研究指出,在 3 000 m 以上时,人体就将出现不同程度的缺氧症状。

随着高度的增加,外界空气压力会减小到很低,人体内某些封闭腔和半封闭腔(如耳朵、肠胃)会产生疼痛的感觉。压力的下降还会导致体液的沸点降低,高度大于 19 000 m 时,人的一切体液(血液、组织液等)都会发生气化或产生气泡,浑身出现浮肿,这种现象叫作"体液沸腾"。

随着高度的增加,大气温度也会下降,在 11 000 m 以上的高空,空气温度一般在 -56℃。这么低的温度会使飞行员丧失工作能力,或者使乘客冻伤甚至冻死。而飞机高速飞行时将产生"气动加热"现象,会导致飞行员头痛中暑,丧失工作能力。

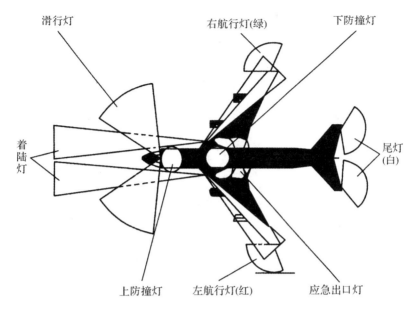

图 2-79 飞机照明设备

为了避免上述恶劣情况的发生,飞机上采用了气密座舱。气密座舱是采用气密性良好的座舱结构,使舱内与外界大气隔开。气密座舱具有增压空气源,以保证高空飞行时座舱内的空气压力高于舱外大气压力,这样既可以使乘员吸入足够的氧气,又可以避免低压导致的各种疼痛以及"体液沸腾"。气密座舱还可以控制舱内的空气温度,使其处在适宜的范围内。

2. 个体防护设备

个体防护设备是指在各种有害的环境条件下提高飞行员生存能力的装备,通常包括供氧装备、抗荷设备和海上救生设备等。

供氧装备(又称氧气设备)是高空飞行或弹射救生时供给飞行员氧气的系统和附件的总称,一般由氧气源、调节附件、供气面具和加压服等组成。氧气源是储存或产生氧气的装置,包括氧气瓶、液氧转换器、化学产氧器和电化学产氧器等;调节附件是调节氧气压力、流量和浓度的装置,如减压器和氧气调节器等;供氧面具包括供氧面罩和加压头盔等(见图 2-80)。

抗荷设备用于提高飞行员承受过载的能力,一般由气源、气滤、抗荷调压器、抗荷服和信号装置组成。飞机做转弯、盘旋、筋斗等机动飞行时,飞行员会受到很大的正向过载作用,导致飞行员四肢沉重、心跳加快、头部血压下降、产生各种生理机能障碍(如黑视或晕厥)。为了提高飞行员承受正向过载的能力,必须采用抗荷设备。

3. 救生设备

(1)航空救生设备。航空救生设备的作用是在飞机失事的情况下,保证飞行员顺利离开飞机并安全着陆。救生设备主要包括降落伞和弹射座椅。

飞机最早使用的救生设备是降落伞。在紧急情况下,飞行员从座舱侧边爬出,而后自动或手动打开降落伞,实现安全着陆。但是,当飞行速度很大(400 km/h 以上)时,飞行员靠体力爬出座舱进行跳伞已不可能,这是因为气流压力太大,飞行员靠体力很难克服,即使顺利地爬出了飞机,也容易被高速气流吹向机体(如尾翼),造成碰撞。

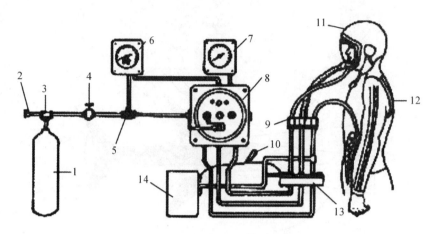

图 2-80　飞行员加压供氧设备

1—氧气瓶；2—充氧接嘴；3—单向活门的附件；4—氧气开关；5—氧气减压器；6—带示流器的压力表；7—氧气余压表；
8—压力比调节器；9—加压供氧调节器；10—应急手柄；11—加压头盔；12—高空代偿服；13—断接器；14—跳伞供氧器

为了帮助飞行员在高速飞行中能够安全逃离，第二次世界大战末期出现了弹射座椅。弹射救生过程一般是，当飞行员紧急离机时，首先抛掉座舱盖，然后操纵点火器使弹射座椅工作；弹射座椅和飞行员弹射出舱后，经过一定时间的稳定减速，安全带解开，人椅分离；下降到一定高度后，自动或手动拉开降落伞；飞行员安全着陆后，使用应急物品生存和求救，最后安全返回。

20 世纪 60 年代出现火箭弹射座椅后，救生成功率大大提高，实现了零高度弹射救生（即在地面也可弹射救生成功）；采用射伞装置和改进了救生伞以后，又实现了零速度弹射救生。能够同时实现零高度和零速度弹射救生的弹射座椅称为"双零"弹射座椅。

弹射救生过程如图 2-81 所示。

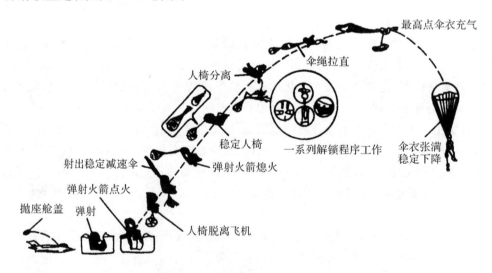

图 2-81　飞机弹射救生的一般过程

（2）航天救生设备。载人飞船、航天站和航天飞机等载人航天器，由于工作在非常严酷的环境中，其本身皆备有完备的生命保障系统，以维持载人航天器密闭舱内大气环境，保障航天员安全、正常生活和工作。此外,航天员在航天器密闭舱外工作和活动,应穿着航天服。航天服是一套由头盔、服装、手套和靴子等组成的装备,可以保护航天员不受外层空间微流星体、太阳辐射的侵害以及空间环境因素(无氧、高低温、低压或真空)的危害。

航天救生比航空救生要困难而复杂,有些救生方法尚在研究之中,下面介绍几种救生方法。

1)发射台至低空救生。常用的方法有弹射座椅和救生塔两种。弹射座椅与飞机上所用的弹射座椅基本上一样,在飞船座舱发生危险故障时可沿飞行方向斜上方弹出,使航天员逃生。救生塔也称逃逸塔,装在飞船顶端,由塔架、逃逸发动机和分离发动机(均为固体火箭发动机)组成。发生紧急情况时,逃逸发动机迅速点火,使航天员座舱(返回舱)与运载火箭分离,迅速脱离危险区,然后分离发动机启动将座舱与塔架脱开,以便用其他回收系统使座舱安全着陆。

2)高空段救生。高空空气阻力已经很小,飞船的返回制动发动机的推力足以克服空气阻力而把飞船从危险区推开,然后按正常程序安全降落。

3)轨道运行段救生。飞船在轨道运行段的安全主要靠飞船各种设备的可靠性和主要系统采用备份来保证。飞船若出现危险放障,只能中断预定的飞行计划,提前返回地面。航天飞机和航天站的轨道救生,仍处于研究阶段。一般情况下,若航天站轨道舱发生危险故障,可用指挥舱和服务舱营救轨道舱中的人员返回地面;若服务舱和指挥舱丧失返回能力或人员无法进入,则必须发射营救飞船或航天飞机进行空间营救或修理。

4)返回段救生。飞船从轨道返回着陆的整个过程中的安全,在设计中已做了周密考虑,如采用多个并联制动发动机、多伞系统和弹射座椅等。若一个发动机或一个降落伞不能工作,其余的仍可使航天员安全着陆。

思　考　题

1. 大气分几层? 各层有什么特点?

2. 对于大型客机来说,在大气的哪一层中飞行最为理想?

3. 大风吹过瓦房屋顶时,往往会将瓦片掀翻,试用相关原理解释。

4. 什么是飞行相对运动原理?

5. 低速空气和高速空气的流动特点分别是什么?

6. 什么是流体的连续性方程和伯努利方程? 它们所代表的物理意义是什么?

7. 简述翼型升力的产生原理。

8. 飞机增升装置的作用是什么? 增升的原理有哪些? 飞机上常用的增升装置有哪些?

9. 飞机阻力有哪几种类型? 如何减少这些阻力?

10. 简述襟翼的作用。

11. 什么是正激波和斜激波? 两者在流动上有何区别? 超声速气流流过正激波时,流动参数有哪些变化?

12. 直升机挥舞铰(水平铰)和摆振铰的作用是什么? 变距铰的作用又是什么?

13. 什么是开普勒三大定律?

14. 第一、第二、第三宇宙速度的概念及其大小是什么?

15. 卫星轨道参数有哪些?

16. 卫星轨道有哪些类型？分别适于什么卫星？

17. "嫦娥"一号和"嫦娥"二号的奔月轨道各有什么特点？

18. 简述机载导航系统的分类及特点。

19. 机载武器系统包括哪些？

20. 简述机载雷达的分类。

21. 机载通信系统的作用是什么？

22. 机载生命保障系统包括哪些？各有什么作用？

23. 飞机机载电气设备包括哪些？

参 考 文 献

[1] 昂海松,童明波,余雄庆.航空航天概论[M].北京:科学出版社,2008.

[2] 吴子牛.空气动力学[M].北京:清华大学出版社,2007.

[3] 杨华保.飞机原理与构造[M].西安:西北工业大学出版社,2002.

[4] 熊海泉.飞机飞行动力学 M].北京:航空工业出版社,1990.

[5] 何庆芝.航空航天概论[M].北京:北京航空航天大学出版社,2003.

[6] 谢础,贾玉红.航空航天技术概论[M].北京:北京航空航天大学出版社,2005.

[7] 闵桂荣.航空航天科学技术(航天卷)[M].济南:山东教育出版社,1998.

[8] 李红军.航空航天概论[M].北京:北京航空航天大学出版社,2006.

第三章　军事航空的发展及作战运用

当早期航空器克服了自身的某些缺陷后,它们就日渐发挥其速度和机动性等相关优势,成为真正的战争之鹰。从第一次世界大战中崭露头角,到第二次世界大战中飞速发展,再到现在的主宰战争格局,军用航空器在战争中已成为不可或缺的重要装备。本章从航空器早期的军事应用开始,以军事航空的发展为主线,分别介绍航空器在第二次世界大战时期、喷气时代以及高技术局部战争中的作战应用。

第一节　早期的军事应用

最早的航空器可追溯至气球和飞艇(见图3-1)。自气球和飞艇问世后,人们便开始将其应用于军事,并很快认识到它们在军事方面的价值。但是由于气球、飞艇性能的局限性和自身的弱点,只能在空中侦察、通信联络、校正炮射等方面发挥作用。飞艇虽然也用于对地面和水上目标的轰炸,但效果甚微,而在空中作战中逐步发挥重要作用则是在飞机出现之后。随着航空技术装备的逐步形成,飞机性能和遂行任务的能力逐步提高,并开始在战争中显露头角。

一、气球与飞艇

法国是把气球用于军事活动最早的国家,也是最早利用气球实现人类升空梦想的国家。1789年,法国在大革命爆发的当年,就成立了气球学校。1793年,法国政府设立了气球部,专门负责制造、装备和维修系留气球。1794年4月2日,法国成立了世界上第一个气球侦察分队,并在同年的奥法战争中担任了军事观察和侦察任务。这是世界上最早的气球侦察分队,也是世界上最早利用航空器进行军事活动的部队。这支侦察分队的军事活动,成为法国军队在福留拉斯作战中取得胜利的主要原因。但是,当时的法军统帅拿破仑却没有意识到利用系留气球可以提高战场观察的效果和对作战的重要作用,下令解散了气球队。

然而,有远见的军事家们并未受拿破仑的影响,他们积极扩大气球的军事用途。在1848年至1849年的奥意战争中,奥地利军队为了镇压威尼斯的反奥起义,使用了200个小型自由气球,携带着"利布鲁"炸弹,企图将其送到威尼斯上空,但由于风的影响,未能达到预期目的。1859年,在奥地利入侵萨地尼亚的战争中,法国军队和萨地尼亚王国军队在索尔费里诺与奥地利军队决战时,法军利用了系留气球并使用了发明不久的照相技术,从空中对奥地利军队的阵地进行了侦察照相,证实了气球在军事上的使用价值。

在1861年至1865年的美国南北战争期间,南、北双方都使用了侦察气球。北方军使用热气球开展卓有成效的侦察行动。南方军部队离开其拉帕哈诺克营向西移动,发出葛底斯堡战役的情报,就是最先由气球侦察到的。甚至在华盛顿和气球部署地之间也铺设了电报通信线,使华盛顿能直接得到侦察情况的报告。

1870 年至 1871 年的普法战争,成为气球在军事上运用的转折点。1870 年下半年,巴黎被普鲁士军队包围,法国首都与外界的联系被切断。1870 年 9 月 23 日,朱尔·迪鲁弗驾驶气球从巴黎起飞,飞越围攻巴黎的普鲁士部队,3 个小时后,降落在法国未被普军占领的埃夫勒,传送了极其重要的公文急报。至 1871 年 1 月 28 日,法国首都为了与其他地方保持联系和运送人员、物资,共放出 66 个气球,其中只有 6 个落到敌方,2 个落到海上,成功率达 88%。

法国在普法战争中对气球的成功运用,使世界各国对气球的军事价值和发展前途有了新的认识,并积极进行了使用气球的实践。1898 年的美西战争,1899 年至 1902 年的英布战争,1904 年至 1905 年的日俄战争,1911 年至 1912 年的意土战争都使用了气球。许多国家还设立了气球的专门管理机构。1885 年,俄国在彼得堡成立了军用浮空部队,后来于 1887 年又改组为"浮空干部训练基地"。1890 年,英国皇家工兵配置了气球队。1892 年,美国在通信兵中设立了气球科。1908 年,中国的湖北陆军第 8 镇、江苏陆军第 9 镇和直隶陆军第 4 镇先后成立了气球队,陆军大学还编印过《气球学》一书。

图 3-1 早期应用在军事上的气球和飞艇

由于飞艇比气球有明显的优点,加上飞机的出现和发展,气球在军事利用方面的地位逐渐下降,以至到第二次世界大战期间已基本销声匿迹。

有动力装置的飞艇更容易驾驶。因此,在轻于空气的飞行器中,飞艇更受军界青睐。各国原来设置的气球管理机构也因为装备了飞艇而扩大了职能。到第一次世界大战之前,德国、法国、俄国、英国、意大利等国争先恐后地制造、装备各式飞艇,并成立了飞艇部队。在 1911 年至 1912 年的意土战争中,意大利最早将软式飞艇用于军事目的,对土耳其部队进行轰炸和侦察。1915 年 1 月 19 日,德国使用"齐柏林"号飞艇(见图 3-2)第一次在 1 500 m 高度上对英格兰东部地区进行了空袭,又于 5 月 31 日空袭了伦敦。此后,德国飞艇不断对英国港口和伦敦进行轰炸。这些行动给英国以很大打击。

图 3-2 "齐柏林"号飞艇

在第一次世界大战中,飞艇的制造技术得以迅速发展。大战初期"齐柏林"1号飞艇,容积为 2.25×10^4 m^3,载重量 8 700 kg,升限为 2 500 m。一战末期德国制造的最大飞艇,容积已达 6.85×10^4 m^3,有效载重量为 5.2×10^4 kg,升限达 6 850 m。在第一次世界大战中,德国的飞艇主要是用于战略目的,对英国进行了连续的轰炸攻击,但未能达到预期的效果。盟国方面的飞艇主要是用于担负沿海地区的警戒,搜索鱼雷、潜艇和护卫船只,偶尔也对潜艇进行攻击,但未对地面目标进行轰炸。

由于飞艇容易遭到飞机和地面火力的攻击,第一次世界大战结束后,它也逐渐失去了在军事上的使用价值。飞机的出现及其军事实践,预示战争样式发生划时代的变化。

二、飞机应用于实战

1903 年 12 月 17 日,莱特兄弟设计制造的"飞行者"I号以飞行时间 59 s,飞行距离 260 m 试飞成功。1905 年 10 月试飞成功的"飞行者"II号续航时间达到 38 min08 s,飞行距离超过了 9 km。1908 年,飞机的续航时间纪录达到 2 h20 min,飞机性能达到了新的水平。继莱特兄弟之后,欧洲各国也纷纷研制和试飞新型飞机,对飞机的早期发展起到了积极的推动作用。法国的飞行员和飞机设计师亨利·法尔芒、莫里斯·法尔芒兄弟研制成功能够横侧操纵飞机的副翼,在飞机设计上采用了推进式双翼的布局,创下了飞行续航时间和飞行速度的新纪录。法国飞行家路易·布莱里奥,将飞机的结构由箱式风筝双翼式改进为鸭式单翼结构,他设计制造的"布莱里奥"XI型单翼机,成功地进行了海上飞行。法国人亨利·法布尔设计制造了世界上第一架浮筒式水上飞机,并于 1910 年试飞成功,以时速 60 km 的速度飞行了 6 000 m。同年,美国海军在"伯明翰"号巡洋舰上加装了供飞机起降的平台,并成功地进行了首次双翼飞机在舰上的起飞。水上飞机和飞机在舰上的起飞成功,使飞机的适用范围迅速扩展。当时的飞机虽然在性能上得到不断改进,但是飞机的设备仍然很简陋,没有机载武器,没有挂弹装置,更没有瞄准设备。因此,飞机用于空中作战的规模不大,收效甚微。然而飞机在战争中使用的威力却得到了初步显示,并引起一些国家的重视。如图 3-3 所示为"飞行者"I号和法尔芒飞机。

图 3-3　"飞行者"I号和法尔芒飞机

飞机与气球、飞艇相比,其操纵性、机动性、灵活性明显高出一筹。因此,飞机诞生不久,便受到政界和军界的关注。1907 年 8 月 1 日,美国在陆军通信兵中建立了航空处。但是,作为世界上第一架飞机诞生地的美国,其军事当局对莱特兄弟的成就并未予以足够的重视,只是由于总统西奥多·罗斯福的关注,军方才与莱特兄弟重新商定订购飞机的计划。

法国的布莱里奥于 1909 年 7 月 25 日驾驶自己设计的"布莱里奥"I型单翼飞机首次飞越了英吉利海峡。当时,飞机还没有参与军事活动,布莱里奥的创举已在欧洲引起很大震动。法国人 H.G. 韦尔斯指出:"……从军事观点来说,就是不用我们的舰队,这也不再是一个难以接近的岛屿了。"英国也由此预感到飞机带来的空中威胁。欧洲主要国家开始探索飞机在军事活动中的应用,英国、法国、德国、意大利和奥匈帝国等,相继建立了军事航空部队和相应的组织机构,为飞机参加军事活动创造了条件。

1910年,墨西哥爆发资产阶级革命。1911年2月,政府军的一名飞行员奉命驾驶飞机飞越霍斯城,观察了革命军的阵地,这是飞机在战争舞台上的第一次亮相。但是飞机正式参战,并且首次发挥多方面的作用,是在1911年至1912年的意土战争。

意土战争爆发时,土耳其还没有飞机,而意大利已经建立了一个隶属于陆军的飞机连,拥有约20架军用飞机和32名飞行员。

1911年9月5日,意大利向的黎波里塔尼亚派遣9架飞机、2艘飞艇和11名飞行员参战。这些飞机是"布莱里奥"I型单翼机、"亨利·法尔芒"型双翼机、"纽波特"式单翼机和"鸽"式单翼机。10月25日,副队长莫伊佐驾驶"纽波特"飞机进行侦察,发现在艾因扎拉地区有一个很大的土耳其军队营地,从而为其地面部队作战提供了有价值的情报。但是当他在目标上空盘旋时,其飞机机翼被土军的3颗来福枪子弹击伤。这是飞机首次遭到地面火力的杀伤。11月1日,意军飞行员驾驶"鸽"式飞机,在北非塔吉拉绿洲和艾因扎拉地区向土军阵地投下4颗重约2 kg的"西佩利"式榴弹,这是飞机作战史的首次轰炸行动。在意土战争中,飞机参加作战还创造了若干先例,如地面电台向飞机传送无线电信号进行地空联络;用飞机投撒数千张规劝土军投降的传单;利用固定在飞机座椅上的照相机进行了空中照相侦察;队长马连戈上尉首次进行了30 min的夜间航空侦察;5月8日,马连戈上尉又首次进行夜间轰炸,在黎明前对土军基地投了数枚炸弹等。

飞机在意土战争中的运用,仅仅是空中作战的萌芽,虽然规模不大,效果也不甚明显,但是,它预示了飞机在战争中的应用前景和战争的样式将发生革命性的变化。意土战争中的空中作战,使意大利当局意识到军事航空的威力,于是在1912年11月28日,将军事航空队扩建为军事航空营,积极为发展壮大军事航空创造条件。同时。这也引起了世界主要国家对军事航空的瞩目和效法,从而促进了军事航空事业的发展。

在1912年至1913年发生的两次巴尔干同盟诸国争取民族独立的战争中,空中作战效果得到明显改观。巴尔干战争中的空中作战与以往不同,交战双方都拥有军事航空部队。希腊于1912年9月,建立了军用飞机中队,有4架"法尔芒"式双翼飞机和在法国受过飞行训练的陆军军官。保加利亚在战争期间组建了一支拥有12架"布莱里奥"和"布里斯托尔"式单翼飞机的陆军航空部队,雇佣俄国、意大利和英国飞行员参战。塞尔维亚在1912年已有一支拥有"布莱里奥""法尔芒"和"德佩尔迪桑"等型飞机十余架的军事航空队。土耳其也购买了"纽波特""德佩尔迪桑""布里斯托尔"和"哈兰"等型飞机,并雇请了外国飞行员。交战双方拥有的军事航空部队,都参加了作战行动。希腊的飞机中队,在塞萨利和伊皮罗斯战线进行了侦察活动,1架水上飞机还为希腊海军执行了侦察任务,并在飞越达达尼尔海峡时,投下4枚炸弹,试图轰炸达达尼尔海峡内的土耳其舰艇。保加利亚的航空部队在保加利亚军队包围土耳其的阿德安保时,空投传单,对土耳其军民进行政治攻势。一名在保加利亚航空队服役的俄国飞行员,1913年2月8日驾驶一架双翼飞机,携带6枚炸弹攻击了亚尼纳周围的城堡,造成了破坏和混乱,为保加利亚军队攻克该城创造了条件。塞尔维亚军事航空部队,在斯库台包围战期间执行了侦察任务。土耳其在战争中也不断使用飞机进行军事活动。

由于当时飞机性能低下,设备简陋以及飞机构造和驾驶技术等原因,飞机在军事上的早期运用,主要任务还是侦察和通信,轰炸也只是使用简单改装的炸弹和手榴弹,不仅炸弹的威力不大,而且由于飞机上没有瞄准装置,投弹也不准确,没有取得真正意义的轰炸效果。但是,飞机的初步军事实践已经显示了飞机在战争中的巨大潜力。

三、第一次世界大战中的空中作战

1914 年 6 月,第一次世界大战爆发,战火从欧洲很快燃烧到中近东、远东和非洲。第一次世界大战对武装力量的发展产生了重大影响,为航空在军事上的运用提供了良好的机会。航空兵在第一次世界大战中发生了质的飞跃,空中力量有了快速的发展,武装力量的编成出现了重大的变化。

第一次世界大战是飞机用于军事的一个重要时期。大战中空中作战的实践,推动了航空技术的发展,显示了飞机的作战能力,证明了军事空中力量在战争中的重要作用。

(一)主要以航空侦察和突击战场目标的方式支援地面军队作战

航空侦察,是军事航空部队在大战中贯彻始终的任务。对于制定战役和战略计划起了重要作用。比如,1914 年 9 月 3 日,法国的一架侦察机在执行任务中,发现德国第 1 集团军向马恩河机动,英、法联军根据这一敌情变化的情报,及时调整部署,于 9 月 5 日发起马恩河战役,将德国军队击退至苏瓦松-凡尔登一线。这次战役成为 1914 年西线战局有利于协约国的转折点。战争转入阵地战以后,军事航空部队实施航空侦察的重点转向战役和战术侦察。1916 年,俄国军队的西南方面军在夏季进攻战役中,利用航空侦察获得的情报,准确地了解了敌方的防御部署。

飞机通过突击战场目标,直接支援地面军队作战。在索姆河战役中,英、法联军的航空兵部队,首先采用了用机载武器突击战场目标的强击作战方法。此次战役中,协约国在拉西尼至埃比泰恩 70 km 正面上,集中了 40% 航空兵部队的力量。在地面炮火准备之后,协约国的飞机对敌方战场的堑壕和小型目标实施强击,起到了杀伤敌人有生力量和挫伤敌军士气的作用,直接而有效地配合了地面军队作战。

(二)夺取制空权的作战

随着航空技术装备水平和作战能力的提高,为了保证己方航空兵部队有效地遂行作战任务,保证后方目标和地面部队不受敌方空袭的威胁,交战双方开始日益重视争夺制空权的斗争。第一次世界大战中争夺制空权的斗争,大致分为三个阶段。

第一阶段争夺制空权的斗争,是从西线转入阵地战以后开始的。法国的航空兵部队取得了军事航空史上第一次空战的胜利。1914 年 10 月 5 日,法国飞行员约瑟夫·弗朗茨和空中观察员路易·凯诺驾驶一架加装机枪的"瓦赞"式侦察机,击落了 1 架执行侦察任务的德国飞机。这次战斗揭开了第一次世界大战中空战的序幕。战争转入阵地战以后。战线趋于稳定,交战双方设计并制造了专门用于空战的歼击机。这种飞机的特点是机动性能好,速度较大,具有一定空战火力。法国制造的"莫拉纳·索尔尼埃"型飞机(见图 3-4)就是最早用于空中歼灭敌机的歼击机。这种单翼歼击机装有机载前射机枪,飞机螺旋桨桨叶的边缘装有钢楔,能偏转击中桨叶的机枪子弹,这在一定程度上解决了机载机枪的前射问题,从而便于飞行员在空战中修正射击偏差,提高了射击命中率。1915 年 4 月 1 日,法国飞行员罗朗·加罗斯驾驶这种歼击机,击落 1 架德国双座侦察机。在以后的 16 天内,加罗斯又击落了 5 架敌机,成为世界上第一个王牌飞行员。在香巴尼和阿图瓦秋季战役中,英、法联军的航空兵部队占有对德军航空兵部队 4~5 倍的数量优势,在战役的一定时间内限制了德军航空兵部队的活动,争夺制空权的重要性在战争中开始得到体现。

图 3-4 "莫拉纳·索尔尼埃"型飞机和"福克"型歼击机

从 1915 年 10 月起,开始了争夺制空权斗争的第二阶段。德国为了改变在制空权斗争中的不利局面,积极改进歼击机的飞行性能和技术装备。1915 年 4 月 19 日,法国飞行员罗朗·加罗斯迫降在德国阵地后方,连同飞机被德军俘获。在德国工作的荷兰工程师安东尼·福克对这架法国歼击机进行了仿制和改进,他研制的射击协调装置,解决了机载机枪前射与螺旋桨的协调问题。1915 年 7 月,装有协调装置的"福克"型歼击机(见图 3-4)开始出现在西部战线上空,德国的奥斯瓦尔德·伯克尔、马克斯·殷麦曼等优秀飞行员,驾驶"福克"型歼击机,不断取得胜利。协约国的飞机遭到越来越严重的损失,当时被称为"福克灾难",德国也因此扭转了被动局面,开始掌握战场的制空权。在索姆河战役之初,德军对其陆军航空勤务队进行整编,将优秀的歼击机飞行员集中编成多个"狩猎小队",其中最著名的是奥斯瓦尔德·伯尔克的第二狩猎小队。以后又编成狩猎中队,并组建"狩猎联队",作为机动部队使用。德国又将"阿尔巴特罗斯"和"哈尔贝斯塔特"等型先进的歼击机装备这些狩猎小队,这样就使技术高超的飞行员与性能优良的飞机相结合,更好地在空战中发挥效用。1916 年 10 月至 12 月,德国第二狩猎小队以损失 7 架飞机的代价,取得击落 76 架英国飞机的战绩。1917 年 4 月,在阿拉斯战役中,英国航空部队虽然在数量上占有优势,但是在战役发起后的 5 天内,就被德国飞行员击落 75 架飞机。仅 4 月 6 日一天的空战,英国就被击落 44 架飞机。至 4 月底,英国飞机已经被击落 150 架,飞行人员损失 316 名。法国和比利时的飞机共被德国击落 200 架。为此,英国皇家飞行队将 4 月份的空战称为"血的四月"。从而,争夺制空权斗争的有利形势转向德国。

1917 年夏季至大战结束后,是争夺制空权斗争的第三阶段。协约国航空部队积极改进装备和变换战术,又逐步夺取并保持了制空权。1918 年初,英国的航空部队开始以索普威思"骆驼"型、SE5 型歼击机取代旧式的三翼机,以"布里斯托尔"型飞机换下 FE2 型飞机。法国航空部队用新型的"斯巴德"SX 型和"纽波特"27 型和 28 型取代原来的"斯巴德"SV 型歼击机。协约国作战飞机的性能和装备已经优于同盟国的飞机,同时美国参战又使协约国的空中力量得到增强。协约国航空部队采取更为积极进攻的战法,索姆河战役后普遍采用编队作战。在主要作战方向,集中歼击机部队,以多个编队梯次出动的方法,深入战线敌方一侧寻机作战,在编队出战的同时,还以"尖子"飞行员单机或小编队出动游猎,打击德国飞机。在第二次马恩河战役的防御阶段,协约国的歼击机部队有效地限制了德军航空部队的行动,保障了己方轰炸机部队的行动,迟滞了德军强渡马恩河。在战役的反攻阶段,协约国航空部队已经掌握制空权,保证了反攻准备的隐蔽性,有效地支援了地面部队作战。

(三)对敌后方目标的轰炸作战

1. 德国航空部队的轰炸作战

第一次世界大战中的轰炸作战,是 1914 年 8 月 6 日由德国使用飞艇进行轰炸活动拉开序幕的。之后,德国为了限制英国海军的行动,于 1914 年秋,在奥斯坦德组建了 2 个联队,装备"阿维亚蒂克""阿尔巴特罗斯"型飞机 6 架,主要担负空袭英国的任务,后来被调往东线。

1915 年至 1916 年期间,德国主要是飞艇部队对英国进行轰炸。虽然飞艇对敌方目标的轰炸取得了一些效果,但充分暴露了飞艇作为进攻武器的弱点。以德国海军飞艇部队为例,在第一次世界大战中,德国海军飞艇部队拥有的飞艇占德国飞艇总数的 83%。它对英国进行了51 次空袭,投弹 196.5 t,给英国造成人员伤亡 1 915 人,经济损失达 150 万英镑。但是,德国飞艇的损失率也高达 68.2%。

德国的冯·赫本中将于 1916 年底向陆军司令部建议使用轰炸机空袭英国,并提议以正在研制的"哥塔"G4 型轰炸机为主战飞机建立轰炸机部队。1917 年 4 月,陆军司令部组建了第 3联队,专门担负轰炸英国的任务。1917 年 5 月 25 日,第 3 联队的 23 架"哥塔"型轰炸机空袭了英国,开始了"第一次不列颠之战"。从此,德国对英国本土进行了持续轰炸。开始,德国在昼间进行的轰炸活动,由于出动轰炸机的数量较大,加上英国的防空力量有限,因而对英国沿海地区的港口、工厂和伦敦等城市的空袭,取得了一定的成效。后来,英国迅速从法国前线调回一部分歼击机部队,使本土的防空得到加强,并于 1917 年 8 月 22 日在德国轰炸机空袭伦敦时,击落 3 架德机。自 9 月起,德国停止了对英国的昼间空袭,将轰炸活动转入夜间进行,连续空袭了英国沿海地区和首都伦敦。从 1918 年 1 月起,德国第 3 联队的部分部队被调往法国前线,对英国的轰炸作战逐渐减少。至 5 月,第 3 联队被全部调往西线,停止了对英国的空袭。

德国对英国的轰炸作战,一共损失"哥塔"型轰炸机 60 架,其中被击落 24 架,因事故损失36 架;损失飞行人员 137 名,另有 88 人失踪。虽然付出了较大代价,但牵制了英国的一部分空中力量。对地面工厂的轰炸也使英国遭受了不小的经济损失,特别是对首都伦敦的轰炸,产生了较大的政治和心理影响。

2. 协约国航空部队的轰炸作战

在德国对英国实施轰炸的同时,英国也没有忽略对敌方的空袭。1914 年 9 月 3 日,英国作战部将英伦三岛的防空任务交给海军。英国海军大臣温斯顿·丘吉尔首先提出,应将对英国构成威胁的德国飞艇消灭在其出发基地。为此,英国海军航空勤务队在部署本土防空力量的同时,在安特卫普部署了一支配备 10 架飞机的航空中队,于 1914 年 9 月至 10 月间,对位于德国科隆、杜赛尔多夫的齐柏林飞艇基地进行了突击。1914 年 11 月 21 日,英国皇家海军航空勤务队从贝尔富特基地出动 4 架"阿福罗"504 型飞机,突击了位于康斯坦斯湖边的齐柏林飞艇工厂,并击伤 1 艘飞艇。1915 年底,在肯特郡戴特林地区组建了一个装备索普威思型飞机的轰炸中队。该中队于 1916 年 5 月,在英国和法国达成联合轰炸德国的协议后,转至法国的曼斯顿,改编为皇家海军航空勤务队第 3 联队。由于英国远征军司令黑格将军坚持远程轰炸必须服从于地面军队打击战场目标的要求,使第 3 联队没能很快形成作战能力。直至 10 月12 日,才在昼间组织了英、法航空兵的联合行动,轰炸位于奥本多夫的毛瑟枪生产工厂。但是,返航途中遭到德国航空兵部队的截击,被击落 9 架飞机。这次轰炸行动也暴露了当时轰炸机昼间作战自卫能力差的弱点。11 月 11 日、15 日,第 3 联队连续对萨尔地区的工厂进行空袭。此后,受季节天气的影响,该联队的一部分飞机被调往敦克尔刻地区执行战术作战任务。1917 年 4 月 14 日,该联队第二次轰炸德国城市弗赖堡。英国结束了第一轮对德国战略纵深目标的持续轰炸活动。

1914 年 6 月,法国军队总司令部确立了突击敌国军队集结地域和交通运输目标的轰炸作战方针。11 月,总司令部授命航空处处长布雷什组建第 1 轰炸大队。该大队由法军总司令霞飞将军直接指挥,有飞机18架。对于这支轰炸部队的使用,布雷什主张通过突击敌人交通运输目标和工业系统削弱战场上的敌军,并制订了轰炸作战计划。1915年1月,轰炸大队突击了弗赖堡火车站。5月26日,从南锡出动18架飞机,轰炸了德国的毒气工厂和研究所,取得了一定的突击效果。之后,法军轰炸部队迅速发展,相继组建了第2、第3、第4轰炸大队,使法军具有了更大的空袭力量。6月15日,法军的23架飞机轰炸了德国的卡尔斯路军工厂。8月25日,法军出动62架飞机轰炸了德国的萨尔工业区。1916年至1917年期间,法国轰炸机部队集中地轰炸了德国的萨尔、洛林和路克希姆堡的钢铁工厂及梅斯的交通枢纽等对德国作战有重大影响的目标。但是,后来由于地面作战形势的影响,法国把航空部队的主要力量用于支援地面部队作战,因而对德国战略纵深目标的轰炸力量受到削弱,未能取得打击德国交通系统和工业中心的良好效果。

第一次世界大战中的空中作战,由战争初期执行侦察、校射等单纯性任务,发展到广泛执行争夺制空权、突击地面目标、支援地面部队作战和轰炸敌方战略后方,打击敌方民心士气等作战任务;由战争初期单一的航空侦察部队,发展到由歼击航空兵、轰炸航空兵、强击航空兵和侦察航空兵等能遂行多种空中作战任务的航空部队。可见,经过第一次世界大战,空中力量已经由一支完全从属于地面军队的纯勤务保障力量,发展成为一支在一定程度上对战争产生影响,发挥积极作用的空中突击力量。

四、空军作战理论及发展

第一次世界大战后的20年是空军理论从奠基到蓬勃发展的重要时期。这个时期出现的以意大利的朱里奥·杜黑、美国的威廉·米切尔和英国的休·特伦查德为代表人物的空军学术思想,其理论和实践各有特色。杜黑从理论上阐述了"制空权"的特殊意义,米切尔竭力倡导"空中国防"观念,而特伦查德则在英国创建了世界上第一支独立空军。他们都是早期空军理论的创始人,对空军理论的发展做出重要贡献。他们的理论对世界各国空军的建设和发展都产生了重要影响。

(一)朱里奥·杜黑及其空军理论

杜黑生于1869年5月,曾就读于都灵军事工程学校和陆军大学,学习过飞行。1912年曾担任意大利陆军第一个航空营营长。1915年5月意大利参加第一次世界大战后,他担任米兰师参谋长。此间,他建议组织500架轰炸机轰炸奥地利后方,未被采纳。但是他一直坚持自己的观点,激烈批评陆军当局战略指导的错误和指挥上的无能。杜黑终于因为触怒最高统帅部而以违纪罪被军事法庭判处监禁一年。1917年,意大利军队在卡波雷托前线大败。意大利当局经过对战败原因的调查,认为杜黑当年对统帅部的批评是正确的。1918年,意大利政府为其恢复名誉,并任命他为陆军航空处主任。1921年,杜黑被晋升为少将,并于1922年出任意大利政府的航空部长。他在1923年退职后专事著述,于1930年2月病逝。

1921年至1930年期间,杜黑写过许多论述空军作战思想的论文,他的代表作后来被编辑成《制空权》一书。杜黑的著作,还有1928年出版的《未来战争的可能面貌》、1929年出版的《扼要的重述》和1930年发表的《19××年的战争》。杜黑的空军理论在两次世界大战之间的时期已经自成体系,其主要观点如下:

(1)提出未来战争是总体战的论断。杜黑凭借创新精神,运用高度的想象力对未来战争的可能样式做出科学的分析和判断,提出未来战争是总体战的科学判断。

(2)提出空中战场是决定性战场的观点。杜黑认为:"航空为人类开辟了一个新的活动领

域——空中领域,结果必然形成一个新的战场。"为此,他提出空中战场是未来战争中的决定性
战场的论点。

(3)第一个系统提出制空权理论。杜黑是第一个系统地论述制空权的人。他的制空权理
论在空军理论中占有重要的地位,对许多国家的空军建设都有重要影响。杜黑给"制空权"下
的定义是,"制空权是指这样一种态势,即我们自己能在敌人面前飞行而敌人则不能这样做"。
这一定义的含义,一是能阻止敌人飞行;二是能保持自己飞行。杜黑的定义基本上反映了制空
权的本质。因此,几十年来各国军语对制空权的定义和解释的实质内容,基本上都没有超出杜
黑的这一定义。

杜黑把"夺得制空权就是胜利"作为一个公理。他认为,夺得制空权本身即使还不能确保
胜利,但却是夺取战争胜利的必要条件。他论述了夺取制空权能带来的优势,主要有:拥有制
空权可以防护本国领土不受敌人空中进攻,从而保护国家物质和精神的抵抗力不受敌人直接
打击;可以使敌人领土暴露在己方空中进攻之下,因而能对敌人的抵抗给予直接打击;能完全
保护本国陆海军基地和交通线,而使敌人的陆海军基地和交通线遭受威胁,能阻止敌人从空中
支援其陆海军,同时保证对己方的陆海军给予空中支援。

(4)主张建立独立空军。杜黑把独立空军的含义定为组成能够夺得制空权的空中力量的
所有航空兵器的总体,其主要目的是以摧毁敌人一切飞行器、夺得制空权。

(5)提出加强军事航空后备力量建设的思想。发展军事航空需要大量资金,没有一个国家
富裕到能保持一支随时可以出动的充分的军事航空力量。为此,杜黑建议在和平时期,航空事
业应坚持军用和民用兼顾的原则。

杜黑的空军理论几乎包括了空军建设和作战的各方面,制空权和空中战争问题是其理论
的核心。杜黑作为空军军事理论的先驱者,能够在20世纪20年代初就预见到未来战争性质
的巨大变化,首次提出一套比较系统的空中战争和制空权理论,不仅从战略高度来研究空军,
而且对建设空军提出一系列颇有见地的主张,这是很了不起的。杜黑的空军理论为世界许多
国家建设空军所借鉴,对各国空军的建设发展起到了重要作用。

(二)威廉·米切尔及其空军理论

威廉·米切尔生于1879年12月29日,1909年从陆军参谋学院毕业。1913年,在美国陆
军总参谋部任职,第一次世界大战期间为美国空战指挥官。他在第一次世界大战中的经历,对
他的学术思想产生了重大影响。第一次世界大战结束后,他晋升为准将。从1921年到1925
年,他一直担任美国陆军航空勤务队副司令。在这期间,他积极主张航空兵部队应从陆、海军
中独立出来,建立统一的独立的空军,并对陆、海军当时的政策进行了激烈的批评。1925年,
米切尔被调往圣安东尼奥任职。同年12月,由于他对美国军事政策尤其是对航空政策的过激
言论而受到军法审判,被判停止军职5年,降为永久上校军衔。1926年2月,米切尔提前退
役,于1936年2月19日逝世。1946年,美国国会批准向米切尔追授特殊勋章。

米切尔为建立空军理论勇于探索、大胆试验,并为传播其学术思想著书立说、撰写论文和
进行演讲。他一生写了5本书,生前出版了《空中国防论》《空中之路——一本论述现代航空学
的书》等4部书,还发表了很多论文和演讲。他的空军理论可以概括为以下几方面:

(1)关于空中力量的作用和地位。米切尔认为,一个国家的空中力量是由军事空中力量、
民用空中力量和商业航空这三大要素构成的,一个国家如果没有一支组织完善、装备精良的空
中力量,就不能称为强国。

(2)关于建立独立空军。米切尔主张建立一支能够夺取并保持制空权的航空兵。他提出

统一指挥是航空兵使用的基础,如果把航空兵分散配属给陆、海军,则航空兵在战时就不能有效地作战。因此,为了更好地发挥航空兵的作用,必须建立一支独立的空军。

(3)关于制空权。米切尔通过第一次世界大战中的空中作战实践,深深地感到空中力量对陆、海军的作战行动有很大影响,尤其是对海上力量的影响更大。他认为,航空兵可以击沉任何水面舰船,从而使海上力量失去独立的战略力量地位。为了证明他的观点,他进行了多次使用飞机击沉水面舰船的公开试验,得出了"没有制空权就没有制海权"的重要结论。

(4)关于防空作战。米切尔对地面防空兵器的作用持否定态度。他认为"任何一种地面防空系统单独来对付飞机是没有用的"。要有效地防御敌人的空袭,只有通过空中作战把敌方空军击败。

(5)关于航空人员队伍建设。米切尔认为,阻碍空军发展的最大问题是空军被置于陆、海军的束缚之下,空勤人员得不到正确合理的使用。而在他看来,飞行人员是世界上从来没见过的最有组织的战斗个体。

(三)休·特伦查德和英国空军理论

在空军发展史上,英国的休·特伦查德与意大利的杜黑、美国的米切尔相齐名,为奠定空军理论的三巨头之一。美国《军事战略》一书转述托马斯·格里尔博士对特伦查德的评价说:"特伦查德被公认为是战略空军的主要预言家和先行者,他对以后的诸如米切尔和意大利人杜黑等空军领袖的思想有着深刻的影响。"可以说,特伦查德无论在空军战略理论和实践面,都是第一个成功的开拓者。

1. 建立独立而统一的空军,是特伦查德空军建设思想的核心

早在1912年,特伦查德在英国皇家航空兵中央航空学校担任教官时,就强烈地意识到,飞机将改变未来战争的面貌,并将成为战争中决定性的武器。1913年,特伦查德升任中央航校副校长。这就使特伦查德能够从整个空军的发展的高度来认识和把握空军建设问题。他认为,未来空军应以独立空军为骨干,加上属于海军和陆军的一小部分辅助空军组成。第一次世界大战期间,他亲身体验到航空兵在战争中所发挥的作用,同时也深深感受到分属海军和陆军的飞行队自成体系而形成互相掣肘的弊端。因此,他极力主张并积极活动以促成建立一支统一的空军,他以战地航空司令官的威望,卓有成效地使他的观点变成了英国当局的国防政策。1918年4月1日,英国在世界上率先建立了第一支统一的并且是与陆、海军平起平坐的独立空军,特伦查德被任命为独立空军第一任司令官。

2. 主张通过人才培养来加强空军建设质量

在独立空军的建设方面,由于特伦查德曾经从事过中央航空学校的领导工作,所以他特别注意人才培养,强调通过人才的培养来加强空军的建设质量。他认为,建立一支数量少、质量精、效率高的空军部队,就能够为战时的动员、扩编奠定坚实的组织基础。

3. 积极、大胆和进攻性,是特伦查德空军作战思想的精髓

对航空兵的战术使用,特伦查德主张采取积极的方针。他认为,要取得空中优势,就一定要进行空战。他极力反对以防御方式使用飞机,强调对付敌机的最好办法就是通过"攻击再攻击"来保持进攻态势。特伦查德的战术思想是,空军要通过争夺战场上空的制空权,来为地面部队提供保护和支援地面部队作战。特伦查德创造的这种战术对现代空战观念的影响是极为深刻的。

4. 提出了"战略阻滞"思想

"战略阻滞"的思想实质,是突出强调空军在陆、海、空三军合同作战中的地位与作用,明确

空军的主要任务是在战略上支援陆、海军作战。特伦查德认为,空军的作用是通过对敌战略后方的轰炸,使己方陆军能够在决定性地域突破敌人的防御、夺占敌方的国土,战略轰炸的目的是为陆军的胜利创造条件,配合陆军夺取整个战争的胜利。

第二节　第二次世界大战时期的发展与军事运用

一、航空技术的飞速发展

在第二次世界大战中,参战飞机达到空前规模,航空科学技术和航空工业得到飞速发展,飞机性能大大提高,空中作战贯穿于整个战争的全过程。

(一)活塞式歼击机的战术技术性能发展到顶峰

第二次世界大战后期,活塞式歼击机的速度达 700 km/h,升限达 1.2×10^4 m 以上,爬升 5 000 m 只需 4~5 min,装备了 2~4 门 20 mm 或 23 mm 航炮,有的装备了 6~8 挺 12.7 mm 机枪,还有的装备了空空火箭。在大战中比较著名的歼击机有美国的 P - 51"野马"式(见图 3 - 5)、英国的"喷火"式、德国的"梅塞施米特"MG - 109 型、苏联的雅克 - 9 型和拉 - 5 型等,这些飞机的生产数量都很多,一般都在 1 万架以上,有的甚至超过 3 万架。

图 3 - 5　P - 51"野马"和雅克 - 9 型歼击机

美国的 P - 51"野马"式是第二次世界大战中较优秀的活塞式歼击机。它是 20 世纪 40 年代初由美国北美飞机公司研制的,于 1940 年 10 月首次试飞,其外形与当时德国的"梅塞施米特"MG - 109 型、英国的"喷火"式和苏联的雅克 - 3 型飞机很相似。该机装有防护装甲和防漏油箱,射击武器包括 2 挺 12.7 mm 低位机头机枪,另有 2 挺 12.7 mm 机枪装在机翼内侧,4 挺 7.62 mm 机枪装在机翼外侧。"野马"式飞机于 1942 年 9 月开始参战,很快就受到人们的重视。后来又进行了多次改进改型,性能也越来越好,在二战中发挥了重大作用。

(二)活塞式强击机发展到鼎盛时期

大战期间,无论是同盟国还是轴心国,均装备有各种强击机,专用于打坦克或攻击地面目标。随着各型强击机投入作战使用,到大战结束时,活塞式强击机已发展到鼎盛时期,并逐步明确了这类飞机的用途、任务及其作战使用原则。

当时最优秀的强击机是苏联的伊尔 - 2 型飞机。这种飞机的装甲性能好、火力强,能有效地攻击坦克和地面部队,是苏联战场上使用最广泛的作战飞机。1940 年,苏联空军开始装备伊尔 - 2 型飞机,并在战争期间不断得到改进。双座的伊尔 - 2 型飞机具有较强的生存力。这种以攻击坦克为主的强击机本身就是一种"飞行坦克",其武器装备有 2 门 23 mm 航炮,2 挺装在机翼上的 7.62 mm 机枪,4 枚 82 mm 和 132 mm 火箭弹。该型飞机的炸弹舱和翼下还可以挂 400~600 kg 炸弹。自卫武器是在通信射击员舱内装一挺 12.7 mm 的机枪。战争后期,苏联对伊尔-2 型飞机又进行改进,其改进型叫伊尔-10 型飞机,其性能得到进一步提高。

美国的 A-20"破坏者"飞机是大战中比较著名的一种双发强击机,于 1940 年 5 月开始用于攻击入侵法国的德军纵队,如图 3-6 所示。

在大战初期投入作战使用的强击机还有德国的 HS-129 型飞机,被称为"空中飞行的开罐器"。该机有较强的装甲和武器装备。为了攻击坦克,HS-129 各型机分别装有 30 mm,57 mm 或 75 mm 反坦克弹舱。英国的反坦克强击机霍克"旋风"ID 型于 1941 年 9 月首次飞行。这种飞机两翼下各挂 1 门 40 mm 反坦克航炮,其座舱、发动机、散热器均有装甲,最大速度为 547 km/h,其后继机称为霍克"台风"式。1944 年,盟军在诺曼底登陆时,其 26 个霍克"台风"式飞机中队,用火箭弹猛烈攻击德军坦克群,为登陆作战创造了条件。

图 3-6　A-20"破坏者"和霍克"台风"式强击机

(三)轰炸机显示出强大威力

在大战中,各交战国装备的轰炸机的性能提高很快,到战争后期,其飞行速度已达到 640 km/h,实用升限达到 10^4 m 以上,最大航程由战争初期的 1 000 km 增至 6 000 km 以上,载弹量由 2 t 猛增至 10 t。一些国家的轰炸机已装备了轰炸雷达瞄准具和较为先进的导航系统,从而明显地提高了轰炸命中精度。大战期间,各交战国使用的主要轰炸机有德国的 Ju-87、Ju-88、He-111、He-177、DO-217 和 FM-220C;英国的"兰克斯特"式、"哈里德克斯"式和 D.H"蚊"式;美国的 B-17"飞行堡垒"、B-25、B-24 和 B-29"超级飞行堡垒";苏联的 TB-3Φ、TB-7、波-2 和图-2 等型轰炸机。"B-17"飞行堡垒和"B-29"超级飞行堡垒轰炸机如图 3-7 所示。

图 3-7　B-17"飞行堡垒"和 B-29"超级飞行堡垒"轰炸机

第二次世界大战中,以美国的B-17"飞行堡垒"和B-29"超级飞行堡垒"型轰炸机最为著名。B-17型轰炸机是美国陆军航空队从参战起到战争结束为止使用的主要机型之一,在战争中发挥了重要作用。大战期间,美国对B-17型轰炸机不断进行改进,先后出现B-17B和C,D,E,F,G等改进型。B-17型飞机装有4台单台功率为750马力的发动机,其C型发动机单台功率已达1 200马力。太平洋战争爆发后出现的D型飞机首次装上了尾炮塔。1943年9月出现B-17的最后一种改型称为G型,装有12门航炮,备弹6 380发。

B-29"超级飞行堡垒"重型轰炸机装有4台单台功率为2 430马力的发动机,载油量达8 000多加仑(约3.7万余升),载弹量约9 000 kg,航程近6 000 km,实用升限10^4 m以上。它有很强的自卫火力和先进的火控系统,有4个炮塔,各装2挺12.7 mm机枪,由射击员进行遥控,尾部除机枪外还装1门20 mm航炮(后将机枪全部改为20 mm航炮)。经改装,B-29型飞机还能携带两种不同类型的原子弹。

第二次世界大战中的轰炸机除轻型、中型和重型外,还有鱼雷轰炸机和俯冲轰炸机,俯冲轰炸机当时受到普遍的重视,如德国要求所有的轰炸机必须具有大角度俯冲轰炸能力。

俯冲轰炸机主要任务是对地面(海上)小型目标实施俯冲轰炸,优点是命中精度高,大战期间,一些国家纷纷研制俯冲轰炸机。这类飞机装有专用的俯冲轰炸军械、减速板、进入俯冲和退出俯冲的自动装置。大战期间的几种主要俯冲轰炸机有英国空军的"剑鱼"式、"梭鱼"式;美国的SB2C"地狱俯冲者"式、SB2A-2"海盗"式;德国的Ju-87、Ju-88型;日本航空队装备的D3A2,D4Y"彗星"式;苏联空军使用的波-2和图-2等型。Ju-87轰炸机和D3A2轰炸机如图3-8所示。

德国的Ju-87型飞机是大战中具有代表性的飞机,其主要特点是轰炸命中精度高。由于机翼上装有俯冲减速板,机身下装有特制的俯冲投弹架,因而便于实施俯冲轰炸,有利于提高命中精度。第二次世界大战结束后,随着防空武器的发展,俯冲轰炸机逐渐被淘汰。

图3-8　Ju-87轰炸机和D3A2轰炸机

(四)机载设备及航空武器有了迅速发展

1939年,英国的雷达有了革命性的发展,完善了战斗机的引导方法。无线电通信和控制中心发展后,能够有效地使用战斗截击机。新引导系统增大了英国空军单机或多机作战的效能。随着战争的进展,机载雷达的性能得到不断提高,并被广泛使用。战争后期各主要参战国都相继研制出了机载雷达,并在一些主战飞机上使用。英国的飞机还装有空对地(海)雷达,用于发现潜艇。在太平洋战争中,飞机借助雷达,击沉了敌方40多艘潜艇。1940年6月8日,科·穆尔和他的机组驾驶装有雷达的"解放者"飞机,在20 min内连续击沉了2艘德国潜艇。大战期间在轰炸机和强击机上,出现了计算提前量用的光学陀螺瞄准具和半自动光学轰炸瞄准具,提高了瞄准精度。战争后期,德国首先制成能在夜间和复杂气象条件下使用的雷达瞄准具。1944 年 3 月 30 日夜间,英国空军出动 795 架轰炸机轰炸纽伦堡,被德国空军击落 94 架,其中大部分是被装有这种雷达的战斗机击落的。

航空武器同样在大战中有很大发展。航空机炮向高射速和增强单发炮弹威力方向发展,出现了 30~70 mm 大口径航炮。战争末期,德国研制成功射速高达 1 400 发/min 的 20 mm 和射速为 1 200 发/min 的 30 mm 转膛炮。航空炸弹在战前大都不超过 112.5 kg,大战中,炸弹直径大大增加,出现 3 900~9 900 kg 的重磅炸弹。炸弹品种也不仅有杀伤、爆破和燃烧弹三种,出现了杀伤爆破、穿甲燃烧、照明、深水炸弹以及凝固汽油燃烧炸弹。1945 年 8 月,美国对日本投下的两颗原子弹,标志着航空轰炸进入了核时代。

(五)喷气技术的应用及导弹的出现

大战期间,航空科技和航空工业发展的重大突破是出现了喷气推进。1937 年 3 月,德国研制出世界上第一台单级离心式喷气发动机,并开始设计配套的歼击机。1939 年 8 月 27 日,德国的 He‐178 型喷气式飞机首次飞行。1941 年至 1942 年,英、美先后试飞了喷气式飞机。德国在战争结束前共造出 1 400 多架 Me‐262 型喷气式飞机。到 1944 年夏,英国已组建几个"流星"式喷气战斗机中队,而且在 1944 年 6 月对德国 V‐1 火箭的袭击战中,有效地截获并摧毁了德国的 V‐1 火箭。战争后期,德国研制出 V‐1 和 V‐2 火箭。V‐1 火箭实际上是一种用脉冲喷气发动机推进的无人驾驶飞机,最大飞行速度 640 km/h,射程 320 km。在倾斜的滑轨上发射,弹上装有一个风扇驱动的计数器,当转速达到相当于飞行距离的某一数量时,火箭就自动转入急俯冲,火箭触地时,电触发引信点燃炸药,使之爆炸。V‐2 火箭已具有现代弹道导弹的主要特征,火箭发动机除以酒精为燃料外,还自身带有氧化剂-液氧来助燃。发射时不要导轨,垂直发射,先上升到 24~29 km 高度上,此时事先调定好数据的陀螺仪控制石墨舵,使导弹进入预定航向,并以 40°上升角继续上升到 48 km 的高度,再通过无线电指令,关闭发动机,导弹依靠惯性继续上升到 100 km,再以 3 500 km/h 的速度沿抛物线弹道下落。这是战争中首次使用的弹道导弹,它标志着导弹武器的开端。1944 年初德国已拥有数千枚 V‐1 和 V‐2 火箭。从 1944 年 9 月到 1945 年初,德国对英国发射了大量 V‐2 火箭,使英国遭受巨大损失。

二、经典空中作战

第二次世界大战是人类历史上规模空前的一场战争。在这场战争中,逐步成熟的空军得到了广泛使用。如果说空军在第一次世界大战是初登历史舞台,那么,在第二次世界大战中,空军则是大显身手。从大战开始直到结束,空军一直充当重要角色。空军在第二次世界大战中参战数量之多,活动范围之广,战果之显著,所起作用之大,都超出战前人们的预想。

(一)德国闪击战中的空军运用

1939 年 9 月 1 日,德军运用"闪击战"大举入侵波兰,燃起了一场席卷欧洲乃至全球的战火。在"闪击战"中,德国空军发挥了重要作用。

1939 年 9 月 1 日凌晨 4 点 45 分,德军以 5 个集团军的 7 个装甲师作为先头部队入侵波兰。德国北方集团军群第 3、第 4 集团军,分别向东方和东南方的库特纳和华沙实施突击,南方集团军群从南部向库特纳,从东部经过克拉克夫向利沃夫实施猛烈突击。这次战役,德国空军共部署 9 个 Ju－87 大队 366 架俯冲轰炸机。重型轰炸机由 3 个 He－111 轰炸机联队、4 个 Do－17 轰炸机联队和少量老式的 Ju－86 型飞机组成。此外,还调动了大量的 Me－109 和 Me－110 歼击机以及 He－126 侦察机。当德国陆军部队从几个方向向波兰突击时,德国空军第 4 轰炸机联队和第 1、第 3 大队的 60 架 He－111 型飞机(见图 3－9),在第 76 歼击机联队掩护下,突击了科拉科夫机场,第 4 轰炸机联队第 2 大队的 30 架 He－111 型飞机,轰炸了伦贝格机场,投弹 22 t,摧毁 6 架波兰歼击机。在北面,第 1 轰炸机联队第 1 大队突击了波兰的普特济格-拉美尔海军基地,突击了华沙的奥肯切航空港。在第一天的作战中,德军出动了全部能用于作战的轰炸机轰炸了波兰第一线的 21 个机场、交通枢纽、指挥机构和飞机工厂。德国空军在第一天对波兰机场突击的同时,还严重地破坏了波兰军队的通信网络,致使波军的电话、电传机等通信工具完全丧失功能,作战指挥全部陷于瘫痪。

德国空军对其地面部队的支援主要是实行空中阻滞,突击波军交通干线,阻滞波军作战物质运输,轰炸波方道路上的桥梁、渡口和退却部队。这一系列的空中打击导致波军损失重大。德空军在掩护高速突击的装甲部队时也发挥了重要作用。德空军还对波兰首都华沙进行了猛烈的轰炸。9 月 26 日,波兰宣布投降。

1940 年 5 月 10 日凌晨,德国空军大约出动 3 500 架次飞机,开始对法国的空军基地进行系统攻击,法国大部分飞机被摧毁在地面。英、法航空兵遭受了重大损失,德国空军轻而易举地获得了制空权。德国空军于 5 月 13 日开始,对守卫在马斯河对岸的法军进行猛烈突击,英、法军队为了阻止德军继续渡河,在色当地区投入大量航空兵,突击德军在马斯河上架的渡桥。驻在苏瓦松的第 6 大队拥有 50 架左右的 Leo－451 型飞机,由于机场没有配置高射炮,于 5 月 19 日遭德国空军突击。德国十几架 He－111 型飞机突击了该机场后,50 架法国飞机只剩下了 10 架。德军还投入了大量航空兵在色当地区与英、法空军展开了激烈空战。结果,英、法空军截击德军渡河的企图未能如愿。这时,德国空军将主力转向了敦刻尔克。

5 月 24 日,希特勒下命停止追击。被围困在敦刻尔克地区的英、法联军,得到了喘息之机。26 日晚,英国下令执行代号为"发电机"的撤退计划。在整个撤退期间,英、法空军和德国空军进行了激烈的较量。英、法军队撤退的第 1 天,德国空军即派出第 1、第 2、第 3、第 4、第 54 航空团及第 2 航空队的飞机对海滩、港口进行猛烈轰炸,投下 1.5 万枚爆破弹和 3 万枚燃烧弹,其后又出动大量批次飞机进行轰炸。在整个大撤退期间,德国空军共派出 300 架轰炸机和 500 架歼击机实施轰炸,共击沉英法军队的船只 243 艘,但也遭到英国空军的有力抗击。英国歼击机航空兵每天出动近 300 架次,总共出动 2 739 架次飞机,在运送军队的地(海)域上空执行护航任务,击落德机 140 架,英国空军飞机被德国空军击落 1 066 架。在敦刻尔克撤退结束前,法国把剩余空军重新集中起来,把歼击机部队集中到巴黎附近进行防御作战。德军进攻巴黎的代号为"鲍拉行动",从 6 月 3 日中午正式开始,企图炸毁巴黎的机场和飞机制造厂,给法国空军以致命的打击。3 个机群共 100 架 He－111,Do－17 和 Ju－88 型轰炸机在 200 架歼击机掩护下,从东北方向进袭。德军对设在埃菲尔铁塔上的法国电台进行了干扰,使法国防空歼击机未能接到起飞命令。当法国空军第一批拦截飞机升空时,德国的轰炸机已接近巴黎上空。尽管法国空军浴血奋战,击毁德空军飞机 4 架。但仍遭到惨重损失,有 31 架歼击机被德国空军击落。6 月 5 日,尽管这一天英、法空军联合对德国空军及地面目标的桥梁等地进行了反复攻击,取得很大战绩,但仍未能阻止德军集结兵力。4 天后,德军在鲁昂、贡比涅和苏瓦松附近突破了"魏刚"防线。6 月 13 日,当德军兵临巴黎城下时,法国的轰炸机中队于 14 日转到法国南部,准备向北非撤退。此时,法国的歼击机部队仍在继续作战,虽然由于空战损失歼击机近百架,但是直到 6 月 1 日,仍有 5 个中队的飞机在南特、圣马洛、布雷斯特、圣纳泽尔和瑟堡上空巡逻。直至 6 月 4 日,法、德签订了停战协议。

图 3-9 He-111 型轰炸机

(二)不列颠之战

不列颠之战从 1940 年 7 月 10 日开始,直到 1941 年 5 月,当德国进攻苏联的一切准备就绪之后,才停止了对英国的轰炸,将空军部队调至东线,"不列颠之战"结束。在"不列颠之战"中,大体可分为三个作战阶段:

第一阶段:德国空军集中力量全面轰炸英国,时间为 1940 年 8 月 13 日至 9 月 6 日。在这个阶段的 20 多天时间里,德国空军对英国进行了多次大规模的轰炸,实施了"集中全力摧毁空军"的作战计划。8 月 13 日,德国空军第 2 航空队和第 3 航空队共出动轰炸机 485 架次,歼击机上千架次,突击了英国的 9 个机场,在 5 个机场取得较大战果。8 月 15 日下午,德国空军的第 2、第 3、第 5 航空队倾巢而出,其中第 2、第 3 航空队出动水平、俯冲轰炸机 801 架次,出动战斗机、驱逐机 1 149 架次,驻挪威的第 5 航空队出动 169 架次,共出动 2 119 架次飞机,对英国的纽卡斯尔到韦茅斯之间的英军机场进行了突击。8 月 16 日,德国空军又出动飞机 1 720 架次,空袭了英国的肯特、苏塞克斯、汉普郡、泰晤士河入海口和哈里奇与怀特之间的南部海岸,袭击了英国的 8 个机场。

第二阶段:德空军集中兵力长期轰炸伦敦。从 9 月 7 日开始,德国空军集中全部兵力轰炸伦敦及附近几个大城市。9 月 7 日,德国空军第 2 航空队出动约 1 000 架飞机向伦敦进袭,其中有 300 多架轰炸机和 648 架歼击机。由于英国空军错误地估计了德国攻击的目标,将已起飞的 4 个歼击机中队集结在泰晤士河以北。因此,使德空军飞机飞往伦敦的途中畅通无阻,300 架轰炸机有 247 架突入伦敦市区上空,投下 335 t 炸弹、440 t 燃烧弹。9 月 9 日下午,德空军第 2 航空队对伦敦进行了第二次大规模昼间轰炸。英国第 10,11,12 航空队的歼击机紧密配合,成功地拦截了德空军的轰炸机编队,使多数德机进入伦敦市区之前即被击落,半数左右的德空军轰炸机虽然突破空中防线,进入到伦敦市区上空,但是来不及瞄准目标即盲目投弹,使伦敦损失不大。9 月 15 日,德空军再次出动 200 多架轰炸机对伦敦进行大规模空袭,英国由于加强了防空力量,有效地抗击了德空军的空袭,击落德机 60 多架,自己损失 26 架。9 月份,德机共出动 7 260 架次,投普通炸弹 6 615 t,燃烧弹 4 t,还由第 9 航空师在河口和港口布雷 669 颗。10 月,德国战斗轰炸机攻击了伦敦并对许多工业城市进行了夜间袭击,共出动飞机 9 911 架次,投弹 8 790 余吨、燃烧弹 323 t,空中布雷 610 颗。

第三阶段:德国空军仍坚持对伦敦和工业中心的进攻,时间为 1940 年 11 月至 1941 年 5 月。自德国决定推迟"海狮计划"后,不列颠之战虽然已告结束,但德国为了隐蔽其进攻苏联的企图,仍继续对英国进行轰炸。从 11 月中旬起,德国对考文垂、利物浦、曼彻斯特和伯肯黑德等港口进行大规模空袭,共投弹 6 205 t、燃烧弹 305 t,空中布雷 1 215 颗。12 月份,出动飞机 3 844 架次,投弹 4 323 t;1941 年 1—4 月,飞机出动架次和投弹量逐渐下降。5 月上旬,利物浦、伯肯黑德、格拉斯哥和克莱德港以及伦敦又遭到大规模空袭。到 5 月 16 日,德国空军最后一次轰炸伯明翰,长达 10 个月的不列颠之战最终结束。

(三)诺曼底登陆中的空中作战

1944 年 6 月 6 日至 7 月 24 日,美国、英国、加拿大等盟国部队在法国西北部诺曼底海岸地区发动登陆战役,在这次大规模的登陆作战中,美、英空军发挥了重要作用。美、英空军在登陆前 8 h,对德军海岸防御工事、炮火阵地、指挥所、军队集结地域和预定空降地域等目标进行了全面、猛烈的轰炸。从 6 月 5 日 22 时 30 分至翌日 7 时 25 分,共进行 5 次大规模突击,每批间隔从 20 min 至 2 h。英国轰炸机指挥部 1 136 架重型轰炸机对上述地区的 10 余个海岸重炮连续实施压制,轰炸持续了 3 h,投弹 5 773 t。美国第 8 航空队的 1 073 架 B-17 和 B-24 重型轰炸机突击了德军防御阵地和炮兵阵地,为美第 5 军和英第 2 集团军海滩登陆扫清道路,轰炸持续 30 min,投弹 2 944 t。美国第 9 航空队 278 架中型轰炸机在美第 7 军登陆地段轰炸 19 min,投弹 550 t。同时,派出 162 架战斗轰炸机集中轰炸康斯坦丁半岛海岸炮兵阵地和瑟堡附近的交通线。美、英空军在直接火力准备中,共出动各型轰炸机 2 775 架,投弹 9 267 t。

在登陆舰船、车辆换乘期间及上陆突击阶段,美、英空军共出动了 171 个中队,4 275 架战斗机和战斗轰炸机,对轰炸机群、空降兵、航渡船队、滩头阵地进行空中掩护。其中掩护轰炸机和运输机群的有 33 个中队,825 架飞机;掩护航渡船队的兵力有 15 个中队,375 架飞机;掩护滩头阵地的兵力最多,为 54 个中队,1 350 架飞机;支援登陆兵突击上陆的兵力有 6 个中队,900 架飞机;作为预备队的兵力有 33 个中队,825 架飞机。还出动 90 架轰炸机在海运船队外围巡逻,搜索德国潜艇;用 50 多架重轰炸机在勒哈弗尔以北 90 km,在高度 6 000 m 的海面上往返飞行,实施无线电干扰,迷惑德军雷达观测,掩护其他飞机的作战行动。

在突击登陆阶段,战术空军突击德军的防御支撑点、炮兵阵地、指挥所和集结的军队。战略轰炸部队集中轰炸诺曼底滩头外围的交通线,阻击德军增援部队和后勤补给。在前两天的突击登陆作战中,空军作战的情况是,出动 10 658 架次飞机轰炸海岸防御目标,出动 2 255 架次飞机掩护车辆上陆,出动 2 012 架次飞机掩护海运船队,出动 5 141 架次飞机掩护轰炸和运输机机群,1 273 架次飞机实施空中侦察,51 架次飞机观察天气情况,198 架次飞机侦察德国潜艇,还有 985 架次飞机执行其他任务,总共出动飞机 2.257 3 万架次。其活动重点是轰炸海岸防御目标,出动飞机的架次占总架次的 47.2 %。

美国、英国登陆军队在空、海军大力支援下,经过 7 天激战,于 6 月 14 日占领了宽 80 km、纵深 13～19 km 的登陆场,部队登陆 3.26 万人,车辆 5.4 万辆,10.4×10⁴ t 物资。在 7 天时间内,仅战术空军就出动了 3.5 万架次,平均每天出动 5 000 架次。这种大规模的空中支援作战行动,是有史以来所没有的。在以后的战斗日子里,美国第 9 航空队和英国空军第 2 航空队继续担任空中支援任务。6 月 22 日,在地面部队夺取瑟堡时,出动 8 个大队 1 071 架飞机进行支援,对德军的防御体系实施"饱和轰炸"。6 月 30 日,美国、英国登陆军队占领了宽 105 km、纵深 10～35 km 的登陆场，上陆部队约 100 万人，$5×10^5$ t 补给品和 15 万台车辆。

(四)日军偷袭珍珠港

日本为了实现"大东亚共荣圈"的美梦，继 1937 年 7 月 7 日发动全面侵华战争之后，1940 年 9 月开始南进，妄图占领东南亚。为了先机制敌，便于后续作战，日本海军联合舰队司令山本五十六大将，于 1941 年初提出代号为"Z"的作战计划。计划使用海军舰载飞机远程奔袭美国夏威夷珍珠港海军基地，先给美国太平洋舰队以致命打击，摧毁其航空母舰，消除对日军的威胁，随后顺利攻占菲律宾、马来亚、荷属东印度等地。

1941 年 12 月 7 日(星期日)晨 4 时 30 分，日本海军联合舰队到达珍珠港以北 200 海里的预定展开海域。檀香山时间 5 时 30 分，日本舰队派出 2 架水上飞机进行战前侦察。6 时 15 分，舰队航空兵指挥官渊田美智雄中佐率第一波 183 架飞机(40 架鱼雷机、49 架俯冲轰炸机、51 架水平轰炸机和 43 架"零"式歼击机)相继从 6 艘航空母舰上起飞，飞向瓦胡岛。7 时左右，瓦湖岛上美军雷达站发现北方大编队的飞机临近，即报告警报中心，值班军官误认为是由加利福尼亚转场来的己方 B-17 型轰炸机机群，未引起重视。7 时 55 分，俯冲轰炸机开始对珍珠港周围的惠列尔、希尔姆、福特岛等机场发起突袭。仅几分钟，这几个机场上的几百架美军飞机就成为残骸，机场弹痕遍布。日军一举夺取了珍珠港上空的制空权。与此同时，日本鱼雷机群开始对珍珠港内的美军舰只实施攻击，第一批 16 架攻击福特岛两侧舰船，第二批 24 架超低空接近停有战列舰的航道，攻击战列舰。8 时 05 分，水平轰炸机又对战列舰和机场进行轰炸。突袭时，战斗机首先封锁了瓦胡岛上空，未与美机相遇，后分为 6 个编队分别对惠列尔、希尔姆、福特岛和卡内奥赫机场进行扫射。8 时 25 分，第一攻击波结束。8 时 55 分，第二攻击波 171 架日机(54 架水平轰炸机、81 架俯冲轰炸机和 36 架歼击机)再次对珍珠港进行攻击。此时美军已组成防空火网抗击日机。同时美军的 12 架 B-17 型"空中堡垒"式轰炸机从美国西海岸飞临珍珠港上空，另有 18 架"无畏"式俯冲轰炸机也正好从返航的"企业"号航空母舰上飞来。由于遭到日本"零"式歼击机(见图 3-10)的攻击和己方地面防空炮火的误射，7 架"无畏"式和 1 架 B-17 型飞机被击落。9 时 45 分，日机撤离战场，两个攻击波的机群分别于 10 时和 12 时左右返回航空母舰。整个作战行动结束。

日军突袭历时 1 小时 50 分钟，参加突击的日机共 353 架，另有 35 架在舰队上空掩护，40 架作为预备队，共投鱼雷 50 枚、炸弹 556 颗(144 t)。日军共损失飞机 29 架，损失大型潜艇 1 艘、超小型潜艇 5 艘，亡 25 人。美军港内 8 艘战列舰被击沉、3 艘受重伤；2 艘巡洋舰沉没、2 艘重伤；油船、靶舰各 1 艘被击沉；驱逐舰 2 艘遭重创，驻岛飞机 370 架有 188 架被击毁于机场，159 架被击伤。美军官兵亡 2 403 人，伤 1 178 人。所幸的是美军 3 艘航空母舰全在外海未归，才幸免于难。

图 3-10　"零"式歼击机

日军偷袭珍珠港前后不过 2 h,一举夺取西太平洋的战场主动权,使美军太平洋舰队损失惨重,将近半年几乎不能作战。日军从而能在菲律宾、马来西亚和荷属东印度实施广泛的进攻战役。

(五)美军轰炸东京

太平洋战争初期,美国在战场上节节失利。为了挽回失败局面,振奋民心士气,美国一直在策划对日本进行报复性空袭。由于没有可以直飞日本的空军基地,美军决定采取以航空母舰搭载轰炸机长途奔袭的冒险办法。按照预定方案,航空母舰不能进入易受敌攻击的日本近海,轰炸机须在距东京 880 km 处起飞,航母即刻脱离,轰炸机完成任务后自行选择距离最近的中国沿海机场着陆。空袭任务由杜利特尔中校负责指挥,使用的是陆军 B-25 重型轰炸机。为了能在航母上起降,美军对 B-25 进行了改装,参战机组人员为适应在航母甲板上短距离起降进行了大量的训练。

1942 年 4 月 1 日,杜利特尔指挥的 16 架 B-25 轰炸机和机组人员由"大黄蜂"号航空母舰搭载离开美国本土,在"企业"号航母护送下远涉重洋,向日本进发。4 月 18 日,舰队在距东京 1 120 km 处遇到日本巡逻艇,过早地暴露了行动意图。此时还未到达预定的起飞距离,但为了完成这次非同寻常的任务,达成空袭的突然性,杜利特尔断然决定提前起飞。从 8 时 18 分至 9 时 21 分,参战的 16 架 B-25 先后起飞,各机不编队,均单独行动(见图 3-11)。

图 3-11　B-25 重型轰炸机

日本方面在接到巡逻艇报告后,采取了防空措施,抽调了战斗机 90 架、轰炸机 116 架、巡洋舰 6 艘、驱逐舰 10 艘,准备抗击美机的空袭并打击美舰队。但是日军错误地判断了美军发起空袭的时间,他们根据美国舰载机的航程数据,估计美机要到第二天(19 日)才能发起空袭,没有料到美机当天就采取了行动。因此当美机进入日本上空时,日军战斗机没能及时起飞拦截。美军的 16 架 B-25 轰炸机分别在东京、名古屋和神户投下炸弹,顺利地完成了任务。但在飞往中国途中,由于油料不足,16 架飞机中,有 1 架在苏联海参崴降落,15 架在中国日占区迫降或坠毁。机组人员中有 70 人安全脱险,5 人在迫降或跳伞时牺牲,8 人被日军俘虏。

杜利特尔率队空袭东京的行动,是对日本本土的首次轰炸。空袭仅造成了少量的平民伤亡和房屋被毁,效果是微乎其微的,但其影响却是战略性的。首先,空袭极大地振奋了美国的民心士气,扭转了民众的失败沮丧情绪。美国的领导者也深受鼓舞。当记者问美国总统罗斯福飞机是从哪里起飞的,罗斯福得意之情溢于言表,他说是从香格里拉(神话中的世外桃源)起飞的。其次,空袭行动在日本高层造成严重恐慌,日本不仅加强了本土防空部署,还命令驻华日军进攻中国沿海地区机场。更重要的是,空袭直接影响了日本的战争决策。日军为了扩大海空防御圈,避免本土再遭空袭,决心进攻中途岛,结果遭到了惨重的失败,成为太平洋战争的转折点。

三、空中力量的运用特点

第二次世界大战是人类历史上空中力量得到最广泛运用的一次战争。空中作战贯穿于整个战争的全过程,交战各方投入的兵力数量之多,空中作战的规模之大,以及空中作战的进程和结局对战役乃至战争的进程和结局所产生的影响,都是前所未有的。纵观整个第二次世界大战空战史,可以发现对空军的运用有诸如注重夺取制空权、支援地面作战、战略轰炸、防空作战和军事空运等特点。

(一)夺取制空权

在第二次世界大战中,为夺取制空权,战争双方投入兵力、兵器之多,作战规模之大,争夺之激烈,以及制空权对战役乃至战争胜负产生的影响,均是史无前例的。德军对欧洲的侵略战争几乎都是以夺取制空权的行动揭开战幕的。第二次世界大战初期的经验已经证明制空权对军队作战行动的重要性,同时也证明了如果在战争初期丧失战略制空权,就有可能最终影响战争的结局。

1942年5月爆发的太平洋战争中的珊瑚海海战,不仅证明了制空权是制海权的前提,而且生动地表现了海战的新形式。在这次海战中双方投入战斗的只是航空母舰,战列舰则远离战区30～160 km之外。海战实际是双方在海上的空战和从空中对地面(海上)目标的突击。稍后的中途岛之战仍是航空母舰上的舰载飞机起了决定性作用。美国岸基的B-17重型轰炸机亦发挥了较大作用,弥补了舰载飞机数量的不足。德国是一个海军小国,1939年欧战开始时,其舰队实力与英国、法国舰队总和相比是微不足道的。在这种情况下,德国更重视制空权。挪威之战以德国掌握了制空权而胜利,而希特勒的"海狮计划"因不列颠空战失败而破产,北非战役德军因丧失制空权使海上补给断绝而惨败。

(二)支援地面部队作战

第二次世界大战中,交战双方不论在陆战场还是在海战场,不论在进攻作战还是防御作战中,不论在战役范围还是战术范围内,都大量使用了航空兵。实践证明,航空兵的支援对加速战役战斗的进程起着重要作用。

大战中,德国空军最先解决了空军和地面部队协同作战问题,它在闪击战中最先使用了坦克集团军在强大的航空兵支援下高速突破和推进的方法。德国的闪击战开始就取得巨大成功,其空中支援的原则是首先通过空战和袭击敌方空军基地取得制空权,然后突击敌交通线,阻止敌增援和补给,再就是直接进行火力支援。

苏联空军在支援地面部队作战中,航空兵在地面防空部队配合下,对被地面部队包围的敌重点集团实施空中封锁,具有鲜明特色。苏军在20世纪30年代就已提出空中封锁理论,但直到第二次世界大战中才在大规模战略性战役中得到实施。在苏德战场上,苏军对德军的几次重大的合围作战中,都有大量的航空兵参加。在斯大林格勒战役反攻时期,从1942年11月23日至1943年2月2日,苏军对被包围在斯大林格勒附近的德军集团进行了空中封锁。参加空中封锁行动的有 3 方面军的航空兵,并有国土防空军的有关部队配合。苏军认为,如果敌人能从空中取得补给,从而得以坚守防御或突破包围,则合围战役就不算完全成功。空中封锁就是不让敌人具有坚守或突围的可能性,为陆军迅速粉碎被围困的敌军集团创造有利条件。

大战中,航空兵支援地面军队作战方面已经积累了宝贵的经验并形成理论,其要点是①为了支援作战能顺利实施,首先要夺取战役或战术制空权。②支援作战的基本任务是侦察、空中掩护、近距空中支援和纵深突击。③集中使用。在空军还没有成为独立军种、航空兵配属给陆军战役军团的情况下,要通过调整组织解决这个问题,这是支援地面作战的关键问题。④指挥控制。要有一个指挥战区全部航空兵的指挥机构和各集团军的分支指挥机构,以协调陆空协同。

(三)战略轰炸

第二次世界大战中有过许多次战略轰炸,但具有"空中战争"性质的大规模的战略轰炸主要有三次:一是 1940 年至 1941 年不列颠之战德国对英国的战略轰炸;二是 1940 年至 1945 年英国、美国对德国的战略轰炸;三是 1944 年至 1945 年美国对日本的战略轰炸。战略轰炸能极大地破坏敌国的战争潜力,从而对战争的进程和结局产生重大影响。

在 1940 年 8 月 13 日至 9 月 16 日战役的初期作战中,德国空军重点对英国空军的机场和飞机制造厂等目标的攻击,使英国歼击机部队濒于崩溃的边缘。但就在这关键时刻,德国空军却转换了轰炸目标,企图以大规模的城市轰炸摧毁英国的工业生产能力和民心士气。由于未取得战略制空权,后一时期的轰炸最终还是失败了。

盟国的轰炸使德国的石油工业遭到严重破坏,油料供应十分困难,德军战斗力因而大大削弱。德国的交通运输系统被炸瘫痪,军工生产受到严重影响。盟国的战略轰炸是造成德国战时经济最终全面崩溃的主要因素之一。

日本无条件投降的原因是多方面的,但美国对日本的战略轰炸是促成其无条件投降的重要原因之一。太平洋战争后期,美军对日军的海上进攻已取得决定性胜利,制空权和制海权已完全掌握在美军手中。美国对日本实行严密的海空封锁,使日本国内经济趋于崩溃。在这种情况下美国又对其实施战略轰炸,并投下两颗使世人震惊的原子弹,促使日本宣布无条件投降。

第二次世界大战的经验表明,战略轰炸只有与地面军队的作战行动紧密配合,才能起到重大作用。如果没有在东线的攻势作战和盟军在西欧登陆后的进攻,英、美后期对德国的战略轰炸对战争的进程和结局不可能产生如此大的影响。同样,如果没有包括中国在内的世界反法西斯阵线人民的积极抗战和美军在太平洋战场上的胜利,单凭对日本的轰炸,也难以使日本迅速宣布无条件投降。

(四)防空作战

第二次世界大战前,战争中的空袭规模都不大,加上当时技术条件的限制,空袭造成的后果对战争的进程和结局影响也不大。但是,第二次世界大战的实践却表明,战争初期的大规模空袭和战争中的战略轰炸,对战争的进程和结局产生了重大影响,因此防空作战就具有了战略意义。

在大不列颠之战中,英国空军成功地组织了防空作战,击落大量德国飞机,迫使希特勒放弃"海狮"计划。苏联在莫斯科、列宁格勒保卫战中,创造了防空作战的成功范例。1941 年夏季和秋季的 4 个多月时间内,在莫斯科防空作战中,德军损失飞机达 1 000 架以上,不能达到预期目的而被迫终止了空袭,莫斯科成为第二次世界大战中欧洲战场上唯一没有因空袭而遭受重大损失的首都。

德国和日本之所以在盟军的战略轰炸下遭受极大损失,其中一个重要原因就是没有重视防空作战。在空中作战方面,也与他们总的战略指导思想一样,他们都强调突然袭击,强调空中进攻,忽视对空防御作战。战争初期,他们在战略进攻阶段取得很大成就,占领和摧毁敌方一些航空基地,故他们本土遭空袭的威胁较小,国土防空未引起重视。当战争后期他们遭到战略轰炸而急需防空时,又无力组织起有效的防空战役。战争后期德国和日本已失去战略制空权,全国许多城市都遭到空袭,防空力量分散,仅有零星的抵抗,不能达成战役性作战的目的。另外,德国和日本两国空军都主要用于支援地面(海上)部队作战,在防空作战中只有单纯的抵抗,而无反击力量,防空效能很差。

日军从"进攻是最好的防御"的作战指导思想出发,在太平洋战争中主要是通过压制美军在太平洋上的机场,阻止美军空袭来间接达到防空的目的。太平洋战争爆发时,日本本土仅有 10 个战斗机中队和 150 门高炮。1942 年 4 月 18 日美军 16 架 B-25 型轰炸机空袭东京后,日本试图加强防空。但 1942 年下半年以后,日军在南太平洋战局紧张起来,要增强国土防空兵力非常困难,加之战前日本主要重视飞机的对地攻击性能,忽视空战能力,高炮的性能也较差,因而最终未能达成防空作战目的。

第二次世界大战中,防空引起各国普遍重视,防空作战的原则和方法在战争中不断得到完善。这些原则和方法归纳起来主要有设立专门的防空指挥机构,统一指挥和集中使用防空兵力;全面防御,突出重点,大纵深梯次配置;以歼击机为主体,结合使用高射炮、拦阻气球等武器;采用大机群空战的战术等。

(五)军事空运

军事空运是现代战争中一种重要的机动方式和作战手段,具有机动性强、速度快、运程远、能超越地理障碍等特点。军事空运始于第一次世界大战。第二次世界大战期间,由于运输机的发展和各型专用运输机的出现,军事空运在重大战役中得到广泛应用,并迅速发展。许多国家建立了空运部队,建立了专门指挥机构。

在战术空运中,保障空降兵作战行动是其重要的组成部分。在第二次世界大战中,空降作战使用的机降运输工具是运输机和滑翔机。滑翔机是用运输机牵引,在离目标一段距离时脱钩作滑翔飞行。第二次世界大战初期,由于人们对空降作战缺乏警惕,因而德国在使用空降兵上收到意想不到的效果。如 1944 年 4 月 9 日,德国用空降突击占领奥斯陆的福内机场,兵不血刃地就占领了挪威首都。

军事空运对地面作战有重大影响。1942 年 2 月开始,德国空军对被苏军围困在杰米扬斯克的 10 万德军实施历时 3 个月的空中补给,终于成功地解除了包围,充分显示了战术空运的重要作用。盟军在缅甸作战中也有过成功的战役空运的战例。盟军在诺曼底登陆之后的进攻作战中,空中运输同样起了重要作用。

第二次世界大战中,战略空运最突出的例子是中、印、缅战区的"驼峰空运"。充满艰险的"驼峰空运"是第二次世界大战中持续时间最长、规模最大的战略空运。空运既保障了美国战略航空兵从中国基地出发对日本进行的战略轰炸,同时也为中国运输了大量物资,从物质和精神上支援了中国的抗日战争。"驼峰空运"的经验证明,空运有巨大潜力,可以通过空运达到战略目的。

第三节　喷气时代的发展与军事运用

第二次世界大战前,飞机都采用活塞式发动机作为其动力。到了 20 世纪 30 年代末,尤其是在第二次世界大战中,由于战争的需要和技术的发展,飞机的性能得到了迅猛的提高,飞行速度达到 700~800 km/h,高度达到了 10 000 m 以上。但是,螺旋桨飞机似乎达到了极限,尽管工程师们将发动机的功率越提越高,从 1 000~2 000 kW 甚至 3 000 kW,但飞机的速度仍没有明显提高。研究发现,当飞机的速度达到 800 km/h 时,高速旋转螺旋桨的桨尖部分实际上已接近了声速,这种跨声速流场带来的直接后果就是螺旋桨的效率急剧下降,导致推力下降。同时,由于螺旋桨的迎风面积较大,阻力也较大,而且随着飞行高度的上升,大气变稀薄,活塞式发动机的功率也会急剧下降。这几个因素决定了"活塞式发动机＋螺旋桨"的推进模式已经走到了尽头,要想进一步提高飞行性能,必须采用全新的推进模式,喷气发动机应运而生。

一、航空技术的重要突破

(一)喷气发动机技术

20 世纪 40 年代末至今,与喷气式战斗机的发展历程类似,喷气发动机的发展也大致经历了四次更新换代。

1937 年 4 月 12 日,英国人弗兰克·惠特尔将燃气涡轮技术与喷气推进技术综合,WU 发动机试验机实现首次试车。与此同时,德国人汉斯·冯·奥海因研制成功 HeS - 3,推力为 400 kgf(1 kgf＝9.8 N),推重比达到 1.12。1942 年,以尤莫-004 涡轮喷气发动机为动力的梅塞斯密特 Me - 262 试飞成功,时速 850 km,成为第一个装有喷气式发动机的飞机型号。后续典型的型号有在朝鲜战场中国人民志愿军使用的苏制米格-15 战斗机/BK - 1 涡轮喷气发动机和美国 F - 86 佩刀式战斗机/J47 涡轮喷气发动机。采用离心式压气机的 BK - 1 发动机的推力约为 2 700 kgf,显著大于采用轴流式压气机的 J47 发动机的 2 358 kgf。在朝鲜上空的作战证明了米格-15 战斗机比 F - 86 战斗机具有更好的加速性能、爬升速度和作战升限,这显然要归功于它卓越的发动机。BK - 1 涡轮喷气发动机是苏联克里莫夫设计局在仿制英国罗·罗公司"尼恩"发动机的基础上研制成功的,后来又研制了带加力的 BK - 1Φ 发动机用于米格-17 战斗机,使得米格-17 战斗机在俯冲条件下的速度超过了声速。美国通用电气公司研制的 J47 涡轮喷气发动机是第一个投入大规模使用的轴流式涡轮喷气发动机。

第二代喷气发动机基本上是加力式涡轮喷气发动机,其推重比为 5~6,飞机的最大飞行马赫数达到 2.0~2.5。第二代发动机中也有一些加力式涡轮风扇发动机(简称加力涡扇发动机),例如美国的 F - 111 是世界上第一种装有涡轮风扇发动机(TF30)的战斗机,1966 年投入使用。英国的 F - 4"鬼怪"式战斗机装有 Spey MK202 涡轮风扇发动机替代 J79 涡轮喷气发动机,1968 年投入使用。

受高性能空中优势战斗机的需求牵引,第三代喷气发动机全部是加力涡扇发动机,研制时间从 20 世纪 60 年代开始。美国研制成推重比为 8.0 级的加力式涡轮风扇发动机 F100 - PW - 100,1974 年装有 2 台这种发动机的 F - 15 战斗机投入使用,使喷气发动机迈入涡轮风扇发动机的新阶段。这一代发动机在技术上采用跨声速压气机、短环形燃烧室、高负荷跨声速涡轮、复合气冷涡轮叶片和单元体设计等。

第四代喷气发动机是高推重比为 10 的加力涡扇发动机,研制时间从 20 世纪 80 年代中期开始。目前,只有美国的 F119 和 F135 加力式涡轮风扇发动机达到了作战使用阶段。

(二)平视显示/武器瞄准系统

20 世纪 60 年代数字电子技术、真空电子器件的发展,引发了航空火控系统从"探测传感"到"控制计算和瞄准显示"的"数字革命"。从目标探测、飞机传感到计算与显示在原理和结构上都发生了巨大变化,其中平视显示/武器瞄准系统变化最为明显。

为了克服飞行员既要向前(数千米)看目标及飞机外界(空中、地面)的景物,又要低头看座舱内仪表板上极近(不到 1 m)距离的飞行数据、各功能分系统工作情况和武器准备状态,所带来的视觉转换造成的黑视与延误,采用光学电子瞄准系统——平显火控系统代替了光学瞄准具,充分利用视准特性,保证可边攻击边对飞行状态、外部环境进行了解,提高了作战效率。增添了平视显示器,并没有影响对仪表板的观察,反而有平视显示器和仪表双套飞行数据供飞行员使用,有利于飞行安全。

初期的数字电子技术集成程度不高,平显火控系统则以"指挥仪型火控系统"构型为基础,它与其相关的雷达、惯导、大气机等功能分系统各自独立地完成了"数字革命",逐步由模拟式电路完全转化成数字式处理分系统。系统以信息交联为主,各分系统仍是独立的。美国对越南战争的对地攻击促使平视显示/武器瞄准技术的飞速发展,首先在 A24 攻击机上得到了应用。随着数字电子技术集成程度的提高,逐步从功能上综合了相关系统。平视显示/武器瞄准系统则以电子组件为核心,将符号图形生成、火力控制计算、设备接口控制均由它统一管理调度,构成一个整体式的集中控制式火控系统。

采用数字化的平显火控系统可以灵活使用上述各种火力控制方式——扰动光环式(LCOS)、指挥仪式、直接和间接轰炸瞄准(CCIP、CCRP),还可增加特定的实时瞄准方式——热线(CCIL)、导弹发射条件判定等。这就改变了原射击、轰炸瞄准具的专一性,综合了多种武器的作战能力,为飞机执行各种作战任务提供了很好的条件。

(三)空空导弹技术

空空导弹是由航空器携带、发射、攻击空中目标的导弹,是航空器进行空中格斗的主要进攻武器,同时也是现代战斗机、攻击机、武装直升机的主要防御武器。1944 年德国研制的 X-4 有线制导空空导弹被认为是世界上第一个可供实战使用的空空导弹。半个多世纪以来,空空导弹历经三代发展,现已经进入第四代。

第一代近距空空导弹采用非制冷的单元硫化铅红外探测器,只能尾后攻击机动性小的目标,其代表型号为"响尾蛇"AIM-9A/B/C。第二代采用制冷的单元硫化铅红外探测器,扩大了尾后攻击范围,其代表型号为 AIM-9D/E/F/G/H/I/J/K/N/P。第三代采用锑化铟探测器,格斗性能显著提高,代表型号为 AIM-9L/M/S/R,AA-8。第四代(1976 年至今)采用多元成像探测器,大大增强抗干扰能力,具备了大离轴发射的全向攻击能力,代表型号有美国的 AIM-9X、俄罗斯的 AA-11 以及以色列的"怪蛇"等。

中距空空导弹大多采用雷达制导或复合制导,其发展过程与红外型近距空空导弹导弹基本同步。第一代采用雷达驾束制导或雷达半主动制导,只能用于尾追攻击,代表型号为 AIM-4/7A。第二代采用连续波雷达半主动制导,具有一定的全向攻击能力和下射能力,代表型号为 AIM - 7 C/D/E,AIM - 4E/F。第三代采用 PD 雷达半主动制导,具有了全天候全向攻击和下射能力,代表型号为美国的 AIM - 7F/M/P/R、苏联的 R - 27 等。第四代采用中制导加主动雷达末制导的复合制导体制,使导弹具有了发射后不管能力,代表型号有美国的 AIM - 120、俄罗斯的 P - 77 等。

20 世纪 60 年代开始,远距空空导弹的发展方面有了突破,此类导弹均采用复合制导。第一种服役的远距空空导弹是美国的 AIM - 54A"不死鸟",第二种是俄罗斯的 R - 33(AA - 9)远距空空导弹。其射程均可超过 100 km,具有远距离、全方向、全高度、多目标的攻击能力。新一代超远距空空导弹的典型产品是俄罗斯的 R - 37,采用惯性导航/指令修正加主动雷达末制导,采用火箭/冲压组合动力以获得 400 km 的射程。

(四)主动控制技术

20 世纪前半期,采用闭环反馈原理的自动控制技术作为机械操纵系统的辅助手段,其主要作用是针对已设计好的飞机刚体动力学特性(稳定性和操纵性)的缺陷进行补偿,实现精确的姿态和航迹控制,减轻驾驶员长期、紧张工作的负担。飞机构型的设计基本上是气动力、结构和动力装置三者之间的协调和迭代优化过程。到了 60 年代,飞机的发展遇到了一些重大难题,例如大型飞机挠性机体气动弹性模态问题、进一步提高战斗机机动性和战斗生存性问题等。这些问题仅靠气动力、结构和动力装置协调设计技术已经不能解决,人们将注意力转向采用闭环反馈原理的自动控制技术。通过一系列单项技术和组合技术的研究、开发和验证,产生了两个具有划时代意义的新飞行控制概念:主动控制技术(ACT)和电传飞行控制(FBW)系统,这两项新技术的出现对飞机的发展产生了巨大的影响。

(1)改变了传统的飞机设计概念和方法论,使飞行控制技术与气动力、结构和动力装置一起成为保证先进飞机平台性能的四大技术支柱。在飞机设计之初,飞行控制技术就是飞机构型设计的主要因素之一。

(2)改变了以前一直采用以机械操纵杆系作为飞机主飞行控制系统的传统方法,使采用飞机状态反馈的电闭环控制系统成为现代飞机的主飞行控制系统。

(3)打破了飞机布局设计中重心配置的限制原则,使飞机可以设计成中立稳定的和静不稳定的构型。

(4)飞行控制系统不仅用于增强飞机刚体运动特性,同时也用于解决飞机弹性模态的控制问题。

(5)使飞机主要控制功能(飞行控制、推力控制和火力控制)的综合成为可能,以数字电传飞行控制系统为核心和纽带的综合飞行/火力控制技术及综合飞行/推力控制技术得到了迅速发展。

二、经典空中作战

(一)朝鲜战争中的空中作战

朝鲜战争是第二次世界大战后的第一场大规模局部战争,其空战开辟了喷气式飞机空战时代。美国掌握了明显的空中优势,在中朝边界以南地区遂行了大量的近距空中支援、对地攻击、空中阻滞、空中轰炸、空中截击等任务,妄图以"绞杀战"窒息中朝军队。中朝方面空军在处于劣势情况下,利用战略后方未受攻击的有利条件,在清川江至鸭绿江上空建立了一条"米格走廊",彻底挫败了美国空军的嚣张气焰。

1950 年 6 月 25 日,朝鲜战争爆发。7 月底,朝鲜人民军主力第 1,2 军团推进到洛东江一线。美、韩军 10 个师和英军 1 个旅,总共约 20 万人退至洛东江岸后,在大丘、庆州、釜山地区形成了两军对峙状态。为解救美军面临的危局和扩大朝鲜战争,美军远东总部从 8 月初开始策划在朝鲜人民军后方进行登陆作战,最终确定在朝鲜西海岸中部的仁川登陆。同年 9 月 15 日,美军以 7 万兵力在仁川登陆成功,不久便切断了朝鲜军队的后方,造成了腹背受敌的局面。

仁川登陆过程中,美国航空兵进行了有力的空中支援,其空中力量主要是 1 个航空母舰编队,即第 77 特混舰队,舰载飞机 318 架,此外还有陆军第 10 军的 187 空降团。从 9 月之初开始,为迷惑朝鲜人民军,美军舰载侦察机不断在群山地区上空进行拍照,使其无法判断出美军的真正企图。同时,美军对群山地区的滩头阵地进行了猛烈的轰炸,使人民军误以为群山是美军的登陆地点,从而忽视了仁川方向。仁川登陆开始之前,美军对仁川港的滩头阵地进行了持续性的轰炸,同时对仁川周围的交通线进行了猛烈突袭,以阻止朝鲜人民军的增援活动。登陆成功后的 16 日,美军第 187 空降团在金浦地区降落,协同陆战第 5 团攻占了金浦机场。仁川登陆是第二次世界大战后最大的一次登陆作战,美军强大的空中优势发挥了重要作用,除了持续的空中支援,还起到了迷惑作用。仁川登陆中美军使用的飞机如图 3-12 所示。

图 3-12　仁川登陆中美军使用的飞机

1951 年 1 月 21 日,志愿军雷达观察到一批美军飞机企图袭击安州火车站和清川江大桥。志愿军 6 架战机迎战美方 20 架左右的 F-84,结果击伤 1 架美军战机,敌机逃跑。29 日下午 1 时,美军飞机又来执行相同的攻击任务,由于美军占有数量上的优势,志愿军没有忙于攻击,而是积极创造有利条件,伺机给予袭击。志愿军空军战士异常勇敢,美军在猛烈攻击下变得十分胆怯。最终击落击伤美军飞机各 1 架,而志愿军飞机无一损失,加之上次击伤的 1 架敌机,志愿军空军取得了首战 3∶0 的战绩。首战的胜利极大鼓舞了志愿军空军的士气,打破了"美军空军不可战胜"的神话。

1951 年 8 月,美国空军为了配合其"夏季攻势",制订了所谓的"绞杀战"计划,企图从空中封锁中朝铁路运输线。为此,美国空军不仅增加了飞机数量,也改善了装备。美军共有作战飞机 1 400 余架,主要机型是 B-29 轰炸机、F-86 战斗机、F-84 战斗轰炸机;中朝双方共有作战飞机 500 余架,主要机型是图-2 轰炸机和米格-15 战斗机。为粉碎美军的"绞杀战",志愿军根据"逐步前进""轮番作战"的方针,先后组织了 9 个歼击师进行迎战,并派出 2 个轰炸师的部分兵力突袭敌人地面目标。敌我双方在空中展开了大规模的空战,曾出现上百架飞机空中格斗的场面。从 1951 年 9 月到 1952 年 3 月,志愿军击落敌机 111 架,己方损失 64 架。美 F-84 战斗机如图 3-13 所示,F-86 战斗机和米格 15 战斗机如图 3-14 所示。

图 3-13　美 F-84 战斗机

图 3-14　F-86 战斗机和米格 15 战斗机

　　1951 年 11 月 5 日夜,志愿军攻克了大和岛附近的椵岛。为配合地面部队的战斗行动,志愿军航空兵某师 9 架图-2 轰炸机于 6 日 14 时 35 分从沈阳起飞。15 时 16 分,与歼击航空兵某师 16 架拉-11 战斗机会合,而后又与 24 架米格-15 战斗机会合。15 时 39 分,按预定计划对大和岛目标实施了轰炸,投弹后顺利返回。这次轰炸的战果为炸弹命中 72 枚,炸死炸伤敌少将作战科长、海军情报队长等 60 余人,炸毁敌房屋 40 余幢、粮食 20 t、弹药 15 万余发以及停泊在岸边的两艘登陆艇。图-2 轰炸机和拉-11 战斗机如图 3-15 所示。

图 3-15　图-2 轰炸机和拉-11 战斗机

　　1951 年 11 月 30 日,为协同地面部队攻占大和岛,志愿军航空兵某师再次轰炸该岛。志愿军共出动 9 架图-2 轰炸机与 16 架拉-11 战斗机。在整个战斗中,击落击伤敌机 8 架,自己损失了 7 架战机。虽然损失也很重,但完成了轰炸任务,彻底摧毁了目标。

1952年3月下旬，敌人改变了战术，开始采取小规模活动。志愿军空军由于换防增多，战术改变缓慢，出现了不利的作战形势，己方飞机损失较大。但从整体而言，志愿军成功粉碎了美军的"绞杀战"计划，我方地面部队得到了有效补充和补给。到1953年初，志愿军共击落美军飞机206架，其中F-86飞机159架。

朝鲜战争是喷气式飞机的参加的第一次实战。此后，许多国家出于安全的需要，开始大量装备喷气式飞机。

（二）越南战争中的空中作战

从1961年5月至1973年3月，越南与美国之间展开一场旷日持久的战争。越南战争是第二次世界大战以后最惨烈的一场战争。在这场战争中，美国先后投入了兵力260万人，消耗弹药1 144万吨，共伤亡349 559人，耗资达1 500亿美元。

1961年5月，美国派遣"特种作战部队"进入南越，发动了所谓的"特种战争"。在越南南方民族解放阵线的沉重打击下，美国和南越伪政权策划的"特种战争"彻底失败。为了挽救失败的局面，1964年8月2日，美国驱逐舰"马多克斯"号公然侵入越南领海，进行武装挑衅。遭越南人民军反击后，美国反诬越南海军攻击美国舰只，宣称美国海军遭到了"挑衅"。这就是著名的"北部湾"事件。

美国以"北部湾"事件为借口，不断向北部湾地区增兵。1961年6月5日，美军组织了一次轰炸行动。13时15分，美军"星座"号航母和"提康德罗加"号航母上的64架战机依次起飞。这些飞机的主要型号是A-3，A-4，A-6攻击机，都是第二次世界大战后美国研制的喷气式攻击机。飞机升空后，按计划在空中编成5个机群，分别扑向北越的鸿基、青化、宜安、荣市、广溪进行轰炸。由于越南防空部队毫无准备，加之作战飞机也很少，所以这64架飞机全部安全返回了航母。A-4攻击机和A-6攻击机如图3-16所示。

图3-16　A-4攻击机和A-6攻击机

"滚雷"战役是美军在越南战场发起的一次大规模的空中战役，从1965年3月2日起至1968年11月1日止，共进行了3年8个月。此次战役主要是通过突击越南北方交通系统，企图阻止北方对南方的支援。整个战役出动战术飞机F-105，F-111共30.4万架次，B-52战略轰炸机2 380架次，投弹$64×10^4$ t。重点突击目标是清化桥和杜梅桥，前者多次中断使用，但一直未彻底摧毁，后者最终被炸毁。

清化桥是河内至荣市铁路的唯一大型桥梁，炸毁它可以使河内以南地区的铁路完全陷入瘫痪。美军先后进行了10次较大规模的轰炸。1965年4月3日，美军首次突袭清化桥，派出

F-105,F-100 飞机 79 架,投下炸弹 120 枚,发射空地导弹 32 枚,但未能摧毁该桥。此后,美军多次轰炸,致使桥梁多次中断使用。1968 年 1 月 28 日,美军对该桥进行了最后一次大规模袭击,但仍未彻底摧毁。

杜梅桥位于河内北部,是越南北方铁路系统的枢纽,连接着中越交通。1967 年 8 月 11 日,美军出动 F-105 使用炸弹炸毁了该桥桥身。此后,杜梅桥不断修复,但最终被美军炸毁。1968 年 11 月 1 日,美国总统约翰逊下令停止对越南北部的轰炸,"滚雷战役"结束。虽然这次战役给越南造成了很大损失,但是美军并没有达到预期的战略目的。F-105 战斗轰炸机如图 3-17 所示,F-111A 轰炸机和被美军轰炸的河内嘉陵机场如图 3-18 所示。

图 3-17　F-105 战斗轰炸机

图 3-18　F-111A 轰炸机和被美军轰炸的河内嘉陵机场

在 1972 年 5 月美越巴黎和谈陷入僵局后,美国总统尼克松下令实施"后卫"战役,再次恢复对越南北方的轰炸。该战役分为"后卫Ⅰ"和"后卫Ⅱ"两个阶段。

5 月 10 日,"后卫Ⅰ"战役开始。经过近 5 个月的狂轰滥炸,于 10 月 23 日结束。这次战役较"滚雷"战役兵力使用更为集中,主要企图是通过对交通线的全面轰炸,阻止北方对南方的支援,对越南施加压力,以争取和谈的有利条件。战役中美国空军使用了高精度的制导炸弹,大大提高了突击效果,两个半月就炸毁越方桥梁 106 座。

"后卫Ⅱ"战役于 1972 年 12 月 18 日开始,12 月 29 日结束。这次战役是在美国停战企图落空后,为挽救败局并进一步迫使越南让步而发起的最后一次战役。在这次战役中,美军动用了 200 余架 B-52 战略轰炸机和近千架战术飞机,对越南的政治中心河内和海防等进了 11 昼夜连续的空袭,主要轰炸目标是铁路枢纽、机场、军用物资、钢铁厂和导弹基地等。

此次战役,B-52 轰炸机共出动 729 架次,战术飞机出动 1 800 架次,给越方的交通系统、战略物资、工业生产造成了严重破坏。战后美国承认损失 B-52 战略轰炸机 27 架(越南称击落 34 架),损失战术飞机 10 架(越南称击落 47 架)。1972 年 12 月 29 日,由于双方实现停火而结束了这次战役。

空战在越南战争中占有非常重要的地位。由于航空高技术武器装备的不断投入使用,空战的样式和方法都发生了引人瞩目的变化。美军把当时性能先进的超声速战斗机、战斗轰炸机、空空导弹大量运用于实战,预警指挥机和电子战飞机开始成为空中进攻力量的重要组成部分,使空战展现出新的时空特点;激光制导炸弹、集束炸弹大大提高了杀伤概率和突击能力;多机种混合机群的压制行动,使空中力量的作战效能成倍地增长。

(三)第三次中东战争的空中作战

1967年6月5日,以色列空军的战机几乎倾巢出动,对埃及、叙利亚和约旦等阿拉伯国家的机场和降落场实施大规模战略突袭。开罗时间8时45分开始,以色列空军"幻影"和"海市蜃楼"战机以数分钟间隔分三批起飞。为躲过埃及在苏伊士运河的雷达监视网,以色列战机故意绕了一个大圈子,并采用超低空飞行,取道西奈半岛居民区和军事区之间的沙漠荒地和山区峡谷飞到地中海,从亚历山大西部到开罗,再从塞得港北部飞到苏伊士运河区机场。而埃及空军既没有疏散隐蔽,也没有防空措施,更没有战斗准备,甚至连雷达都关机了。

第一批以色列战机同时轰炸了埃及空军的9个机场。面对突如其来的攻击,正在执勤的人员不知所措,四处躲藏和隐蔽。以军第一批战机离开后,埃军防空高炮部队慌忙冲向阵地,飞行员也奔向停机坪,可是高射炮还未展开,飞行人员还没有做好飞行准备,以军的第二批战机就到了,接着又是第三批战机来临,埃军根本来不及组织有效的抵抗,眼睁睁地看着一批又一批以色列战机在自己的国土上空横冲直撞,如入无人之境,机场的跑道、停机坪、雷达设施、指挥机关、防空导弹基地相继中弹,顷刻之间化为废墟。

埃及空军遭到了前所未有的毁灭性打击。用于战备的340架战机中,有近300架战机被炸毁在机坪或滑行道上,350名飞行员中有100余名丧生,机场跑道被破坏,机库被毁。

据埃及最高统帅部的战况报告显示:19个机场遭到突击,200多架战机没有来得及起飞就被击毁在机场上,配置在西奈一些降落场上的值班小分队的战机虽然得以起飞,由于数量极其有限,不能形成强大攻击力,无法遏制以军战机的突袭,各重要军事指挥机关和机场的防空导弹部队大部分遭到空袭,抵抗能力几乎丧失殆尽。其中,只有埃及高炮部队表现比较突出,他们冒着空袭的危险,拼命反击,尽管伤亡很大,仍顽强抵抗,击落以色列战机25架。

午后,以色列空军将攻击的重点从埃及转向叙利亚、黎巴嫩、约旦和伊拉克。由于以空军充分掌握了打击目标的性质,所以采取了在目标区上空俯冲低飞的办法,尽管进入了高射炮和轻武器的密集火网之中,但由于靠近目标,空袭效果十分理想,命中率几乎达到百分之百。

短短的两天空袭使有关阿拉伯国家的空军受到重创,基本失去了对空反击和支持地面部队作战的能力。到6月6日黄昏,被袭阿拉伯国家空军的500余架作战飞机只剩下62架,损失率高达90%,其中近400架还没有来得及起飞就成为以色列空军的地面靶子。埃及部署的20个萨姆-2导弹连,仅仅发射了6枚导弹,其余大多被击毁。在米特拉山隘以西,以军还缴获了91具萨姆-2导弹发射架。以色列方面的损失相对要小得多,共损失25架战机和21名飞行员,以较小的代价夺取了制空权。

此后,以色列地面部队在空中力量的掩护下,出动大批坦克和装甲车,兵分三路向有关阿拉伯国家发动全面进攻。这些国家由于丧失了制空权,根本无法组织有效的地面抵抗,从而造成领土大片沦丧,损失更是不计其数,第三次中东战争终于以以色列的全面胜利而告终。

(四)以色列空袭伊拉克核反应堆

1975 年 11 月,伊拉克与法国、意大利签署核能合作协定并引进核反应堆设备和技术后,以色列宣称"不能容忍阿拉伯国家拥有原子武器"。20 世纪 80 年代初,伊拉克在巴格达地区秘密修建的核反应堆,被以色列看作严重威胁。在获悉该反应堆将于 1981 年 7 月 1 日投入运转之后,以色列决定在 1981 年 6 月 7 日实施摧毁伊拉克核反应堆的"巴比伦"行动。

这次空中打击是"外科手术"式空袭作战的开创者。为保障突袭成功,以色列空军进行了大量准备工作,一是利用多种手段搜集伊核反应堆及防卫措施的详细情报资料,精确测量出核反应堆中心部分的准确位置、反应堆掩体的大小范围及控制反应炉操作的计算机室,详细掌握了包括反应堆钢筋水泥外壳厚度、水泥成分和外国专家活动规律等一系列情报。

1981 年 6 月 7 日 16 时(目标区时间为 17 时),天气晴朗,涂有伪装涂料、画有约旦空军标记的 8 架 F-16 和 6 架 F-15 战斗机(每机挂 2 枚"麻雀"中距空空导弹和 4 枚"响尾蛇"近距空空导弹)从埃齐翁基地起飞,以密集队形缓缓地向东转弯通过约旦和沙特阿拉伯,然后全速飞过伊拉克沙漠地带。全程保持无线电静默,只是在飞越几个预定区域时,由领队向总部发出规定暗语"黄沙丘",表示飞行按计划顺利进行。在雷达荧光屏上看起来整个编队密集得就像一架大型运输机,以欺骗沿途雷达。当编队沿约旦、沙特边境飞行时,尽量利用两国警戒雷达探测范围的空隙。当沙特雷达站发现并令其报告身份时,以军飞行员用流利的阿拉伯语回答"约旦空军,例行训练",使对方信以为真。当约旦雷达站发现并询问时,以军飞行员即用国际民航通用语回答是"民航机",再次蒙混过关。在其后的大部分时间里,编队尽可能降低飞行高度,沿起伏地形作波浪式飞行,几乎擦着地表飞向巴格达。

突击编队经过 90 min 飞行,于 17 时 30 分(目标区时间 18 时 30 分)到达目标区。飞行员清楚地看到三面筑有马蹄形围护土堤的圆形核反应堆建筑,以及附近的地空导弹和高射炮阵地。进入轰炸航路前,F-15 跃起爬高,进行警戒掩护;F-16 从超低空迅速上升到 610 m,恰好使机头对准目标,由西向东背着阳光单机跟进,使用瞄准具进行瞄准轰炸。8 架 F-16 按预定分工和攻击战术从不同方向实施轰炸。虽然突击时间仅持续 2 min,投弹 16 枚,但是由于轰炸精确度高,特别是带队长机首先精确命中目标,炸开了反应堆圆形屋顶,使用的又是威力较大的火箭助推侵彻炸弹。因此,反应堆的主建筑及设备遭到彻底破坏,中心大楼夷为平地,另外两座建筑物也遭到了严重破坏,还摧毁了建于地下 4 m 深的钚后处理装置。

在整个轰炸过程中,F-15 战斗机一直在攻击机上空警戒,但是伊机并未起飞,核反应堆附近的地空导弹部队也没有发射拦截导弹,仅有高射炮进行了一阵猛烈射击,没有击中任何飞机。所有飞机退出攻击后立即迅速爬高,沿预定航线返航,19 时左右在以色列安全着陆。

三、空中力量的运用特点

喷气式发动机的出现和航空武器装备的迅速发展,使空中力量的空战样式和方法不断发生变革,空战能力明显增强,这一时期的空中力量的运用主要有以下特点。

(一)大机群面积轰炸向小编队精确打击发展

朝鲜战争和越南战争前期,由于机上瞄准设备精度差和目标情报不准确,航空兵的空中突击广泛采用面积轰炸方式。到 20 世纪 70 年代,由于空地精确制导武器命中精度大大提高,只须动用少量的精干空中力量,就可以在短时间内对敌要害目标达成破坏性袭击。

(二)空中格斗向超视距空战发展

20世纪50年代初期,虽然喷气式战斗机的性能已经大大超过螺旋桨飞机,但是机载武器仍然是机枪和航炮,有效射程只有几百米,只有在相距1 km左右时,才能从目标尾后跟踪瞄准射击。60年代服役的第二代超声速战斗机除航炮外,开始挂载第一代和第二代空空导弹,具有一定的迎头攻击能力。70年代后服役的第三代战斗机,由于挂载第三代空空导弹,形成了中(远)距拦射导弹、近距格斗导弹和航炮三结合的空战武器系统,具有一定的超视距攻击能力,使空战样式和方法发生了新的变化。

(三)空中突防向低空发展

在20世纪60年代以前,各国用于防空的武器主要是高射炮和高空截击机。那时,只要充分提高飞行器的飞行高度和速度,便可达到突破敌方防御的目的。但是随着防空技术水平有了较大的提高,飞行器从中、高空突破敌方防御的可能性越来越小。由于低空和超低空飞行能较好地利用敌方雷达盲区,降低地空导弹的攻击命中率,减少在目标上空的停留时间,因而使低空突防和低空轰炸成为空中突击的基本战术。

(四)空战由单机种对抗向多机种协同发展

20世纪60年代中期之前,空战样式基本上按照第二次世界大战时的单一机种对抗模式进行。在越南战争后期,空战机群中增加了电子干扰分队、压制防空兵器和雷达的专业航空兵分队及空中加油机分队。在黎巴嫩战争中,除战场上空有掩护机群、反雷达作战机群和担负侦察与干扰任务的无人驾驶飞机外,还有远距离突击目标的电子干扰机和预警指挥机等,形成了以空中突击飞机为主、多机种协同作战的新模式。

(五)"外科手术式"空袭作战成为新的空战样式

战后,随着导弹核武器的发展,人们曾经认为战略轰炸已经为远程导弹攻击所代替。20世纪80年代以来几次"外科手术"式远程空袭的成功实施,又使战略空袭有了新的发展。战略空袭不仅局限于在大规模战争中对敌国后方政治、经济、军事目标的持续大规模轰炸,也包括和平时期对敌方战略性目标的一次或一段时间的空中突击。在规模上,它可以是在和平情况下为了达到一定战略目的而独立实施的小规模、小范围的空中突击。在手段上,它也不再仅仅通过战略轰炸机的面积轰炸进行,开始大量地由装有空中受油设备、精确制导武器的战斗轰炸机通过"外科手术"式的精确打击来进行。

第四节 高技术局部战争与空中作战

一、航空技术的新纪元

(一)隐身技术

随着军事高技术的迅猛发展,世界各国防御体系的探测、跟踪、攻击能力越来越强,陆、海、空各兵种地面军事目标的生存能力以及武器系统的突防能力日益受到严重威胁。为了提高国防体系中地面军事目标的生存力与武器系统的突防和纵深打击能力,发展和应用隐身技术成为国防体系发展的重要方向。隐身技术的出现打破了世界各国现有的攻防平衡,显著地提高了作战平台(进攻平台和防护平台)的效能,增强了电子作战能力,提高了目标的生存和突防能力,是当今世界各国重点发展的国防高科技。

隐身是用于描述"减少目标特征信号"的一个专用术语。飞行器的隐身主要是减缩目标的雷达散射截面和降低发动机排气口的红外辐射等,它不仅决定了作战飞行器的生存能力,而且还是确保战争中先敌发现、先敌攻击的重要条件。隐身技术的出现和应用对各种防空探测系统和防空武器系统是一个严峻的挑战,也是航空和电子战领域中的一大突破。

隐身技术的出现及其在作战中所表现出来的巨大威力,使之成为新一代作战飞机所必备的重要标志之一,并不断推动着飞机设计和制造技术的进步。从雷达隐身、红外隐身到射频隐身,针对探测器的不断发展和新型传感器的出现,隐身的内涵及相关性能要求也在不断得到丰富和提高。

目前,世界范围内已正式入役和准备入役的第四代隐身战斗机包括美国的 F - 22、F - 35,俄罗斯的苏-57 和我国的歼-20。

(二)预警与控制技术

20 世纪末以来爆发的高技术局部战争一再充分地表明,预警与控制飞机已成为获得信息优势、决策优势并进而赢得战争胜利的一种必不可少的空中信息平台。预警机是一种复杂的综合性系统,主要用于搜索、监视空中或海上目标,并可指挥、引导己方飞机执行作战任务,大体上可以分为载机平台、任务电子系统。载机平台决定了预警机的飞行性能,并成为任务电子系统的载体,其载重量、内部空间和电力等是对任务电子系统的约束条件。任务电子系统是由完成预警、指挥引导等预警机主要任务的多种电子设备构成的复杂系统,一方面受到载机的种种限制,另一方面还要为操作人员提供友好的人机界面,减轻其负担,提高其效率。

预警机发展初期是由已有雷达和飞机改装而成的,任务电子系统比较简单。美军在 1977 年装备了 E-3A 预警机,最初主要用于防御苏联的战略导弹;20 世纪 80 年代后重点转向对战场环境中战术资源的控制;90 年代的海湾战争时,预警机开始具备战场管理能力。从 90 年代后期开始,北约和美国先后对 E-3A 和 E-3B/C 实施了"雷达系统改进计划"(RSIP)通过脉冲压缩将距离分辨力提高 6 倍,还采用了新的信号处理器及其处理算法、新的任务计算机及其软件,使雷达灵敏度提高了 10 dB 以上,作用距离增加了 70%～100%。

(三)电子对抗技术

电子对抗是敌对双方利用电子装备和器材所进行的电磁斗争。高技术条件下进行电子对抗,通常是把电子侦察、电子干扰和电子摧毁等手段结合起来使用,从而发挥电子对抗的综合效能和整体威力。进入 20 世纪 80 年代以来,随着微电子、激光、计算机、精确制导及航天技术的加速发展,使战争的现代化水平空前提高,为电子战的实施开辟了更加广阔的天地。1986 年美军袭击利比亚,从始至终不过 18 min,其中前 6 min 美军以 EF-111A 和 EA-6B 飞机对利比亚的远程警戒雷达和地空导弹制导雷达施放干扰。海湾战争中,多国部队利用 EF-111A,EA-6B 和 EC-130H 等电子战飞机对伊军的早期预警、地面引导雷达和伊军的无线电通信、导航系统等实施压制性干扰,始终掌握着电磁控制权,使伊军无法进行有效还击。现代战争中的电子战已不再是传统意义上的战役战斗的保障性行动,而成为一种具有战略意义的作战形式和手段。

(四)精确制导技术

精确制导已成为未来武器发展的重要趋势,精确制导武器正将人类战争推向一个新的历史阶段,对未来战争的战术战法和战争理论将产生深远影响。从海湾战争到伊拉克战争,美军精确制导武器大规模应用于战场,推动了世界新军事变革的快速发展。

精确制导技术是利用各种传感器和信息网获取待攻击目标的位置、速度、图像及特征状态等信息,经分析和处理后实时修正或控制自身的飞行轨迹,具有相当高的命中精度,其核心是实现精确制导和精确控制。精确制导武器由于具有突防能力强、命中精度高、杀伤威力大、通用性好、综合效益高等优点,因而在现代战争中得到了广泛的应用。

精确制导武器的核心是精确制导系统。精确制导系统是由精确导引系统和精确控制系统组成的。导引系统用来探测目标的位置,按要求的弹道形成导引指令,并将导引指令传送给控制系统;控制系统响应导引系统来的导引指令信号,产生作用力使导弹或弹药沿着要求的弹道飞行。控制系统的另一项任务是使导弹或弹药的飞行稳定。精确制导系统的突出特点是制导精度高,具备一定的人工智能,具有多目标选择和命中要害部位选择能力。

目前,进攻性精确制导武器正在向自主式、发射后不管方向发展,抗电磁干扰能力逐步增强,制导精度不断提高,防御性精确制导武器将具备全方位保护、分层拦截能力,并且有力地推动着精确制导武器向远程化、系列化、多用途、低成本、智能化方向发展。

二、经典空中作战

(一)海湾战争中的空中作战

海湾战争是美国联合英、法、科威特、叙利亚等国家组成多国部队,在联合国授权下,于1991年1月17日对伊拉克发动的战争。战争由"沙漠风暴"(38天大规模空袭)和"沙漠军刀"(4天地面作战)两个阶段组成,共持续42天。

1990年8月25日,美中央总部司令部向国防部长和参联会主席汇报了分四个阶段实施的进攻战局计划:第一阶段为针对伊拉克的战略性空中战局;第二阶段为打击科威特战区的伊拉克空军的"科威特空中战局",目的是夺取科威特战区制空权;第三阶段为消灭伊拉克共和国卫队和孤立科威特战场的"消耗地面战斗力"阶段;第四阶段为把伊拉克逐出科威特的"地面攻击计划"。此时,"沙漠风暴"行动的大致轮廓已经形成。按阶段实施空战的最初构想,旨在减少第三阶段的威胁。到1月份时,中央总部司令部把第一至第三阶段合在一起实施。这样,"沙漠风暴"行动一开始,就在整个战区范围内对各个阶段最重要的目标实施了空袭。

多国部队空军出动11.2万架次,日平均2 660余架次。总投弹量88 500 t,日平均投弹量为2 107 t。其中,投掷精确制导炸弹15 500颗达7 400 t,虽然只占总投弹量的8.8%,却完成了总攻击任务的80%,极大地显示了信息化、智能化武器弹药的超常威力。整个战争期间,多国部队损失飞机67架(其中直升机21架),战斗中被地面防空武器击落固定翼飞机38架、直升机7架,非战斗损失固定翼飞机8架、直升机14架。

与以往机械化空战明显不同的是,"沙漠风暴"空战始终是在信息化条件下进行的。首次参加大规模空战行动的E-3预警指挥控制飞机,续航时间达11 h以上,若经空中加油则可以24 h飞行。E-3预警机通过电台和点状数据线路,不间断地向联军指挥中心提供从波斯湾到红海的大范围空情以及实时信息。它还同RC-135电子侦察机(见图3-19)、战地空中指挥控制中心、战术空中指挥控制中心和海军的E-2飞机建立了数据共享网络,为整个战区提供空情传递。在整个战争期间,E-3飞机值勤飞行了448架次,共计5 546 h,指挥和控制了总计9万架次飞机的作战活动,并且确保联军飞机不发生空中相撞事故,还能为所有要求在攻击前后在沙特北部进行空中加油的飞机提供支援。

图 3 - 19 美军 RC - 135 电子侦察机

正是由于实施不间断的信息化指挥与控制,多国部队空中作战基本实现了摧毁伊拉克的防空系统和战略反击能力、瘫痪伊军的 C^4I 指挥系统、削弱伊拉克的战争潜力和军队的作战能力的意图。

(二)科索沃战争中的空中作战

科索沃战争是以美国为首的 13 个北约集团国家,在未经联合国授权的情况下,于 1999 年 3 月 24 日对南联盟发动的代号为"联盟力量"的空中打击行动。战争从 24 日晚 21 时开始,历时 78 天,至 6 月 10 日南联盟与北约签署协议并从科索沃撤军而宣告结束。科索沃战争要图及美军攻击编队如图 3 - 20 所示。

图 3 - 20 科索沃战争要图及美军攻击编队

科索沃战争是第一场完全依靠信息化空中力量、以远程精确打击为主要手段取胜的大规模空袭作战,开辟了单一使用信息化空中力量达成战争目的的先例。与海湾战争相比,信息火力一体化的趋势更加明显,信息化武器装备的作战效果更加显著,以信息化空中力量打赢非接触作战的特点更加突出,标志着信息化空战已经进入了网络中心战的初级阶段。

在这次战争中,北约共派遣 1 000 多架飞机和 40 多艘舰艇,对南联盟的军事目标乃至民用经济目标狂轰滥炸。北约共出动飞机 3.6 万架次,投掷和发射了 2.3 万余枚炸弹和导弹,其中精确制导武器占 35%。交战双方有过空中较量,由于北约部队拥有压倒性的空中优势和电子战优势,南联盟的战机和防空武器无法构成对北约飞机的威胁。1999 年 3 月 27 日夜,南联盟的防空导弹击落一架编号为 AF-82-806 的 F117A 飞机,创造了首次击落隐身飞机的战例。

北约部队为使战场信息对自己单向透明,从战争开始直至战争结束,始终采用全时空侦察、全频段干扰、全手段硬摧毁和全方位信息防护等信息作战手段,牢牢地控制着制信息权。全时空侦察是运用包括太空、空中和地面的各种侦察设备和手段,掌握战场信息透明权。全频段干扰是运用电子战手段,对南联盟的雷达、通信和传媒中的超低至特高频、短波和超短波实施强干扰,以瘫痪南联盟的情报、指挥、通信系统,夺取战场信息主动权。全手段硬摧毁是与电子干扰"软杀伤"相互作用的打击方式,包括反辐射导弹的点摧毁、精确制导炸弹的点摧毁和电磁脉冲炸弹的面摧毁,以夺取战场信息控制权(见图 3-21)。全方位信息防护是北约采用多种手段,对己方的信息设备、信息资源以及电子信息传输环节的防护措施,以夺取战场信息自由权。

在海湾战争中,盟国对伊拉克空袭 38 天,地面作战仅 4 天,空中投弹量占其总投弹量的 75%。与海湾战争相比,科索沃战争已经完全空中化。在 78 天的战争中,以美国为首的北约对南联盟实施了每天连续不断的空袭,对南境内所有主要的军事、经济目标进行大规模的轰炸,对南联盟造成了 2 000 多亿美元的物质、财产损失和数以千计的人员伤亡,使南联盟经济严重倒退,从而迫使南联盟不得不接受俄罗斯的调解,同北约达成妥协。这是战争史上第一次由空中打击直接决定战争胜负。

图 3-21 哈姆反辐射导弹和百灵鸟反辐射导弹

(三)伊拉克战争中的空中作战

"9·11"恐怖袭击事件发生后,美国认为首要威胁是来自于以伊斯兰极端势力为主的国际恐怖主义,特别是国际恐怖主义与大规模杀伤性武器的结合将会对美国产生极大的威胁。因此,2001 年底,阿富汗战争尘埃未定,美国就迫不及待地将战争矛头直指伊拉克,扬言要不惜一切手段推翻萨达姆政权。2003 年 3 月 20 日,美军向伊拉克发动大规模空袭,正式爆发了伊拉克战争,也称第二次海湾战争。5 月 2 日,美国总统布什在"林肯"号航母上正式宣布伊拉克战争结束。整个战争共持续 44 天。

美军从 2002 年年底开始向伊拉克周边增派兵力,至 2003 年 3 月 20 日,在伊拉克周边地区共集结了约 5.4 万人的空中力量,各型飞机约 1 145 架。另外,英国空军在伊拉克周边地区部署了约 8 000 人的部队,各型飞机约 100 架。美军中央总部空军司令部驻扎在沙特苏丹王子空军基地,司令为莫利斯空军中将,统一指挥战区内美英所有空中力量的作战行动。美英空中力量分驻在 12 个国家的 18 个基地。

美海军在战区共部署了"林肯""星座""小鹰""罗斯福"和"杜鲁门"5 个航母战斗群(见图 3-22),共有各型飞机 380 架。美海军陆战队在战区共部署了各型飞机 98 架。

伊拉克战争中,美军还进行了许多新技术手段的尝试:第一次使用 CBU-105 传感器引信武器;第一次由一架 F-14D"熊猫"投放 JDAM 炸弹;第一次使用 F/A-18"超黄蜂"战斗机承担空中加油任务;第一次使用 EC-130"罗盘呼叫"和 EA-6B"徘徊者"飞机承担心理战任务;第一次使用 B-1 轰炸机的移动目标指示器进行情报、监视和侦察;第一次由 B-52 轰炸机使用"蓝盾"吊舱投掷激光制导炸弹;第一次在 B-1,B-2 和 B-52 轰炸机上使用战斗包(见图 3-23);第一次使用"全球鹰"无人机承担攻击协调和侦察任务;第一次使用 C-17 运输机进行战斗人员空投;第一次战斗使用英国的"风暴之影"防区外巡航导弹。

图 3-22　"林肯"号航空母舰和"罗斯福"号航空母舰

图 3-23　美军 B-1,B-2 轰炸机

这次战争中还使用了其他无人机、U-2 侦察机和其他情报搜集飞机,它们早在开战之前就在执行情报搜集任务,每次飞行时间达到 4～5 h。

从 3 月 20 日至 4 月 18 日的整个战争期间,美英联军共投入 1 801 架作战飞机(不含直升机),战斗出动 41 404 次,日最大出动量超过 2 000 架次,共投掷 19 948 枚制导弹药,使伊拉克国家战略指挥系统遭到毁灭性打击,作战部队的编制体制彻底瓦解,国民经济受到严重打击,萨达姆政权彻底消亡。

(四)无人机的空中作战

无人机(Unmanned Aerial Vehicle,UAV)作为无人驾驶的航空飞行器,走上历史舞台已近百年。1917 年英国人研制出第一架无人机,而对无人机的广泛应用则是自 20 世纪 50 年代开始的。无人机在军事上的应用,最先是作为靶机。之后,随着战争的需要和技术的进步,无人机上安装了光学、红外摄像设备以及角雷达反射器、通信侦察接收机和干扰发射机及对地攻击武器等,从而产生了具有情报侦察、雷达诱饵、电子对抗、对地攻击等功能的无人机。

海湾战争中,以美军为首的多国部队动用了大量无人侦察机,如先锋、指针 FQM - 151A 和玛尔特无人侦察机等。这些无人侦察机在侦察、监视、目标捕获、战场管理、舰炮火力支援和战场评估等方面发挥了极其重要的作用。1995 年,美军在空袭波黑塞族前曾出动 80 架次捕食者无人机,飞行 700 h 以上。1999 年的科索沃战争中,美、英、法等国使用的无人机大约飞行 1 400 h 以上。在阿富汗作战中,美军广泛应用全球鹰、捕食者等无人平台,使美军实施侦察、打击和其他任务一体化成为现实。战争期间,捕食者首次执行了打击任务,成为无人机发展史上的一次里程碑式的重大事件。而全球鹰高空长航时无人机弥补了卫星侦察的空隙以及捕食者无人机视野太小的不足,大大增强了空中侦察力量。

2003 年的伊拉克战争中,美军将无人机系统广泛运用于战术侦察、战场巡逻和特种目标攻击任务。美军在伊拉克战场上部署并使用了 10 多种无人机系统,约 90 架无人机,主要机型有空军全球鹰和捕食者 A/B 型无人机,海军陆战队龙眼和先锋无人机,陆军猎犬、指针和影子 200 等,较美军在阿富汗战争中无人机的使用增加了 3 倍多。

在持久自由行动作战和伊拉克自由行动中,美军的无人机系统(不含手掷系统)共飞行了 50×10^4 h。在这 50×10^4 h 里,无人机系统已经在侦察监视情报、对地攻击和通信中继等任务领域扮演了关键的角色。

三、空中力量的运用特点

从海湾战争、科索沃战争和伊拉克战争来看,空中作战在高技术局部战争中地位日益突出。在一定程度上讲,高技术局部战争的主要形式就是空中作战。根据近几场高技术局部战争的实际情况并结合有关国家军事理论和武器装备的新发展,可以总结出高技术局部战争空中力量的运用主要有以下几个特点。

(一)空中打击成为独立的作战行动,可直接完成战略任务或达成有限战争的目的

过去,由于空中力量武器装备的技术性能和火力强度有限,空中力量在战争中多被用来配合其他兵种作战,空中力量难以独立达成战略战役目的。随着航空兵器的不断发展以及近期发生的高技术局部战争也证明,空中力量的战略功能已经明显扩大,并具备了独立遂行作战任务的能力。在 1991 年持续 42 天的海湾战争中,空中作战贯穿战争始终,其中相对独立的空中作战进行了 38 天,占整个战争持续时间的 90.4%。以美国为首的多国部队主要通过空袭就基本上达到了迫使伊拉克屈服的战略目的。海湾战争以后,美国时任众议院武装委员会主席阿斯平曾经指出:"空中作战是对伊战争获胜的决定性因素""空中力量在战争中发挥了决定性的作用,是美国能够打赢地区性战争的关键"。美军也认为:海湾战争已经改变了传统的陆、海、空三军的排列顺序,空军已成为第一军种。1995 年 8 月以美国为首的北约对波黑塞族实施的"精选力量"军事打击行动、1998 年 12 月美英对伊拉克实施的"沙漠之狐"军事打击行动以及 1999 年 3 月以美国为首的北约部队对南联盟进行的代号为"联盟力量"的长达 78 天的大规模空中进攻战役,都是由空中力量独立实施的作战行动。

（二）联合作战、体系对抗已成为高技术局部战争空中作战的显著标志

实施多军兵种联合空中作战是高技术局部战争空中作战的一个重要特点。现代空战不仅由空军的战斗机、轰炸机和攻击机实施，而且海军航空兵的作战飞机和舰射巡航导弹、陆军航空兵的武装直升机和战役战术导弹甚至远程火炮，都可成为空中进攻的力量。高技术局部战争空中作战特别强调体系对抗。在进行空中作战时，由空中预警机担负统一指挥，由情报侦察飞机提供各类情报信息，由战斗机进行掩护，由电子战飞机实施电子压制，再由轰炸机、战斗轰炸机和攻击机对目标实施打击。多军种、多机种、多种打击武器共同实施的诸军兵种联合作战、体系对抗已经成为现代战争的一种基本作战形式。海湾战争中，多国部队陆军的"阿帕奇"武装直升机率先摧毁伊拉克的防空雷达站，拉开了战争帷幕；随后，空、海军的各型战斗机、攻击机和轰炸机开始进行空中打击；海、空军的舰射和空射巡航导弹同时对重要目标实施远程打击。上述各种力量协同作战，整体突击，形成了一个高效的作战群体。

（三）强调集中使用空中力量，对各军种空中力量实施统一的指挥

现代空中作战，是多军种空中力量的联合作战。各主要国家都强调，为最大限度地发挥空中力量的整体作战威力，必须将各军种的空中力量置于统一的指挥机构之下，并根据统一的作战计划进行空中作战。海湾战争中，多国部队的空军、海军、陆军和海军陆战队四个军兵种的所有空中力量统一由美国中央总部空中组成司令部领导。由于有一个统一的指挥体制，在整个空中作战行动中，多国部队的 2 000 余架、40 多种作战飞机组成了一个严密的整体，相互协调行动，大大提高了空中作战的效果。在后来的波黑战争、"沙漠之狐"行动以及科索沃战争中，空中力量的使用也都由战区空军司令部统一指挥。对各军种空中力量实施统一指挥已经成为确保高技术局部战争空中作战胜利的一个重要保障手段。

（四）争夺制空权与制电磁权的斗争更加激烈复杂，并贯穿于战争的全过程

在高技术的作用下，信息化兵器的远程攻击能力，已经使战场没有了前后方之分；信息战、电子战的激烈交锋，使战争又开辟了第四维太空、第五维电磁空间和第六维网络空间战场。隐形飞机、巡航导弹、无人驾驶飞机、精确制导武器和电子战飞机等大量运用于空中作战，使高技术局部战争夺取制空权的手段和方式发生了重大变化。争夺制电磁权已经成为高技术局部战争夺取制空权的先决条件。在高技术局部战争中，进攻一方通常首先是以电磁手段的软杀伤与各种火力打击的硬摧毁相结合，破坏对方通信联络，使自动化指挥系统瘫痪，摧毁和致盲雷达预警网，造成敌方武器系统失控，指挥系统失灵，通信系统中断，防空体系失效，继而夺取制空权。海湾战争中，多国部队发射 1 000 多枚"哈姆"反辐射导弹，使伊拉克的雷达预警通信指挥系统遭到严重破坏，并使其防空部队处于被动挨打的境地。科索沃战争中，北约的电子干扰使南联盟的通信指挥系统基本瘫痪，甚至民用通信系统都一度中断。上述事实表明，高技术局部战争中要夺取制空权，就必须首先夺取制电磁权。

（五）空中战场的空间进一步扩大，空中作战和空间作战趋于一体

随着空间技术的飞速发展，外层空间已经成为争夺军事优势的重要领域，空间作战也已发展成为一种新的重要作战形式。虽然目前的空间作战还仅处于以电磁对抗为主的阶段，但它已开始对夺取现代战争的主导权产生了越来越大的影响。海湾战争期间，美军动用了近 100 颗军用卫星，并临时征用了部分在轨商业卫星，构成了航天侦察监视、航天卫星通信、航天导航定位和航天气象服务等四大系统，为以美国为首的多国部队的作战行动提供了全面的支持和保障。在科索沃战争期间，美国和其北约盟国至少使用了 50 多颗近 20 种不同类型的卫星。

美国的侦察卫星甚至可以截获南联盟军人之间用步话机进行联络的信息。由于空中与空间有着不可分割的天然联系,空间军事斗争的发展,必然将使传统的空中战场的范围进一步扩大并延伸到空间。美军在作战条令中就明确规定:"空中与空间在作战活动中是不可分割的介质,空间是空中作战向外层扩展的领域"。俄罗斯空军也认为:现代空中作战应从 3×10^4 m 以下的高空扩展到数百千米到上万千米的外层空间。由此看出,空中作战与空间作战趋于一体已经成为必然。

(六)高技术航空武器的发展和广泛应用使空中作战的样式日趋多样化

大量高技术航空武器的广泛使用,使空中力量的信息获取能力、全方位机动能力、远程精确打击能力、全面防护能力、综合保障能力和一体化指挥控制能力得到了前所未有的提高。高技术航空武器也使空中作战的样式发生了深刻的变革。从战略战役层次上来说,空中威慑、空中独立作战、空地海天一体化作战、空中兵力投送、战区导弹防御作战、空中特种作战等作战样式都有新的发展。从战术层次上来说,隐身空中突击、夜间空中突击、低空超低空突防、空中电子战、外科手术式打击、远程精确打击、导弹突袭等作战方式也都得到了广泛的应用。

思 考 题

1. 第一次世界大战是飞机逐步应用于军事的一个重要时期,试阐述第一次世界大战中空中力量运用的特点。

2. 杜黑"制空权"军事理论的基本观点是什么? 其重大意义表现在哪些方面?

3. 第二次世界大战期间航空技术的飞速发展主要表现在哪些方面?

4. 列举 2~3 型二战期间的典型战机,说明其基本性能和典型特点。

5. 简述第二次世界大战中美军 B-25 轰炸机轰炸东京的过程,说明其重大意义。

6. 第二次世界大战是人类历史上空中力量得到广泛运用的一次战争,试阐述第二次世界大战中空中力量运用的特点。

7. 第二次世界大战结束后到海湾战争爆发前这一时期内,航空技术的发展成就主要表现在哪些方面? 这期间空中力量运用的特点是什么?

8. 20 世纪 90 年代初海湾战争以来,航空技术持续快速发展,其突出成就主要表现在哪些方面?

9. 结合海湾战争、科索沃战争、伊拉克战争等近几场高技术局部战争的实际情况总结高技术局部战争空中力量的运用特点。

10. 列举 2~3 型全球现役典型战机,说明其基本性能和典型特点。

参 考 文 献

[1] 李树山,孙继文,毕居正,等.世界空军史[M].北京:军事科学出版社,1998.

[2] 李承志,李小宁,田大山.飞行之梦——航空航天发展史概论[M].北京:北京航空航天大学出版社,2004.

[3] 顾诵芬,史超礼,李成智,等.世界航空发展史[M].郑州:河南科学技术出版社.1998.

[4] 博多,等.第二次世界大战历史百科全书[M].中国人民解放军军事科学院外国军事研究部,译.北京:军事科学出版社,1991.

第四章　航天发展及军事应用

航天器的出现使人类的活动范围从陆地、海洋、空中,发展到大气层以外的宇宙空间。近些年来,人类在探索、开发和利用外层空间资源方面取得了重大成就,对科学研究、军事活动和国民经济等领域产生了重大影响,大大促进了人类社会的进步。同时,在空天一体、攻防兼备的战略思想下,军用航天器在未来战争中必将扮演重要的角色,本章主要介绍航天器发展及军事应用情况。

第一节　弹道导弹与运载火箭

一、弹道导弹

弹道导弹是一种可从陆地、海上、空中发射,带有火箭发动机、装有战斗部,经由外层空间再入大气层,对敌方地面目标进行核打击或常规打击的进攻性战略战术武器系统。

弹道导弹通常采用垂直发射。导弹离开发射台后,速度不断增加,当达到一定值时,导弹便在制导系统作用下按预定的方案弹道飞行。当导弹的速度和弹道倾角达到预定值时,火箭发动机关机,这一段弹道称主动段;此后导弹依靠惯性继续飞行,采用自动制导的方式直至命中目标,靠惯性飞行的自由抛物体弹道称被动段,约占整个弹道的90%以上。

(一)分类

弹道导弹可按照作战使命、推进剂类型、射程大小等特征进行分类。按作战使命,可分为战略弹道导弹、战役弹道导弹和战术弹道导弹。战略弹道导弹一般是用来执行战略任务的弹道导弹,用于摧毁敌方战略目标并反击来袭弹头等,通常带有核战斗部。战役弹道导弹是执行战役任务的弹道导弹。战术弹道导弹是执行战术任务的弹道导弹,射程小,主要使用固体火箭发动机,采用惯性制导,可以竖直也可以倾斜发射,大都有专用运输车可在车上发射。一般战役弹道导弹和战术弹道导弹通常携带常规战斗部,用来袭击敌人的集结营地、机场、坦克、炮兵阵地等。按推进剂类型,可分为固体弹道导弹、液体弹道导弹和固液混合弹道导弹。按照射程大小,可分为近程弹道导弹、中程弹道导弹、远程弹道导弹和洲际弹道导弹。目前世界上对此没有一个固定的标准,一般认为射程为 1 000～2 000 km 的为近程导弹,射程为 2 000～5 000 km 的为中程导弹,射程为 8 000 km 以上的为洲际导弹。

(二)主要战术技术指标

弹道导弹的主要战术技术指标包括射程、弹头威力、命中精度、发射准备时间、生存能力、突防能力、可靠性、维修性、发射条件与发射方式、贮存期等。

1. 射程

射程是指导弹的射击距离,即从发射点到目标点之间的地面大地线距离。弹道导弹射程范围从几十千米到两万千米。用一种导弹攻击整个目标范围是不可能的,通常将其分成若干个射程序列,研制系列导弹分别覆盖不同的射程范围,每一种导弹有一个最大射程和一个最小射程,组合起来称为导弹的射程覆盖范围。

2. 弹头威力

弹头威力是表示导弹对目标破坏能力的战技指标。现代战略弹道导弹几乎都装载核弹头,其威力取决于核弹头爆炸时所释放出来的能量,通常用"梯恩梯(TNT)"炸药当量来表示。

3. 命中精度

命中精度是指导弹的弹着点相对目标点的散布,它是射击准确度和射击密集度的总称,简称精度,通常用圆概率误差表示。

4. 可靠性

可靠性表示导弹在允许的使用条件下,在规定的时间内,保持导弹武器系统有效工作的能力。提高导弹武器系统的可靠性,要重视设计、生产和使用各个环节。最有效的措施是尽可能简化导弹系统的结构,减少元器件的数量,尽量采用成熟的技术和经过考验的设备与系统,对重要的部件甚至系统采用必要的冗余设计。

5. 发射准备时间

发射准备时间是指导弹发射分队进入导弹发射阵地到使导弹处于待发状态所需要的时间。如果发射准备时间短,则在一定时间内从发射装置上发射出去的导弹数量就多,就能以更快的作战节奏打击敌人。

另外,导弹的机动性、突防能力、生存能力等也对导弹的战术能力产生重要的影响,都是必不可少的要素。

(三)发展历程及展望

20世纪30年代末,德国开始导弹技术的研究,并建立了较大规模的生产基地,1939年成功发射了A-1,A-2和A-3导弹,并很快将研制这种小型导弹的经验应用到飞航式导弹V-1和弹道式导弹V-2上,1942年成功发射了V-1导弹和V-2导弹。图4-1和图4-2所示分别为德国的V-1导弹和V-2导弹。

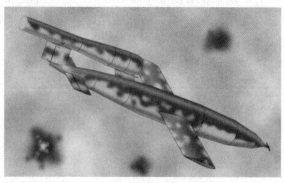

图4-1 V-1导弹　　　　　　　　　　图4-2 V-2导弹

1944 年 6—9 月,德国首先在实战中使用了 Ⅴ–1 和 Ⅴ–2 导弹,从欧洲西岸隔海攻击英国。Ⅴ–1 是一种亚声速的无人驾驶武器,射程 300 km。Ⅴ–2 是最大射程约 320 km 的液体导弹,由于可靠性差及弹着点的散布度太大,对英国只起到骚扰作用,作战效果不佳,但 Ⅴ–2 导弹对后续导弹技术的发展起了重要的先驱作用。

第二次世界大战后,弹道导弹经历了探索与发展阶段、改进与提高阶段、全面更新阶段和扩散与反扩散阶段等四个主要发展阶段。

(1)探索与发展阶段。第二次世界大战后到 20 世纪 50 年代初,导弹处于早期发展阶段。各国从德国的 Ⅴ–1,Ⅴ–2 导弹在第二次世界大战的作战使用中,意识到导弹对未来战争的作用。美国、苏联、瑞士和瑞典等国在战后不久,恢复了自己在第二次世界大战期间已经进行的导弹理论研究与试验活动。英、法两国也分别于 1948 和 1949 年重新开始导弹的研究工作。自 50 年代初起,导弹得到了大规模的发展,出现了一大批中远程液体弹道导弹及多种战术导弹,并相继装备了部队。1953 年美国在朝鲜战场曾使用过电视遥控导弹。但这时期的导弹命中精度低、结构质量大、可靠性差、造价昂贵。1957 年 8 月 21 日,苏联洲际导弹 SS–6 发射成功,并改装成运载火箭。1957 年 12 月美国也发射了洲际弹道导弹。

这个时期典型的战略弹道导弹有美国的"雷神""丘比特""宇宙神""大力神Ⅰ"和苏联的"SS–4""SS–5""SS–6"等;战术弹道导弹有美国的"下士""中士""红石"和苏联的"飞毛腿 A"等。图 4–3 所示为"飞毛腿 A"弹道导弹,图 4–4 所示为苏联"SS–6"战略弹道导弹。

图 4–3　"飞毛腿 A"弹道导弹　　　　　图 4–4　苏联"SS–6"战略弹道导弹

(2)改进与提高阶段。20 世纪 60 年代初到 70 年代中期,由于科学技术的进步和现代战争的需要,导弹进入了改进性能、提高质量的全面发展时期。战略弹道导弹采用了较高精度的惯性器件,使用了可贮存的自燃液体推进剂和固体推进剂,采用地下井发射和潜艇发射,发展了集束式多弹头和分导式多弹头,大大提高了导弹的性能。战术导弹采用了无线电制导、红外制导、激光制导和惯性制导,发射方式也发展为车载、机载、舰载等多种,提高了导弹的命中精度、生存能力、机动能力、低空作战性能和抗干扰能力。

这个时期典型的战略弹道导弹如美国的"大力神Ⅱ""民兵Ⅰ""北极星 A1"和苏联的"SS–9""SS–11""SS–N–4"等;战术弹道导弹如美国的"长矛""潘兴Ⅰ"和苏联的"飞毛腿 B""SS–12"等。"大力神Ⅱ"为二级液体火箭,推力各为 1 912 kN,系钝锥形头部的圆柱体,弹长 31.40 m,最大直径 3.05 m,起飞重量 149.69 t,最大末速度为 7.6 km/s,最大射程 10 140 km,采用惯性制导系统,第一级由两个摆动发动机控制,第二级由一个摆动喷管控制,其末速度及姿态可以由

4 台小的游动发动机来修正,因此精度较高。

(3)全面更新阶段。20 世纪 70 年代中期以来,导弹进入了全面更新阶段。为提高战略导弹的生存能力,一些国家着手研究小型单弹头陆基机动战略导弹和大型多弹头铁路机动战略导弹,增大潜地导弹的射程,加强战略巡航导弹的研制。发展应用先进制导系统,进一步提高导弹的命中精度,研制机动式多弹头。以陆基洲际弹道导弹为例,从 1957 年 8 月 21 日苏联发射了世界第一枚 SS-6 洲际弹道导弹以来,世界上一些大国共研制了 20 多种型号的陆基洲际弹道导弹。

这个时期典型的战略弹道导弹如美国的"民兵Ⅲ""北极星 A3""海神 C3"和苏联的"SS-17""SS-18""SS-19""SS-20""SS-N-18"等。图 4-5 所示为"民兵Ⅲ"战略弹道导弹,图 4-6 所示为"SS-N-18"潜射导弹。

图 4-5 "民兵Ⅲ"战略弹道导弹　　　　图 4-6 "SS-N-18"潜射导弹

"民兵-Ⅲ"为三级固体火箭,采用热核战斗部,三个分弹头每个重 160 kg,弹头总重 907 kg,每个分弹头威力为$(16\sim20)\times10^4$ t TNT 当量。系三级圆柱形,弹长为 18.20 m,最大直径为 1.83 m,起飞质量为 344.75 t,最大末速度为 6.7 km/s,采用惯性制导系统。

(4)扩散与反扩散阶段。20 世纪 80 年代后,美、苏开始着重提高弹道导弹质量,限制弹道数量;而发展中国家也迅速发展自己的弹道导弹,并广泛装备。这个时期典型的地地战略弹道导弹如美国的"MX""三叉戟 1C-4""三叉戟Ⅱ"和苏联的"SS-24""SS-25""SS-N-20""SS-N-23";地地战术弹道导弹如美国的"潘兴Ⅱ"和苏联"SS-23"等。图 4-7 所示为"MX"战略弹道导弹,图 4-8 所示为"三叉戟Ⅱ"弹道导弹。

三叉戟导弹是三级固体火箭,起飞质量为 31.8 t,射程为 7 400 km。能携带 6~8 个威力为 10×10^4 t 的核弹头,采用星光制导技术,精度较高,每艘三叉戟潜艇中可装 24 枚。

"潘兴"战术导弹为二级固体火箭发动机,弹体为带锥形头部的圆柱体,每一级尾部均有三个控制尾翼,采用惯性制导系统,弹长为 10.51 m,发射质量为 4.535 t,最大速度为 8.95 m,射程为 185~740 km,后来美国又把它改进为"潘兴Ⅱ",起飞质量为 7.5 t,射程可达 1 800 km,采用了惯性制导和雷达地图匹配末制导,使其命中精度为 25 m。

面对尖锐激烈的国际斗争环境,为了自卫和维护国家的独立与领土完整,我国自 20 世纪 50 年代末开始研制导弹。1960 年 11 月 5 日,我国仿制的第一枚近程导弹发射成功。1962 年 3 月初,我国自行设计的第一枚导弹运往酒泉发射场,3 月 21 日,导弹发射失败。1964 年 6 月 29 日,修改设计后的导弹试验取得圆满成功,1966 年 10 月 27 日进行了首次导弹核武器试验,

1980年5月18日成功地发射了洲际弹道导弹,1982年10月成功地发射了潜地导弹,1999年8月2日发射了新型车载远程地地战略弹道导弹。我国已经研制并装备了不同类型的中远程、洲际战略弹道导弹及其他多种类型的战术导弹。图4-9所示为"东风31"战略弹道导弹,图4-10所示为"东方15"弹道导弹。

图4-7　"MX"战略弹道导弹

图4-8　"三叉戟Ⅱ"弹道导弹

图4-9　"东风31"战略弹道导弹

图4-10　"东方15"弹道导弹

新的国际形势、军事理论和军事技术与工业技术成就,必将为导弹武器的发展开辟新的途径。未来的战场将具有高度立体化、信息化、智能化的特点。为了适应作战需要,导弹正向精确化、机动化、隐形化、智能化、微电子化的更高层次发展。

战略导弹中的洲际弹道导弹的发展趋势是,采用车载机动(公路和铁路)发射,以提高生存能力;加固固定发射堤井,以提高抗核打击能力;提高命中精度,以直接摧毁坚固的点目标;采用高性能推进剂和先进复合材料,以提高"推进-结构"水平;寻求反拦截对策,并在导弹上采取相应措施。

战术导弹的发展趋势是,采用精确制导技术,提高命中精度并减少附带伤害;携带多种弹头,包括核弹头、多种常规弹头(如子母弹头等)和特种弹头(如石墨战斗部),提高作战灵活性和杀伤效果;既能攻击固定目标也能攻击活动目标;提高机动能力与快速反应能力;采用微电子技术,电路功能集成化,小型化,提高可靠性;采用新型发动机以提高导弹的机动性和打击的突然性;简化发射设备,实现侦察、指挥、通信、发射控制、数据处理一体化。

二、运载火箭

运载火箭是运载人造卫星、飞船、空间站组件等有效载荷,并加速到所需宇宙速度,从而进入轨道的火箭。运载火箭的要求与弹道导弹不同,它更强调可靠性、轨道的运载能力、通用性和经济性。运载火箭着重于提高运载能力,火箭的推力和级数取决于有效载荷和轨道速度的要求,其军事应用还受到发射准备时间、机动性等作战条件的约束。运载火箭是主要的航天运输工具,种类繁多,是重要的航天装备。

(一)组成与分类

运载火箭主要由动力系统、控制系统、箭体结构和无线电测量系统等组成。

1. 动力系统

动力系统由火箭发动机和推进剂组成,如果是液体火箭发动机,还应有液体推进剂和输送系统。动力系统有火箭的"心脏"之称,由它提供推动火箭运动的动力。

2. 制导系统

制导系统由导引、姿控等分系统组成。它是火箭飞行中的指挥系统,被称为火箭的"大脑",其任务是用来保证火箭的稳定飞行,并确保火箭精确地进入预定轨道。

3. 箭体结构

箭体结构包括整流罩、仪器舱段、贮箱、尾部舱段、级间舱段和各舱段的连接分离机构。各舱段用来安装航天器、制导系统、无线电测量系统和动力系统。箭体结构要使火箭具有良好的空气动力外形,保护箭体内部各种仪器设备在良好的环境下工作。

运载火箭的分类方法很多。按使用次数分类,可分为重复使用和一次使用两类。目前除美国航天飞机外,各国的液体火箭多为一次使用。重复使用可以降低成本,是未来的发展方向,目前只有美国的 Space X 公司实现了火箭的回收和重复使用。

按照运载火箭的级数可分为单级运载火箭和多级运载火箭。多级运载火箭又可按不同的结构形式,可以划分为串联式、并联式和串并联式。

(二)典型型号

当今世界航天火箭家族人丁兴旺,种类繁多,以下仅介绍几种比较典型的航天火箭。

1. 美国航天运载火箭简介

美国航天运载火箭主要有"雷神""大力神""德尔塔""宇宙神""土星"等系列。

(1)"雷神"火箭。其中"雷神"系列是在"雷神"中程导弹的基础上发展而成的,主要用来发射军用卫星和航天探测器。在"雷神"基础级上增加不同的固体助推器,就形成"雷神-阿金纳A"和"加大推力雷神-阿金纳D"型,是为发射大型侦察卫星而研制的。图4-11所示为"雷神"运载火箭。

(2)"大力神"系列运载火箭。美国为了能与苏联争雄,希望自己的航天火箭能力大无比,并冠以"大力神"的名称。"大力神"系列运载火箭由"大力神"洲际弹道导弹发展而来。而"大力神-2"型火箭也有多种型号,如"大力神2LV-4""大力神2SLV""大力神2S"等。"大力神"3号系列是由美国国防部主持研制的,它有A,B,C,D,E五种型号,可发射各种轨道卫星。"大力神-34"系列火箭主要有"大力神-34-B""大力神-34-D"。美国还在"大力神-34D"航天火箭的基础上,研制出了"大力神-4"系列航天火箭,主要用于发射太阳同步轨道大型军用卫星及其他军用卫星。

"大力神"系列火箭从1959年至2005年退役,共发射368次。除发射了多种型号的军用卫星外,它还发射了"太阳神"号、"海盗"号、"旅行者"号等行星探测器和行星星际探测器。图

4-12所示为"大力神-34"运载火箭即将升空。

图4-11 "雷神"运载火箭　　　图4-12 "大力神-34"运载火箭即将升空

（3）"德尔塔"系列运载火箭。"德尔塔"系列运载火箭是在"雷神"中程导弹基础上发展起来的。它是世界上成员最多、改型最快的运载火箭系列（改型达40余次），其发射次数居美国各型火箭之首。该型火箭发射了世界第一颗地球同步轨道卫星。"德尔塔"2914型是该系列火箭中发射次数最多的一种火箭，主要用于发射地球同步轨道卫星。图4-13所示为"德尔塔"系列运载火箭。

图4-13 "德尔塔"系列运载火箭

（4）"宇宙神"系列运载火箭。"宇宙神"系列运载火箭由"宇宙神"洲际弹道导弹发展而成。"宇宙神"D型是美国发射第一艘载人航天飞船的运载火箭。"宇宙神SLV-3C-半人马座"D型为多级运载火箭，是"宇宙神"系列中首次使用液氢/液氧作末级推进剂的火箭。图4-14所示为"宇宙神"系列运载火箭升空。

（5）"土星"系列运载火箭。"土星"系列是美国国家航空航天局专为"阿波罗"登月计划研制的大型液体运载火箭。其中"土星"1型为研制型，用于"阿波罗"登月计划早期地球轨道飞行试验和发射"飞马座"宇宙尘埃探测卫星；"土星"1B型为改进型，用于载人或不载人飞船地球轨道飞行试验。

"土星"5型是最终型，是专为"阿波罗"号登月而设计的。全长为110.64 m，最大直径为10.06 m，起飞质量达2 945.95 t，是美国也是世界上迄今运载能力最大的运载火箭。它能把127 t的航天器送入低轨道，能使质量近50 t的航天器达到第二宇宙速度。另外美国为研制航天飞机还发展了可重复使用的大推力液体火箭发动机和大推力固体火箭助推器。图4-15所示为"土星5"运载火箭。

图 4 - 14 "宇宙神"系列运载火箭

图 4 - 15 "土星 5"运载火箭

2. 俄罗斯航天运载火箭简介

苏联(俄罗斯)在第二次世界大战后与美国的军备竞争中,航天火箭技术获得长足发展。1957 年 10 月 4 日用 P - 7 洲际导弹改装的"卫星"号运载火箭发射了世界上第一颗人造地球卫星。它开创了人类航天新纪元,为苏联创造了航天史上多个"世界第一"。以后该系列又发展了"月球""东方""联盟""闪电"等子型号以及"宇宙"号、"质子"号、"旋风"号、"天顶"号、"能源"号等不同火箭系列。

(1)"东方"号航天火箭。"东方"号是世界上第一个航天运载火箭系列。随着苏联航天技术的发展,月球探测和载人航天随即列入其航天计划,为实现这一宏伟的计划,他们研制了"东方"号航天火箭(见图 4 - 16),这是苏联发射第一个月球探测器和第一艘载人飞船的运载火箭,其特殊的地位作用已载入苏联航天的辉煌史册,成了苏联名副其实的"登天梯"。"东方"号火箭因发射"东方"号载人飞船而得名,1961 年 4 月 12 日把世界上第一位航天员加加林送上地球轨道飞行并安全返回地面。

(2)"联盟"号火箭。"联盟"号火箭是"联盟"号子系列中的二级火箭。它是通过挖掘"东方"号火箭一子级的潜力和采用更大推力的二子级而成的,因发射"联盟"系列载人飞船而得名,近地轨道的运载能力约为 7.2 t。图 4 - 17 所示为"联盟"号运载火箭。

图 4 - 16 "东方"号运载火箭

图 4 - 17 "联盟"号运载火箭

(3)"闪电"号运载火箭。"闪电"号运载火箭是二级火箭,因发射"闪电"号通信卫星而得名,它还用于发射金星、火星、月球探测器。图 4 - 18 所示为"闪电"号运载火箭。

图 4 - 18　"闪电"号运载火箭

　　(4)"质子"号火箭。这种火箭是苏联于 1961 年开始,历时 5 年研制成功的大型航天火箭。由于火箭第一次发射时携带运输的载荷为"质子-1"号科学实验卫星,因而该火箭就被命名为"质子"号航天火箭。图 4 - 19 所示为运输中的"质子"火箭,图 4 - 20 所示为"质子"火箭正在升空。

图 4 - 19　运输中的"质子"火箭　　　　图 4 - 20　"质子"火箭正在升空

　　"质子"号是目前世界上运载能力最大的火箭之一。其基本结构有二级火箭、三级火箭、四级火箭等三种型号之分,其中最大的四级"质子"号运载火箭,可将 21 t 的有效载荷送入地球同步转移轨道。在苏联航天历史上,"质子"号可谓劳苦功高,曾先后把"礼炮"号、"和平"号空间站和"金星"号、"火星"号、"韦加"号自动星际站及"荧光屏"号、"长虹"号、"地平线"号通信卫星都一一成功送进太空。

　　(5)"宇宙"号系列火箭。"宇宙"号系列火箭主要用于发射"宇宙"系列卫星而得名,其中包括科学卫星、电子侦察卫星、导航卫星、地球资源卫星、通信卫星等。

　　"宇宙"型航天火箭是由苏联 M. K. 扬格利领导的设计局研制,共有两种型号,一种是以 SS - 4 远程导弹为第一级,外加新研制的第二级组成,被称之为"宇宙-B"型火箭,另一种是以 SS - 5 远程导弹及其与"宇宙-B"型同样的二级火箭组成,并被称为"宇宙-C"型火箭。B 型火箭从 1962 年 3 月 16 日首次用来发射"宇宙-1"号卫星后,至 1977 年 6 月 18 日,苏联使用"宇宙-B"型火箭共发射了 144 颗"宇宙"号系列卫星。

　　1964 年开始,苏联开始用"宇宙-C"型火箭发射"宇宙"号系列卫星。"宇宙-C"型火箭从 1964 年开始发射"宇宙"号系列卫星,到 1984 共发射了 280 颗人造卫星。

　　此后,苏联和俄罗斯的航天人不断发展"宇宙"号火箭,使其"家族"势力越来越大,型号越来越多，在可以预见的时段内，"宇宙"号系列航天运载火箭仍是俄罗斯的主力火箭之一，仍将处于其他火箭难以替代的重要地位。

2006 年 12 月 21 日晚，俄罗斯利用"宇宙"运载火箭成功发射一颗"信使"通信卫星和一颗"宇宙"军用卫星。发射两颗卫星所用的运载火箭为"宇宙-3M"二级液体燃料火箭，起飞质量为 109 t，可以将 500～1 500 kg 的有效载荷送入低、中、高轨道。图 4-21 所示为正在进入发射塔台的"宇宙"号运载火箭。

（6）"旋风"号系列运载火箭。"旋风"号系列运载火箭是以第二代洲际导弹为基础发展而成的，主要用于发射军用卫星。其中二级"旋风"号火箭主要用于发射海洋侦察卫星、反卫星卫星等。三级"旋风"号火箭主要用于发射"宇宙"号系列中的电子侦察卫星、测地卫星、资源卫星、气象卫星等。后来已逐步取代"东方"号和"宇宙"Ⅱ型运载火箭。图 4-22 系列为"旋风"号系列运载火箭。

图 4-21　正在进入发射塔台的"宇宙"号运载火箭　　图 4-22　"旋风"号系列运载火箭

（7）"天顶"号。"天顶"号是苏联继"旋风"号后第二个利用全自动发射系统实施发射的运载火箭。"天顶"号是一种中型运载火箭，主要是用来发射轨道高度在 1 500 km 以下的军用和民用卫星、经过改进的"联盟-TM"号载人飞船和"进步"号改进型货运飞船。"天顶"2 型是二级运载火箭，"天顶"3 型是三级运载火箭，它在 2 型的基础上，增加了一个远地点级，用于将有效载荷送入地球同步轨道、其他高轨道或星际飞行轨道。2 型与 3 型用的一子级和二子级是相同的。图 4-23 所示是"天顶"号在准备升空。

（8）"能源"号运载火箭。"能源"号运载火箭是苏联的一种大型的通用运载火箭，也是目前世界上大起飞质量和大推力的火箭之一。

"能源"号运载火箭的主要任务有发射多次使用的轨道飞行器；向近地空间发射大型航天器、大型空间站的主体舱、大型太阳能装置；向近地轨道或地球同步轨道发射大型卫星；向月球、火星或深层空间发射大型有效载荷。火箭分助推级和芯级两级，助推级由 4 台液体助推器构成。发射时，助推级和芯级同时点火，助推级 4 台助推火箭工作完毕后，芯级将有效载荷加速到亚轨道速度，在预定的轨道高度与有效载荷分离，而后有效载荷靠自身发动机动力进入轨道。图 4-24 所示为"能源"号在发射台上。

3. 欧洲空间局的"阿丽亚娜"系列火箭

"阿丽亚娜"系列火箭是 1973 年由法国提议并联合西欧 11 个国家成立的欧洲空间局研制的，目前该系列共有 5 种型号。"阿丽亚娜"1 型火箭是在"欧洲"号火箭和法国"钻石"号火箭基础上研制的三级液体火箭,能将 1.85 t 有效载荷送入地球同步转移轨道,或将 2.5 t 有效载荷送入轨道高度 790 km、倾角 98.7°的太阳同步圆轨道。

图 4 - 23　"天顶"号在准备升空　　　　　　　图 4 - 24　"能源"号在发射台上

　　"阿丽亚娜"2 型和"阿丽亚娜"3 型的研制是为了在国际卫星发射市场上争取更多的用户。二者的不同点在于"阿丽亚娜"3 型在"阿丽亚娜"2 型的基础上捆绑了两台固体推进器。二者可以执行多种任务,但主要是向转移轨道发射各种用途的卫星。

　　"阿丽亚娜"4 型是在"阿丽亚娜"3 型的基础上研制成功的。其主要目的在于提高运载能力,具有双星和多星发射能力,并能适应多种发射任务的型式,降低了发射成本。"阿丽亚娜"4 型共有 6 种子型号。

　　"阿丽亚娜"5 型是根据商业发射和近地轨道开发利用的需要研制的,主要用于向地球同步轨道和太阳同步轨道发射各种卫星,向近地轨道发射卫星和其他航天器。2004 年 7 月18 日"阿丽亚娜"5 型火箭将携带的加拿大质量为 6 t 的"AN-IK - F2"号通信卫星顺利送入转移轨道,这是迄今为止世界上质量最大的通信卫星。图 4 - 25 所示为"阿丽亚娜"5 型火箭。

图 4 - 25　"阿丽亚娜"5 型火箭

第二节　军用卫星

　　军用卫星是指专门用于各种军事目的的人造地球卫星。军用卫星主要包括侦察卫星、预警卫星、通信卫星、导航卫星、气象卫星、测地卫星等。军用卫星是现代作战指挥系统和战略武器系统的重要组成部分,可以完成诸如话音中继、数据传送、影像和情报搜集、导航定位、导弹预警和提供气象数据的多项任务,是重要的航天装备之一。

一、侦察预警卫星

　　继世界上第一颗人造卫星发射成功后,在茫茫的太空中,人类部署了许多种类的卫星,其中最多的就是侦察卫星。它们成为活跃在太空中的"秘密哨兵",起着探查敌方及他国军事情报的"耳目"作用。

（一）侦察卫星

侦察卫星的优点是侦察面积大、范围广、速度快、效果好，可定期或连续监视一个地区，不受国界或地理条件的限制，能获取其他手段难以获得的军事、政治、外交和经济情报。侦察卫星一般可分为照相侦察卫星、电子侦察卫星、雷达成像卫星、海洋监视卫星等。

1. 照相侦察卫星

安装照相机或摄像机从卫星上对地进行摄影的卫星，称为光学成像侦察卫星，也称为照相侦察卫星。由于光学成像技术比较成熟，照片能直观地反映地面景象，易于识别，具有分辨率高和"一览无余"的优点。因而，照相侦察卫星成了应用最成功的军事卫星之一，目前全世界发射的光学成像侦察卫星的数量约占军用卫星总数的 60%。作为部署在太空的"秘密哨兵"，照相侦察卫星主要起着"眼睛"的作用。图 4-26 所示为"发现者"号光学成像侦察卫星。

照相侦察卫星的发展是与战略武器的发展紧密联系在一起的。20 世纪 50 年代末，当中程弹道导弹和洲际弹道导弹刚出现的时候，美、苏双方为了摸清和掌握对方战略导弹武器部署的位置和数量，就着手研制了早期的可见光照相侦察卫星。60 年代初期，随着照相侦察卫星广泛应用于空间侦察，战略导弹受到了侦察卫星的侦察。于是，弹道导弹开始转入地下发射井，一些弹道导弹则装备在核潜艇上。各种战略设施采用了种种伪装和隐蔽措施，以防被卫星发现和拍照。这些防范措施反过来又促进了照相侦察卫星从单一的可见光照相侦察手段向红外、多光谱照相等新型侦察手段发展。到 70 年代，战略武器开始向小型化、机动化方向发展的趋势又促使照相侦察卫星逐渐向着实时、全天候侦察和综合多功能的方向发展。很明显，战略武器的发展促进了照相侦察卫星的发展，并促进了照相侦察技术的日臻完善。

图 4-26 "发现者"号卫星

在理想条件下，照相侦察卫星运用可见光照相，其地面分辨率可达 0.3 m，空间侦察照片的清晰度可与航空侦察照片相媲美。重要的经济及军事战略目标，无论是在陆地还是在海上，都逃不过照相侦察卫星的眼睛，就是地面上的火炮、坦克、车辆、电台，甚至单兵都能被它分辨得一清二楚。照相侦察卫星种类繁多，性能各异。图 4-27 所示为"大鸟"侦察卫星，图 4-28 所示为"大酒瓶"侦察卫星。

图 4-27 "大鸟"侦察卫星

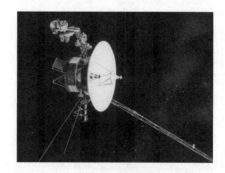

图 4-28 "大酒瓶"侦察卫星

（1）任务及分类。照相侦察卫星利用卫星上的光学成像设备，从卫星上对星下点周围的地区进行拍摄,获得地面景物的照片。它的主要任务有四项:一是侦察敌方的各种军事和经济战略目标,如洲际和中程导弹的发射设施及其指挥中心、核武器贮存地、导弹核潜艇基地、反导基地、机场、各种武器工厂、弹药库、交通枢纽以及重要工业设施等等。二是提供敌国领土的准确测量图。如苏联拜科努尔航天发射场的位置,他自己公布的坐标为北纬 48°18′、东经 65°30′。而美国通过照相侦察卫星反复侦察校对得到的实际位置却是北纬 46°00′、东经 63°20′,偏差 200 km。三是监督执行"限制战略武器协定"的情况。美、苏两国通过照相侦察卫星来核查对方战略武器系统的数量、质量及其变化情况。四是侦察敌方地面部队的部署和调动情况,监视国际上发生武装冲突和战争的国家和地区,为本国和盟国及时提供战场态势和各种军事情报。

根据获取图像的详细程度、侦察面积的大小,可将光学成像卫星分为普查型和详查型两种类型。

普查型的要求是侦察地区要宽,能很快地对大面积地区进行侦察,发现可疑情况后,再由详查型卫星进行详细侦察。普查型对于地面景物的分辨率要求并不太高,但要求图像能迅速送回地面。这类卫星一般采用 200～300 km 高的圆轨道。

详查型的要求是照片的分辨率高,侦察的地面宽度较窄,为了拍摄清晰,详查型卫星在拍摄时离地面高度要低,一般为 130～200 km。侦察地区窄,就要求卫星能准确通过侦察地区上空,因此详查型卫星要求具有轨道机动能力,即能根据需要,改变运行轨道。

(2)星上设备。照相侦察卫星常见的有可见光照相设备、红外照相设备、多光谱照相设备、CCD 照相设备和电视摄像设备等。

1)可见光照相机。这类侦察设备的最大缺点就是受目标光照的限制,也就是说,当目标处于白天,而且是晴天时才能工作,在黑夜或是阴雨天不能工作。所以,此类卫星工作时间受到了限制。

2)红外照相机。此类相机不受光照条件的限制,有很高的温度分辨率,所以,它有一定的识别伪装的能力。但不足之处在于易受环境条件的影响,如在地面天气条件恶劣的情况下,由于环境温度处于剧烈变化之中,目标的红外辐射能量就会淹没于背景温度变化之中,这样,即使红外相机的分辨率很高,也难以识别目标。

3)多光谱照相机。因为它是根据目标的光谱特性进行工作,所以对目标比较容易识别,有一定的识别伪装的能力。

4)CCD 照相机。此类相机分辨率高,进行图像传输,收集情报速度很快,所需时间非常短。数字图像信号的传输、分析、处理总共只需几十分钟或更短时间。

(3)对抗措施。照相侦察卫星尽管有许多优越性,其星载设备越来越先进,照相设备种类也越来越繁多,但也有它的不足。因此,可以根据其弱点,采用一定措施进行对抗。第一,由于它受分辨率的限制,不太可能部署在地球同步轨道上,因此若是单颗照相侦察卫星,它对某一地区不可能连续照相,可以通过测定卫星轨道,尽量避开卫星侦察。第二,采用隐蔽方式,在黑夜行动以避开可见光照相卫星侦察,同时可采用降低目标与背景的温度差、色度差,即把目标尽量融入背景中去,这样有利于避开红外照相与多光谱照相。第三,采用欺骗手段,制造大量的假目标、假行动等,欺骗、干扰卫星侦察,增大照片分析的难度。苏联曾经制造了许多假发射场、假公路、假潜艇等欺骗手段,骗过了美国照相侦察卫星的侦察。

2. 电子侦察卫星

电子侦察卫星实际上是一种在轨道上运行的电子"窃听器",它起着"耳朵"的作用。装有电子侦察装置和快速通信发射机的电子侦察卫星,可以通过捕获并截收敌方或别国的电磁信号而获得极有价值的军事情报。所以,电子侦察卫星也是美、苏两国重点发展的空间侦察监督手段之一。自20世纪60年代中期以后,电子侦察卫星一直是美苏双方秘密地进行"太空电子战"的主要工具。而无论平时还是战时,尤其是在未来空间战中,太空电子战都是必不可少的攻防手段。图4-29所示为折叠椅电子侦察卫星。

图4-29　折叠椅电子侦察卫星

电子侦察卫星的轨道选择要比一般的照相侦察卫星高。但卫星轨道的高度选择主要还是视其所担负的任务和星上设备性能来决定,有的卫星运行在300～600 km的高度上,有的卫星运行在高度为1 400 km的轨道上,有的电子侦察卫星还部署在地球的同步轨道上。

(1)任务及分类。电子侦察卫星利用安装的无线电接收设备,截获或记录敌方各种无线电频率的信号并存储或转发,为本方所利用。

电子侦察卫星的主要任务:一是精确测定对方雷达的位置,尤其是防空雷达和反导雷达的位置及其性能,如雷达的工作频率、发射功率、脉冲宽度和脉冲重复频率、天线转动速度、波束宽度与作用距离等。二是侦察对方军用电台的位置及其无线电信号特性。利用卫星截获和记录对方各种军事通信信息,通过对信息的分析,可从中提取有价值的军事情报。另外,通过窃听对方的通话也可获得极有价值的军事情报。三是侦察和接收对方导弹试验的遥测信号。通过对导弹遥测信号的分析研究,可以了解和掌握对方导弹飞行状态、射程、投掷重量等性能数据,分析出对方战略导弹武器的试验情况和发展水平。

电子侦察卫星分为三种类型,即普查型、详查型和特殊型。所谓普查型,就是只对无线电通信信号、雷达信号的工作频率、工作方式等参数,以及各辐射源位置进行粗略的侦察。此类卫星主要用于和平期间了解不同地区军事通信设施,以及雷达体系的大致情况。详查型则采用较为先进的仪器设备、较为精确的测量方式,不仅要精确地探测通信频率、方式等,而且要尽可能得到通信指挥信息;在雷达探测方面,既要侦察到雷达的准确位置、工作频率,而且要知道雷达的扫描方式,以及工作频率的变化方式等,有利于精确判断雷达的性能,它主要用于战时对敌方的详细侦察。由于技术的提高,目前在轨工作的电子侦察卫星基本上属于详查型。而特殊型则专门用于探测反弹道导弹武器系统的遥测、遥控信号。

当前,各军事大国的在轨电子侦察卫星基本上不再分类,它们是一种综合体,既具有探测无线电通信的功能,也具有探测雷达性能的功能,同时兼具有探测武器系统试验的遥测信号的功能。

(2)星上设备。电子侦察卫星星上设备主要有无线电信号接收机、信号处理机、信息记录设备。其中无线电信号接收机有全频段接收机和分频段接收机,按执行任务的不同,又把它们分为粗测接收机和精测接收机。信息记录设备,则专门负责信息储存工作。早年的电子侦察卫星是将记录信息在卫星飞过本国上空时快速传输回来,目前则是通过高轨中继卫星将侦察信息发回本国地面站。

(3)对抗措施。电子侦察卫星主要是探测地面上的电子信号,特别是同步轨道电子侦察卫星,它能日夜不停地监视地面上一切无线电信息,要寻找防止侦听的对抗措施,必须从电子侦察卫星的工作原理及其特点入手。第一,因为电子侦察卫星接收地面上信号具有一定灵敏度,极弱的信号被可靠侦听的可能性较小,因此,地面设施的通信等无线电信号功率应尽量小,各部队之间通信传输尽量采用有线传输。第二,采用更先进的加密技术对信号进行加密处理,即使卫星侦听到信号,但破译其内容需费很长时间,这样,可为军事行动争取时间。第三,采用欺骗手段、干扰手段,即采用大功率的各种干扰及假信号等,增加敌方判断其真假的难度。

3.雷达成像侦察卫星

(1)任务及特点。光学成像侦察卫星或多或少受到地面光照条件、气象条件的限制,在摄影条件不利时,所得照片不够清晰。雷达成像卫星主要利用卫星上的合成孔径雷达(SAR)对地物进行的扫描成像观测,可以弥补光学成像卫星的不足,在能见度极低的气象条件下得到类似光学照相的高分辨雷达图像。卫星在轨道运行时,星载的合成孔径雷达波束对地物扫描并发射脉冲电磁波,接收经目标反射的信号,在星上或发送回地面经数据处理后获取目标图像,一般可分为聚焦型和非聚焦型两类。

雷达成像的分辨率高,能全天候工作,能穿透地表和掩蔽物、识别伪装,观测地表下的水资源等,具有广泛的军用和民用价值。尤其是未来的战场空间将由传统的陆、海、空向太空延伸,作为一种具有独特优势的侦察手段,合成孔径雷达卫星为夺取未来战场的制信息权,甚至对战争的胜负具有举足轻重的影响。

(2)星上设备。雷达成像卫星由平台、有效载荷舱和雷达天线组成,其中平台和有效载荷舱通过机械和电气接口连接。卫星一般具有较高的敏捷性,可对星下点两侧成像。通过姿态机动扩大观测范围,提高积分时间,进而提高方位向分辨率。卫星有效载荷为不同频段的合成孔径雷达,主要由雷达信号和控制组件、多管发射机、可展开抛物面网状天线、星上存储器和数据链路传输单元组成。有效载荷的射频部分,包括控制组件和多管发射机安装在平台舱;雷达天线一般采用折叠展开方式固定安装在有效载荷舱;发射机带有多个通道化行波管放大器,成像期间使用其中几个,剩下的作为备份;星上存储器和数据链路传输单元安装在平台舱。雷达成像卫星一般具有如下多种成像模式:

1)扫描SAR模式:利用电子波束控制,标准情况下形成3个波束进行宽幅成像,分辨率为8 m,理论最大幅宽可以达到100 km以上,但此时分辨率降低到20 m以内;

2)条带模式:波束固定指向,利用卫星飞行对地面扫描成像,成像轨迹与飞行轨迹平行,分辨率约为3 m;

3)聚束模式:在成像期间利用卫星姿态机动同步沿轨摆动,提高积分时间,进而提高方位向分辨率,并且根据入射角调整雷达信号带宽以提高距离向分辨率,分辨率为 1 m;

4)镶嵌模式:同时利用电子波束控制和卫星姿态机动,在方位向上通过卫星姿态机动提高积分时间,在距离向上利用电子波束控制提高覆盖宽度,形成扫描 SAR 模式的聚束成像形式,也被称为超级条带模式,分辨率为 1.8 m。

(3)对抗措施。雷达成像侦察卫星的显著特点就是利用雷达微波信号,可以采用下列对策来避开雷达成像卫星的侦察。

1)改变目标的雷达特性(如目标的微波散射截面),使目标在雷达上成像缩小、变形、或分散成多个目标,增加雷达成像图形处理、识别的难度。

2)采用反侦察手段,查清雷达成像卫星采用的微波频段以及工作方式等特性,在目标附近或其他地区大量布置雷达干扰机,使星载雷达不能正常工作。

3)采用欺骗手段,施放大量诱饵,即产生大量的假目标,干扰敌方雷达的信息处理系统。

4. 海洋监视卫星

(1)任务。海洋监视卫星的主要任务是探测潜艇位置;获取海洋军事目标的情报。

反潜战的前提是要能准确地查明核潜艇的位置,侦察自然是人们考虑的有效手段,但水下是侦察卫星最棘手的地方,只要潜艇不出水面,侦察卫星难以直接捕捉到目标,而装备了相应设备的海洋监视卫星则可以完成此任务。由海洋监视卫星与水面舰艇联合组成一体化的侦探系统,卫星发现可疑目标后,由水面舰艇作进一步的侦察。当然,海洋监视卫星不仅是用于探测潜艇的位置,同样也可获取水面舰艇活动的情报。

(2)星上设备。海洋监视卫星的星上设备主要有三种。

1)雷达设备。主要有侧视、前视雷达等,主要功能是探测海上目标。

2)照相侦察设备。有可见光照相机、电视摄像机、多光谱扫描器和红外探测器等,用于对海上目标的照相侦察。

3)电子侦察设备。主要是无线电信号接收设备,主要用于监听海上舰船或潜艇的无线电信号和雷达信号。

目前海洋监视卫星的功能各有侧重,如以携带雷达系统为主,用于对海上移动目标进行雷达监视的卫星称为雷达型;以携带电子设备为主,主要用于截获雷达、通信以及其他电子设备发出的无线电信号的卫星,称之为电子型海洋监视卫星。

由于海域广阔,探测目标又多为移动的目标,为了达到连续监视、提高探测概率以及定位精度的目的,此类卫星的运行轨道一般在 900～1 000 km,并采用多星星座或母星携带子卫星的工作方式。

5. 侦察卫星军事应用

在科索沃战争中,以美国为首的北约部队在战争中使用了大量的各种侦察卫星。在提供侦察卫星支援中,美国的侦察卫星数量最多、质量最好。其中有美国的 2 颗价值 10 亿美元的"长曲棍球"雷达成像卫星、3 颗价值同样为 10 亿美元以上的改进型"锁眼"－11 数字图像传输侦察卫星。这些专门用于信息侦察的人造卫星,能够主要用来对南联盟的无线电通信和雷达设施实施侦察,以截获各种无线电信号及无线电信号的各种参数,并且确定其无线电台及雷达站的准确方位。尤其是美军的"长曲棍球"侦察卫星,是世界上唯一的军用雷达成像卫星,其星载合成孔径雷达的空间分辨率达 0.3～1 m,足以识别吉普车、坦克和导弹运输车等活动军事目标。图 4-30 所示为"长曲棍球"侦察卫星,图 4-31 所示为"太阳神"侦察卫星。

图 4-30 "长曲棍球"侦察卫星

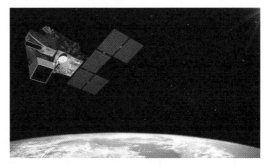

图 4-31 "太阳神"侦察卫星

侦察卫星平均每隔 180 min 就向盟军提供一次地面情况的侦察结果。它可以全天候和全天时进行侦察,克服可见光照相机黑夜和阴天不能进行侦察照相的缺点。此外,美国还临时发射了 3 颗小型光电成像卫星,用于提供补充侦察情报,以弥补其他航天侦察手段的不足。

目前,只有美国、俄国、以色列、法国等国家拥有侦察卫星,在巨额投入的支持下日本也加入了这一行列,而且日本还是继美国、俄罗斯之后同时具有光学和雷达成像卫星的国家。日本以朝鲜导弹威胁为由加大了在侦察卫星方面的投入,仅在构建的情报搜集卫星系统上,共投入了大约 20.5 亿美元。日本目前的侦察卫星是其第二代产品,其中光学卫星的分辨精度可达 1 m,与美国的商业卫星"伊科诺斯"的水平相当。它虽然可以准确地区分在地面上行驶的卡车和轿车,但与分辨率为 0.1 m 的美国"锁眼-12"光学成像侦察卫星相比,差距仍然很大。

北约欧洲国家使用的是"太阳神"-1 号成像侦察卫星。该卫星由法国、西班牙、意大利共同出资研制,质量为 5 581 b(1 lb≈0.453 6 kg),作为欧洲第一种军用成像侦察航天器,于 1995 年 7 月由"阿里尼亚"-4 号助推器发射升空。在科索沃战争中,"太阳神"-1 号主要担负提供战损评估的情报,它所提供的高质量照片还有助于北约对难民的数量进行比较精确的估算。该卫星具有 1~5 m 的分辨能力,从它得到的信息,要送到设在西班牙的卫星情报分析中心进行测定与分析,然后再传输给北约盟军最高司令部与北约各国信息共享。

(二)导弹预警卫星

导弹预警卫星是以导弹发射为特定目标的侦察卫星,它部署在高轨道上,能监视地球上的广大地区。导弹预警卫星的任务是,战时用于及时发现弹道导弹的发射并粗略地预报其弹道和落点,平时用于监视各国弹道导弹和航天器的飞行试验情况。目前导弹预警卫星能提供从洲际弹道导弹到近程弹道导弹的发射预警信息,对于近程弹道导弹,能在导弹发射后 1.5~2 min 内,发出拦截导弹武器系统所需的预警信息。此外,预警卫星上安装的核爆炸辐射探测器担任核爆炸探测任务和监视核禁试条约执行情况及非签约国核试验情况。

1. 美国导弹预警卫星

20 世纪 50 年代末期,由于美、苏之间存在的所谓"导弹差距",面对着苏联的战略核导弹,美国一直感到惶惶不可终日。为了尽快建立一种能对付弹道导弹的预警手段,美国便把原来用于对付战略轰炸机的防空预警雷达网加以改造,增建了一些远程预警雷达站,另外还建立了一个地面战略预警系统。然而,雷达的探测距离总要受到地球曲率的限制,这个地面雷达预警系统只能提供 15 min 的预警时间。为了增加预警时间以便战略打击部队实施报复性打击有充分的准备,美国决定利用人造卫星探测弹道导弹发射及其飞行情况。

美国于1960年开始发射试验预警卫星,1970年开始部署工作型卫星,先后执行过三个预警卫星计划。

(1)"米达斯"计划,即"导弹防御预警系统"计划。该计划是美国第一个预警卫星试验计划,1960年2月26日至1966年10月5日期间,共发射了12颗试验卫星。

1961—1963年,美国从范登堡发射场发射了7颗卫星,其中5颗进入预定轨道,两颗未能入轨。在卫星发射试验期间,美国曾在指定的基地配合发射各种弹道导弹或在地面上点燃模拟导弹尾焰辐射的镁锥作为卫星探测的目标。试验结果表明:2.3 μm红外探测器虽然可以探测到导弹尾焰的红外辐射,但是分辨不出是火箭发动机尾焰红外辐射还是高空云层反射太阳光而产生的红外辐射。单靠红外探测器还不能排除虚警,加上保持卫星间隔距离的控制装置消耗燃料过多,最终"米达斯"卫星无法投入实际应用。

(2)"弹道导弹预警系统"计划。"弹道导弹预警系统"计划是继"米达斯"计划之后的一项过渡性预警卫星计划。20世纪60年代中期,红外遥感技术发展很快;摄像技术也有了较大发展,高分辨率摄像管已经研制成功;地球同步轨道卫星发射技术已经成熟。这些技术为进一步研制和发射新型的地球同步轨道预警卫星创造了条件。

1966年,美国空军研制了一种新型预警卫星,作为部署工作型卫星之前的过渡性临时措施。1968年8月6日至1970年9月1日,美国发射了4颗小型载荷卫星,其中3颗发射成功,1颗未能进入预定轨道。这种卫星首先被射入倾角为25°～30°、高度为200～300 km的近地轨道,然后运载火箭再次点火把卫星送上转移轨道,最后卫星进入倾角为10°左右、远地点约为4×10^4 km、近地点约为3.2×10^4 km的近地球同步轨道。卫星轨道远地点在赤道北面的上空,基本上可以覆盖苏联全境,只要部署两颗卫星就能随时发现苏联境内的导弹发射情况。图4-32所示为美国第三代导弹预警卫星,图4-33所示为"STSS"导弹预警卫星。

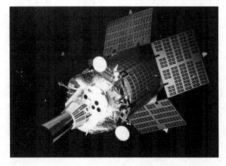 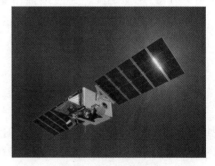

图4-32　美国第三代导弹预警卫星　　　　图4-33　"STSS"导弹预警卫星

(3)"综合导弹预警系统"计划。其即为"爱国者"提供导弹预警的"国防支援"计划,又称"647"计划。这项计划的目的就是在地球同步轨道上部署工作型导弹预警卫星。1970年11月6日进行首次发射。"综合导弹预警系统"卫星与"弹道预警系统"卫星的发射、入轨过程完全相同,卫星先进入近地轨道,再进入转移轨道,最后进入地球同步轨道。这种预警卫星系统是在一面发射担负导弹预警任务的卫星,一面又进行不断改进的过程中逐步完善起来的实用型卫星系统。工作型导弹预警卫星投入使用初期,通常由2颗卫星组网工作,分别定位在印度洋上空和南美西海岸上空。印度洋上空的卫星用于监视陆基洲际弹道导弹的发射和飞行情况,另一颗则用于监视东太平洋和大西洋海域的潜艇发射导弹飞行情况。

随着潜射导弹的攻击范围扩大,潜艇发射导弹的活动区域也扩大了。美国为了防止潜射导弹的攻击,在南美上空的导弹预警卫星定位点由一个增加为两个,由 2 颗卫星组网增加到 3 颗卫星组网,从而扩大了预警卫星的覆盖区域。美国空军一直想通过增加组网卫星颗数尽可能扩大卫星网的覆盖区域,并增加两颗相邻卫星之间覆盖重叠区。1982 年 3 月 6 日,美国空军用"大力神-3C"运载火箭将一颗国际编号为"1982-19A"的卫星送入地球同步轨道之后,原来的"1979-53A""1981-25A"卫星与"1982-19A"卫星先后都进行了一系列轨道机动,调整原来的定位点,5 月 12 日轨道机动才告结束。加上印度洋上空已经部署的 2 颗卫星,美国第一次实现了 5 颗预警卫星组网工作。

2. 俄罗斯导弹预警卫星

苏联的导弹预警卫星要比美国晚得多,1967 年才发射第一颗试验型预警卫星,1972 年 9 月 15 日开始发射实用型预警卫星。1972 年又发射了"眼睛"卫星探测弹道导弹发射的预警卫星系统,苏联为研制这个系统总共进行了 15 年艰苦的努力,到 1990 年底,总计发射了 66 颗"眼睛"卫星。"眼睛"卫星运行在大椭圆轨道上,对西欧、太平洋和美国的弹道导弹基地进行监测。

俄罗斯的导弹预警卫星主要分为大椭圆轨道预警卫星和地球同步轨道预警卫星两个互为补充的系列。俄罗斯"眼睛"卫星系列采用 9 颗卫星组网工作,轨道面间隔 40°,但实际上多为 6 颗卫星组网工作,下发频率在 2 274～2 304 MHz 之间。此类卫星均由"闪电"号运载火箭从俄罗斯的普列谢茨克发射场发射入轨,近地点(约 600 km)在南半球、远地点(约 40 000 km)在北半球 35°上空。卫星采用这种轨道可对北半球大部分国家的弹道导弹基地和航天发射场构成全天候的覆盖,但对低纬度地区的监视能力较差。20 世纪 90 年代以来,由于俄罗斯新卫星的发射未能及时弥补旧卫星的退役,致使"眼睛"系列在轨工作的卫星数量大为减少,在轨工作数量不到计划组网数的一半。图 4-34 所示为"眼睛"导弹预警卫星。

俄罗斯"预报"地球同步轨道导弹预警卫星的星体由一个直径 2 m 的主仪器舱和两块大型太阳能电池板以及一个内置的大型望远镜筒组成,重约 3 t,大型望远镜筒中载有重约 600 kg 的由多个铍镜组成的光学成套设备,每 7 min 对地球表面扫描一次。星上还载有核爆炸探测器。卫星对洲际弹道导弹能提供约 25 min 的预警时间。该卫星采用 4 星组网工作模式,主要监视来自美国东部和欧洲大陆的陆基导弹以及来自大西洋的潜射导弹对莫斯科构成的威胁。4 星组网模式可以形成横贯美国东海岸至中国东部的导弹发射监测带,与设计中的 9 星大椭圆卫星组网模式相互补充,进一步提高导弹预警能力。图 4-35 所示为"预报"导弹预警卫星。

二、通信卫星

作为星际"传令兵",通信卫星是用作无线电通信中继站的人造地球卫星,或者说,它就是设在空间的通信"中继站"。在冷战时期,通信卫星是美、苏战略与战术指挥、控制、通信、计算和情报(即 C⁴I)系统的主要支柱之一。它作为空间、地面、空中之间的大容量、高速率信息传递的主要手段,在现代军事活动中,是必不可少的通信工具。图 4-36 所示为"辛康"-3 号地球同步轨道试验通信卫星。

图 4-34 "眼睛"导弹预警卫星

图 4-35 "预报"导弹预警卫星

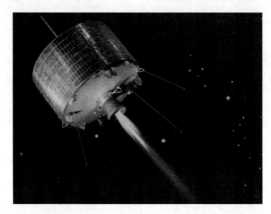

图 4-36 "辛康"-3 号地球同步轨道试验通信卫星

1. 主要任务和分类

通信卫星是部署在轨道上用作无线电通信的卫星,是卫星通信系统的空间部分,它转发或发射无线电信号以实现地面站之间或地面站与航天器之间的通信,可传输语音、电报、电视、传真和数据信息等。

军用通信卫星可分为战略通信卫星和战术通信卫星,前者提供远程直至全球范围的战略通信;后者提供地区性战术通信和舰艇、飞机、车辆乃至单兵的移动通信。

2. 星上主要设备及特点

通信卫星的主要专用设备为通信天线、信号处理器、信号转发器。卫星通信与远距离的电缆和微波中继线路通信及短波通信等通信方式相比较,有其突出的特点。

(1)覆盖面广、通信距离远。由于卫星运行在空间轨道上,哪怕是低轨道卫星,它的地面覆盖也是地面上任何通信中继站的覆盖无法比拟的,更何况处于地球高轨道上的通信卫星。静止通信卫星能覆盖地球表面的 1/3,采用 3 星星座即可实现全球覆盖。同样,采用大椭圆轨道的通信卫星,由于远地点约为 40 000 km,因此,它在很大一部分时间里覆盖几乎 1/3 地球面积,如苏联"闪电"号,一天就有 8 h 覆盖整个苏联国土。正因为通信卫星覆盖范围大,因此它的通信距离很远,一颗静止通信卫星,能提供约 17 000 km 之远的通信,若采用星座,就能实现全球绝大部分地区之间的通信。卫星通信的传输速率比地面微波远距离的信息传输速率快。美国利用现有的"军事星"系统,白宫总统的作战命令,在 1 min 内即可下达至战略部队,3~6 min 内可逐一下达到第一线作战部队。

(2)通信容量大。卫星通信采用微波频段,可供通信使用的频带很宽,特别是新技术、新器件的出现,使一颗通信卫星的容量大大增加。目前,一颗通信卫星容量可达 50 000 路。此外,它既能传输模拟信号,又能传输数字信号;既能传输时分多址信号,又能传输频分多址信号。这样,卫星通信不仅能提供一般话务业务,而且能提供保密通信,以及传输高分辨率的图片和其他数字信息。

(3)传输质量高。由于卫星运行轨道高,因而卫星通信不受地面地形环境的影响,同时,依靠卫星中继系统,不怕人为对通信系统的干扰、破坏,加上卫星信道稳定,受气候变化影响小,因此,卫星通信系统能全天候、高质量、稳定地传输无线电信号。另外,利用中继卫星进行通信,其传输信号质量不会因通信距离的增加而变坏。

(4)机动性好。卫星通信不仅能作为大型地面站之间的远距离通信,而且可以为机载、船载以及车载等移动站提供移动通信。这样,在恶劣环境下,依靠卫星通信,也能保证各种信息的安全传输,特别在地面中心站等遭破坏的情况下,也能保障各机动站的通信畅通。不仅如此,它还能为侦察卫星、气象卫星、测地卫星等提供通信服务。

(5)生存力强。通信卫星部署在轨道上,地面难以攻击,也不易受到核爆炸等的影响。

3. 军事运用

由于通信卫星的突出优点,卫星通信已成为现代通信的重要手段,在军事指挥控制上更具有特别重要的意义。

各国军队都非常重视发展通信卫星,卫星通信能够适应由于新型武器系统问世而对指挥与控制系统提出的通信保障要求。美国、俄罗斯(苏联)不仅在地球同步轨道、大椭圆轨道及近地轨道上部署了各种民用或军民合用通信卫星,而且还专门研制和部署了各种军用通信卫星系统。这些军用及军民合用的卫星为美、苏最高军事当局、各级指挥机构、海上的舰艇、空中的飞机、地面上的部队提供着不间断的战略与战术通信勤务。

(1)美国的军用通信卫星。美国军方非常重视通信卫星的研制和应用。早在 1958 年 12 月 12 日美国空军就发射了"斯科尔"(即"轨道中继装置信号通信卫星")进行卫星通信试验,1960 年发射"回声"无源通信试验卫星和"信使"有源通信试验卫星。后来,美国国防部引进了国家航空与航天局的通信卫星设计方案和技术,先后研制、试验并部署了各种军事通信卫星系统。

国防卫星通信系统是美国国防部为了适应现代作战需要而建立的一种全球性卫星通信系统。国防卫星通信系统于 1962 年 5 月提出并开始阶段实施。1962 年 6 月,美国开始部署实用型通信卫星。以后又相继发射了"国防二代"卫星和"国防三代"卫星,这两代卫星均为地球同步轨道卫星。

此外,美国还发展过三军共用的"战术卫星通信系统"和"军事战略与战术中继卫星系统",海军专用的"舰队卫星通信系统",空军专用的"卫星数据系统"。其中"卫星数据系统"采用大椭圆轨道,其余均采用地球同步轨道。

"军事星"是一个崭新的卫星通信系统,采用交叉轨道中继形式组网。1987 年第一颗"军事星"发射入轨,20 世纪 90 年代初完成多颗卫星组网并投入全面使用。"军事星"系统由 8 颗工作卫星和 1 颗轨道备份卫星组成。其中,4 颗工作卫星分别部署在东西太平洋、大西洋和印度洋赤道上空的地球同步轨道上;1 颗备份卫星也部署在地球同步轨道上;另外 4 颗工作卫星部署在远地点高度为 11×10^4 ft(1 ft=0.304 8 m)的大椭圆极地轨道上。

图 4 - 37 所示为"回声"无源通信试验卫星,图 4 - 38 所示为"军事星"通信卫星系统。

图 4-37 "回声"无源通信试验卫星

图 4-38 "军事星"通信卫星系统

（2）苏联及俄罗斯的军用通信卫星。苏联自 1965 年 4 月发射第一颗实用型通信卫星以后，卫星通信进入实用阶段。20 世纪 70 年代通信卫星进一步向各应用领域和国内卫星通信发展，出现了各种专用通信卫星；80 年代通信卫星为世界各国普遍应用，使用的国家和地区已达 170 个；90 年代向移动通信卫星和数字电视直播卫星方向发展。现已发了三种不同轨道的通信卫星，即大椭圆轨道的"闪电"卫星、低轨道的"宇宙"卫星、地球同步轨道的"虹""地平线"和"荧光屏"三种卫星。其中"闪电"卫星是苏联优先发展的通信卫星系统；此外，苏联还发展过一种近地轨道通信卫星——"数据中继卫星系统"。图 4-39 所示为"闪电号"通信卫星系统，图 4-40 所示为"地平线"通信卫星。

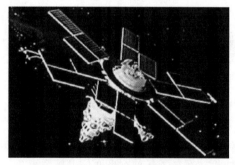

图 4-39 "闪电"号通信卫星系统

图 4-40 "地平线"通信卫星

苏联解体后，俄罗斯继续大力发展民用和军用通信卫星。并分别于 2000 年 6 月 24 日，成功发射了"特别快车-A3"；2005 年 3 月 30 日，发射了新一代远距通信卫星"快船-AM1"；2006 年 11 月 24 日，俄罗斯发射一颗"子午线"通信卫星等。此后，俄罗斯航天兵在普列谢茨克发射场，利用"宇宙"运载火箭成功发射一颗"信使"通信卫星和一颗"宇宙"军用卫星。

发射的"信使-M"通信卫星为军民两用卫星，能够保证高速信息传递、电子邮件及其他通信联系。该卫星是俄罗斯 1992 年开始建设的"信使"卫星通信系统第二阶段部署的首颗卫星。该系统第二阶段的建设中共发射 12 颗"信使-M"卫星，以保证俄政府各部门与偏远地区的通信联络。图 4-41 所示是俄罗斯通信卫星升空，图 4-42 所示为俄罗斯发射通信卫星。

（3）其他国家的军用通信卫星。除了美国、苏联或俄罗斯之外，欧洲局、日本、中国等都独立发射了自己的通信卫星。

2006 年 7 月 5 日欧洲航空防务和航天公司在德国不莱梅宣布，德国国防军耗资 9.4 亿欧元向其购买两颗军用通信卫星，这标志着德国首次拥有自己的军用通信卫星。卫星 2008 年底被送入太空,并于 2009 年投入使用。它们给在海外执行任务的德军士兵提供与德国本土的可靠的通联保障,这使德国摆脱在军事通信中租用外国卫星的窘境(见图 4-43)。

图 4-41　俄罗斯通信卫星升空

图 4-42　俄罗斯发射通信卫星

20 世纪 70 年代末,日本就表现出对加密通信卫星技术的浓厚兴趣。1970 年,日本发射第一颗人造地球卫星,8 年之后,第一颗通信卫星便升空。不过,那时日本的太空技术尚不发达,在很大程度上都依赖美国支持,比如其第一颗通信卫星中,日本生产的零部件仅占 24%,其余的部件均来自福特航空航天通信公司。不过,仅仅 3 年后,日本自主研制的第一颗通信卫星(comsat)ETS-Ⅳ 就顺利升空。据有关资料显示,这枚通信卫星上就携带了数字加密通信设备,其也成为日本加密卫星通信的先锋。目前,日本"综合防卫数字通信网"(IDDN)已经与发射的通信卫星进行了互联,形成了从本土到 1 852 km 海上交通线的立体加密卫星通信网络。其最初建成的是有关 C-130 运输机的移动卫星通信装置,而目前日本自卫队已经建成了 13 个卫星固定站和 5 个移动站,可以覆盖日本全境。图 4-43 所示为欧洲通信卫星,图 4-44 所示为日本通信卫星。

图 4-43　欧洲通信卫星

图 4-44　日本通信卫星

三、导航卫星

茫茫宇宙有"向导",军用卫星导航定位系统是卫星无线电导航、定位与授时系统,为分布在全球各地的三军部队及其武器、低地球轨道上的军用卫星提供全天候的精确实时的导航、定位与授时服务。

卫星导航定位系统由部署在空间的多颗导航卫星组成的导航星座、部署在地面的对星座进行监视、测量、控制的地面监测网以及用户接收设备三部分组成。

由于卫星以广播方式发布导航信号和导航电文,只要配置能接收到广播信息的用户接收设备就可利用接收的信息进行导航定位,因而系统可对无穷多的用户进行导航定位,而用户接收设备本身比较简单,价格便宜,因而这一系统得到军用和民用的广泛应用。

1. 美国导航卫星

1957 年,当苏联发射了第一颗人造地球卫星时,美国霍普金斯大学应用物理研究所在接收这颗卫星电波的时候有了重要发现:如果测定已知轨道上的卫星所发出电波的多普勒效应,就能精确地确定接收这种电波的地点的位置。

美国海军为实施海军导航卫星系统的计划,1960 年 4 月就发射了第一颗"子午仪"导航卫星,1964 年 6 月又发射了第一颗定型导航卫星"子午仪"5C-1,并交付美国海军使用。到 20 世纪 80 年代初,美国共发射了 30 多颗"子午仪"号卫星。这一系列卫星的主要功用是为核潜艇提供辅助导航能力,为各类水面舰船提供高精度的二维定位。图 4-45 所示为"子午仪"导航卫星。

1967 年 5 月及 1969 年 9 月,美国海军发射了 Timation 卫星,首先进行了最重要的超精密时钟在宇宙中的稳定性试验,美国空军虽然没有发射卫星,但在继续进行称为 621B 计划的研究。至 1973 年 4 月,美国国防部决定把协调了两者意见的这个系统作为美国三军的综合计划加以研究,研究工作以美国空军为主,美国海军协助。美国陆军对车辆本身的定位很关心,所以也参加了接收器材的研制。用这个计划研究的卫星导航系统,称为时距导航系统,或导航星全球定位系统,简称 GPS。这是一种在世界任何地点都能定位的系统。图 4-46 所示为美国"全球卫星定位系统"。

图 4-45 "子午仪"导航卫星　　　　图 4-46 美国"全球卫星定位系统"

1978 年,美国开始建立由 21 颗工作卫星、3 颗备份卫星组网的 GPS 星座,至 1994 年全部建成,使全球任何一个地方至少都能看见 4 颗 GPS 卫星。该系统具有全球性、全天候、连续性和实时性导航、定位和定时功能,定位精度比"子午仪"导航卫星系统提高了 10 倍以上,并能提供三维空间定位,可用于为陆地上的部队、装甲车和火炮提供精确的位置,为海上巡逻队、特遣部队、港口领航员以及空中的战略轰炸机和战术飞机导航。此外,还能为太空中的航天器和导弹提供精确的位置。

GPS 系统在航天领域也大有用武之地。如果把 GPS 接收机装在航天飞机或卫星上,可以精确确定自身轨道位置,增加自主性,减少对地面控制系统的依赖。低高度载 GPS 的空间用户,甚至可达到与地面用户相当的定位精度。

GPS 还能用于"智导航"。GPS 接收机提供的自纠错导航情报,可使现有的地形扫描技术更加完善。美国用 GPS 技术改进"战斧"巡航导弹,使其能同该导弹上的弹载计算机制图跟踪制导系统协调一致。美国还正在研制新一代的无人驾驶汽车,这种车在惯性导航技术的基础上增加了具有纠错能力的 GPS 系统,从而使该车具有战术作战能力。

2. 俄罗斯导航卫星

与 GPS 系统一样,俄罗斯"格洛纳斯"卫星定位系统也是由军方负责研制和控制的军民两用导航定位卫星系统。"格洛纳斯"是俄语中"全球卫星导航系统"的缩写。

据悉,由 24 颗卫星组成的格洛纳斯全球导航卫星系统,有工作卫星 21 颗,分布在 3 个轨道平面上,并有 3 颗备份星。尽管其定位精度比 GPS 系统定位精度略低,但其抗干扰能力却是最强的。由于卫星发射的载波频率不同,"格洛纳斯"可以有效地防止整个卫星导航系统同时被敌方干扰,因而具有更强的抗干扰能力。图 4-47 所示为俄罗斯格洛纳斯导航卫星。

3. 日本导航卫星

日本政府也正在推进日本版全球定位系统"准天顶"的研发,预计整个系统的研制费用高达 2 000 亿日元,并计划在 2008 年度和 2009 年度发射 3 颗导航卫星。早在 2002 年日本政府就开始酝酿建立自己的卫星导航定位系统。根据设计,该系统由 3 颗不运行在同一轨道的导航卫星和 1 颗定位精度达 250 mm 的 S 波段通信卫星组成。它们在距地面约 3.6×10^4 km 的圆形轨道上以每天绕地球一周的速度运行。由于从日本本土上看,无论任何时候都会有一颗卫星停留在靠近天空顶点的地方,因此该系统被称为"准天顶"导航定位系统。据日本海上保安厅宣称,"准天顶"系统可以与美国全球定位系统(GPS)的 24 颗卫星并用,定位精度可提高约 100 mm,而且抗干扰能力较强。由于"准天顶"卫星的轨道各不相同,因此,即便使用相同的频率也不至于相互干扰,这样可大大提高"准天顶"系统频率的利用率。另外,"准天顶"还可弥补日本卫星侦察的盲区。目前,日本侦察卫星还无法侦察到地球南北极地区,而"准天顶"卫星系统则可以弥补这些缺陷。图 4-48 所示为"准天顶"定位卫星"引路号"。

图 4-47　俄罗斯格洛纳斯导航卫星

图 4-48　"准天顶"定位卫星"引路号"

4. 我国导航卫星

北斗卫星是中国自行研发的卫星定位通信系统,是继美国的 GPS、俄罗斯的"格洛纳斯"之后,第三个趋于成熟的卫星导航系统。截至 2018 年底我国已成功发射了 38 颗北斗导航卫星。北斗导航试验系统运行至今工作稳定、状态良好,已在测绘、电信、水利、交通运输、渔业、勘探、森林防火和国家安全等诸多领域逐步发挥重要作用。图 4-49 所示为北斗导航试验卫星。

图 4-49　北斗导航试验卫星

四、军用卫星在战争中的应用

早在 20 世纪 70 年代初,美国和苏联就在当时的印巴冲
突、阿以战争和塞浦路斯危机期间,发射侦察卫星从空间对战场进行监视。20 世纪 90 年代以来的局部战争中,航天技术的应用日趋广泛。各种军用卫星集中应用,已成为现代战争的基本特征之一。它们发挥了其他装备无法替代的重要作用,是当代不可缺少的现代军事装备。

1991 年初的海湾战争,仅历时 42 天,但却成为一场大规模的现代化高技术战争。据统计,为海湾地区多国部队军事行动服务的军用卫星就有 32 颗以上,涉及美国 12 个军用卫星系统和少数民用卫星,调用了包括通信卫星、导航卫星、电子侦察卫星、海洋监视卫星、导弹预警卫星和气象卫星。另外,英国提供了天网 4 军用通信卫星,法国提供了波斯特商用遥感卫星。战争中,通信卫星为沙特阿拉伯的指挥中心、地面部队、舰队、空军和美国最高军事当局提供通信联系,并传送各类侦察、监视、预警卫星送来的情报。电子侦察卫星昼夜不停地监听伊拉克军事系统之间的通信联系和军事活动的各种无线电信号,为对伊进行有效的电子战提供了重要情报。海洋监视卫星对海湾地区海面舰艇和水下潜艇的活动进行监视,对不明船只进行探测、跟踪定位和识别。GPS 系统则为军舰、飞机、地面部队精确导航,为导弹武器系统提供定位和制导信息,包括可见光成像和雷达成像卫星在内的几种不同功能侦察卫星互相配合,对伊拉克方面各种战略、战术目标进行全天候的实时侦察,获得的情报经通信卫星送至美国的地面处理中心处理,然后将发现的目标和查明的情况以图像的形式再送回海湾多国部队指挥中心,作为各级指挥作战系统重要依据,为军事行动的正确决策和实施创造了良好的条件。多年来,由于美国使用各种先进的卫星,建立了多种全球性的卫星系统,在海湾战争中占有绝对的空天优势,充分发挥了航天技术在军事上的各种支援作用,使海湾战争具备了前所未有的高技术特点。

1999 年,以美国为首的北约发动了空袭南联盟的科索沃战争,是又一场局部高技术战争的典型。战争中,美国和欧洲使用了十几种不同类型的卫星 50 多颗,包括美国的 3 颗光学成像侦察卫星、2 颗雷达成像侦察卫星、2 颗电子侦察卫星、1 颗海洋监视卫星、3 颗小型侦察卫星、20 颗 GPS 导航定位卫星、近 10 颗军用通信卫星、4 颗国防气象卫星、4 颗民用诺阿气象卫星、2 颗欧洲静止轨道气象卫星、英国的天网通信卫星和法国的太阳神侦察卫星,以及美国的陆地、法国的斯波特等民用遥感卫星。这些卫星直接参与了北约部队的侦察、评估、制导和协调等许多任务,特别是制定空中打击目标和评估打击的效果,在这场战争中发挥了至关重要的作用。

科索沃地区天气多变,给空袭带来很多麻烦,对拍摄特定目标图像的侦察卫星影响也不小,为此北约投入了 10 颗气象卫星参战,为空袭行动提供全面准确的气象服务。GPS 系统在科索沃战争中也发挥了巨大的作用,空袭中使用的导弹和制导炸弹大多数采用 GPS 制导,命中精度大大提高。飞机投放导弹和炸弹的距离也更远,使载机更加安全。用卫星制导导弹和炸弹,提高了命中精度和杀伤力,不需要用地毯式轰炸,节省了导弹和炸弹,而且也减少了附带破坏。

第三节　载人航天系统

一、载人飞船

载人飞船又称宇宙飞船,它是一种能保障航天员在外层空间生活和工作以执行航天任务并安全返回地面的载人航天器。载人飞船既可以单独作为人类航天活动的飞行平台,也可以作为往返于空间和地面之间的"渡船",还可以与载人空间站或其他航天器在空间对接组成大型复合体。载人飞船由运载火箭发射,容积较小,所运载的消耗物资数量有限,不具备再供给能力,只能一次使用。与空间站和航天飞机相比,载人飞船规模小,技术相对简单,所需投资少,研制周期较短。载人飞船上除具有一般人造卫星基本系统的设备外,还设有生命保障系统、重返地球用的再入系统、应急逃生系统、回收登陆系统等,这些系统的可靠性和复杂程度比一般无人航天器高。

(一)载人飞船的分类

按飞行任务,载人飞船可分为卫星式、登月式和行星际式三种。卫星式如苏联的"东方"号、"上升"号和"联盟"号飞船;登月式如美国的"水星"号、"双子星座"号和把人送上月球的"阿波罗"号载人飞船。目前发射最多、用途最广的是卫星式飞船,这种飞船像返回式卫星一样在离地球几百千米的近地轨道上飞行,完成任务后其部分舱段沿弹道式或半弹道式路径返回地球。

卫星式载人飞船按结构形式可分为单舱式、两舱式和三舱式三种。单舱式只有航天员的座舱,是最简单的一种载人飞船。美国最早发射的"水星"号飞船,只有航天员的座舱,属单舱式。两舱式除航天员座舱以外,还有一个服务舱,紧接在航天员的座舱后面。美国的第二代载人飞船"双子星座"号为两舱式,苏联首次上天的"东方"号载人飞船也属两舱式。三舱式除航天员的座舱和服务舱以外,还有一个轨道舱。苏联的"联盟"号飞船和我国的"神舟"系列飞船是三舱式飞船。

(二)载人飞船的组成和特点

1. 组成

载人飞船由乘员返回舱、轨道舱、服务舱、对接舱和应急救生装置等部分组成,登月飞船还有登月舱。返回舱是载人飞船的核心舱段,它是飞船上升和返回过程中航天员的座舱,也是整个飞船的控制中心,返回舱不仅和其他舱段一样要承受起飞、上升和轨道运行阶段的各种应力和环境条件,而且还要经受再入大气层和返回地面阶段的减速过载和气动加热。轨道舱是航天员在轨道上的工作场所,里面装有各种实验仪器和设备。服务舱通常安装推进系统、电源和气源等设备,对飞船起服务保障作用。对接舱是用来与空间站或其他航天器对接的舱段。载人飞船最基本的舱段是返回舱及服务舱。为了扩大航天员的生活空间,也可在上述两舱之外加一个轨道舱。在完成轨道任务之后,只有返回舱载人返回地面。

2. 特点

载人飞船是载人航天器中最简单的一种,它与其他载人航天器相比,有以下特点:飞行时间短、沿弹道式或半弹道式路径返回、部分舱段返回、一次性使用。

载人飞船由于规模小,受起飞质量、容积、携带的推进剂和航天员生活物资的限制,载人飞船一般最长只能自主飞行十几天。

载人飞船的返回座舱,通常为旋转体,它没有升力面,再入大气层时不产生升力。在脱离环绕地球的轨道以后,飞船座舱就像弹道导弹一样沿弹道式路径返回地面。在脱轨后的返回过程中,航程和横向偏差无法控制,很不安全。在苏联后期的"联盟"号飞船和美国的"阿波罗"号飞船的设计中,采取了一些补救措施,人为地将飞船座舱的质心偏离其几何对称纵轴。这样飞船座舱在再入大气层后,就形成一个攻角,称之为配平攻角。配平攻角产生部分升力,航天员适当地控制飞船座船的滚动,就可以适时地改变升力方向,从而达到控制航程和纠正横向偏离的目的。飞船座舱配平攻角产生的升力不大,与阻力之比大约为 $0.2\sim0.3$,所以座舱还不是真正地按升力路径返回,而是沿半弹道式路径返回。但是,半弹道式路径比弹道式路径好得多,它不仅能部分地调节航程和纠正横向落点偏差,而且使返回过程中遇到的最大过载从 $8\ g$ 减少到 $4\ g$,这使航天员舒服一些。

载人飞船虽然由多个舱段组成,但真正返回地面的只有返回舱,其余舱段在返回前被抛弃,它们留在轨道上,在大气阻力作用下,逐渐陨落而烧毁。

(三)载人飞船的用途

载人飞船能担负的军事任务主要有作为地面与空间站的军事交通工具;试验新的军用航天设备;进行空间救护;用于特定目标的空间侦察与监视;作为空间武器平台等。

(1)用作天地间往返运输器,为空间站接送航天员和运送物资。苏联的"礼炮"号及"和平"号空间站上的航天员都由"联盟"号载人飞船接送。"联盟"号载人飞船每次可接送三名航天员和少量货物。

载人飞船进行适当修改,撤去航天员及其有关系统,改成无人飞船以后,可以为空间站运送补给物资,苏联曾将"联盟"号飞船改成不载人的"进步"号货船,每次飞行可为空间站送去 $2\ t$ 多物资。

(2)进行近地轨道飞行,试验各种载人航天技术,如两艘飞船在轨道上交会和对接,多艘飞船的编队飞行,航天员在空间轨道上走出座舱,在宇宙空间进行舱外作业的试验等。还可以用来考察轨道上失重和空间辐射等因素对人体的影响,发展航天医学。

(3)用作轨道救生艇。航天员在空间站内长期工作,随时都可能出现危险,例如,空间微流星或碎片击穿压力舱舱壁、空间站控制失稳,或航天员突然生病,等等,当出现上述各种危急情况时,航天员需要立即离开空间站,返回地面。因此,当空间站内有航天员工作时,至少有一艘载人飞船与空间站对接在一起,作为轨道救生艇,随时准备迎接航天员离开空间站,返回地面。载人飞船由于体积小、质量轻,对接在空间站上带给空间站的负担不大,因而是理想的轨道救生艇。

(4)可用作须有人参与的军事侦察、地球资源勘测或进行临时性的天文观测。

到目前为止,世界上只有三个国家能够建造载人飞船,即苏联(俄罗斯)、美国和中国。苏联共研制和发射了三代载人飞船,即"东方"号、"上升"号和"联盟"号。美国也研制和发射了三代载人飞船,即"水星"号、"双子星座"号和"阿波罗"号。"阿波罗"飞船于 1969 年 7 月首次将两名航天员送上月球轨道。

(四)典型的载人飞船

1."东方"号飞船

"东方"号飞船是苏联最早的载人飞船系列,从 1961 年 4 月至 1963 年 6 月共发射 6 艘。

其中"东方"1号是世界上最先将人类送入宇宙空间的飞船。如图4-50所示,飞船由球形座舱和圆锥形设备舱组成,质量约为4.73 t。在轨道上飞行时与圆柱形的运载火箭末级连在一起,总长7.35 m。运行轨道的近地点约为180 km,远地点为222~327 km,轨道倾角约65°,周期约89 min。

"东方"号飞船的座舱呈球形,可乘坐一名航天员,舱壁上设有3个舷窗。舱外表面覆盖一层烧蚀式防热材料。座舱内有可供飞行10昼夜的生命保障系统,弹射座椅和无线电、光学、导航等仪器设备。设备舱位于座舱后面,呈圆锥形,装有化学电源、姿控用的压缩气瓶、返回发动机和其他辅助设备。"东方"号飞船在返回火箭关机,进入返回轨道时抛掉设备舱及运载火箭末级,座舱单独再入大气层。当座舱下降到离地面约7 km高度时,航天员连同弹射座椅一起弹离飞船座舱,利用降落伞单独着陆。

图4-50　"东方"号飞船

2. "联盟"号飞船

"联盟"号是苏联/俄罗斯使用历史最长的第三代载人飞船系列,分为"联盟"号、"联盟"T和"联盟"TM三个发展阶段。"联盟"号是苏联/俄罗斯主要的天地往返运输系统,可载3名航天员,具有轨道机动、交会和对接能力。从1967年4月至1981年5月,苏联共发射了40艘"联盟"号飞船,其中22艘与"礼炮"号空间站实现对接。1969年1月发射的"联盟"4号和"联盟"5号首次进行了两艘飞船的太空对接;1975年7月发射的"联盟"19号飞船与美国的"阿波罗"18号飞船在轨道上对接成功,成为世界上首次太空国际飞行。早期的"联盟"号飞船有许多成功的辉煌,也发生过2次令人悲伤的重大技术故障:1967年发射的"联盟"1号飞船只载1名航天员,飞船返回时,降落伞系统出现故障,航天员科马洛夫以身殉职;1971年6月,在"礼炮"1号空间站工作了23天的3名航天员乘"联盟"11号返回,再入大气层时座舱盖漏气,造成舱内压力下降,3名航天员窒息死亡。

在"联盟"号基础上的改进型"联盟"T,从1979年12月至1986年3月共发射了16艘,13次与"礼炮"号空间站成功对接,其中"联盟"T15号先后3次分别与"和平"号、"礼炮"号空间站对接,首次实现了两个空间站之间的往返飞行。

"联盟"T的改进型——"联盟"TM自1986年5月第一次飞行至2000年4月共发射了30艘,除"联盟"TM1号为不载人试飞外,其余飞船的主要任务是将航天员送入和平号空间站,待航天员完成任务后将航天员送回地面。1990年12月发射的"联盟"TM11号搭载了1名日本的新闻工作者进入"和平"号空间站;1994 年 1 月乘"联盟"TM18 号进入"和平"号空间站的俄罗斯航天员波利亚科夫创造了在太空停留 438 天的记录。

如图 4-51 所示,"联盟"号飞船像一只展翅高飞的大鸟。飞船最大直径为 2.7 m,总长为 7.5 m,总质量为 6 800 kg,轨道高度为 200~230 km。飞船由接近球形的轨道舱、钟形的返回舱和圆柱形的服务舱组成。轨道舱分隔成工作区和生活区两部分,是航天员在轨道上工作和生活的场所。轨道舱的前端有一个与"礼炮"号空间站对接用的舱口,航天员通过这个舱口进入"礼炮"号空间站。在"联盟"号单独自主飞行时,对接舱口用以安装探测仪器。侧舱口是航天员起飞前进入和太空出舱活动时的出入口。

"联盟"号飞船返回舱又称指令舱,是飞船起飞上升、轨道转移、对接和返回地球时航天员乘坐的密封舱段。返回舱钟形的小端直接与轨道舱相通,航天员可在两舱之间来往活动。返回舱的侧壁布置有 2 个舷窗、6 台 100 N 推力的姿态控制发动机。舱内装有控制飞船的主要设备、显示仪器、减震座椅、生命保障系统、回收控制系统、降落伞和着陆反推火箭等。返回舱钟形的大端做成外凸的椭球体外形,再入大气层时大端朝前,以利于迅速减速、减小气动加热、降低过载和提高着陆精度。为防止再入大气层时结构受热损坏,返回舱外表面覆盖一层防热材料。

"联盟"号飞船服务舱又称设备舱,用以安装轨道飞行中所需要的仪器和动力装置。舱外装有天线、太阳电池阵和热控系统的散热器。服务舱分为前后两段,前段是密封舱,安装有电气控制、姿态控制和稳定系统、通信系统以及推进系统的大部分电子设备;后段为非密封舱,装载供机动飞行和返回地球时用的推进剂、发动机和辅助电源等。"联盟"号飞船在进入返回地球的轨道时抛弃轨道舱和服务舱,返回舱单独再入大气层。航天员可操纵返回舱,改变攻角以获得升力,调节航向减小着陆偏差。

图 4-51 "联盟"号载人飞船

3."阿波罗"飞船

"阿波罗"飞船是美国研制的第三代载人飞船,是实现人类第一次登上月球伟大工程的飞船。"阿波罗"计划是 20 世纪 60 年代开始实施的,经过 8 年的艰苦努力,在连续发射 10 艘"阿波罗"飞船之后,"阿波罗"11 号飞船终于在 1969 年 7 月 16 日载着 2 名航天员首次登上月球,写下了人类航天活动中最辉煌的一页。

如图 4-52 所示,"阿波罗"飞船主要由指令舱、服务舱和登月舱 3 部分组成,此外还有装载登月舱并连接服务舱和末级火箭的过渡段,以及发射段的逃逸救生系统,总质量约49.762 t。

"阿波罗"飞船指令舱是航天员在飞行中生活和工作的座舱,也是整个飞船的控制中心。指令舱呈圆锥形,高 3.23 m,最大直径 3.9 m,发射时质量约5.9 t,生活空间容积约 6 m³。指令舱壳体结构分为 3 层,内层为铝合金蜂窝夹层结构,构成一个密封的航天员舱,内充34.3 kPa的纯氧,温度保持在 21~24℃;中层为不锈钢蜂窝夹层结构,是外部防热层的支撑结构,同时起隔热作用,其内表面通过隔热毡与铝蜂窝的外表面相连;外层为烧蚀式防热层,由玻璃钢蜂窝充填酚醛环氧树脂加石英纤维和空心酚醛小球制成,通过酚醛黏合剂与不锈钢蜂窝结构连接。指令舱分为前舱、航天员舱和后舱 3 部分。前舱内安置着陆部件、回收设备和姿态控制发动机等;航天员舱即上述的内层密封舱,存有供 3 名航天员生活 14 天的必需品和救生设备;后舱内装有 10 台姿态控制发动机、各种仪器和贮箱,以及姿控、制导导航系统,计算机和无线电分系统等。指令舱在完成任务后与服务舱分离,单独再入地球大气层,安全返回地面。

图 4-52　"阿波罗"飞船

"阿波罗"飞船服务舱呈圆筒形,高 7.37 m,直径 3.91 m,起飞质量约 25 t(其中推进剂约19 t)。其前端与指令舱对接,后端是推进系统主发动机的喷管,并以喷管前面的后端框与末级火箭的过渡段对接。服务舱壳体为轻合金蜂窝结构,内装主发动机、推进剂贮箱、增压系统、姿态控制系统、电源系统和生命保障与环境控制系统等。主发动机推力为 95.6 kN,用于往返时的变轨和轨道修正、转入绕月球轨道时的减速和离开月球返回时的加速。沿服务舱圆筒外周安装有 16 台姿态控制发动机,除了执行姿控任务外,它们还用于飞船与末级火箭分离、指令舱与登月舱对接并从末级火箭过渡段拉出登月舱、指令舱与服务舱分离等一系列动作。图 4-53所示为对接在一起的指令舱和服务舱。

"阿波罗"飞船登月舱由下降级和上升级两部分组成,总长 6.79 m,4 条着陆腿延伸时直径为 9.45 m,质量为 4.1 t(若含推进剂则为 14.7 t),可乘载 2 名航天员在月球上着陆并返回绕月球轨道。下降级质量为 2.0 t(若含推进剂则为 10.2 t),由着陆发动机、4 个仪器舱和 4 条着陆腿组成。着陆发动机为推力可调的摇摆发动机,推力范围为 4.67~46.7 kN,发动机摆动范围为 6°。着陆腿末端底盘上装有触地传感器。仪器舱内装有着陆交会雷达和 4 组银锌电池。上升级是登月舱的主体,航天员完成月面活动任务后,将下降级留在月面,驾驶上升级返回绕月轨道与指令舱会合。上升级质量为 2.1 t(若含推进剂则为 4.5 t),由座舱、返回发动机、推进剂贮箱、仪器舱和控制系统组成。座舱可容纳 2 名航天员,装有导航、控制、通信、生命保障和电源设备等。返回发动机推力为 15.6 kN,可重复起动 35 次。姿态控制系统包括 16台姿控发动机,安装在上升级外侧四周。另外还设有舱门和登月小梯等。

图 4-53　"阿波罗"飞船指令舱和服务舱

"阿波罗"飞船顶端装有发射段的逃逸救生系统,在发射前 30 min 至发射后飞行 3 min 内发生紧急意外情况时,逃逸发动机点火,使指令舱与服务舱分离,将指令舱带离危险区,然后启动分离发动机抛弃逃逸系统,打开降落伞,使乘载航天员的指令舱安全返回地面。无紧急情况出现,则在 7 080 km 高度上抛掉发射段逃逸系统。

4. 中国的"神舟"载人飞船

中国的载人航天活动,构成了世界航天事业的重要组成部分。我国在 1992 年开始实施载人航天工程,研制了载人飞船和高可靠运载火箭,开展了航天医学和空间生命的工程研究,选拔了航天员,研制了一批空间遥感和空间科学试验装置。从 1999 年 11 月 20 日至 21 日,成功地发射并回收了第一艘"神舟"号无人试验飞船,到 2013 年 6 月 11 日至 26 日,"神舟"十号载人飞船成功发射并顺利返回地面。这一伟大壮举标志着我国已独立自主完整地掌握了载人飞船技术,成为继苏联和美国之后第三个掌握载人航天技术的国家。图 4-54 所示为我国"神舟"载人飞船。

"神舟"号飞船全长 9.2 m,最大直径 2.8 m,质量为 7 790 kg,轨道高度 343 km。飞船的结构布局与"联盟"号类似,由轨道舱、返回舱和推进舱(服务舱)组成,但在轨道舱的前端增加了一个附加段。轨道舱外形为圆柱形,长 2.8 m,直径 2.2 m,里面装有多种试验设备、实验仪器和对地观测仪器。轨道舱在设计上除了考虑作为航天员生活和工作的场所外,还具有留轨试验的功能。轨道舱在飞船返回时与返回舱分离后,并不像"联盟"号的轨道舱那样自由坠入大气层任其烧毁,而是继续留在轨道上运行,进行空间科学探测和技术试验,同时又可能作为未来空间交会对接试验的一个舱段。为了使轨道舱在独立飞行时获得电力供应,轨道舱的两侧安装有可收放的太阳电池阵,每个太阳阵面积为 2.0 m×3.4 m,轨道舱自由飞行时,可以由它提供 0.5 kW 以上的电力。轨道舱尾部有 4 组小型推进发动机,每组 4 个,为飞船提供辅助推力和轨道舱分离后继续保持轨道运行的动力。轨道舱一侧靠近返回舱部分有一个圆形的舱门,作为航天员进出轨道舱的通道,舱门的上面有轨道舱的观察窗。轨道舱顶部的附加段,包括一个半环形装置,主要用来安装空间探测的仪器设备,将来可以用来安装对接装置。

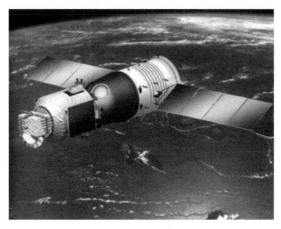

图 4-54　"神舟"载人飞船

　　飞船中部与"联盟"号一样也是一个钟形的返回舱,但比"联盟"号的返回舱大,长 2 m、直径2.4 m(不包括防热层),是航天员起飞和返回时乘坐的舱段,也是飞船的控制中心。"神舟"号返回舱着陆时先放出一个引导伞,引导伞工作 16 s 后,返回舱的下降速度由 180 m/s 减至 80 m/s,然后由引导伞拉出一具减速伞,再由减速伞带出主伞。主伞先开一个小口,然后全部撑开,这使返回舱的下降速度可由 80 m/s 减到 40 m/s,再减至 15 m/s。当返回舱距地面 1 m 高时,返回舱底部的一个高度探测仪会及时发出信号,返回舱的缓冲发动机点火,给返回舱一个向上抬的力,飞船的落地速度便减到了 1～2 m/s,实现软着陆。返回舱着陆后伞上的切割器会及时切断伞绳,保证返回舱不被风将降落伞拖走。

　　"神舟"号飞船上的降落伞是至今为止世界上最大的,足有 1 200 m²,从伞顶拎起,加上伞绳,整个降落伞长达 80 m。降落伞用特殊的纺织材料制成,薄如蝉翼却非常结实。它的缝制也很特别,由 1 900 多块小布像鱼鳞一样连接而成,每块布的四边都有横竖两个方向的加强型编织带缝牢,使它能抗住剧烈的撕扯力。伞的布料经过防灼处理,可以耐 400℃ 的高温。整个伞铺在地上有小半个足球场大小,折叠起来却只有一个小提包大,质量仅有九十多千克。伞绳的直径只有 2.5 mm,比鞋带还细,但是一根细绳就能承重 3 000 N。

　　推进舱紧接在返回舱后面,长 3.05 m,圆柱段直径 2.50 m,锥形裙部底部直径 2.80 m。推进舱前端安装电气控制、姿态控制和稳定系统,通信系统以及推进系统的大部分电子设备、电源、气瓶和水箱等设备,为航天员提供氧气和水等,起保障和服务作用。推进舱两侧装有主太阳电池阵,单侧太阳翼面积为 2.0 m×7.5 m。与前面轨道舱的电池翼加起来,产生的电力将 3 倍于"联盟"号,平均在 1.5 kW 以上。"神舟"号太阳电池阵除了所提供的电力增大之外,与"联盟"号最大的区别在于,它可以绕纵轴转动,这样不管飞船怎样运动,它始终可以保持最佳方向对准太阳,可以在保证太阳电池阵对日定向的同时进行飞船对地的不间断观测。推进舱的尾部是飞船的推进系统。主推进系统由 4 个大型主发动机组成,位于推进舱的底部正中。推进舱裙部内侧四周分别布置 4 对纠正姿态用的小推进器,推进舱裙部外侧还有辅助用的小型推进器。

二、空间站

　　空间站,又称航天站或轨道站,是在固定轨道上运行、可乘载多名航天员在轨道上长期居住和工作的载人航天器,是人类在太空进行科学试验、材料加工、天文观察、地球勘测和军事活动的理想场所,是人类开发和利用太空的前哨基地。长期以来,人们一直渴望在太空建立这样的一个场所或基地。

(一)空间站的发展历史

20世纪60年代以来,各国提出许多空间站方案,并开展设计和工程研究。早期的方案设计由于缺乏人在太空适应能力的知识,均设想提供人造重力。而后,苏联和美国的载人飞船试验,证明了人在太空中不仅能经受住空间环境的考验,而且能够有效地进行工作。无重力和微重力环境还为材料加工和生命科学研究创造了在地球上难以实现的环境。

1971年4月19日,苏联发射了世界上第一个空间站"礼炮"1号。"礼炮"1号发射后,在太空与"联盟"11号飞船成功对接,3名航天员进入空间站生活工作近24天,完成了大量的科学试验项目。可惜这3名航天员在乘飞船返回地球的过程中,由于返回舱与轨道舱分离时,震松了返回舱的减压阀,密封性被破坏,舱内迅速减压,致使3名航天员急性缺氧和体液沸腾而全部遇难。苏联早期发射空间站的过程并不十分顺利,接二连三地发生事故和悲剧。1973年4月发射的"礼炮"2号,进入轨道后失控,爆炸成碎片。同年5月又发射一艘空间站,也因控制系统失灵而坠毁。

1974年6月至1976年6月,苏联又先后发射了"礼炮"3号、"礼炮"4号和"礼炮"5号空间站,这几次发射比较成功,期间"联盟"号飞船与"礼炮"号空间站在轨道上多次交会对接成功,接送多批航天员访问了空间站。"礼炮"3号和"礼炮"5号空间站主要用于军事侦察,设有服务舱、居住舱、工作舱和对接舱,可乘载2名航天员。对接舱主要用于与"联盟"号飞船对接,顶部还设有一个舱门,供航天员出舱活动用。工作舱内设置一台侦察用摄影机,焦距长10 m,航天员用它观察地面军事目标。空间站上带有冲洗胶片的设备,有重要军事价值的照片,可以及时冲印,扫描后传回地面。由于当时技术条件的限制,航天员拍照、冲洗和扫描一张照片需要30 min。因此大部分胶片并不在空间站上处理,而是装在一个小型的返回舱内,小型返回舱根据地面的指令,在适当的时候从空间站弹射、离轨、再入大气层后,在8.4 km高度打开降落伞在地面软着陆。"礼炮"4号空间站将侦察用的摄影机改换为研究天体物理用的太阳望远镜,航天员大部分时间都是用这台望远镜进行天体物理观测。图4-55所示为"礼炮"号空间站,图4-56所示为对接有"联盟"号飞船的"礼炮"4号空间站。

图4-55 "礼炮"号空间站

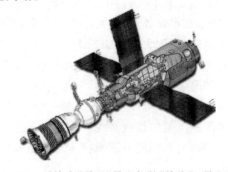
图4-56 对接有"联盟"号飞船的"礼炮"4号空间站

苏联在20世纪70年代建立了以"礼炮"号空间站为核心,以"联盟"号载人飞船运送人员和"进步"号无人货运飞船运送补给物资的载人航天体系。与此同时,美国在"阿波罗"计划之后，利用"阿波罗"计划取得的技术成果和剩余的飞船和运载火箭，开始进行天空实验室计划。

天空实验室是美国第一个试验性空间站，也是美国独立建造的空间站。目的是研究航天员能否在太空作较长时间的停留，另外，在太空对太阳进行详细的观测和研究。天空实验室于1973 年 5 月 14 日由"土星"5 号改进的二级型运载火箭 AS-513 送入绕地球轨道。天空实验室在发射升空 63 s 后曾发生故障，轨道舱的流星/太阳防护罩和一个太阳电池翼被高速气流冲掉，另一个太阳翼被防护罩碎片缠住而未打开，致使舱内温度急剧上升。10 天后发射的一艘"阿波罗"飞船乘载 3 名航天员与天空实验室对接，航天员用一顶遮阳帆挡住阳光，才使舱内温度下降，并展开了被卡住的太阳翼，使空间站得以正常运行。天空实验室先后共接待 3 批共9 名航天员，分别在空间站上生活和工作了 28 天、59 天和 84 天，完成了 300 多项科学观测和技术试验，特别是生物医学方面的研究和试验取得了许多有价值的成果。1974 年 2 月 8 日，天空实验室结束载人飞行，1979 年 7 月 11 日返回地球，再入大气层后烧毁，碎片大部分散落于印度洋。

如图 4-57 所示，天空实验室全长 36.1 m，直径 6.6 m，可供航天员活动的总容积为361 m^3，总质量 90 t。它由轨道舱、过渡舱、多用途对接舱、太阳望远镜和阿波罗飞船 5 个部分组成，航天员由"阿波罗"飞船接送往返于天空实验室和地球。

图 4-57　轨道上的天空实验室

1986 年 2 月 20 日，苏联利用"质子"号运载火箭将第三代空间站"和平"号送入轨道，成为世界上第一个长久性空间站。"和平"号是采用多模块组建而成的空间站，首次发射的是它的核心舱，以后又先后发射了 5 个专用实验舱与之对接，至 1996 年 4 月 26 日发射的最后一个舱体——"自然"号舱在轨对接组装完毕。"和平"号全长 32.9 m，宽 28 m，质量达 137 t，有效容积372 m^3。图 4-58 所示为苏联"和平"号空间站。

"和平"号空间站在空间运行长达 15 年，完成了大量科学研究项目，并与美国的航天飞机成功对接，俄、美两国的航天员曾在空间站内一起工作。2001 年 3 月 23 日"和平"号空间站在完成使命后坠落在南太平洋预定海域上。

在"礼炮"号和天空实验室成功运行的启发和推动下，20 世纪 80 年代中期，包括"和平"号在内，国际上出现了发展载人航天的热潮。1984 年美国总统里根批准了"自由"号空间站计划，并邀请盟国参加。欧洲空间局、日本和加拿大做出了响应，参加了这一计划。在研制过程中发现空间站技术非常复杂，投资规模不断追加，风险居高不下，在克林顿政府的干预下，不得不压缩规模。经过 10 年的努力和变迁，1993 年通过 3 个方案的比较，选择了阿尔法国际空间站方案。同时考虑到利用俄罗斯多年来管理"礼炮"号与"和平"号的丰富经验及先进技术,为降低风险,缩短研制周期,邀请俄罗斯参加。同年 9 月,美、俄签署了合作协议,俄罗斯正式参加了国际空间站计划。俄罗斯的加入使阿尔法国际空间站方案发生重大变化,变成以美、俄为主的由多国参加的国际空间站方案,1995 年直接称为国际空间站。国际空间站的研制标志着载人航天活动进入一个新阶段。

图 4-58 苏联"和平"号空间站

冷战结束后,1993 年美国重新评审和修改"自由"号空间站计划,12 月正式邀请俄罗斯加盟,在原"自由"号空间站计划的基础上,以美国和俄罗斯牵头,联合欧洲空间局 11 个成员(即德国、法国、意大利、英国、比利时、荷兰、西班牙、丹麦、挪威、瑞典和瑞士)、日本、加拿大和巴西(1997 年加入)等 16 个国家共同建造"国际空间站"。

"国际空间站"(International Space Station,ISS)总体设计采用桁架挂舱式结构,即以桁架为基本结构,增压舱和其他服务设施挂靠在桁架上,形成桁架挂舱式空间站。"国际空间站"由两大部分立体交叉组合而成:一部分是以俄罗斯的多功能舱为基础,通过对接舱段及节点舱,与俄罗斯服务舱、实验舱、生命保障舱、美国实验舱、日本实验舱、欧洲空间局的"哥伦布"号轨道设施等对接,形成空间站的核心部分;另一部分是在美国的桁架结构上,装有加拿大的遥操作机械臂服务系统和空间站舱外设备,在桁架的两端安装四对大型太阳能电池帆板。这两大部分垂直交叉构成"龙骨架",不仅加强了空间站的刚度,而且有利于各分系统和科学试验设备、仪器工作性能的正常发挥,有利于航天员出舱装配与维修。

"国际空间站"的各种部件是由各合作国家分别研制,这些部件中核心的部件包括多功能舱、服务舱、实验舱和遥操作机械臂等。俄罗斯研制的多功能舱(FGB)具有推进、导航、通信、发电、防热、居住、贮存燃料和对接等多种功能,在"国际空间站"的初期装配过程中提供电力、轨道高度控制及计算机指令;在"国际空间站"运行期间可提供轨道机动能力和贮存推进剂。

俄罗斯服务舱作为"国际空间站"组装期间的控制中心,用于整个"国际空间站"的姿态控制和再推进;它带有卫生间、睡袋、小箱等生命保障设施,可容纳 3 名宇航员居住;它还带着一对太阳能电池板,可向俄罗斯部件提供电源。实验舱是"国际空间站"进行科学研究的主要场所,包括美国的实验舱和离心机舱、俄罗斯的研究舱、欧洲空间局的"哥伦布"号轨道设施和日本实验舱。舱内的试验设备和仪器大部分都是放在国际标准机柜内,以便于维护和更换。此外,还有意大利研制的多功能后勤舱,加拿大研制的长 17.6 m,能搬动质量为 20 t 左右、尺寸为 18.3 m×4.6 m 有效载荷的遥操作机械臂,可用于空间站的装配与维修、轨道器的对接与分离、有效载荷操作以及协助出舱活动等,在"国际空间站"的装配和维护中将发挥重要作用。

"国际空间站"的建造大致可分为三个阶段：

第一阶段(1994—1998年)，美、俄两国完成航天飞机与俄罗斯"和平"号空间站的9次对接飞行。美国航天员累计在"和平"号空间站上工作2年，取得了航天飞机与空间站交会对接以及在空间站上长期进行生命科学、微重力科学实验和对地观测的经验，可降低"国际空间站"装配和运行中的技术风险。

第二阶段(1998—2001年)，"国际空间站"达到有3人在轨工作的能力。1998年11月20日，俄罗斯从哈萨克斯坦的拜科努尔航天发射场用"质子"号火箭将"国际空间站"的第一个部件"曙光"号多功能货舱(FGB)发射入轨，从而拉开了"国际空间站"在轨装配的序幕。同年12月4日，美国"奋进"号航天飞机将"国际空间站"的第二个部件"团结"号节点舱(又称1号节点舱)送入轨道，6日成功地与"曙光"号对接。2000年7月12日，"国际空间站"的核心组件、俄罗斯建造的"星辰"号服务舱发射入轨。同年11月2日，首批3名航天员进驻空间站，"国际空间站"开始长期载人。11月30日，美国"奋进"号航天飞机为"国际空间站"送去两块翼展达72 m，最大发电量为65 kW的大型太阳能电池帆板。2001年2月7日，美国的"命运"号实验舱由"亚特兰蒂斯"号航天飞机送入轨道。4月23日，加拿大制造的遥操作机械臂与"国际空间站"顺利对接。7月12日，美国"亚特兰蒂斯"号航天飞机把供航天员出舱活动的气闸舱送入轨道。至此，美国和俄罗斯等国经过航天飞机、"质子"号火箭等运输工具15次的飞行，完成了"国际空间站"第二阶段的装配工作。

第三阶段(2001—2006年)，原计划"国际空间站"将完成装配，2007年建成，达到6～7人长期在轨工作的能力。此阶段先组装美国的桁架结构和俄罗斯的对接舱段，接着发射日本"希望"号实验舱和欧洲空间局的"哥伦布"号轨道设施等。由于2003年2月1日"哥伦比亚"号航天飞机的失事，9段桁架中只安装了3段，被迫中止，第三阶段计划显然被推迟了。2005年1月20日，美国、俄罗斯、欧洲、日本和加拿大等5大航天机构的主管在加拿大商讨后承诺2010年完成国际空间站的建设。

2005年7月26日在停飞两年半后，"发现"号航天飞机首次恢复飞行，给空间站带去补给品和需要更换的陀螺仪。但这次试验性飞行并不顺利，一波三折。起飞时仍然存在隔热泡沫塑料从外挂燃料箱上脱落和部分防热瓦损坏问题。"发现"号航天飞机与"国际空间站"对接后，经过在太空中检查和修理，几经周折，于8月9日安全返回地面。但空间站的装配却未能如期恢复，航天飞机仍处于停飞状态，2006年才恢复飞行。航天飞机于2010年完成"国际空间站"装配任务后退役，停止使用。图4-59所示为2005年8月6日"发现"号拍摄的"国际空间站"。

图4-59 2005年8月6日"发现"号拍摄的"国际空间站"

(二)空间站的结构形式和组成

空间站的结构形式可以分为两类。一类称为舱段式,另一类称为桁架式。

1. 舱段式空间站

舱段式空间站由数个舱段连接组成,包括居住舱、实验舱、资源舱、对接过渡舱和气闸舱等。其中,居住舱是航天员生活和休息的场所,设有卧室、餐厅和卫生间。实验舱内安装各种试验设备和观测装置,是航天员进行试验研究和对天对地观测的场所。资源舱用来安装推进系统、气瓶、水箱和电源设备,为整个空间站提供动力和电源。对接过渡舱有多个对接口,可同时停靠多艘载人飞船或其他航天器。气闸舱是航天员在轨道上出入空间的通道。如苏联1986年发射的"和平"号空间站就是舱段式空间站。

舱段式空间站的主体由大型运载火箭一次发射入轨,发射时不载人,入轨后通过无线电遥测,确认空间站的各个系统工作正常后,再用载人飞船或航天飞机将航天员送往空间站。空间站长期在轨道上运行而不返回地面。航天员在空间站执行任务期满后,仍然由载人飞船或航天飞机接回地面。空间站设计寿命到期后,航天员撤离空间站,空间站在大气阻力作用下,轨道高度逐渐降低,最后坠入大气层烧毁。

2. 桁架式空间站

桁架式空间站除拥有舱段式空间站的各种舱段外,它的主要特征是以长达数十米或上百米的巨大桁架为骨架,各种舱段挂接在桁架上。通常实验舱和居住舱等位于桁架中部,而太阳能电池阵和大抛物面天线等安装在桁架两端。美国、俄罗斯、欧洲、日本、加拿大和巴西等国联合建造的"国际空间站"就属于这种桁架结构形式。

桁架式空间站规模很大,不可能用运载火箭一次发射入轨,需要运载火箭或航天飞机多次发射,分批将空间站的桁架构件、各种舱段和太阳能电池阵等运到空间轨道上,然后,由航天员在轨道上组装。由此可见,桁架式空间站的技术难度很大,但它有刚度大、观测视场好和容易扩展等优点,是未来大型空间结构的发展方向。

3. 空间站的特点

空间站与载人飞船和航天飞机相比较,具有许多特有的优点:规模大、电源充足;在轨道上长期运行;试验设备可以更换和维修;航天员可以轮流分批作业;具有在轨道上扩展的功能。

载人飞船内部的压力舱容积只有数立方米,空间站的压力舱容积有数百立方米;载人飞船主要用于接送航天员,其内部容积狭小,不可能用来进行各种科学研究,空间站内部容积大,其最大直径为 $4\sim7$ m,可安装各种大型观测设备;载人飞船或航天飞机的电源功率通常只有数千瓦,而空间站的太阳能电池阵可输出数十千瓦到数百千瓦的充足电源,可供各种有效载荷使用。

载人飞船和航天飞机携带的推进剂和航天员的生活物资有限,它们在轨道上独立飞行的时间很短,一般只有 $7\sim14$ 天。空间站规模大,发射时可携带足够多的推进剂和气体,必要时还可以在轨道上补给,所以空间站在轨运行时间很长,通常为 $5\sim10$ 年,甚至更长。

空间站在轨道上长期飞行,空间站内的试验仪器和观测设备,可以根据任务需要,由航天员随时更换。仪器设备出现故障时,亦可由航天员就地维修。空间站内各有多种维修工具和仪表。

空间站在轨道上长期飞行,在空间站内工作的航天员,一般每隔 $90\sim150$ 天轮换一次,由载人飞船或航天飞机接送。大型试验或空间装配任务可以由几批航天员连续完成。

不论是舱段式空间站还是桁架式空间站都具有在轨道上扩展的功能。舱段式空间站可以在轨道上互相交会对接扩大。桁架式空间站的扩展比舱段式空间站更灵活。在巨大的钢结构桁架上,可以根据需要随时增加各种专用舱段,也可以增设太阳能电池阵或高增益天线。

4. 空间站的用途

由于空间站具有实验室、观测台和维修工作间等多种功能,因而它有广泛的应用前景。空间站的用途大致有下列几方面:

(1)对地观测。人在空间站上通过目视观察,利用便携式相机和多种仪器综合观测地面,可以有很好的效果。从空间轨道上不仅可清晰地看见海洋和陆地、山川与岛屿,而且还能看见较小的目标。比如城市、河流、道路、机场及起飞跑道,甚至连街区都清晰可辨。航天员还可以清楚地看到森林火灾、河流污染、台风的形成和走势、鱼群动向等等。

(2)空间生命科学和航天医学研究。生命科学是随着人类进行空间飞行而产生的一门新学科。它主要研究在微重力和空间辐射条件下,细胞的分化、生长和衰老现象,以实现生物在空间长期生存。

生命在空间微重力和强辐射环境下的延续与在地面环境下有很大差别。在空间站上,种植物、饲养动物,进行空间生物学、空间生物工艺学研究,能揭开生命的奥秘,培养出许多生物新品种,为农业科学开辟新途径。

植物种子的筛选和新品种的寻找具有非常重要的意义,优新品种可以大幅度提高产量。如把植物种子带到太空中去,然后返回地面,经过几代繁殖,观察有无新的、有益的突变类型出现,从中找出粮食、蔬菜和各种经济作物的新品种,这将对农业产生巨大影响。

航天员在空间失重环境中,全身血液重新分布,新陈代谢发生了变化,骨质疏松,肌肉萎缩。对这些新的人体科学和医学,在空间站上可进行充分研究,发展航天医学,为人类长期定居空间开辟通途。

(3)天文观测。空间站又是太空天文台,可以起到天文卫星同样的作用,而且是在有人参与下的天文观测,比天文卫星有更高的效率。

(4)微重力材料加工和制药。在空间进行材料加工和制药是空间产业的重要内容。在地面重力的作用下,流体中密度不同的成分会产生沉淀和对流,阻碍精确的分离和充分的混合,无法制造出泡沫合金等特种材料、高纯度的药品和无缺陷的晶体等,但在空间微重力条件下却可以实施。

在地面上人们可采用电泳和电渗析等分离技术,但是,其生产速度和产品质量远不如空间。在空间微重力环境中,没有沉淀和对流,电泳产量比地面提高 700 倍,产品纯度提高 4 倍,可以制取各种特效生物药品。例如,可溶解血栓、治疗心血管病的尿激酶;治疗糖尿病的 β 细胞;治疗侏儒病的生长激素;治疗贫血的红细胞生成素抗溶血因子;治疗病毒性疾病和癌症的干扰素等。

(5)进行新技术试验。利用空间站可以进行通信、遥感、能量转换和推进等各方面的新技术试验。

空间通信的关键是研制大尺寸的轻型空间天线。空间站可以作为大型天线的建造基地。在空间站上有足够的时间进行人工操作和精密装配。在发展空间激光通信和微波通信中,空间站可以作为试验基地,提供实际的工作环境。

在对地观测中,需要用遥感器测量地球大气成分、风速、海洋特性、云层厚度和地貌特征等。对地遥感器包括大气污染测量仪、激光雷达、微波遥感器和气象雷达等,发展这些遥感技术,需要一种通用的对地观测遥感技术实验室,而空间站正是适宜的实验室。

卫星上的电能大部分来源于太阳,由光电池将太阳能直接转换成电能。随着航天器的发展,对电能的需求越来越大,于是对阳光的聚光要求也就提到日程上来了。利用空间站作基地,在空间装配和试验大型太阳能聚光器是适宜的。

载人空间站还可以提供研究解决微重力环境下的流体管理、低温推进剂的长期贮存、低加速度力的控制等的技术实验室。

(6)在轨服务。在轨服务包括后勤服务、舱内操作、检测、维修及舱外的装配和构筑等。航天员长期居住在空间站内,除了对空间站进行维护和修理以外,还可以为其他航天器服务。包括修理失效的卫星、为空间平台更换仪器设备、为各种航天器加注推进剂、建造巨大的空间太阳能电站和大型空间设施等等。

在空间可以建造出比在地面上制造大得多的航天器。目前,空间结构的研究重点是展开式结构和装配式结构。展开式虽然不需要在轨道上装配,但其结构刚性不好,多是挠性体。装配式的优点是结构设计简单,并具有很好的刚性。

空间结构操作首先需要将建造空间结构的材料和部件送入轨道,然后进行结构装配和检测,最后将它们展开或将它们运送到其他工作轨道上去。当空间结构需要改建或扩建时,还要对原有结构进行分解、拆除或修改。

(7)作为飞往月球和其他行星的中转站。从空间站上起飞与从地面上起飞相比,可以节省很多能量。从空间站上起飞,没有气动力噪声和气动力载荷,当然也不会遇到地球大气的气动力产生的巨大超重。各种小型航天器平时停泊在空间站附近,执行任务时,由空间站给它们加注推进剂以后,就能飞往地球同步轨道、月球或其他行星。

(三)空间平台

载人空间站的高成本和高风险,大大限制了空间站的发展。为了满足人类对航天技术越来越多、越来越高的需求,需要研制一种投资省、见效快、长寿命、高性能的新一代航天器。于是,在应用卫星和载人航天技术发展的基础上,20世纪70年代中期开始,空间平台的概念和各种技术方案也就应运而生。图4-60和图4-61所示为2种典型的空间平台方案。

图4-60 美国地球观测系统极轨平台　　　　图4-61 欧洲空间局尤利卡平台

空间平台是卫星技术和载人航天技术相结合的产物,它与空间站的区别是通常情况下不载人,而利用航天飞机或载人飞船定期对平台进行访问,提供包括维修、补给、载荷替换等在轨服务,同时将产品带回地面。因此,它与空间站一样是长久或永久性的,但通常情况下不载人,不需要常设的复杂的生命保障系统,投资成本大为降低。而且其成本比一次性使用的卫星也低得多,但比卫星能够完成更多更复杂的飞行任务。另外,由于无乘员干扰和污染,容易满足特殊的、高精度的定向要求,如安装精密的天文仪器进行无大气折射的全频段天文观察和对地观测;研究微重力环境对材料和生物的影响;试验和生产空间材料和药品等。

三、航天飞机

航天飞机是部分可重复使用的垂直起飞、水平定点着陆、在近地轨道上运行的有翼式载人航天器。它是一种可重复于天地的往返运输系统,兼有运载火箭、航天器和飞机的技术特点,与一次性使用的运载火箭相比,具有更广泛的使用功能,可以执行航天器在轨维修和回收等运载火箭无法完成的任务。航天飞机一般由助推器、外燃料箱和轨道器三大部分组成,在航天飞机入轨前,抛掉已工作完毕的助推器和外燃料箱,只有外形类似飞机的轨道器进入轨道并在轨道上运行。助推器回收后可重复使用,外燃料箱是航天飞机上唯一不可重复使用的部件,轨道器在完成航天任务后,重返大气层并滑翔着陆。

在军事上,航天飞机是重要的航天装备。它作为空间运输工具可以完成多种军事任务:实施外层空间与地面之间的军事运输;施放、修理和回收各种军事卫星;为在外层空间的航天器加注燃料、更换零件、补充材料、回收和更换磁带和胶卷(这种再供给可以成倍地延长航天器在空间的工作寿命);在空间部署各种天基航天兵器、军用空间站;在空间组装大型军事设施(如永久性空间站)建立空间指挥所实施空间侦察与观测;实施反卫星、反导弹作战,实施空间机动,拦截与摧毁敌方卫星、导弹及飞船等;作为战斗飞机,从空间袭击地面重要目标等。航天飞机的军事潜力极其巨大。

(一)用途

航天飞机的飞行轨道一般是高度 1 000 km 以下的近地轨道。需要进入更高轨道的航天器,可先由航天飞机先送入近地轨道,然后再由轨道飞行器启动轨道机动发动机将其送入高轨道。航天飞机通常像火箭那样起飞,像航天器那样环绕地球轨道运行,像飞机那样着陆,所以它是火箭技术、载人飞船技术和飞机技术相结合的产物。航天飞机的主要用途有以下几点。

1. 将各种有效载荷送入地球轨道

由于航天飞机的轨道器本身具备环绕地球轨道运行的速度,从航天飞机货舱中抛出的物体都具备同样的速度,能沿着相同的轨道绕地球飞行。通常航天飞机的货舱一次可装载 5~6 颗卫星,航天飞机带着这些卫星飞到所要求的轨道,打开货舱,用机械臂将它们逐个施放出去即可。根据不同要求,航天飞机可以改变轨道,将不同的卫星放入不同的轨道,也可以从航天飞机上发射进入更高的轨道的航天器。

2. 从地球轨道上回收有效载荷

航天飞机具有在轨道上机动和改变轨道的能力,可以追踪附近轨道上运行的航天器,将其捕捉,装入货舱送回地面,或者在轨维修后重新送入轨道。

3. 在轨技术服务

航天飞机轨道器具备一般航天器所具有的各分系统,还具备载人飞行器的环境控制与生命保障系统,因此,航天飞机可以完成包括人造卫星、飞船、小型空间站的许多功能,进行空间科学研究和加工试验等。

4. 为空间站运送货物和接送航天员

航天飞机一次能够运送 20～30 t 的货物进入近地轨道,可以将空间站的构件、设备、组件等分批运送到轨道上进行在轨组装。如国际空间站的建造,大部分构件和组件的运送由航天飞机完成,并由航天飞机上乘载的航天员出舱活动完成在轨组装。空间站上长期工作人员所需要的生活用品和其他物资,可由航天飞机运送。工作人员也可由航天飞机送上空间站,完成任务后由航天飞机接回地面。

(二)分类

航天飞机可以按级数、发动机类型、发射方式、用途、重复使用程度和回收方式等进行分类。按级数分类可分为单级、二级和三级等(轨道器如装有主发动机并带有推进剂也作为一级计数)。目前已发射成功的航天飞机都是二级的。按发动机类型分类可分为全火箭式、火箭加空气喷气发动机组合式两种。后一种类航天飞机利用空气喷气发动机作为第一级,可充分利用空气中的氧,当速度达到一定值并飞出稠密大气层时再利用火箭发动机工作。按发射方式分类有垂直发射和水平起飞两种,垂直发射是运载火箭的传统发射方式,而水平起飞则像飞机那样在跑道上滑跑起飞。按用途分类有运人、运货和多用途 3 种。按重复使用程度可分为完全重复使用和部分重复使用。按回收方式分类有水平着陆方式与降落伞加制动火箭回收等。

(三)主要关键技术

航天飞机涉及多种学科,研制的技术难度很大。其主要技术关键问题如下。

1. 长寿命的可重复使用液体火箭发动机

航天飞机的液氢-液氧主发动机总工作寿命要求在 7 h 以上,典型持续工作时间为 8 min。为制造长寿命发动机,需要解决设计、材料、工艺等许多技术难题。

2. 防热系统

再入大气层时的气动加热比发射升空的气动加热要严重得多,局部位置的温度将超过 1 260℃。必须研制新型防热材料,设计合理的防热结构,还要经过充分的试验。

3. 空气动力学问题

航天飞机飞出和再入大气层时有复杂的空气动力学问题,不仅需要进行理论计算,更要做大量的地面风洞试验。

4. 回收技术

需要解决大型助推火箭的回收、重铸推进剂以及轨道器返回的无损伤着陆等技术难题。

(四)典型的航天飞机

下面介绍几种典型的航天飞机,包括已经成功的、正在研究的和将来可能采用的方案。

1. 垂直发射、水平着陆、二级入轨、全火箭式、部分重复使用的航天飞机

这是目前唯一研制成功并投入实际使用的类型。美国 1981 年 4 月 12 日试飞成功的"哥伦比亚"号航天飞机属于这一类型,以后又相继研制了"挑战者"号、"发现"号、"亚特兰蒂斯"号和"奋进"号 4 架航天飞机。目前,世界上所有航天飞机已经全部退役。

图 4-62 所示为美国"哥伦比亚"号航天飞机,它由轨道器、外挂贮箱和两个固体助推器组成。航天飞机全长 56.14 m,高 23.34 m,起飞总质量 2 050 t,总推力 32 069 kN。正常情况下

轨道器可乘载 7 名航天员,紧急情况下可乘载 10 人。轨道器可在空间飞行 10 天,如增加补给可飞行 30 天。

这一类型的航天飞机还有苏联的"暴风雪"号。1988 年 11 月 15 日"暴风雪"号首飞成功,完成了一次无人驾驶的试验飞行。图 4 - 63 为"暴风雪"号航天飞机及其运载火箭能源号的外形图。"暴风雪"号机长 36 m,高 16 m,翼展 20 m,机身直径 5.6 m,起飞重量 105 t。座舱可乘 10 人,设计飞行寿命为 100 次。

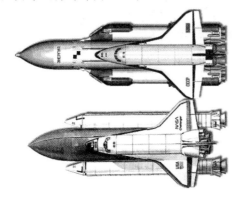

图 4 - 62 美国"哥伦比亚"号航天飞机

图 4 - 63 "暴风雪"号航天飞机及其运载火箭"能源号"

"暴风雪"号共有 2 架试验机,仅有一架进行了一次无人试飞,由于苏联政治、经济等方面的原因,第二架的试飞被取消,计划被迫停止。

2. 水平起降、二级入轨、火箭+吸气式发动机组合式、完全重复使用的航天飞机

前面介绍航天飞机都采用火箭发动机,即自身携带氧化剂。通常氧化剂占推进剂总重的 70% 左右,约占一级火箭起飞质量的 50%。显然氧化剂如能取自空气,即一级火箭发动机改用吸气式发动机,起飞质量将大大减少。如果同时将一级也回收,整个系统变成完全重复使用,使用成本将大为降低。

1986 年 6 月,德国 MBB 公司提出一种称为桑格尔 II(见图 4 - 64)的水平起降、二级入轨、可重复使用的航天飞机方案。它的一级采用吸气式的液氢涡轮-冲压喷气发动机,装有 6 台推力 400 kN 的涡轮-冲压喷气发动机,实质上就是一架高超声速的大型飞机;二级采用 1 台真空推力为 700 kN 的高压补燃氢氧火箭发动机。两级起飞的总质量为 382 t。一级总长 92 m,翼展 46 m,翼面积 880 m²,质量 295 t(其中推进剂 150 t)。二级质量为 87 t(其中推进剂 65 t),有效载荷 2~4 t。

桑格尔 II 一级从普通机场水平起飞,先按涡轮喷气发动机工况工作,爬升到高度 20 km,速度为马赫数 $Ma=2.8$ 后,转换为冲压发动机工况工作,继续爬升到高度 25 km,为马赫数 $Ma=4$ 时转为水平等速飞行。继续飞行到预定地点,加速爬升到高度 35 km,速度为马赫数 $Ma=7$ 时与二级分离,一级自行返回机场,二级火箭发动机点火继续加速爬升,直到进入预定轨道。二级完成飞行任务后,像上述美国航天飞机那样再入滑翔返回和水平着陆。如此,桑格尔 II 可以完全回收重复使用,设计要求的重复使用次数为 50~100 次。

图 4-64 桑格尔 II 航天飞机外形

3. 水平起降、单级入轨、采用吸气式发动机、完全重复使用的空天飞机

空天飞机是一种跨大气层飞行器,它的发动机系统能更充分地利用大气中的氧,经济效率更高,发射成本可降到航天飞机的 1/10 以下。它的涡轮喷气发动机用于起飞、爬升、加速和降落,有利于保证安全性。超燃冲压发动机使之可以在高空以高超声速巡航,作为高超声速飞机使用。火箭发动机可以用来加速进入近地轨道,完成各种航天任务,具有潜在的军事价值。

属于这一类型的天地往返运输系统有英国的霍托尔方案和美国的空天飞机计划。

英国的航天业界一直在探索未来航天运输系统的新途径,在研究了多种航天运载器方案后,认为只有采用可完全重复使用的运载器,将所有昂贵的发动机、电子设备、结构等集中于单级上,才能实现降低发射费用,缩短检修周期,提高重复使用率的目的。1982 年 10 月,英国宇航公司提出了一种水平起飞、水平着陆、单级入轨的无人驾驶的霍托尔空天飞机方案。霍托尔外形类似于协和飞机,机身长 62 m,翼展 19.7 m,翼面积 173 m²,机身最大直径 5.7 m,有效载荷 7~11 t,起飞质量 230 t,着陆质量 47 t,起飞速度 145 m/s,着陆速度 77 m/s,起降跑道长度为 3 000 m。

霍托尔的最大特点是采用了吸气式的液氢-空气涡轮喷气冲压和氢氧火箭复合式发动机。吸气式发动机模式工作到速度为马赫数 $Ma=5$,高度为 26 km 时转变为火箭发动机工作模式,能够充分利用大气中的氧,大大提高了推力/质量比;同时采用了新的结构和防热材料,大大减少起飞质量;又由于水平起降,地面操作和设施较简单,完全重复使用,返场维修时间短,因此其近地轨道的发射费用很低(估计为美国航天飞机的 1/5)。

美国的空天飞机的概念研究完成于 1985 年,以后正式列为一项国家计划。美国的空天飞机是一种以高超声速吸气式推进系统为核心,完全重复使用,载人的航天、航空两用的天地往返运输系统。进入 20 世纪 90 年代后美国先后开展了 X-30,X-33,X-34,X-37,X-40 和 X-43 等试验性空天飞机的发展计划,对空天飞机整机的技术要求进行全面试验。空天飞机的外形如图 4-65 所示,试验机 X-30 总长为 35~45 m,全部装备质量为 90 t,乘员 2 名,运载能力为 1 114 kg,装有 8~12 台发动机,巡航高度约 40 km,速度 1.8~3.6 km/s。

（a）　　　　　　　　　　　　　　　（b）

图 4 - 65　美国空天飞机试验机

(a)X - 30;(b)X - 37B

美国空天飞机的主要特点如下：

(1)一体化的跨大气层推进系统。机上装有 4 种推进系统,即涡轮喷气发动机(速度范围为马赫数 $Ma=0\sim3$)、亚声速燃烧冲压发动机(速度范围为马赫数 $Ma=2\sim6$)、超声速燃烧冲压发动机(速度范围为马赫数 $Ma=4\sim25$)和火箭发动机。

(2)为保护机头和发动机受热部位,采用燃料液氢作冷却剂。

(3)采用耐超高温的陶瓷基复合材料和金属基复合材料。

(4)采用机身一体化的多进气道、多喷管组合发动机设计。

思　考　题

1. 简述弹道导弹的分类情况。

2. 简述弹道导弹发展经历了哪几个阶段,各有什么特点。

3. 简述弹道导弹的发展趋势。

4. 简述运载火箭的组成和分类情况。

5. 试罗列世界运载火箭强国若干典型型号。

6. 简述侦察卫星的主要用途和分类情况。

7. 简述导弹预警卫星的主要用途。

8. 简述通信卫星的主要任务、分类情况和特点。

9. 简述载人飞船的分类、组成、特点及用途。

10. 简述几种典型的载人飞船的基本情况。

11. 简述空间站的结构形式。

12. 简述空间站的用途,简述空间平台的用途。

13. 简述航天飞机的用途。

14. 简述航天飞机的分类情况。

15. 什么是空天飞机？它有什么特点？

参 考 文 献

[1]　杨柄渊.航天技术导论[M].北京:中国宇航出版社,2009.

[2]　徐矛,康建勇.航天科技基础[M].北京:国防工业出版社,2008.

[3]　徐立生,黄武元.现代军事航天[M].北京:星际地球出版社,2008.

[4]　王云.航空航天概论[M].北京:北京航空航天大学出版社,2009.

[5]　昂海松,童明波,等.航空航天概论[M].北京:科学出版社,2007.

[6]　李红军,等.航空航天概论[M].北京:航空航天大学出版社,2006.

[7]　谢础,贾玉红,等.航空航天技术概论[M].北京:航空航天大学出版社,2005.

第五章　地面设施与保障系统

从军事航空航天装备出现开始,地面设备与飞行器的作战使用密切相关。没有可靠的地面保障,就难以完成军事航空航天任务。同时,为了适应未来多兵种联合作战的需求,响应速度快、信息化程度高的地面保障设备也是不可或缺的。本章首先介绍飞机的机场及保障设备,然后介绍航天器的地面设备及保障系统,最后对导弹的地面发射装置和设备分别进行阐述。

第一节　机场及保障设施

一、机场

机场是提供飞机起飞、着陆、停放、疏散和组织保障飞行活动的场所。它包括飞行场地及各项保障设施。

(一)机场的分类

1. 按机场用途分类

机场按其用途可分为军用机场、民用机场、军民合用机场、返航机场、备用机场、假机场、直升机机场和水上机场。军用机场是指专供军队使用的机场。军用机场按使用的部队任务性质不同又可分为供作战部队使用的作战机场和供航校训练使用的航校机场。民用机场是指供民间使用的机场。返航机场是指专供返航飞行器使用的机场。备用机场是指供飞机不能按预定计划飞行而临时降落使用的机场。假机场是指战时为迷惑敌人隐蔽自己真实机场而用伪装器材(假建筑物)布置起来的机场。直升机机场是指专供直升机起降飞行使用的机场。水上机场是指专供水上飞机起降飞行使用的机场。

2. 按机场设施的性质分类

军用机场按其设施的性质可分为永备机场、野战机场和公路机场。永备机场是指供航空兵长期驻扎,或供航空科学研究机构进行武器和特种设备的试验飞行使用的机场。它有固定的永久式道面和营房,还有比较完善的各种保障飞行和飞机维修的固定设备。野战机场是指供航空兵战时短期驻扎使用的机场。它有符合要求的飞行场地,但其建筑物多为临时设施,不修筑人工道面。公路机场是指规格与相关设施符合某种机场条件的公路跑道,它是供航空兵实施机动作战,迫降或运输机遂行任务使用的。而公路跑道则是专指在公路上设置的能供飞机起飞、降落使用的加宽直线路段。

3. 按机场升降带的技术特性分类

(1)通常将在标准条件下(海拔为零、气温15℃、无风、跑道纵坡为零)的跑道长度称为基本跑道长度。按跑道基本长度可将机场分为特级机场、一级机场、二级机场和三级机场(见表5-1)。

表5-1 机场按跑道基本长度分类

机场等级	特	一	二	三
跑道基本长度	≥2 800 m	2 300~2 799 m	2 000~2 299 m	<2 000 m
适用范围	远程运输机 远程轰炸机	中程运输机 中程轰炸机	歼(强)击机 近程轰炸机 中、近程运输机	近程运输机 初级教练机

(2)机场按道面承载能力分 A,B,C,D,E 五个等级(见表5-2)。

表5-2 机场按道面承载能力分类

机场等级	道面承受飞机标准轮胎压力(1.0 MPa)时的当量单轮荷载
A	>305 kN
B	305~216 kN
C	215~136 kN
D	135~95 kN
E	<95 kN

确定机场等级时应同时按表5-1和表5-2的分级标准综合确定。如特 A 级、一 B 级、二 C 级,等等。

(3)按国际民航组织的规定,将机场按有关飞机的性能特性和尺寸这两个要素确定的基准代号来进行分类。机场基准代号的第一要素是根据飞机基准飞行场地长度而确定的代码;第二要素是根据飞机翼展和主起落架外轮间距而确定的代字(见表5-3)。

表5-3 机场基准代号

第 一 要 素		第 二 要 素		
代码	飞机基准飞行场地长度	代字	翼 展	主起落架外轮间距
1	<800 m	A	<15 m	<4.5 m
2	>800 m 且<1 200 m	B	>15 m 且<24 m	>4.5 m 且<6 m
3	>1 200 m 且<1 800 m	C	>24 m 且<36 m	>6 m 且<9 m
4	>1 800 m	D	>36 m 且<52 m	>9 m 且<14 m
		E	>52 m 且<65 m	>9 m 且<14 m

表中的飞机基准飞行场地长度,是指飞机以批准的最大起飞质量,在海平面、标准大气条件、无风和跑道无坡度等条件下,起飞所需的最小飞行场地长度。它一般在相应飞机的飞行手

册中记载,等级数据由发证当局规定或由飞机制造厂提供。而主起落架外轮间距是指主起落架外侧边之间的距离。

(二)机场的组成

机场作为飞机遂行各种任务的基地,其组成主要分为飞行场地、飞机疏散区、办公和居住设施及战勤保障设施等四大部分(军用永备机场的组成见图5-1)。

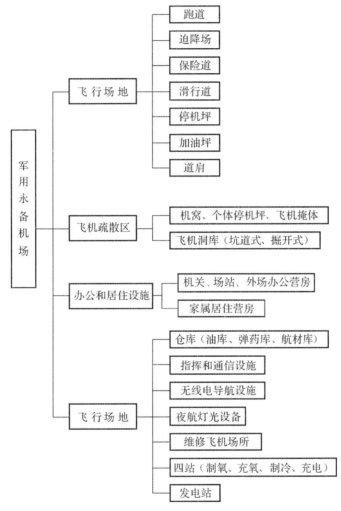

图 5-1　军用永备机场的组成

1. 飞行场地

机场中供飞机起飞、着陆、滑行和停放的场地称为飞行场地。它是机场的主体,通常包括跑道、滑行道、联络道、保险道、迫降道、加油坪、停机坪(见图5-2)等。

跑道是指供飞机起飞、着陆滑跑,具有一定长度、宽度和厚度的铺筑地段。根据所用建筑材料的不同,分为水泥混凝土、沥青、金属、碎石、土质跑道,以及利用冻土和冰等天然材料设置的跑道。各机场根据需要设一条或若干条跑道。

滑行道是指连接跑道和停机坪,供飞机滑行和牵引而铺筑的地段。根据使用要求的不同,分为主滑行道、辅助滑行道。主滑行道一般修得很直与跑道同长,并且与之平行,在紧急情况下可供飞机起飞。当飞机通往个体停机坪和校靶坪等地点时,一般用牵引车拖着走,所以通往个体停机坪和校靶坪等地点的滑行道称为辅助滑行道,也叫拖机道。

联络道又叫联络滑行道,是为飞机在滑行道和跑道之间滑行或牵引而铺筑的地段。其作用是供飞机进出跑道和缩短着陆飞机的滑行和牵引距离。各机场的联络道数量不等,通常三至五条,根据需要可按飞机的主要进出方向分别编号。其中主滑行道头与跑道头相连接的部分叫端联络道,主滑行道中部与跑道中部连接的部分叫中间联络道。

保险道:为保障飞机起飞、着陆的安全,防止因冲出、提前接地或偏离跑道造成事故而整修的地段。它分为端保险道和侧保险道。位于跑道两端的叫端保险道,位于两侧的叫侧保险道。民航称保险道为安全道(见图5-3)。

图 5-2　停机坪

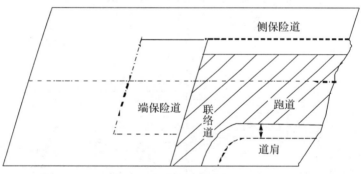

图 5-3　保险道示意图

端保险道设于跑道的两端,长度一般为200～400 m,宽度比跑道宽,约100 m;侧保险道设于跑道两侧,长度一般同跑道相同,宽度视具体情况决定。主滑行道与跑道之间的侧保险道也叫平地区,其宽度通常为80～150 m。

道肩是指道面两侧的水泥混凝土长条,有了道肩,道面就可以不直接同土质面接触,使土质表面渗下的水不易到达道面下的土基,道肩分为跑道道肩、滑行道道肩和联络道道肩。

停机坪根据其不同用途可分为集体停机坪(客机坪)、个体停机坪、警戒停机坪、加油坪、校靶坪等。集体停机坪(客机坪)是指供成批飞机停放用(客机坪供上下物资、人员等用)的停机坪。一般修成长方形广场样式的叫整片式停机坪,为了减少费用,有时修成空心式的,叫作环形式停机坪(见图5-4)。

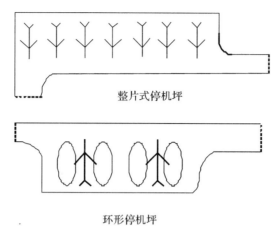

整片式停机坪

环形停机坪

图 5-4　集体停机坪示意图

警戒停机坪主要用来停放担任警戒值班的飞机。一般修成整片式，为便于飞机迅速起飞拦截敌机，其位置一般在端联络道、跑道头附近，距离跑道边缘 50 m 左右（见图 5-5）。

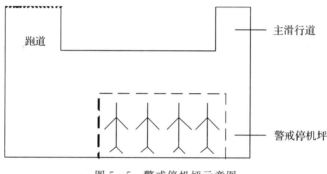

跑道

主滑行道

警戒停机坪

图 5-5　警戒停机坪示意图

加油坪是指安装有固定的加油设备、管线，专供飞机加油的场地。通常为歼击机使用，我国少数民用机场也修建有加油坪。作用是保证飞机能迅速加油、安全加油。加油坪位置通常位于主滑行道的中间地段。

校靶坪是机场上专供校验航炮用的射击场所。它比个体停机坪稍大些，一般是利用自然条件或人工修筑而成，要能防止飞机上发射出来的炮弹飞出产生不良后果。

为了保证飞机在机场内起飞、着陆和滑行时偏出跑道的安全，不仅需要合适的跑道，而且还应确定一块面积充分、平整无障碍物的场地。这样的场地通常称之为升降带或起飞、着陆地带。升降带包括跑道、跑道道肩、两侧保险道和两端保险道。升降带的长度为跑道与两端保险道长度之和，其宽度为跑道与两侧保险道宽度之和（见图 5-6）。

　　2. 飞机疏散区

飞机疏散区是指供飞机疏散停放用的地区。建立飞机疏散区的目的主要是在战争时期防止飞机停放在一起遭受敌机毁灭性打击。飞机疏散区内设有个体停机坪、飞机掩体、机堡和飞机洞库。

个体停机坪的尺寸一般比较小，只能停放一、二架飞机，其规格大小、位置视机场的情况而定。

飞机掩体为在战争时期隐蔽停放飞机而修筑的一种不加顶盖的飞机防护工事,平时也用作停放飞机。通常用土筑成,每个掩体可停放一架或几架飞机,俗称机窝。

机堡是一种加顶盖的飞机防护工事。机堡以钢筋混凝土或复合钢结构筑成内部结构,最外层还有土层或防弹钢板包裹,大门使用比较厚实的防弹钢板,具备较强的防弹、防冲击波能力。机堡内部安装有照明、通风等装置,可满足地勤人员对战机进行相应检测维护等工作需求。战机在里面可以减缓因直接暴露在外而导致机体、机件受极端恶劣气象因素引起的侵蚀损伤与老化。

飞机洞库是指利用机场附近的地形条件掘洞构筑的具有一定抗力的飞机防护工事。飞机洞库分坑道式和掘开式两种。

坑道式洞库是在山区机场为隐蔽飞机而开掘的巨大山洞。在洞口外有拖机道与跑道相连接。有些机场把这条拖机道修得又平又直,在紧急情况下,飞机一滑出洞口即可迅速起飞升空作战(见图 5 - 7)。

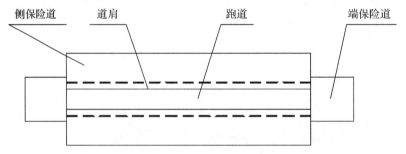

图 5 - 6　飞机升降带组成示意图

图 5 - 7　坑道式洞库

3. 机场内人员办公和居住设施

机场内供人员办公和居住的设施(建筑物)称之为营房。一个机场,为了使用方便和安全起见,通常分成飞行部队办公区、外场办公区和家属居住区等几个营区。

以上所述,仅是一般的军用永备机场的基本组成,特殊的机场有其特殊的组成。随着我军现代化建设进程的不断加快,航空兵部队的装备也将不断改进。因此,未来军用永备机场的组成必然也会相应地发生变化。

二、地面保障设施

地面保障设施是保证机场内飞行安全的必不可少的组成部分。在航空兵部队服役的战勤人员,如飞行员、地勤人员、飞行管制员等,必须熟悉机场保障设施情况,协调机场内各保障单位充分发挥保障的整体效应,确保飞行安全。

(一)机场勤务保障单位

机场的飞行保障单位比较多,勤务保障方面主要有机场飞行管制室,机场气象台,二厂(飞机修理厂和定检厂),三库(油库、弹药库和航材库),四站(制氧、充气、冷气和充电站)和外场值班室等。

1. 机场飞行管制室

机场飞行管制室是机场区域内实施飞行管制和飞行组织指挥部门,又是机场飞行的组织保障单位。飞行管制室的位置一般设在机场的外场,跑道一侧视野比较开阔的位置,管制室配有实施飞行管制和飞行指挥的图标用具和设备。其主要任务是实施飞行管制,承办飞行申请,指挥运输机和保障其他飞机的转场飞行,通报飞行情况等。

2. 机场气象台

机场气象台是机场区域内飞行的气象保障部门,一般设在机场的外场,与飞行管制室在相同的位置。气象台配有有关气象保障的图表、用具、设备并建有观察场。其主要任务是不间断地观察气象实况,分析研究气象资料,主动及时提供天气预报及天气实况,向有关单位发出危险天气预报等。

3. 外场值班室

外场值班室是机场场站派出的负责组织机场勤务保障工作的单位。其主要工作是根据飞行任务拟定保障计划,组织各种物资器材、设备、车辆、消防、卫生救护、警卫和道面维护等保障工作。飞行前,检查保障工作的准备情况;飞行中,掌握供应情况和检查场站各种值班人员履行职责情况,维护机场秩序等;飞行后,组织有关人员讲评勤务保障情况。

4. 二厂

二厂即飞机修理厂和飞机定检厂。飞机修理厂主要任务是飞机有较大的故障或完成某种任务的改装和检修。飞机定检厂主要任务是当飞机使用到规定期限后,即使没有发生故障,但为了保证安全,需要进行定期检修。就目前的配置情况看,二厂的定检和修理两种任务通常是结合在一起进行的,所以部队的二厂又通称为修理厂,它一般距离跑道较远,有厂房车间,有供修理飞机的修机坪,修机坪和跑道之间还有拖机道供拖机使用。

5. 三库

三库即油库、弹药库和航材库。

(1)油库。主要贮存飞机使用的各种燃油和特种油,一般都远离机场跑道,设置在比较隐蔽的地方。航空油料由火车(汽车)运到油库后,根据不同的需要,用加油车或输油管送到停机坪,再加注入飞机油箱。

航空油料主要包括燃油(煤油和汽油)、润滑油、润滑脂、液压油和防冰液。它们大部分是石油产品。

(2)弹药库。机场弹药库,主要是贮存供飞机上使用的武器、炮弹、炸弹等。一般都修在远离跑道的地方,根据需要选用。

(3)航材库。主要贮存修理飞机所需要的各种器材。

6. 四站

四站即制氧站、充氧站、冷气站和充电站。它们是飞行保障的组成部分。制氧站、充氧站、冷气站的制成品均装在气瓶内,各种不同用途的气瓶用标记进行区分。常用的几种气瓶标记的漆色见表5-4。

表5-4　飞行保障常用的几种气瓶标记的漆色

名　称	表面颜色	字　样	字　色	横条颜色	注　明
氧气瓶	天蓝	高氧	黑	—	飞行员呼吸用
氧气瓶	天蓝	普氧	黑	—	—
氮气瓶	黑	氮	黄	棕	—
氢气瓶	深绿	氢	红	红	—
压缩空气瓶	黑	压缩空气	白	—	—
二氧化碳气瓶	黑	二氧化碳	黄	—	—
纯氩气瓶	灰	纯氩	绿	—	—

(1)制氧站。主要是利用制氧机制造氧气、充入氧气瓶,然后运到充氧站。分高氧和普氧,高氧主要供高空飞行时飞行员使用,普氧主要供焊接等使用。

(2)充氧站。根据飞机的需要,使用充氧车为飞机氧气瓶充添氧气,使其达到规定的标准。

(3)冷气站。主要是利用空气压缩机,生产压缩空气充入压缩空气瓶然后运到停机坪,压缩空气用于给飞机气压系统供气,或在修理维护飞机时使用。

(4)充电站。主要是给飞机上的蓄电池或地面的电瓶车充电。当飞机电瓶和地面电瓶车电压低于规定值时进行充电,以保证供给所需的电能。

机场勤务保障除上述单位外,还设有警卫、场务(跑道、消防)、汽车和医疗卫生分队。

(二)机场导航、助航设施

1. 机场导航设施

机场导航设施有导航台、全向信标台、伏尔(VOR)和塔康导航系统等。就大多数机场而言,目前设置有远距离导航台和近距离导航台。

导航台一般安装在跑道延长线上,近距导航台距跑道头1 000 m,远距导航台距跑道头4 000 m,超远距导航台距跑道头距离不少于7 000 m。一般机场两端的导航台频率是一致的,所以飞行时,应根据当天的起降方向,确定开放某一端的导航台,正常情况应开放飞机进入着陆航向反方向一端导航台;有些机场两端的导航台的频率不一致,可根据需要打开一端导航台或全部导航台。

2. 助航设施

机场助航设备主要有无线电定向台、着陆雷达和仪表着陆系统等。

（1）无线电定向台。无线电定向台通常配置在机场主着陆端的跑道中心延长线上，一般位于远距离导航台内侧或外侧 500 m 的地点。如有其他原因，其位置可在跑道中心延长线上伸缩。

（2）着陆雷达。着陆雷达通常配置在跑道的一侧，距离跑道头约 1 000 m，可以根据不同的着陆方向进行天线换向。

（3）仪表着陆系统。仪表着陆系统由安装在机场跑道附近的航向信标台、下滑信标台及指点信标台组成。其主要设施配置方法如下：

航向信标台：一般安装在反着陆端跑道中心延长线上距跑道端约 200 m 的地方。

下滑信标台：一般安装在跑道着陆端的左侧或右侧，距跑道中心线约 150 m，距跑道端250 m处。

指点信标台：一般安装在跑道延长线上，和远近距导航台等配置在一起。

(三)机场地面保障车辆

机场飞行分训练飞行和转场飞行，需用车辆的情况也不同，应根据具体情况定。

（1）训练飞行。训练飞行时通常使用的车辆有塔台车、通信车、牵引车、加油车、应急车、电源车、气源车、冷气车、救护车、消防车、保伞车和探照车等。

（2）转场飞行。转场飞行时通常使用的车辆，应根据转场的任务而定。一般转场飞行有塔台车、通信车、消防车、救护车、电源车、气源车、运输车和加油车等。

属于运输机的载客飞行，还需要客梯车。

特殊任务的转场飞行，还应有与任务有关的车辆。

1. 电源车

电源车主要用于飞机的地面通电和起动。一般的电源车通常将发电机和蓄电池并联使用。有些需要升压起动的飞机，其电源车把发电机和蓄电池串联起来使用。电源车可以输出的电源制式有 27 V 直流、115 V 400 Hz 交流等。

2. 气源车

气源车主要用于采用空气起动涡轮喷气(风扇)发动机飞机的起动。目前各大型机场和专用机场均配置有气源车，使用气源车的飞机有波音 747、波音 737、波音 767、A - 310、DC - 9、图 - 154M 等。

当机场未配置气源车时，可以用飞机上的辅助动力装置供气起动发动机。

3. 加油车

加油车根据油料不同可分为燃油(汽油或煤油)加油车和附油加油车。加汽油车主要给活塞式飞机添加燃料，加煤油车主要供喷气式飞机添加燃料，加滑油车主要给飞机和发动机的液压系统滑油系统添加工作介质。

4. 冷气车、氮气车、加水车及加温炉

冷气车主要用于给飞机冷气瓶充冷气到规定的气压数值；氮气车主要用于给飞机氮气瓶充氮气，用于收放起落架、紧急顺浆等；加水车主要用于给飞机的用水系统加水或供飞机上清洁用水；加温炉主要用于供活塞式飞机低温季节加温起动。

由于飞机的发展变化较快，飞机上的特种设备也逐渐增多，相应的地面设备需要比较多，因而在保障时，应根据不同的飞机特点予以保障。

5. 牵引车

牵引车是一种在机场地面牵引飞机的保障车辆。按照牵引方式的不同，可分为有杆式牵引车和无杆式牵引车。有杆式牵引车是一种使用和飞机相匹配的专用牵引杆与飞机相连,实施对飞机牵引作业的特种车辆。无杆式飞机牵引车取消了与飞机相连接的牵引杆,直接抱夹飞机前轮并托起飞机前起落架,是实施对飞机牵引作业的特种车辆。

(四)空中交通管理

空中交通管理的任务是有效地维护和促进空中交通安全,维护空中交通秩序,保障空中交通畅通。空中交通管理包括空中交通服务、空中交通流量管理和空域管理三大组成部分。空中交通管理的组成结构如图5-8所示。

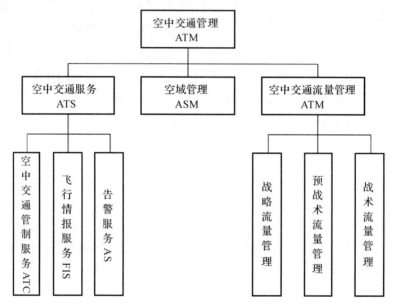

图5-8 空中交通管理的组成结构

1. 空中交通服务

空中交通服务是指对航空器的空中活动进行管理和控制的业务。它包括空中交通管制服务、飞行情报服务和告警服务三个方面。

(1)空中交通管制服务。空中交通管制服务的任务是①防止航空器和航空器相撞,防止航空器和障碍物相撞;②加速和维持有秩序的空中交通流动。

空中交通管制服务包含区域管制服务、进近管制服务和机场管制服务三部分。其中区域管制服务又包含高空区域管制和中低空区域管制服务,在有些地区,这两项服务由同一部门承担;在空中交通流量较小的地区,进近管制服务和机场管制服务是合并的。

(2)飞行情报服务。飞行情报服务是为安全和有效实施飞行而提供咨询和情报的一种服务。其任务是向飞行中的航空器提供有益于安全和有效地实施飞行的建议和情报。

飞行情报服务由指定的管制单位提供,并按照规定程序予以公布。管制单位应当向接受其空中交通管制服务的航空器提供飞行情报服务。管制单位可以向未接受其空中交通管制服务,但了解情况的其他航空器提供飞行情报服务。

飞行情报服务主要提供下列有关各项情报:重要气象情报和航空气象情报;关于火山爆发前活动、火山爆发和火山灰云的情报;关于向大气释放放射性物质和有毒化学品的情报;关于无线电导航设备可用性变化的情报;关于机场及有关设施变动的情报,包括机场活动区受雪、冰或者深度积水影响等情况的情报;关于无人自由气球的情报;其他任何可能影响安全的情报;起飞、到达和备降机场的天气预报和天气实况;与在进近管制区、机场管制地带空域中运行的航空器的相撞危险;对水域上空的飞行,并经驾驶员要求,尽可能提供任何有用的情报,如该区内水面船只的无线电呼号、位置、真航迹、速度等。

(3)告警服务。告警服务的任务是向有关组织发出需要搜寻援救航空器的通知,并根据需要协助该组织或者协调该项工作的进行。告警服务由指定的管制单位提供,并按照规定程序予以公布。

管制单位应当向已接受空中交通管制服务的航空器、已知或者相信受到非法干扰的航空器提供告警服务,如果条件许可,还可向已申报飞行计划或者管制单位了解情况的其他航空器提供告警服务。

2. 空域管理

空域管理是指为维护国家安全,兼顾民用、军用航空的需要和公众利益,统一规划,合理、充分、有效地利用空域资源的管理工作。空域管理应当保证飞行安全、保证国家安全、提高经济效益、便于提供空中交通服务、加速飞行活动流量、具备良好的适应性,并与国际通用规范接轨。空域管理的任务是依据国家相关政策,逐步改善空域环境,优化空域结构,尽可能满足空域用户使用空域的需求。

3. 空中交通流量管理

空中交通流量管理是指为有助于空中交通安全,有序和快捷的流通,以确保最大限度地利用空中交通管制服务的容量并符合有关空中交通服务当局公布的标准和容量而设置的服务。

空中交通流量管理的主要目的是为空中交通安全、有序和流量的加速提供服务,确保最大限度地利用空中交通管制服务容量,为飞机运营者提供及时、精确的信息以规划和实施一种经济的空中运输,以尽可能准确地预报飞行情报而减少延误。

空中交通流量管理包括战略流量管理、预防术流量管理和流量管理三个管理阶段。

第二节　航天地面设备及保障系统

一、航天器发射场

航天器发射场主要指以下两类:一是航天器发射进入空间预定轨道的发射场;二是返回式卫星或载人航天器、货运飞船、载人飞船和航天飞机返回地面的着陆场。

(一)发射场基本组成

发射场是指利用运载火箭将卫星或载人航天器按预定轨道和发射时间窗口要求,点火起飞的整套设施。负责确保一级火箭起飞,一级或二级火箭关机为止这段时间内的正常工作。以后即由运载测控网接替工作,按功能细分,应包如下几方面设备:贮存燃料、装配运载火箭及航天器的设施;检测运载火箭和航天器的设施;水平或垂直整体运输设施;起吊设施;加注设施;发射工位及发射架;上靶场测量设施负责测量、控制起飞轨道,对下靶场预报初始轨道;气象站;发射场测控指挥中心。

航天发射场多数由导弹实验靶场改造而成,它们的组成设备和功能基本相同。

(二)发射场的场址选择

1. 发射场多选在人口稀少、地势平坦、视野开阔地带

运载火箭发动机所用推进剂多有毒性,易燃和易爆,助推器或运载火箭的第一级在完成工作后坠落的地点,或因故障或失误造成发射失败坠落的地点,大都落在发射场附近,会对地面生命财产构成严重威胁,因而一般都把发射场选在沙漠、草原、岛屿或海滨地区,但也有建在山区的,例如我国的西昌发射场。

2. 发射场选址应考虑国家安全和交通便利条件

早期的航天器都是为国家的军事目的服务,而且和导弹实验靶场混用,因而一般都选在一个国家的心腹内地,但是交通运输不便。若用铁路运输则受铁路沿线高、宽的限制,若用飞机运输,也受运输机大小及机场着陆能力的限制。近些年来,民用航天器发展很快,而且航天器和运载器尺寸、质量越来越大,对载人航天器尤其如此,因而在海岸地区或岛屿上修建发射场的优点便突出出来,可利用海船对大型构件进行运输,而且发射的安全性也比较好,美国和日本的发射场,多选在海滨地区。我国新的航天发射场建在海南的文昌。

3. 发射场选址应考虑地球自转的影响因素

在发射地球静止轨道卫星或小倾角轨道的航天器时,发射场应选在地球赤道附近或低纬度地区最为有利,因在这种地区容易获得小倾角轨道,能减少远地点变轨所需的能量,缩短从发射点到入轨点的航程,法国圭亚那发射场即根据这种原则而选择出来的。

国际上几个知名的航天发射场的基本条件见表 5-5。

表 5-5 国际上几个知名的航天发射场的比较

参数＼发射场	西昌	肯尼迪空间中心	库鲁	拜科努尔	鹿儿岛	约克角
国别	中国	美国	法国	苏联 哈萨克斯坦	日本	澳大利亚
发射场面积/km²	150	350	1 000	—	0.65	1 000
年降雨量/mm	很低	1 148	7 238	很低	—	1 923
平均雷阵/(d/a)	—	75	81	—	59	—
平均雾/(d/a)	—	可见度 10 km 54 天 可见度 1 km 11 天	—	—	较严重	3
平均温度/℃	16	21.7	26.6	13	17	26.9
最低气温/℃	−30	−4	18.3	−40	−5	15

二、航天器着陆场

航天任务中有三种设备须返回地面:一是实验卫星对地观测的回收器,二是载人飞船的返回舱,三是航天飞机的轨道器。这三种回收设备对返回着陆场的要求,由简单到复杂各不相同,其中以航天飞机的返回着陆要求最高,技术最为复杂。

(一)着陆场区选择的地理条件和着陆场区选择应符合的要求

地形地貌条件:要求地形平坦,视野开阔,面积至少为落点理论误差面积的 3 倍;着陆场区人口稀少,远离大、中、小城市和居民点;没有大、中型工矿企业的建筑群;没有重要的军事设施;没有高压线;没有大片森林;距国境线有一定距离,以免返回物误落到国外;无交叉河道及沼泽地段;应具有良好的气象条件,降雨、降雪少,天气晴朗、无强风。返回着陆场用来安全回收由轨道上返回地球的容器,随返回容器性质的不同可分为几种不同情况:一是卫星侦察照相的返回物,即一个装有胶卷的容器,降落至一定高度后,打开降落伞减速下降,本身对落点无控制能力,由于受风速等的影响,落点的散布度很大,因而其回收区域又称为回收区,应选择数百平方千米的平坦面积;二是载人飞船的返回舱靠改变升阻比有一定横向机动能力,且可采用可控翼伞由航天员操纵对落点有一定的选择能力,返回地点可缩小在一定范围以内,这种返回地点可称为着陆场;三是带有动力及机翼的航天飞机以及发展中的未来空天飞机,其自身具有较大的横向机动能力,降落时能选择固定跑道着陆。此时的着陆场又称为航天港和航空港。

(二)着陆场设备配置

着陆场一般都应建设一个着陆场指挥控制中心,负责指挥组织整个回收着陆工作。另外应建设时统分中心,以便和卫星运控中心或载人飞船任务控制中心在时间上同步。应与卫星运控中心或载人飞船任务控制中心利用有线通信网或卫星通信建立起通信链路,以便交换各种管理信息和数据,如落点的初始预报数据等。其他设备如下。

1. 脉冲反射式雷达

脉冲反射式雷达可反射式工作或应答式工作,用来最后确定回收容器或飞船返回舱最后落点的精确位置。

2. 无线电定向仪

无线电定向仪用来接收回收容器或飞船返回舱着陆后发出的信标信号以确定着陆位置。

3. 高频通信设备

高频通信设备用于载人飞船返回舱着陆前后,与航天员通话使用。对于回收容器和载人返回舱,因落点有相当散布度,还须组织以汽车为主或以直升机为主的搜索营救队伍,目标降落后按照预报落点,及时营救找回。对于航天飞机或空天飞机,其返回着陆和普通民航机类似,具有固定的定向跑道,还应装备其他导航设备。

4. 塔康导航设备

塔康导航设备能向航天飞机提供相对于地面塔康导航台的方位和距离,方位以磁北指向为基准。塔康导航系统包括机载设备和地面设备两部分,机上设备由上、下行天线,接收变换器,多路转换器和控制仪表板组成。

5. 微波着陆系统包括地面和机载两部分

地面设备分方位台和仰角台,方位台布置在着陆场跑道中心延长线上,俯仰角台布置在进场跑道头段的一侧。微波着陆系统中测距离用的应答机应与方位台布置在一起,分别用于发送方位信号、俯仰信号和回答测距询问。航天飞机的机载设备完成接收方位、仰角信号和地面应答信号并进行解调,得出航天飞机相对于地面微波着陆系统的方位、俯仰和距离,协助航天员正确着陆。机载设备包括一个射频组合和一个解调组合,解调组合用于对接收的数据进行处理和认证,当机载设备收到地面应答信号时,解调器即启动射频组合再发生询问脉冲,同时进行信号处理得出距离信息。

6. 时间基准波束扫描微波着陆系统

它由美国和澳大利亚于 1978 年提出,在国际民航组织全天候工作会议上决定推广采用。其引导能力最高,能靠飞行仪表盲目着陆。为了协助航天飞机安全着陆,机上还装有雷达高度计等设备。

7. 气象观测设备

气象观测设备是指建立地区气象站或配备能接收气象卫星在轨的低分辨率传真、高分辨率传真图或展宽云图的接收站,这能及时提供回收区或着陆场的天气预报信息,以判断返回物是否具备降落的气象条件。

三、航天测控系统

航天测控系统是航天工程中的一个重要组成部分,根据不同航天任务需求,综合规划建设航天测控网。航天测控网有多种分类方法,按主要服务对象的轨道高度可分为中低轨道航天器测控网、同步轨道卫星测控网和深空探测网等;按工作频段可分为 S 频段测控网和 C 频段测控网等;按主要测控站空间位置可分为地基测控网和天基测控网。地基测控网包括地面测控站、航天测量船和航天测控中心,天基测控网主要指中继卫星系统、导航卫星系统和相应终端。

服务于航天器的测控系统,在发展初期,大多采用分散体制,即跟踪、遥测和遥控技术,它们有各自的频段、天线、发收信机和天线座及伺服系统。这不但导致卫星本体上设备过多,安装拥挤,而且频段过多,相互之间的电磁干扰十分严重。另外地面跟踪站上设备也十分庞杂,利用效率不高,投资巨大。因此,美国 NASA 于 20 世纪 60 年代后期,开始研究统一载波体制,即将跟踪、测角、测距、测速、遥测和遥控 6 种功能合并在一套系统中,上、下各共用一个载波完成 6 项任务,即只需一副天线及天线座,一套伺服系统,一套收、发机即可完成 6 种功能。这对简化星、地设备,减少频段及点频数量取到极好的效果。这种体制刚开始出现时,是采用 S 频段,因而称为统一 S 频段(USB)测控系统,后有少数情况也推广到 X 频段(UXB)和地球静止轨道的 C 频段(UCB),USB 体制近 20 多年来已取得国际上极绝大多数空间国家的承认和采用,已形成国际上公认的标准技术体制,USB 的原理框图如图 5 - 9 和图 5 - 10 所示。

USB 的技术思想为将星地间的信息交换渠道划分为上行链路和下行链路。所谓链路是指一台发射机、一台接收机和发收天线共同组成的通信路径。一条链路可包括多个信道,上行链路是由地面跟踪站向航天器发送信息所建立的多个信道,地面跟踪站需要发送给卫星的信息有遥控命令和向星上计算机传送的注入数据。这两种数据都采用一个或两个副载波,通过数字调制后再对载波调制。

(1)测距侧音:主要是未加调制的纯正弦波,有较高频率稳定度,在频谱上表现为线状谱,用于比相测距用。

(2)多普勒测速载波:是一高纯度线状谱。可用调相后的残余载波或专用信标机充任。

(3)窄带话音:对于载人航天任务,有时也在上行链路中加上一路窄带话音,话音数字化后,信号调制在一路副载波上。

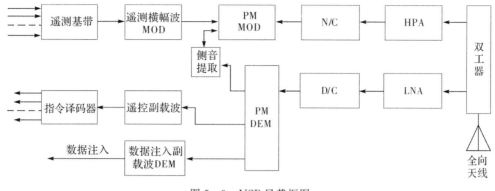

图 5-9 USB 星载框图

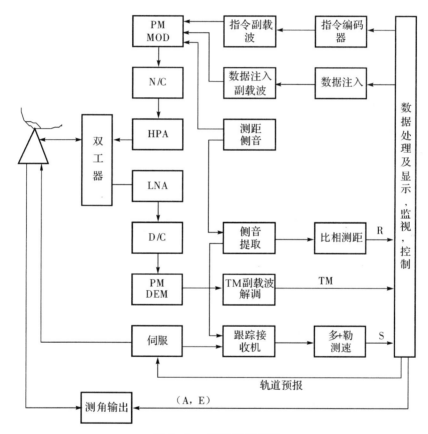

图 5-10 USB 地面框图

所有这些信号线性相加后对高频稳度载波进行调相,每路副载波对载波调相的调相指数,对于数字信号,视所要求的误码率要求而定,对于模拟信号视信噪比要求而定,在频谱分布上副载波的位置不可距离载波分量太近,应留有一定的干净间隔,有利于星上锁相接收机捕获和跟踪上载波分量的多普勒频移变化。上行载波无调制时,本是一条稳定的线谱,经调制后载波线谱高度下降,功率分散到各个副载波所在位置的边带上,而载波分量并未完全消失,仍保留一定的残余分量,用作角自跟踪和多普勒测速用,因而这种调制方式称为残余载波调制体制。

星上转发器的接收机,接收到上行信号后,用锁相环路捕获及跟踪上残余载波后,锁相环的输出即可得到遥控副载波、话音副载波和侧音副载波,前两者分别送给有关解调器处理,后者送给下行信道转发到地面。

下行链路指航天器向地面观测站传送信息所建立的信道。航天器需发送给地面站的信息如下:

(1)遥测:数字化后用调制技术对一个或两个副载波进行调制;

(2)姿态:姿态信号为一串脉冲,用脉冲间的时间间隔代表传感器扫过地球和太阳边缘的时刻,基本上为模拟量,可数字化后遥测传送,也可用一路或多路副载波作模拟遥测传送;

(3)下行话音:窄带话音数字化后对一路副载波进行调制;

(4)测距测音:含多个点频,由上行信道解调后转到下行,频率数值不变。

上述 4 种信息都先对副载波进行调制,4 种副载波线性相加后再对载波调相,调相指数大小的选择根据误码率或误差的要求而定,可以严格计算出来,上行、下行载波频率应保持一定的比例关系。

航天器上不论上行链路的接收天线或下行链路发射天线,都采用全向天线,优点为即使航天器姿态失去控制,也能接收指令信号而把姿态纠正过来,对于航天器姿态能保持固定指向地面者,也可采用锐波束定向天线作为主天线。

航天测控网有两大功能:航天器测量和航天器控制。航天器测量包括轨道测量、遥测接收、数据传输等;航天器控制包括轨道控制、姿态控制、有效载荷工作所需指令的传输和数据注入等。

(一)航天器陆基测控网

世界各国在发展空间技术的初期,为了增加星、地之间交换信息的弧段,也称为接触时间,除在本国领土、周边部位建设测控站外,都力争在国外领土上,利用各自的国力优势及外交关系,建设大量的跟踪站组成陆基测控网,航天测控网规模最庞大者是美国,其次是苏联,再次为欧空局。苏联和美国情况不同,它在国外没有条件布设大量跟踪站,因而采用大量建造测量船的措施来补充。

以美国跟踪数据中继卫星上天之前的空间跟踪数据网为例,来说明陆基测控网的一般特点。空间跟踪数据网由布遍全球的 17 个陆地跟踪站,一条"先锋"号测量船和数架测量飞机组成。网的控制中心设在马里兰州,称为哥达空间飞行中心,用于指挥所有跟踪站的运行。"先锋"号测量船装备的主要设备有 9 m 直径抛物面天线的 USB 测控系统、AN/FPS-16C 波段雷达、VFH4 螺旋遥控、9 m 直径 CI 波段通信站。陆上、海上各跟踪站、船除了和航天器建立起上、下行链路交换信息外,所有接收到的下行遥测、通信信息和轨道数据都要集中后计算出轨道预报数据,指挥、协调各站工作的管理信息,送给航天器的遥控命令和注入数据也须及时传送给各跟踪站。测控网除动用了陆上有线通信电缆网、微波中继站和海底电缆外,有时还动用国际通信卫星提供支持。

(二)航天器天基测控网

美国利用陆、海基测控网跟踪各种卫星及载人航天器,研制出以跟踪数据中继卫星系统为核心的天基测控网,跟踪数据中继卫星系统的基本构思是,在地球同步轨道上,布设 3 颗三轴稳定的跟踪数据中继卫星,任一颗工作星损坏,都可移动备份星顶替,星上天线能用开环指向或闭环自跟踪的方式来同时跟踪多颗用户星。美国建在内华达州沙漠中的白沙靶场,称为白沙地球站。两颗跟踪数据中继卫星数据都传给白沙地球站后再分发给各地用户使用。这样一种布局构思,一举解决了急需解决的全轨道跟踪、高速数据传输和多目标同时跟踪,将大量分布在全球的跟踪站压缩为一个站,简化了遍布全球蜘蛛网似的通信网,大大提高了对用户的定位精度。

第三节　导弹发射装置和地面设备

一、导弹发射装置

发射装置是指使弹道导弹进入发射状态,进行发射准备、瞄准和发射用的专门装置或设施。根据导弹系统的种类,发射装置分为机动的和固定的两种。

(一)发射装置的功用和导弹发射方式

发射装置是导弹系统的主要部分,应能完成导弹发射准备和发射过程中的各项基本操纵。根据现代导弹的功用及其结构特点,导弹可采用倾斜的或垂直的发射装置来发射。

倾斜发射的导弹的飞行弹道和普通非制导火箭的飞行弹道十分相似。倾斜发射不像垂直发射那样需要把导弹从垂直飞行状态转到倾斜状态,所以不需要额外消耗发动机功率。倾斜发射也有它的缺点。例如,发射装置的结构比较复杂,这是由于发射导轨长和采用带大功率电源设备的方向机和高低机(因为倾斜发射时方位瞄准比垂直时困难得多)所致。倾斜发射装置必须有专门的保险机构和闭锁机构,以防延迟发射时导弹离开发射导轨。同时,倾斜发射需要用助推器,使导弹的纵向加速度载荷增加到 $20 \sim 25\ g$。因此,必须加强导弹各个部件,结果导弹的发射质量增加,发射装置的质量也要增加。倾斜发射所需的场地一般比垂直发射场地大 $3 \sim 4$ 倍。这是燃气流的作用半径较大引起的。有些导弹燃气流的作用半径可达150~200 m。大面积的倾斜发射场地难以保证战斗发射阵地位置的隐蔽性。

在其他条件相同的情况下,地面垂直发射装置比倾斜发射装置简单、紧凑、更机动,所以垂直发射装置适用于弹道式导弹,而倾斜发射装置适用于非制导的火箭。

(二)发射装置的分类

根据地面导弹系统的类型,发射装置可以分为两大类:一是机动式发射装置;二是固定式发射装置和系统。机动式发射装置有地面、内河、海洋和空中机动等多种形式。

(1)地面机动发射装置又分为越野机动和铁路机动两种。越野机动发射装置和机动导弹系统的其他车辆通常都是自行式的,但也可以是用专用牵引车牵引的拖车式的。无论在有路或无路条件下,机动发射装置的行走机构都必须具有高的通过能力。越野机动发射装置的优点是能够将其部署到任意地区,并且容易从一个发射阵地转移到另一发射阵地。其缺点是:由于在越野行驶中难免颠簸和增加惯性载荷,因而需要更经常地检查导弹和维修发射装置;需要有机动的高精度的大地测量设备,或者为了测定主要的和备用的战斗阵地而需要大量的大地测量点;在遇到敌人攻击时,容易受损伤。

铁路机动发射设备是一种特殊装备的车厢,它装有起竖臂或运输起竖容器、导弹固定机构、起竖机构、导流器以及其他辅助设备。铁路机动导弹系统的主要作战部分是铁路发射装置

（发射车厢）。此外，它还有一些专用车厢、辅助车厢和机车等。这些专用车厢内装有发射控制设备、电源设备、通信设备、发射准备和发射过程所需的其他技术设备以及勤务人员等。

（2）内河发射装置可配置在轮船或水陆两用船上，而海洋发射装置可配置在水面舰只或潜艇上。它们都具有高度疏散能力。

（3）空中发射装置可配置在飞机、直升机或飞艇上，能够高速机动飞行。这就提高了它们的生存能力，并且容易接近目标。因此，射程近、质量轻的导弹可采用这种发射装置。

（三）发射台

发射台是战略导弹和战术导弹地面设备中的一个重要部分。

在发射准备和发射过程中，发射台用来竖立导弹，保持发射状态，进行垂直调整、方位瞄准和必要的维护工作。对战术导弹和战略导弹的发射台都有一定要求。例如，发射台的结构部件应具有必要的强度和刚度，经得起在工作风速下竖立和发射导弹时产生的载荷。发射台本身的结构及其与发射场（或机动发射装置的框架）的固定必须保证导弹在非工作风速下也能抵抗风载。防风装置的用途就在于此。

发射台主要机构和装置的结构必须保证能够做到：能以四个或更多的支点将导弹竖立在发射台上；能改变导弹的高低位置；进行导弹的垂直调整；在发射台回转部的转动范围内进行导弹的方位瞄准；将加注管路和电缆通到弹上加注口和有关舱口上；能安装和可靠地固定测试设备、监控和发射用的设备。

发射台的升降垂直调整机构必须有制动装置，以防导弹在发动机工作时的振动载荷作用下发生倾倒。发射台的导流器必须防止反射的燃气流冲击导弹，损坏发射台的机构和侵蚀发射场地。发射台必须有一定的使用寿命。所谓寿命是指发射台在中修或大修之前所能经受的发射次数。

发射台还应有下列部分：维护发射台和导弹用的平台和梯子；电路、气路和液路用的固定件；在发射阵地上装配和拆卸发射台及其主要部件与机构用的工夹具；回转部的转角指示器和发射台上部相对于下部基座的升降指示器。

对发射台提出的要求是根据导弹系统的任务、导弹的结构特点以及战斗发射场的类型而改变的。所有这些因素对发射台的结构都有重大的影响。

二、发射阵地与地面设备

（一）发射阵地

发射阵地是指配有发射装置以及导弹技术测试、发射准备与发射用的专门设备和设施的特殊地区。作为展开、维护和从机动发射装置上发射导弹的特殊地区，习惯上称为野战发射阵地。

导弹阵地其构成主要取决于导弹类型、发射方式和阵地工程样式，通常包括指挥所（指挥控制中心）、贮存库、发射阵地、技术阵地、通信设施等，用于导弹进行技术准备、发射准备和实施发射。按作战样式分为固定作战阵地和机动作战阵地；按构筑样式分为地面阵地、半地下阵地和地下（井式）阵地；按使用情况分为基本阵地、预备阵地。地下战略导弹阵地是构成导弹基地的主体，是保存作战力量，实施导弹突击的依托。通常部署在战略战役纵深、交通方便、气候适宜、水资源丰富、地形隐蔽、地质坚硬、有利于后勤和技术保障的地域。

(二)运输设备

运输设备的作用是将导弹武器的特殊载荷（导弹、弹头、推进剂、辅助设备和备件）由制造厂运往武器库、仓库和阵地供应站，以及在这些区域内进行转运。此外，导弹地面设备中的所有机动设备（活动式起重机、机动起竖装置、机动发射装置和推进剂加注车）是指永久地装载专用设备的运输工具。

上述载荷中最关键的是导弹。导弹的运输是导弹系统运转中的一个重要环节。

运输对象导弹有其自身的诸多特点，在研制和选择运输工具时必须加以考虑。这些特点包括质量和尺寸大（特别是长度大）、弹体承受弯曲力矩和冲击载荷的能力小、弹上仪器设备对过载特别敏感等。因此，导弹的运输工具通常是专门设计的。只是在特殊情况下，才选用现有的设备进行改装。

导弹武器的运输工具分为公路、铁路、空运和水路几种。

至于采用哪一种运输工具，则取决于许多因素，其中最重要的是导弹系统的类型、导弹运输距离、导弹发射准备的工艺流程、是否有运输网（公路、土路、铁路、水路）及其情况如何、是否有航空站和直升机降落地点以及其条件如何等。

导弹运输距离较短时（几百千米以内），通常采用机动车辆通过公路和土路运输。铁路运输用于远距离运输导弹。若有方便的水路运输条件，导弹可通过水路运输。当运输时间受限制，没有公路或者公路被破坏时，导弹可用空运。路面运输设备包括导弹运输拖车、弹头运输对接车、自行式运输装填车，以及自行式发射装置。路面运输设备分为牵引式（牵引车-拖车）和自行式两种。按与牵引车连接方式，牵引式又分为半拖车和拖车两种。拖车通过牵引杆与牵引车铰接。在这种情况下，牵引车行走机构不承受载荷（导弹）和拖车的质量。半拖车通过牵引车车架上的专用支承连接装置与牵引车相连接。这时导弹和半拖车的部分质量由牵引车的行走机构支承。这种牵引车和半拖车的组合称为半拖车列车。半拖车上备有可收放的辅助支承，以便半拖车与牵引车解脱后能停车和移动。拖车（半拖车）分为从动和主动两种。从动拖车是指完全靠牵引车驱动轮产生的牵引力进行运动的拖车。主动拖车是指转矩直接作用到拖车轮上（如同作用在牵引车轮子上一样）的拖车。主动拖车和主动半拖车的应用大大提高了拖车列车的通过性。由牵引车和主动拖车组成的运输列车的通过性通常要比同类的从动拖车列车好得多。

按其功用，拖车又分为运输、运输起竖、运输对接和运输装卸拖车几种类型。

运输拖车用来运输和停放导弹。运输起竖拖车不仅用于运输和停放导弹，而且还用于将导弹起竖到发射台上。运输对接拖车用于运输和停放对接好的多级弹体或尚未对接的单级弹体，以及对接导弹各级，并能把完全装配好的导弹竖到发射台上。运输装卸拖车可用来运输装入专门容器内的导弹，不需要起重机就能将装有导弹的容器由其他运输设备转载到本拖车上，或由本拖车转载到起竖装置上。在自行式运输设备上，导弹直接安放并固定在汽车或履带车的底盘上。与牵引式运输设备相比较，这种运输设备比较紧凑，机动性和通过性一般都比较好。自行式运输设备的应用范围受允许载荷极限的限制。轮式自行运输设备的载荷极限取决于每根轴上的允许载荷。在柏油路上和水泥路上，每个轴上的允许载荷一般不超过 $10\sim12$ t。

按照行走机构分类，运输设备又可分为轮式和履带式两种。

与通过性较高的轮式车辆相比，自行履带式运输车的越野性比较好。因为它对地面的比压较小，最小转弯半径较小，对地面的附着性较好，能越过较宽的壕沟。其缺点是速度低，检修周期短，行走时破坏路面，噪声大。

导弹的铁路运输设备包括专用铁路车厢和可拆卸的专用车厢。此外,它还包括经过专门改装适于运输导弹的普通铁路平板车和敞车,以及经改装供运输导弹用的普通车厢。

专用车厢是用普通车厢作为基础设计成的。这种车厢的厢体是全金属的,装有装卸导弹用的设备。此种车厢能可靠地保证导弹不受大气侵蚀,并能高速运输。此外,它还能使导弹保持在特殊温度条件下。在铁路运输期间,用专门的拉紧装置和两侧制动件(固定在厢内底板上)在厢内把活动框架固紧,以防止纵向和横向位移。为减小对导弹的轴向过载,在拉紧器上装有橡胶-金属减震器。专用可拆卸车厢是以标准铁路平板车为基础,由侧壁、端壁和顶盖几部分组成的。每一部分由波纹钢板焊接而成。为保证足够的刚度,顶盖部分用肋条加强,而壁板部分则用竖直肋加强。壁板的个别部分适当重叠并用螺栓固紧。顶盖通过快速锁紧装置与厢壁连接。厢体通过其侧壁竖直肋下面的专用紧固装置固定在平板车上。这种车厢装卸导弹时,要用起重机,或者把顶盖去掉,或者把厢体完全拆开。专用可拆卸车厢一般用于运输未加注推进剂又不要求特殊温度条件的小型导弹。这种用途的车厢不装活动框架。专用固定支架安装在厢内底板上,用以放置和固定导弹。铁路运输的一个缺点是运输大直径导弹时受尺寸的限制。

导弹的空运设备包括飞机、直升机和飞艇。现代飞机和直升机机舱大,运载量大,飞行速度高,所以能在很短时间内把导弹运输几千千米。

空中运输也有其缺点:运输成本高;伪装困难;易被摧毁(从空中和地面);导弹的质量和尺寸受限制;还要求有适用的降落跑道和降落场地(直升机)。不进行专门改装,美国飞机的机舱内可以装运质量不超过 45 t、直径不大于 3 m 的导弹。用飞机分级运输巨型导弹也是可能的。但是,在这种情况下,必须对机舱进行很大的改装,或者把单级导弹吊挂在机舱的外边。在飞机和直升机机舱内,导弹可以放置在普通的公路运输车上、无悬挂的专用小型拖车上、固定的支架上或者专用装置上。

导弹的空中运输在美国已广泛采用。整个"民兵"导弹就是用"C-133b"和"洛克希德 C-141"这两种飞机进行远距离运输的。这种运输方法就是将导弹放入钢制流线形管状容器内,再把此容器装在飞机机翼顶上进行空中运输。这级火箭用装有特殊吊索的自行式起重机吊装在飞机上。

导弹也可用内河和海上船舶、驳船、军舰和潜艇进行运输。

导弹的水路运输在美国已广泛采用。例如,"土星 I""土星 IB"和"新星"大型运载火箭的各级都是通过水路进行长距离运输。美国之所以主要采用水路运输大型运载火箭是因为美国的许多火箭制造厂和火箭试验中心都设在大西洋、太平洋和大河的沿岸。水路运输导弹的主要优点是导弹的质量和尺寸不受限制,同时传递给导弹的过载也较小。但是水路运输速度比较慢。在美国,驳船、舰船、浮动船坞和专用浮动平台都被用来运输导弹。例如,"土星"导弹各级都用带篷的自行式驳船运输,以便保护导弹不受有害的外界条件的影响。通常都把导弹连同地面运输设备一起安置在甲板上。在设计运输设备结构时,必须保证能在运输期间对导弹的紧固情况和导弹的状态进行检查。另外还必须提供在运输和存放期间对导弹的伪装。同时,还应考虑到每一类型运输设备(公路、铁路、空中和水路)都有其结构和使用特点,对各类运输设备还有其他的要求。

(三)起重装卸和对接结合设备

起重装卸和对接结合设备用于装卸导弹、弹头和其他设备,以及结合各级导弹和对接弹头。起重设备的作用是将载荷提升,转移至别处,再将载荷放下。在导弹地面设备中,起重设备有专用起重机和各种起重机械(千斤顶、升降机、绞车、滑轮和滑车等)。起重机用于装卸导弹和导弹各级、对接弹头,以及在指定地区转载和安放其他设备。此外,还用于战斗阵地和地下发射井的施工。在某些情况下用起重机将导弹竖成垂直发射状态。升降机用来提升和放下导弹,以及将导弹安装在发射台上和放入发射井内。升降机包括广泛用在地下发射井内升降人员和各种设备的电梯。除升降载荷外,绞车还用来水平移动载荷,以及用作地面设备中某些机动设备的自救(自提)装置。滑轮和滑车用于低高度起吊载荷,或者使载荷保持在需要进行各种修理和处理的位置上。导弹地面设备中的滑轮和滑车用于库房、装配和修理车间以及地下发射井设备室内。例如,设备室的顶部装有环形导轨,当安装仪器和设备时,绞车(电动绞车)可沿导轨移动。对接结合设备用于弹头和弹体对接,以及导弹各级间相互连接。大型导弹运输时通常不带弹头。这是由于弹头有其运输、贮存和维护的特殊性。因此弹头是在导弹处于发射状态之前,才与弹体对接。弹头对接时采用对接车和对接附件(吊装装置)进行对接。对接车是车厢密闭的汽车,车厢中有吊装装置和检查弹头参数的设备。根据导弹的状态,弹头与弹体的对接可分为垂直对接和水平对接。地下井式导弹系统,导弹放入地下井后,弹头与弹体对接采用垂直对接;对于机动的和地面的固定导弹系统,对接弹头时,导弹都处于水平状态下。结合设备用于导弹各级相互对接结合(即装配导弹)。对接结合车就是用于此目的。装在平板车上的各级机构能够确保导弹各级处于适当的位置,以便结合框准确对接结合。

(四)起竖设备

起竖设备的作用是将导弹起竖到发射装置上(处于战斗状态),以及在取消发射或解除战斗状态时卸下导弹。在某些情况下,这种设备也可用来对接导弹各级,并在发射准备期间维护导弹。运输起竖设备及运输装卸车不仅用于将导弹起竖到战斗状态,而且也可用于向发射阵地运送导弹。起竖设备的结构在很大程度上取决于导弹系统的型式、导弹的型式、起竖到战斗状态的方法和发射装置的型式。

目前常用的起竖设备有变幅回转式起竖设备、桅杆式起竖设备、起竖臂式起竖设备。

1. 变幅回转式起竖设备

这种起竖设备是一种具有回转台和可以变幅的专用轮式起重机,它将导弹"悬吊"到发射装置(发射台)上。用"悬吊"法的该起竖设备具有下列优点:一是通用性好,除能把导弹起竖到发射台上之外,还可以完成其他装卸工作;二是战斗准备便捷,进行战斗准备的过程中,不需要将导弹由运输设备向起竖设备转载;三是状态切换快,靠重力(导弹的重量)把导弹从水平状态转换成垂直状态。

该起竖设备的缺点:一是这种起竖设备质量极大,因为要求它在起重臂幅度很大和吊具起升高度很高的情况下具有很大的起质量。起竖设备的质量和体积不仅随着导弹质量的增加而急剧增加,而且还随着导弹长度和直径的增加,以及起重臂幅度和发射台高度的增加而急剧增加;二是把导弹起竖到发射状态的工序的持续时间长;三是导弹起竖到发射台上或放入地下井内所需要的劳动量大,操作程序相当多;四是当起升机构和变幅机构发生故障时,用来控制导弹下降的辅助机构的结构很难设计;五是工作状态时设备的尺寸(长度)较大。

2. 桅杆式起竖设备

桅杆式起竖设备以"倾倒"法将导弹安装到发射台上。采用"倾倒"法时,起竖设备对接在发射台的一边,而装有导航的运输车在发射台的另一边。起竖导弹时,起重臂用作起重绞车驱动的钢丝绳滑车系统的支撑桅杆。用桅杆式起竖设备起竖导弹用的是"倾倒"法即绕发射台的固定铰链倾倒导弹(或导弹与运输车车架一起倾倒),起竖时要借助钢丝绳滑车系统。起竖设备的桅杆一般都是靠一个或两个液压千斤顶竖到垂直状态,并保持这种状态。千斤顶的一端铰接地固定在起竖设备框架上,另一端铰接地固定在桅杆上。

桅杆式起竖设备的优点:一是由于桅杆很高,所以可以获得较大的起升力臂,这样,就能使起重绞车的钢丝绳和承载部件在受力不大的情况下把大而重的导弹起竖到发射台上或放入地下发射井内;二是不需要把导弹从运输车上转载到起竖设备上。

桅杆式起竖设备的主要缺点:一是起竖设备的质量大,因为起竖导弹时需要保证可靠的稳定性。这种起竖设备的质量通常是所起竖导弹的质量的5~7倍。为提高起竖设备的稳定性,其框架可以靠连接杆向下固定到发射台的底部。二是钢丝绳滑车系统的钢丝绳相当长,起重绞车卷筒很大,导弹起竖到垂直位置所需时间很长。由于钢丝绳滑车系统的钢丝绳特别长,致使钢丝绳的伸长量很大。这样,当突然停止正在起竖的导弹时,会引起钢丝绳滑轮系统长时间的振动。三是起竖设备工作时外廓尺寸很大,因为桅杆很高。四是起竖设备从运输状态转到工作状态所需时间相当长。五是起竖设备的结构复杂,因为有起重绞车和桅杆升降机构。六是钢丝绳滑车系统的使用寿命比较短。

3. 起竖臂式起竖设备

起竖臂铰接固定在起竖设备的车架上,而导弹装在起竖臂上。导弹通常以两个部位固定在起竖臂上。导弹前部用夹钳固定(主要是横向钳住),夹钳允许导弹沿母线方向有微动,也可以用拉紧杆把导弹固定在前支座上。对导弹后部的固定应避免横向和轴向位移。例如,采用弯把螺栓(环首螺栓)就可以达到这个要求。用起竖臂的起竖机构把导弹连同起竖臂一起起竖到垂直位置。起竖机构最常用的是液压千斤顶。在导弹被起竖到发射台上方(垂直状态)以后,导弹与发射台的支承盘对好。然后把导弹从起竖臂的固紧装置上松开,使起竖臂稍微(很小的角度)离开导弹。起竖臂上有工作台,用以发射前维护导弹。在导弹发射前,起竖臂下降到水平状态,起竖设备撤离发射台。

起竖臂式起竖设备的优点如下:一是起竖设备较短,因而所需发射场地较小。二是起竖设备质量较小。起竖设备质量的减轻,是因为不需要用起竖设备的质量力矩来补偿载有导弹的起竖臂的质量力矩。对于起竖尺寸和质量较小的导弹(起竖到垂直状态)的起竖车以及固定式起竖设备,起竖设备和导弹之间的质量比可以减小到1∶1。三是起竖臂的起竖机构很紧凑。伸缩式液压千斤顶的独特优点是能够产生巨大的力,因此被广泛用于起竖臂式起竖设备之中。四是导弹起竖到垂直状态的操作比较简单,而且只需要很少的辅助工作。五是在装有导弹的情况下,起竖臂的起竖机构能够容许有比较高的起竖速度。使用液压驱动能保证起竖速度变化很平稳。

这种起竖设备的缺点如下:一是需要把导弹从运输车上转载到起竖车的起竖臂上,这就增加了导弹发射准备总周期。二是在地面设备中需要有专用起重机,把导弹从运输车转载到起竖车上,或在没有起重机的情况下需要提供带有专门导向装置的运输车和起竖设备,用来转载装有导弹的容器。

4. 起竖导向臂式起竖设备

起竖导向臂式起竖设备用于向地下井发射装置上起竖导弹。这种起竖设备与起竖臂式起竖设备的不同点,是有一个升降导弹的辅助机构和一个导向臂。起竖导向臂不仅用于把导弹起竖到垂直状态,而且还在把导弹放入地下发射井和提升到地面时用作导向装置。

思 考 题

1. 机场按用途分为哪些类？各种机场的作用是什么？
2. "三库"是指哪三库？其作用分别是什么？
3. 简述机场助航设施有哪些以及各自的作用。
4. 简述航天器发射场应当如何进行选址。
5. 航天器着陆场的地理条件应包括哪些？
6. 导弹发射装置是怎样进行分类的？
7. 简要分析导弹空中运输存在的优缺点。

参 考 文 献

[1] 何庆芝. 航空航天概论[M]. 北京:北京航空航天大学出版社,1997.

[2] 谢础. 航空航天技术概论[M]. 北京:北京航空航天大学出版社,2005.

[3] 刘解华,唐谋生. 蓝天雄鹰——军用飞机[M]. 北京:化学工业出版社,2012.

[4] 董襄宁. 空中交通管理系统[M]. 北京:科学出版社,2010.

[5] 张平,冯艳. 发射场卫星工作指南[M]. 北京:国防工业出版社,2011.

第六章　世界主要空天军事力量

随着科学技术的进步和现代战争模式的转变,空天力量已成为左右战争格局的重要因素。目前,世界各强国也越来越重视空天力量的发展,无论是从经费上,还是人才建设上都不遗余力地加大了投入。"知己知彼,百战不殆",本章主要介绍美国、俄罗斯等军事强国的空天军事力量的基本编制与概况,对我空天军事力量建设能够提供有益的参考与借鉴。

第一节　世界航空军事力量

一、美国航空部队

作为当今世界上第一经济和军事强国,美国拥有世界上最强大的航空力量,是美军主宰战场的关键。美国的航空部队主要由空军构成,海军航空兵、海军陆战队和陆军航空兵也拥有较强的空中力量。

(一)空军

美国空军(United States Air Force,USAF)是美国军队中的空军部分,其各种标志图案如图 6-1 所示。其任务是"通过空中、外太空和赛博空间中的武力保护美国及其利益",它于1947 年 9 月 8 日正式成立。美国空军是世界上规模最为庞大,技术力量最为发达的空军。2008 年美国空军在役军人约 35 万人,空军国民警卫队与空军预备役约 23 万人,共装备无人驾驶飞机约 160 架,有人驾驶飞机 4 282 架(其中轰炸机 172 架,战斗机 1 619 架,直升机 160架,侦察机、预警机 137 架,特种作战飞机 103 架,空中加油机 278 架,教练机 1 284 架,运输机529 架),另有空军国民警卫队的 1 321 架,以及空军预备役的 410 架;2 161 枚空基巡航导弹,以及 580 枚洲际弹道导弹。

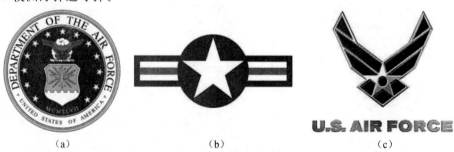

(a)　　　　　　　　　　(b)　　　　　　　　　　(c)

图 6-1　美国空军标志
(a)美国空军军徽;(b)美国空军机徽;(c)美国空军臂章

美国空军编有 14 个航空队、47 个联队(11 个战略轰炸机联队、11 个运输机联队和 25 个战斗机联队)、128 个中队(26 个轰炸机中队、33 个运输机中队和 69 个战斗机中队)。

美国空军由空军部、空军参谋部和作战单位组成,其组织结构如图 6-2 所示。

空军部包括空军部长、副部长、助理部长、法律总顾问、总检察长、空军预备兵政策委员会和其他按法律或由秘书处设立的职员。空军部的任务是询问、监察、监督(包括财政监督)、检查、立法事务和公共事务。

空军参谋部主要由空军参谋长和空军部的军事顾问组成,其中包括空军参谋长、副参谋长、助理副参谋长、总军事长、四个代理参谋长、美国空军总卫生长、军法署署长、空军预备队长和其他部长认为有必要配署的军民人员。

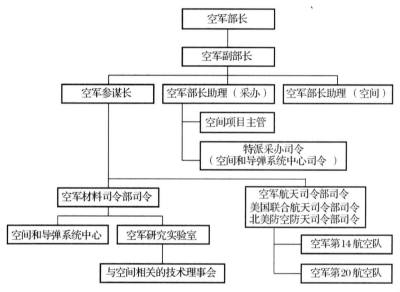

图 6-2 美国空军组织结构图

作战单位由数个主司令部、野外作业机构和直属单位组成。

主司令部直接受美国空军总司令部指挥。各个主司令部指挥的部队互相关联和补充,可以互相提供防御、进攻和补给。美国空军由九个主司令部组成,见表 6-1。

表 6-1 美空军作战司令部组成

主司令部	总部地点
空军作战司令部(ACC)	兰利空军基地,弗吉尼亚州
空军培训和训练司令部(AETC)	伦道夫空军基地,得克萨斯州
空军装备司令部(AFMC)	赖特-帕特森空军基地,俄亥俄州
空军预备役司令部(AFRC)	罗宾斯空军基地,乔治亚州
空军航天司令部(AFSPC)	彼得森空军基地,科罗拉多州
空军特种作战司令部(AFSOC)	哈尔伯特营地,佛罗里达州
空军机动司令部(AMC)	斯格特空军基地,伊利诺伊州
美国驻欧洲空军(USAFE)	拉姆斯泰因空军基地,德国
美国太平洋空军(PACAF)	希凯姆空军基地,夏威夷州

航空军是主司令部下辖的指挥层（见表 6 - 2），它是提供指挥和监督的战略梯队层，它不是管理总部，因此没有完整的参谋部。许多航空军在特定的地区或战场实行主司令部的行动。航空军下辖联队、大队和中队。

表 6 - 2　美空军航空兵组成

航空军	总部地点	辖属司令部
第一航空军	廷德尔空军基地，佛罗里达州	空军作战司令部
第二航空军	基斯勒空军基，密西西比州	空军培训和训练司令部
第三航空军	皇家空军米尔登霍尔基地，英国	美国驻欧洲空军
第四航空军	罗宾斯空军基地，乔治亚州	空军机动司令部和空军预备役司令部
第五航空军	横田空军基地，日本	美国太平洋空军
第七航空军	乌山空军基地，韩国	美国太平洋空军
第八航空军	巴克斯达尔空军基地，路易斯安那州	空军作战司令部
第九航空军	肖空军基地，南卡罗莱那州	空军作战司令部
第十航空军	海军空军联合预备基地，得克萨斯州	空军作战司令部和空军预备役司令部
第十一航空军	埃尔门多夫空军基地，阿拉斯加州	美国太平洋空军
第十二航空军	戴维斯·蒙森空军基地，亚利桑那州	空军作战司令部
第十三航空军	安德森空军基地，关岛	美国太平洋空军
第十四航空军	范登堡空军基地，加利福尼亚州	空军航天司令部
第十六航空军	阿维亚诺空军基地，意大利	美国驻欧洲空军
第十八航空军	斯格特空军基地，伊利诺伊州	空军机动司令部
第十九航空军	伦道夫空军基地，得克萨斯州	空军培训和训练司令部
第二十航空军	华伦空军基地，艾奥瓦州	空军航天司令部
第二十二航空军	多宾斯空军预备基地，乔治亚州	空军机动司令部和空军预备役司令部

其中，第 15 和第 21 航空军被改编为第 18 航空军下的远征机动特遣队，第 15 远征机动特遣队驻在加利福尼亚州的特拉维斯空军基地，第 21 远征机动特遣队驻在新泽西州的迈克奎尔空军基地。

美空军联队是航空军下属的指挥机构。每个联队有 1 000～5 000 人，下分数个大队和中队，可以独立完成相当规模的任务。联队分为作战联队、空军基地联队和特别任务联队。

每个作战联队都有作战单位、后勤保障单位和相关的作战任务。假如一个作战联队正在完成它所驻基地的首要任务，那么它一般也负责维持和运行该基地。此外一个作战联队在它的行动地区可以自给，在必需情况下可以完成维修、供给和提供弹药的任务。假如一个作战联队转场或驻训到另一个基地的话，那么该基地必须提供必要的后勤支援。

一些没有作战联队的基地拥有空军基地联队(见表6-3)。空军基地联队主要起援助作用,它维持和运行一个空军基地。一般一个空军基地联队为一个主司令部的总部提供服务工作。

表6-3 美空军作战联队概况

联 队	驻 地	司令部	机 型
第2轰炸机联队	巴克斯达尔空军基地, 路易斯安那州	空军作战司令部	B-52同温层堡垒战略轰炸机
第5轰炸机联队	米诺特空军基地,北达科他州	空军作战司令部	B-52同温层堡垒战略轰炸机
第91航天联队	米诺特空军基地,北达科他州		民兵3型固态燃料火箭
第15空军基地联队	希凯姆空军基地,夏威夷州	美国太平洋空军	—
第18联队	嘉手纳空军基地,日本	美国太平洋空军	F-15鹰式战斗机、 F-22猛禽战斗机
第1战斗机联队	兰利空军基地,弗吉尼亚州	空军作战司令部	F-15鹰式战斗机、 F-22A猛禽战斗机
第21航天联队	彼得森空军基地,科罗拉多州	空军航天司令部	人造卫星
第28轰炸机联队	艾埃尔斯沃思空军基地, 南达科他州	空军作战司令部	B-1枪骑兵轰炸机
第30航天联队	范登堡空军基地,加利福尼亚州	空军航天司令部	—
第305空军机动联队	迈克奎尔空军基地,新泽西州	空军机动司令部	KC-10补充者空中加油机、 C-17运输机
第319空中加油联队	格兰德·弗克斯空军基地, 北达科他州	空军机动司令部	KC-135同温层空中加油机
第34培训联队	美国空军军校,科罗拉多州	—	军官培训
第347营救联队	莫地空军基地,乔治亚州	空军作战司令部	HH-60黑鹰直升机
第355联队	戴维斯·蒙森空军基地, 亚利桑那州	空军作战司令部	HH-60黑鹰直升机、 C-130大力士运输机、 A-10雷电Ⅱ疣猪攻击机
第36联队	安德森空军基地,关岛	美国太平洋空军	—
第375空运联队	斯格特空军基地,伊利诺伊州	空军机动司令部	—
第376空军远征联队	比什凯克,吉尔吉斯斯坦	空军作战司令部	—
第39空军基地联队	因斯里克空军基地,土耳其	空军作战司令部	—
第42空军基地联队	麦克斯威尔空军基地,亚拉巴马州	空军培训和 训练司令部	C-130大力士运输机
第412试飞联队	爱德华空军基地,加利福尼亚州	—	—
第436空运联队	多佛空军基地,特拉华州	空军机动司令部	C-5银河运输机

续表

联 队	驻 地	司令部	机 型
第 49 战斗机联队	何罗曼空军基地,新墨西哥州	空军作战司令部	F-117 夜鹰隐形战斗机
第 50 航天联队	谢里佛空军基地,科罗拉多州	空军航天司令部	人造卫星
第 509 轰炸机联队	怀特曼空军基地,密苏里州	空军作战司令部	B-2 幽灵隐形战略轰炸机
第 552 空军控制联队	廷克空军基地,俄克拉荷马州	空军作战司令部	E-3 空中预警机
第 57 联队	内黎空军基地,内华达州	空军作战司令部	—
第 6 空军机动联队	迈克迪尔空军基地,佛罗里达州	空军机动司令部	KC-135 同温层空中加油机
第 60 空军机动联队	曲拉维斯空军基地, 加利福尼亚州	空军机动司令部	C-5 银河运输机、KC-10 补充者空中加油机
第 62 空运联队	麦科德空军基地,华盛顿州	空军机动司令部	C-17 运输机
第 66 空军基地联队	汉斯科姆空军基地,马萨诸塞州	—	—
第 72 空军基地联队	廷克空军基地,俄克拉荷马州	空军机动司令部	—
第 90 航天联队	华伦空军基地,艾奥瓦州	空军航天司令部	民兵 3 型固态燃料火箭、 洲际弹道导弹
第 939 营救联队	波特兰,俄勒冈州	—	HH-60 黑鹰直升机、C-130 大力士运输机
第 99 空军基地联队	内黎空军基地,内华达州	空军作战司令部	—
第 314 空运联队	小石空军基地,阿肯色州	空军机动司令部	C-130 大力士运输机

每个联队由多个不同责任的大队组成。大队由数个中队组成。每个中队有其各自的责任,装备同种机种的数架飞机。其他主要空军组织概况见表 6-4。

表 6-4 美空军其他主要组织概况

联 队	驻 地	司令部
空军技术学院	赖特-帕特森空军基地,艾奥瓦州	—
空军民用工程支持机构	廷德尔空军基地,佛罗里达州	—
空战中心	内黎空军基地,内华达州	空军作战司令部
俄克拉荷马市空军物流中心	廷克空军基地,俄克拉荷马州	空军机动司令部
空军运动战中心	迪克斯堡,新泽西州	

战时部队的最高层是空军航空航天远征军特遣部队,它是空军向作战总司令提供的空军部队。其总部是一个空军作战总部,这个作战总部帮助总司令计划和执行空战支援。每个作战总部由一个空军部队指挥官、空军部队参谋和空战中心组成。作战总部帮助协调联合部队指挥官在其责任范围内部署空军部队。

空军部队指挥官负责帮助联合部队总司令部署空军部队,它有一个特别参谋部和一个参谋部来帮助其命令或组织必要的部队,保证它们的武装和训练来保障完成作战任务。

空战中心是空军部队指挥官的智囊中心。这个中心的任务是协助联合部队指挥官来计划和完成空军任务。

空军航空航天远征军特遣部队由空军远征联队或大队组成。这些部队从各空军主司令部获得它们的作战部队,战后将这些部队归还给各空军主司令部。战区空军控制系统负责在作战过程中部署这些部队。

(二)海军航空兵和海军陆战队

海军航空兵包括舰队航空兵和海军陆战队航空兵。舰队航空兵司令部负责舰队航空兵的行政指挥、训练、维修,并制定航空兵作战原则,下辖 4 个航空母舰大队及若干个舰队航空联队和舰载机航空联队。联队是航空兵最高的行政与战术单位,下辖 6～12 个中队。中队则是由同机种飞机编成的基本行政和战术单位。

航空母舰大队主要由 1 艘航空母舰和巡洋舰、驱逐舰、攻击潜艇、后勤供应舰、护卫舰等各 1～2 艘编成。美海军目前有 11 艘现役航空母舰,每艘下辖 1 个舰载机联队。

舰载机联队是以航空母舰为活动基地的行政管理与战术作战单位。联队由人员精干的联队部和数个中队编成。典型的舰载机联队通常编有 9 个中队:2 个战斗机中队、2 个战斗攻击机中队、1 个反潜机中队、1 个反潜直升机中队、1 个战术电子战中队,1 个空中预警机中队,其他还有加油机中队等。舰载机联队随航空母舰出海执勤时以航空母舰为活动基地,航空母舰返航后就由舰上转场到岸上机场休整和训练,届时各中队将返回岸上自己的原建制联队。

舰队航空联队是以海岸场站为基地的海军航空兵部队,又称岸基航空兵,主要由海军岸基飞机、舰载机和支援部队组成。常见的航空联队有巡逻机联队、攻击机联队、战斗机联队、战斗攻击机联队(也称打击机联队)等,包括 12 个战斗机(F－14)中队、24 个攻击机(F/A－18、A－6)中队、4 个电子情报飞机(EP－3、ES－3)中队、13 个电子战飞机(EA－6B)中队、12 个海上侦察机(陆基 P－3CⅡ、P－3CⅢ)中队、10 个反潜战飞机(S－3B)中队、10 个空中预警机(E－2C)中队、2 个指挥机(E－6A)中队、20 个反潜直升机中队、2 个水雷战直升机中队。

海军陆战队是一支长期处于戒备状态、擅长登陆作战和具有高度机动性的作战部队,是对瞬间爆发的危机迅速有效做出反应的手段。美国海军陆战队员额约为 17 万人,编有 3 个陆战队师、3 个勤务支援大队、1 个安全保密营、1 个安全警卫营。其武器装备主要有 M－1A1 主战坦克、轻装甲车、两栖装甲车、牵引火炮、反坦克导弹、无后坐力炮和迫击炮等。

海军陆战队所属的航空兵有 3.65 万人,编成 3 个现役联队,装备各种飞机约 520 架,直升机约 500 架。

(三)陆军航空兵

陆军航空兵主要由空降师和空中突击师组成。空降师是美国快速部署部队的核心力量,它能异常灵活地高速进入敌国领土纵深。空降师既能单独作战,也能作为军种联合部队的一部分进行作战,对战斗行动往往能产生决定性的影响。美国陆军目前只有 1 个空降师即第 82 空降师。第 82 空降师战略机动能力强,因此一直在美国本土担任战略预备队,是美国中央总部下辖的陆军 4 个快速反应师之一,可向全世界任一地区实施快速部署,可完成战略、战役和战术多种作战任务。

空中突击师主要是实施直升机机降作战的部队,是快速部署部队的重要组成部分。空中突击师将士兵和空中机动性融为一体,能迅速超越遥远的距离,绕过地形障碍和敌方防御阵地,同时在一个以上的方向作战。第101空中突击师是美陆军唯一主要依靠直升机进行空中机动作战的快速反应部队。该师具有快速的空中机动能力和强大的火力与突击力,能够远距离超越地形障碍,对敌实施突然打击。其空中"机动—打击—再机动—再打击"的作战方式,有别于第82空降师的一次性空降打击,比后者更具灵活性和突击力。

二、俄罗斯航空部队

俄罗斯武装力量分为陆军、海军和空军三个军种和战略导弹兵、太空兵和空降兵三个兵种。除武装力量外,军事组织中还包括其他军队。

(一)俄罗斯空军新一轮军事改革

基于2008年8月俄(罗斯)格(鲁吉亚)军事冲突的经验教训,俄罗斯在认真分析和研究国际安全形势和国家安全威胁的基础上,拟定和出台了新一轮军事改革规划。自2008年10月以来,俄军先后拟定和出台了《2009—2012年俄军新一轮军事改革方案》《2012—2020年俄军新一轮军事改革方案构想草案》《2009—2011年俄国家武器装备计划》和《2011—2020年俄国家武器装备构想草案》。对此,俄空军在组织结构、武器装备、军事训练和联勤保障方面,开始实施前所未有的全面而深刻的军事改革,紧紧围绕空天防御作战这一核心,改造传统的组织结构,全面更新武器装备,优化高等军事教育体系,创建新的联勤保障机制,以期在2020年前将俄空军建设成为一支以俄国家空天防御体系为核心的结构紧凑、装备精良、机动性强、保障有力的新型空军。

俄空军新一轮军事改革的主要内容体现在以下几方面:

(1)在组织结构上,减少作战指挥体制环节,由"空军-空防集团军(莫斯科特种司令部)-防空军(防空师和航空兵师)-航空兵团"四级作战指挥体制转为"空军-空防司令部(空天防御司令部、远程航空兵司令部和军事运输航空兵司令部)-航空兵基地和空天防御旅"三级作战指挥体制,优化部队战斗编成和裁减编制员额,努力提高俄空军作战指挥体制的作战指挥效率和快速反应能力。

一是减少作战指挥体制环节,把现行的5个空防集团军整合为西-西北、西伯利亚、远东和南方4个空防司令部,把莫斯科特种司令部改编为空天防御司令部,重新恢复组建远程航空兵司令部和军事运输航空兵司令部。此外,俄空军空防集团军和莫斯科特种司令部所属的防空军、防空师和航空兵师以及航空兵团将被取消,以此为基础组建航空兵基地和空天防御旅。

二是优化部队战斗编成和裁减编制员额。在新一轮军事改革实施过程中,俄空军将继续保留原有的远程航空兵、前线航空兵、特种航空兵、军事运输航空兵、军团直属运输航空兵、防空导弹兵、雷达兵、电子对抗兵和无人机部队的结构。这次军事改革将涉及84%的指挥机构和部队,其中10%的部队被撤编,22%的部队被重组,剩余68%的部队调整编制人数,将现有的340支部队减为180支部队,组建55个航空兵基地。此举最大的优点是裁减了战役军团(军级)战斗编成的数量,俄空军将裁减30%的军官。2020年前,俄空军计划将所有部队转为常备部队。

(2)在武器装备上,采取改进与研发武器装备并举的策略,增加武器装备的信息化水平,2015年前第三代与第四代武器装备比例将达到55%∶45%,2020年前将达到20%∶80%,全面提升空天防御作战能力。

首先,继续对现役武器装备实施技术改进。鉴于新型武器装备研发周期较长,俄空军计划于 2020 年以前,除淘汰少量现役武器装备外,对航空兵现役各类作战飞行器和防空部队现役各类防空武器装备实施技术升级改造,重点解决和提高作战飞机武器控制系统的自动化水平、机载武器精确打击能力和电子对抗能力等。

此外,研发和装备一批新型信息化武器装备。为满足未来空天防御作战的需要,2020 年前俄空军将重点研发和装备一批以隐身化、精确化、无人化、网络化和空天防御一体化等信息技术为核心的高技术武器装备,如苏-57 歼击机,KC-172,K-31 和 K-35 超远程空空导弹,高空长航时战略无人机等。

根据 2020 年前俄空军武器装备发展规划,2016 年前,俄空军防空导弹部队防空导弹系统的更新率将达到 80%。2020 年前,俄空军航空兵部队将装备大约 2 000 架更新的飞机(直升机)和 500 多架新型无人机,武器装备的更新率将达到 80%,均将达到第三代半和第四代水平,俄空军各兵种主战武器装备的结构将得到进一步的优化。俄空军远程航空兵将装备图-160M、图-95MCM 战略轰炸机和图-22M3M 远程轰炸机;前线航空兵将装备米格-31BH、苏-35C、米格-35C 和苏-57 歼击机,苏-34 前线轰炸机,苏-25УБM 强击机和雅克-130 教练歼击机;无人机部队将装备新型无人侦察机和新型无人攻击机;陆军航空兵将装备米-28 和卡-52 武装直升机、米-8MTB-5 运输空降直升机、米-26M 重型军用运输直升机、卡-60 新型多用途直升机和"安萨特"轻型军用教练直升机;军事运输航空兵将装备安-124 重型远程军用运输机、伊尔-76МД-90A 重型军用运输机和伊尔-112B 轻型军用运输机;防空导弹部队将装备 C-300-ПМ、C-400 防空导弹系统和"铠甲-C"弹炮合一防空系统;雷达兵部队将装备"对手-ГЕ""伽马-ДЕ"和"伽马-C1E"防空雷达。

(3)在军事训练上,优化高等军事教育体系,压缩高等军事院校的数量,提高高等军事院校的教育水平和管理水平,不断加大演习演练的力度,培养指挥员的指挥技能和作战人员的实战能力。

一是优化高等军事教育体系,提高高等军事院校的教育水平和管理水平。2008 年 10 月前,俄空军共编有 9 所高等军事学校、2 所军事学院和 1 所军事大学。随着各级高等军事学校的合并重组,俄空军高等军事院校由原先的 12 所裁减为 9 所,同时在茹科夫斯基-加加林空军学院成立军事科教中心。

二是与国家高等院校三级教育标准接轨,培养更多的高级军事专业人才。在转入国家三级教育标准后,俄空军高等军事院校将获得培养学士学位和硕士学位教育的资格。

三是增加高等军事教育的军费投入,加快更新和装备新型教学器材的步伐。这些军费投入,一方面将用于未来年轻军官的培养,另一方面将用于对军事院校教研室教学器材和科教中心科研设备的更新。

四是改进和强化演练的模式和力度,提高全体官兵的军事素质和技能。例如,俄空军远程航空兵将继续实施战略轰炸机海外巡逻飞行训练,以提高机组人员飞行训练水平和处置各类情况的能力。

(4)在联勤保障上,将装备保障体系与后勤保障体制合并,组建新的物资技术保障体制。根据俄军"由异地转为就地"的联勤保障总体改革发展构想,采取"航空兵配置地域"原则,创建新的联勤保障机制,努力提高和改善官兵的物质待遇,为保留人才创造最佳条件。

根据"航空兵配置地域"原则,俄空军计划把分散的联勤保障机构纳入统一的联勤保障机构,包括将航空兵和防空兵两套后勤保障机构进行合并。俄空军后勤部将对统一的联勤保障机构实施指挥。俄空军还计划实施组建联勤保障旅的试验工作,以确保战时空防集群作战的需要。平时,俄空军联勤保障旅将归属空军后勤部和空防司令部指挥,战时,将直接归属空防司令部指挥。此外,俄空军还打算将空军防空兵部队、陆军防空兵部队、联邦安全局航空兵部队、内务部航空兵部队、民防航空兵部队和紧急情况部航空兵部队纳入统一的联勤保障体制,以实现跨兵种和跨部门的"大联勤"保障体制。

(二)俄罗斯航空力量组成

俄罗斯航空力量主要由空军、战略导弹兵、海军航空兵、陆军航空兵、空降兵组成。

1. 空军

俄罗斯空军是世界第二大空军(其标志图案如图 6-3 所示),拥有 4 000 多架飞机。1991年 11 月,随着苏联解体,苏联的战机与机组人员分别归属到 15 个独联体国家中。苏联防空部队仍保持独立,到 1998 年合并到俄空军,期间共有 580 个单位被解散,134 个单位被重组,以及超过 600 个单位被赋予新的司法管辖权,空军服役人员从先前的 32 万人削减到 18.5 万人,取消了约 12 万个职位,其中包括 1 000 名上校职位。

(a)   (b)

图 6-3 俄罗斯空军标志

(a)俄罗斯空军军徽;(b)俄罗斯空军机徽

俄罗斯空军编有远程航空兵(空军第 37 集团军)、战术航空兵、军事运输航空兵(空军第61 集团军)和 5 所空军航空训练学校,主要装备见表 6-5。

表 6-5 俄罗斯空军主要装备详表(2008 年数据)

单 位	种 类	型 号	数量/架
远程航空兵 (空军第 37 集团军)	轰炸机	图-95	68
		图-160	15
		图-22M	158
	侦察机	图-22M-2/3	10
		图-134	30
	加油机	伊尔-78	20

续表

单　位	种　类	型　号	数量/架
战术航空兵	轰炸机	苏－24	350
	强击机	苏－25	225
	歼击机	米格－29	260
		苏－27	340
		米格－31	280
	侦察机	米格－25	15
		苏－24	120
	预警机	—	16
	电子战直升机	—	60
	空空导弹	AA－8、AA－10、AA－11	若干
	空地导弹	AS－4、AS－7、AS－10、AS－11、AS－12、AS－13、AS－15、AS－17、AS－18	若干
	地空导弹发射架	SA－2	50
		SA－5	200
		SA－10/S－300	1 900
军事运输航空兵（空军第61集团军）	运输机	伊尔－76M/MD、安－12、安－22、安－124	280
空军航空训练学校	教练机	—	1 150

2. 战略导弹兵

战略导弹兵是战略核力量的主要组成部分。战略导弹兵由导弹部队和各种专业部队组成。其中专业部队包括导弹技术部队、核技术部队、工程部队，以及三防、通信、电子战、测绘、气象、警卫、侦察和后勤部队等。目前，战略导弹兵员额约12万人，编为4个集团军，共17个导弹师。其现役的主要战略导弹有2代5种型号：第4代PC－18型（北约称为SS－19）、PC－20型（北约称为SS－18）；第5代PC－22型（北约称为SS－24）、PC－12M"白杨"型（北约称为SS－25）、"白杨－M"型（北约称为SS－27）。PC－18、PC－20和PC－22型导弹为多弹头导弹，其中PC－22可携带10枚35万吨级的分导式弹头。导弹部署分为发射井和公路铁路机动两种方式，其中"白杨"和"白杨-M"均为公路机动部署。目前，处于战斗值班的导弹数量为750余枚，其中最新式的"白杨－M"导弹有20余枚。"白杨"系列导弹目前为单弹头，将来必要时可改装为多弹头。

3. 海军航空兵

海军航空兵编制约3.5万人，编有1个海军航空兵司令部和4个舰队航空兵，主要装备见表6－6。

表 6 - 6　俄罗斯海军航空兵主要装备详表（2008 年数据）

种　类	型　号	数量/架
航空母舰	"库兹涅佐夫"级	1
轰炸机	图 - 22M	45
歼击轰炸机	苏 - 24	52
	苏 - 25	10
	苏 - 27	52
反潜飞机	图 - 142	10
	伊尔 - 38	26
	贝 - 12	4
反潜直升机	—	45
侦察/电子战飞机	安 - 12	18
	米 - 8	8
运输直升机	卡 - 29	12
	米 - 24	15
运输机	—	37
空地导弹	AS - 4,AS - 7,AS - 10,AS - 11,AS - 12,AS - 13,AS - 14	若干

4. 陆军航空兵

陆军航空兵的装备主要包括地空导弹、直升机等，主要装备见表 6 - 7。

表 6 - 7　俄罗斯陆军航空兵主要装备详表（2008 年数据）

种　类	型　号	数量/架
地空导弹发射架	SA - 4	500
	SA - 6	400
	SA - 8	400
	SA - 9	200
	SA - 11	250
	SA - 12A/B	100
	SA - 13	350
	SA - 15	100
	SA - 19,SA - 7,SA - 14,SA - 16,SA - 18	若干
直升机	米 - 24	737
	卡 - 50	8
运输直升机	—	1 060
侦察直升机	—	140

三、欧洲主要航空部队

欧洲一直是世界经济与科技最发达的区域之一,也是近代空军的发源地,其经济实力和军工科技足以和美国抗衡。

当前,欧盟一体化军事力量仍处于建设之中,西欧传统强国远距离投送能力有限,而且"北约"的通信指挥、后勤保障、侦察监视和指挥管理等诸体系的组织与技术保障均处于美国的控制之下。但英、法、德三国均拥有完善、发达的军事工业体系,工业基础和军事科技实力雄厚,武器自主研发能力很强。

(一)英国

英国皇家空军(Royal Air Force,RAF)为英国军队的航空作战部门,其标志图案如图6-4所示。皇家空军创始于1918年4月1日,自此之后在英国军事史上扮演重要角色,而于第二次世界大战及伊拉克战争等冲突中也发挥了很大的作用。英国空军有1 000架以上飞行器及5.4万名常备兵员,现主要集中在德国境内和英格兰地区,有重要基地26个,其主要担负起保卫北约中部地区、东大西洋和英吉利海峡的任务。

（a）　　　　　　　　　　　　　　　　　（b）

图6-4　英国皇家空军标志

（a）英国皇家空军军徽；（b）英国皇家空军机徽

英国皇家空军设有攻击司令部、支援司令部等,编有5个飞行大队、45个中队,包括6个战斗/轰炸机中队(可进行核攻击)、5个对地攻击中队、6个歼击机中队、4个侦察机中队、3个海上巡逻机中队、2个电子预警机中队、1个电子对抗/情报搜集中队、3个空中加油机中队、4个运输机中队、1个联络通信中队和10个直升机中队。其主要装备见表6-8。

除空军之外,海军航空兵和陆军航空兵也拥有相当的空中力量。其中海军航空兵有战斗机/攻击机飞行中队2个,教练机飞行中队1个,运输机飞行中队1个,反潜直升机飞行中队1个,反潜/攻击直升机飞行中队1个,预警直升机飞行中队1个,运输直升机飞行中队2个,侦察直升机飞行中队1个,搜索/救援直升机飞行中队1个和训练直升机飞行中队2个。其主要装备见表6-8。

表 6-8 英国航空部队主要装备详表(2008 年数据)

单 位	种 类	型 号	数量/架
空军	战斗机	"旋风"F-3	106
		"美洲虎"式	54
		"鹞"GR-7	69
		"隼"式	98
	轰炸机	"旋风"GR-1	142
	运输机	"三屋"式	9
		VC-10	24
		"大力士"式	55
	侦察机	"堪培拉"式	7
	电子预警机	E-3D	7
	海上巡逻机	MR-1	28
	加油机	—	15
	直升机	—	161
	教练机	—	206
海军航空兵	垂直/短距起降战斗/攻击机	"海鹞"FA-2	29
	教练机	T-4/-8	5
		"鹰"式	14
	运输机	"喷气流"式	13
	直升机	"海王"式	88
		MK3 型"大山猫"	36
		MK7 型"大山猫"	6
		MK8 型"大山猫"	23
		EH-110"默林"式	38
		"小羚羊"式	8
	空舰导弹	"海上大鸥"式	若干
	空空导弹	AIM-9"响尾蛇"式	若干
		AIM-120C	若干

续表

单　位	种　类	型　号	数量/架
陆军航空兵	直升机	AH - 64	17
		"大山猫"AH - 1/7/9	109
		SA - 341	133
	侦察直升机	—	15
	联络机	BN - 2	6
	无人驾驶飞机	"不死鸟"式	8
	地空导弹	"星光"式(车载自行式)	135
		"星光"式(轻型发射架)	147
		"轻剑"C 型	57

(二)法国

法国空军(French Air Force)成立于 1909 年,最初叫作"航空服务队",当时隶属于法国陆军,1933 年才成为一个独立的军事部门。冷战结束后法国空军将原先管辖的四个空域缩减为三个:东北空域、地中海空域和大西洋空域,主要部署在东北部和中部地区,共有基地 50 处。法国空军的标志图案如图 6-5 所示。

法国空军设有通信与地面系统司令部 1 个,下辖雷达站 6 个、预警机中队 1 个和地空导弹中队 11 个;战术空军司令部 1 个,下辖战斗机中队 6 个、战斗轰炸机中队 6 个、侦察机中队 6 个、战斗教练机中队 2 个和电子战中队 1 个;空军机动司令部 1 个,下辖运输机中队 14 个、电子战中队 1 个、直升机中队 5 个和教练机中队 1 个;空军训练司令部 1 个。其主要装备见表 6-9。

（a）　　　　　　　　　　　　　（b）

图 6-5　法国空军标志

(a)法国空军军徽;(b)法国空军机徽

表 6-9　法国空军主要装备详表（2008 年数据）

种　类	型　号	数量/架
战斗机	"幻影"2000B/C/5F/D	182
	"幻影"F-1B	11
战斗轰炸机	"幻影"2000N	61
	"幻影"F1-CT	43
	"美洲虎"	25
侦察机	"幻影"F1-CR	43
	"幻影"MIVP	5
	E-3F	4
加油机	C-135FR	11
	KC-135	3
	C-160	9
运输机	A-310-300	3
	A-319（专机）	2
	DC-8	3
	C-130	14
	C-160	57
	CN-235M	20
	N-262	10
	"猎鹰"	17
	TBM-700	19
	DHC-6	6
教练机	"阿尔法"	113
	EMB-121	32
	TB-30	92
	CAP-10B	10
	EMB-312	48
直升机	"美洲豹"SA-330	28
	"超美洲豹"AS-332	7
	"美洲狮"AS-532	3
	AS-355"松鼠"	4
	AS-555"非洲小狐"	41
无人机	"猎人"	4
空地导弹	ASMP,AS-30,SCALP	若干
空空导弹	"超级"530D、"魔术"2、"米卡"	若干

(三)德国

德国在第一次世界大战中战败后,按照《凡尔赛条约》规定德国空军被解散。但在魏玛共和国后期,德国逐步突破禁令,重新生产军用飞机。1935 年 3 月,纳粹德国空军正式重建,戈林担任空军总司令。到 1939 年 8 月,德国空军已拥有 3 750 架战机。第二次世界大战后,德国禁止拥有军队,空军再次被解散。但在西德加入北约后,禁令废除;同一时期受到苏联支持的东德国家人民军也建立了空军;两德统一后,东西德国防力量整并。然而德国跟意大利与日本一样,由于德、意、日在第二次世界大战中战败,同盟国禁止德、意、日三国拥有战略轰炸机、巡航导弹、弹道导弹、巡洋舰、航空母舰、核动力潜舰与核生化武器等侵略性武装,加上德国在战后实施防御型的建军策略,故德国空军并未跟同属北约组织的英国、法国空军一样拥有核威慑力量。德国空军标志如图 6-6 所示。

德国空军战术航空兵编有 2 个司令部,下辖 4 个航空师,其中"旋风"式对地攻击机航空团 4 个,编有 8 个飞行中队;F-4F 式战斗机航空团 3 个,编有 6 个飞行中队;"旋风"式侦察机航空团 1 个,编有 2 个飞行中队,"旋风"式侦察/电子战收音机航空团 1 个,编有 2 个飞行中队。防空部队辖有 2 个战术航空管制团,下辖 10 个雷达站;6 个"爱国者"防空导弹群,共编有 36 个连;6 个"霍克"防空导弹群,共编有 36 个连,另有 14 个独立的"罗兰"防空导弹连,主要担负以对地支援、空战、防空和空中运输等任务。其主要装备见表 6-10。

（a）　　　　　　　　　　（b）

图 6-6　德国空军标志

(a)德国空军军徽;(b)德国空军机徽

表 6-10　德国航空部队主要装备详表

单　位	种　类	型　号	数量/架
空军	攻击/战斗机	F-4	152
		"旋风"	276
		米格-29	23
	战斗轰炸机	"狂风"式	186
		苏-22	1
	侦察机	"狂风"式	41
	电子战飞机	"狂风"式	35

续表

单 位	种 类	型 号	数量/架
	运输机	C-160	84
		波音707	2
		A-310	5
		图-154	1
		CL-601	7
		L-410-S	4
		T-37B	35
		T-38A	40
		VFW	2
	运输直升机	UH-1D	99
		AS-532U2	3
	教练机	T-37B	35
		T-38A	40
	空地导弹	"小牛"式、"哈姆"式	若干
	空空导弹	"响尾蛇"式、"蚜虫"式、"杨树"式、"射手"式	若干
	地空导弹	"霍克"	72
		"罗兰"	84
		"爱国者"	36
海军航空兵	战斗/轰炸机	"狂风"式	49
	巡逻机	"大西洋"式	16
		Do-228	4
	直升机	"大山猫"MK88A	22
		"海王"MK41	21
	空舰导弹	"鸬鹚"式,"海上大鸥"式	若干
	反辐射导弹	"哈姆"式	若干
	空空导弹	AIM-9"响尾蛇"式	若干
陆军航空兵	直升机	PAH-1	199
		UH-1D	118
		CH-53G	107
		BO-105M	60
		"云雀"2	28
		EC-135	13
	地空导弹	车载"罗兰"式	143
		"毒刺"式	若干
	无人机	CL-289型,"鲁纳"式,"阿拉丁"式	若干

四、亚洲主要航空部队

(一)以色列

以色列 1948 年建国后立刻遭到周围阿拉伯国家的进攻,以色列空军也就在这时成立。它的前身是哈迦拿卫队的航空部队。

与世界其他国家不同,以色列空军历来是国防军中的"龙头老大"。以色列之所以特别重视空军建设,首先是因为它在历次中东战争中保持不败的战绩,为保卫以色列的国家安全立下了汗马功劳。其次是因为以色列空军最能体现以军积极防御、以攻为守、将战火引向敌国领土的作战指导思想。在历次战争和冲突中,以空军像一支"空中长臂",迅速、有力、深入敌国、远距离地打击敌人,在很大程度上弥补了以色列战略纵深的不足。再者是因为沙漠地区的地形最适合发挥空军的优势,对地面毫无遮掩的目标,空军可以随心所欲地进行攻击。由于以上原因,空军自然受到以军当局的青睐,以空军总是得到最大的预算份额,拥有最先进的武器装备和最优良的飞行员,堪称"超级空军"。

以色列空军(其标志图案如图 6-7 所示)拥有大约 900 架飞机。虽然战机总数少于周边阿拉伯国家的上千架战机,然而却拥有世界上一流的先进战斗机。其 F-15C 型攻击机作战半径达 1 850 km,几乎可以覆盖大部分阿拉伯国家,其载弹量多达 10 t,足以形成大面积的饱和突击和摧毁能力。F-16C/D 型战斗机,火控雷达可以探测 185 km 远的目标,可以挂载多种空空导弹,载弹量达 5 t 之多。而叙利亚、埃及、沙特阿拉伯等国的先进战斗机数量明显少于以色列。

(a)　　　　　　　　　　　　　　　(b)

图 6-7　以色列空军标志

(a)以色列空军军徽;(b)以色列空军机徽

以色列空军的首要任务是确保国家腹地和领空的安全。除防空外,还负责执行夺取制空权,支援陆、海军作战,轰炸敌国的战略目标,以及空中侦察、运输、联络等作战保障任务。

以色列空军总兵力约 3.5 万人,拥有 11 个基地,部队由联队和中队组成,编有 1 个运输联队、飞行中队 57 个、防空营 17 个。其主要装备见表 6-11。

表 6 - 11   以色列空军主要装备详表(2008 年数据)

种 类	型 号	数量/架
战斗机	F - 16A/B/C/D	237
	F - 4E	102
	F - 15A/B/C/D	64
	F - 15I	25
攻击机	A - 4N	39
预警机	波音 707	2
电子战飞机	波音 707	3
	RC - 12D	5
	IAI - 202	6
	Do - 28	8
	"空中国王"式	4
	"湾流"G550	4
	C - 130H	2
加油机	KC - 130H	5
运输机	波音 707	5
	C - 47	11
	C - 190H	5
联络机	"岛民"式	2
	"塞斯纳"U - 206	22
	"空中女王"80	8
教练机	CM - 170	43
	TA - 4H	10
	TA - 4J	16
	"空中女王"80	4
	G - 120	17
直升机	AH - 1E	16
	AH - 1F	39
	AH - 64	40
	CH - 53D	41
	UH - 60A	10
	UH - 60L	14
	S - 70A	24
	贝尔 - 206	43
	贝尔 - 212	54

续表

种 类	型 号	数量/架
无人机	"侦察兵"式、"搜索者"MK2 型、"火蜂"式、"大力士"式、"德利拉尔"式、"猎人"式、"哈比"式	若干
空地导弹	AGM-45"百舌鸟"式反辐射导弹 AGM-62B"白星眼"式、AGM-65"小牛"式、AGM-78D"标准"式、"大眼"Ⅰ/Ⅱ型空地导弹 AGM-114"海尔法"式、"陶"式机载反坦克导弹 GBU-31 型合攻击弹药	若干
空空导弹	AIM-7"麻雀"式、AIM-9"响尾蛇"式、AIM-120A 型、"蜻蜓"式、"怪蛇"Ⅲ/Ⅳ型	若干
地空导弹	"霍克"式	17 个发射连
	"爱国者"式	3 个发射连
	"爱国者"PAC-2 型	3 个发射连,16 部发射架
	"箭"2 型	2 个发射连,9 部发射架

(二)印度

在立足南亚、称雄印度洋、争当世界军事强国的思想制导下,印度推行"地区性有限威慑"的军事战略。

印度空军(其标志图案见图 6-8)是印军的第二大军种,其前身是 1932 年英国建立的"英国皇家印度空军",1945 年在第二次世界大战期间印度空军正式进入战场作战。自印度 1947 年获得独立以来,印度空军已经参与了四场同周边巴基斯坦的战争。印度空军的主要责任是确保印度领空,在冲突中进行空战。

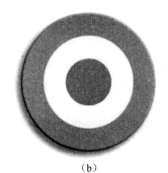

（a） （b）

图 6-8 印度空军标志
(a)印度空军军徽;(b)印度空军机徽

印度航空力量主要由空军、陆军航空兵、海军航空兵组成。印度空军兵力 11 万人,装备各型飞机约 1 400 架(其中作战飞机 777 架)、直升机 180 架(其中武装直升机 34 架)。

陆军航空兵由 2 个地空导弹大队(每个大队含 3～5 个导弹连)、15 个地空导弹团、22 个直升机中队(其中 5 个反坦克中队)组成。海军航空兵共计 5 000 余人(含舰载海军航空兵 2 000 人),装备 37 架作战飞机、72 架武装直升机、空空导弹和空地导弹若干枚。编有 2 个攻击机中队、6 个反潜直升机中队、3 个海上侦察机中队、1 个通信机中队、1 个搜索与救援直升机中队和 2 个训练机中队。其主要装备见表 6-12。

表 6-12 印度航空部队主要装备详表(2008 年数据)

单　位	种　类	型　号	数量/架
空　军	攻击机	米格-23BN/UM	53
		"美洲虎"	95
		米格-17	148
		米格-21MF/PFMA	79
	战斗机	米格-23MF/UM	26
		米格-29	64
		"幻影"2000H/TH	35
		苏-30MK	140
	攻击直升机	米-25/35	32
		"堪培拉"	8
		米格-25R/U	8
	运输机	安-32	105
		Do-228	43
		BAe-748	28
		伊尔 76	25
	运输直升机	米-8	74
		米-17	37
		米-26	10
		波音 737	2
		BAe-748	7
		米-8	6
	教练机	"美洲虎"B	14
		米格-29UB	9
	教练直升机	米-35	2
	电子干扰机	"堪培拉"	6
	电子侦察机	波音 707、波音 737	4
	地空导弹	萨姆-2、萨姆-3、萨姆-5	38 个中队
陆军航空兵	直升机	—	300
	地空导弹	SA-6	180
		SA-7	620
		SA-8B	50
		SA-9	400
		SA-13	45
		SA-16	500

(三)日本

日本航空自卫队是一支空中与空防力量合一的部队,规模不大,但武器装备精良,人员训练有素,其空中截击能力仅次于美国和以色列,堪称是亚洲地区信息化程度首屈一指的空中力量。航空自卫队现有兵力4.55万人,370架作战飞机,编成7个航空兵联队;地面防空部队共有4个联队,拥有发射装置120部,装备17个"爱国者"地空导弹部队。

航空自卫队是日本自卫队的空中武装部队(其标志图案如图6-9所示),由于受到第二次世界大战后和平宪法的限制,其编制跟武器都偏重防卫,不配备具有侵略性的战略轰炸机、弹道导弹、巡航导弹、空中加油机以及核生化武器。虽然如此,由于训练精良、技术先进,加上与美军有相当密切的交流,日本航空自卫队成为除了美国太平洋空军以外,东亚地区一支重要的空中武力。

图6-9　日本航空自卫队
军徽、机徽

日本航空自卫队成立于1954年7月1日,它的成立象征以往分属于陆海军的航空队正式成为独立军种。虽然因为战后宪法的规定而不能称为日本空军,但实际上跟其他国家的空军并无多大的差异。在冷战时期,日本航空自卫队的主要假想敌是苏联空军;苏联解体后,主要假想敌为中国人民解放军空军,因而日本的空防重心从北方南移至九州与琉球群岛。

建立"洋上防空"体制是日本航空自卫队实现由"专守防卫"向"积极防御"战略转变的重要措施。根据武器装备更新换代的速度,日本航空自卫队将建立"洋上防空"体制,即以日本列岛为中心,在其周边广大海域,进行旨在保卫本土及1 000 nmi(1 nmi=1.852 km)内海上交通线安全的防空作战体制。该体制将是一个融国土防空、远洋防空、陆地防空、海上防空和导弹防御为一体的防空体制,由侦察预警与指挥控制系统、外围防空拦截系统、区域防空拦截系统、点防空系统和空中打击系统等五个部分组成,形成既可拦截弹道导弹,又可拦截空袭飞机,同时还可对敌方重要设施进行"先发制人"打击的综合作战能力。

日本航空自卫队的主要编成:航空总队1个(下辖航空方面队3个,航空混成团1个),航空支援集团1个,航空训练集团1个(下辖战斗航空团2个,训练航空团2个,教练飞行团3个),航空开发训练集团1个。其主要装备见表6-13。

表6-13　日本航空自卫队主要装备详表(2008年数据)

种　类	型　号	数量/架
战斗机	F-4EJ	70
	F-15J	130
攻击机	F-1	20
战斗轰炸机	F-2	40
侦察机	RF-4E/EJ	20

续表

种　类	型　号	数量/架
预警机	E - 2C	10
	波音 767	若 干
电子战飞机	EC - I	1
	YS - 11E	10
运输机	C - 1	20
	C - 130H	10
	YS - 11、波音 747 - 100	若 干
搜索救援飞机	U - 125A	20
	MU - 2	若 干
联络机	T - 4	90
	U - 4	若 干
教练机	F - 15J/Dl	20
	F - 2B	20
	T - 3	40
	T - 4	80
	T - 400	10
直升机	CH - 47J	10
	KV - 107	10
	UH - 60J	20
空舰导弹	ASM - 1,ASM - 2	若 干
空空导弹	AAM - 3、AAM - 4、AIM - 7"麻雀"式、AIM - 9"响尾蛇"	若 干
地空导弹	"爱国者"	120
	81 式、91 单兵肩射式、"毒刺"式地空导弹 "火神"式 6 管 20 毫米高射炮	若 干

　　日本航空自卫队参谋部驻东京都,航空总队、航空支援集团司令部驻府中市,航空训练集团驻浜松市,航空开发实验集团司令部驻狭山市。

　　北部防空区:北部航空方面队司令部驻三泽;第 2 航空团、第 3 航空团,第 3 防空导弹群驻千岁;北部航空警戒管制团、第 6 防空导弹群驻三泽。

　　中部防空区:中部航空方面队司令部驻狭山市;第 6 航空团驻小松;第 7 航空团驻茨城县

东茨城郡小川町;第 4 防空导弹群驻各务原市;中部航空警戒管制团、第 1 防空导弹群驻狭山市。

西部防空区:西部航空方面队司令部驻春日市;第 5 航空团驻宫崎县儿汤郡新富町;第 8 航空团驻福岛县筑上郡椎田町;西部航空警戒管制团、第 2 防空导弹群驻春日市。

西南防空区:西南航空混成团司令部驻冲绳岛那霸市;第 83 舰队、第 5 防空导弹群、西南航空警戒管制队驻那霸市。

目前,日本航空自卫队已经形成了由侦察机、预警机和地面雷达组成的侦察预警体系。航空侦察监视任务主要由第 501 侦察中队承担,防空司令部飞行队也承担一定的侦察监视任务。501 侦察中队拥有 12 架 RF-4EJKai 型侦察机,它是在 F-4"鬼怪"基础上改装而成,20 世纪 70 年代投入使用。

防空司令部飞行队装备 13 架 YS-11 运输机,其中 2 架加装了 J/ALQ-5 干扰器,成为电子战飞机,型号改为 YS-E 型。还有 4 架改装 ALR-1 信号侦察设备,成为信号侦察飞机。最后改装的两架飞机在性能上有较大的提高,使用了性能更为先进的 J/ALR-2 信号侦察设备,达到了电子战飞机的水平。

空中预警机承担着日本航空自卫队主要的空中预警任务。1977 年日本航空自卫队开始从美国引进 E-2C 预警机,1983 年在三泽空军基地组建临时警戒航空队,拥有 13 架 E-2C 预警机,主要在日本北部、东北部及日本海中部进行空中巡逻,但主要用于海上,而且使用范围较窄。20 世纪 90 年代末,为扩大预警范围,日航空自卫队开始向美国订购了性能更为优越的 E-767 大型预警机。该机进行空中加油后,可保持 24 小时空中警戒,能完全满足日航空自卫队"洋上防空"的要求。

除此之外,航空自卫队还拥有 28 个地面雷达站,用于空袭预警。目前所使用的雷达主要包括 J/TPS-100、101,J/FPS-1、-2 和-3 等型三坐标雷达,雷达最大探测距离 650 km。其中,J/FPS-3 型雷达最先进,采用有源相控阵技术,可对无线电制导导弹发出诱饵电波,进行反导弹电子战。

第二节　世界航天军事力量

21 世纪之初,空间领域的竞争变得更加激烈。巨大的战略利益使世界许多国家将眼光投向了空间,竞相抢占空间这一战略制高点。进入空间、利用空间和控制空间,对于维护国家安全具有极为重要的战略意义。

目前,世界上组建专门航天部队的国家主要是美国和俄罗斯,英、法等国也有少量的航天部队或力量。

一、美国航天部队

(一)美军航天部队组成

为协调和领导各军种的空间力量和弹道导弹防御作战,1985 年 9 月美国成立三军联合航天司令部,标志着美国"天军"的诞生。该司令部成为美军九大联合作战司令部之一,直接隶属于参谋长联席会议,编制 851 人,由三军成员组成,其中空军占 50%,海军占 30%,陆军占 20%。

随着空间威胁的增加和任务的增多,20世纪80年代初北美防空司令部改称为北美防空防天司令部,职责也相应增加,司令部下辖美国本土防区、阿拉斯加防区和加拿大防区。至此,美国联合航天司令部与北美防空防天司令部共同负责美国空间作战及弹道导弹防御作战两大任务。美国联合航天司令部司令兼任空军航天司令部司令、北美防空防天司令部司令。

2001年1月,美国国家安全空间管理与组织评估委员会发表报告建议,在陆、海、空三个军种之外,建立一支独立的约3万人的空间作战部队。

美军空间力量的组织结构如图6-10所示。

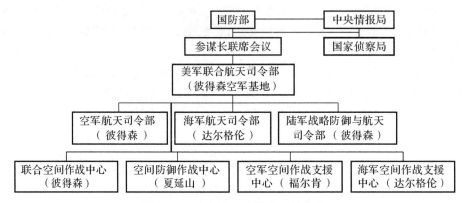

图6-10 美军空间力量组织结构图

1. 空军航天司令部

1958年,美国在组建北美防空司令部时,一些有远见的人提出了组建航天司令部的意见,当时由于空军的反对没有实现。但1982年9月1日,美国空军却率先成立了空军航天司令部,并继而成为美国航天司令部的主体,掌管着美国空间力量的93%。该司令部驻地为科罗拉多州彼得森空军基地,下辖两个航空队:第14航空队(包括第21、30、45、50航天联队和第73航天大队),驻地为加利福尼亚州范登堡空军基地,主要负责发射国家侦察办公室、国防部的卫星,选择性地发射民用卫星并为商用卫星发射提供支持;第20航空队,驻地为怀俄明州华伦空军基地,主要负责发射与管理所有陆基洲际导弹,该联队也是美国战略司令部的组成部队。1993年12月,空军航天司令部成立了空间作战中心,全面实施空间力量向战术应用转移的计划,即国家空间资源战术开发计划,旨在将空间力量直接提供给各类战斗岗位。1999年,将空军航天与指挥控制局改组为空间指挥与控制、情报、监视与侦察中心。同年10月,空军航天司令部开始具体负责美军信息战的研究工作。2000年5月9日,美国空军部长和空军参谋长联合签发《航空航天:保卫21世纪美国》白皮书,这是美军第一次以纲领性文件的形式确定建设"天军"的计划。2000年10月23日,空军成立第527攻击中队,2001年1月成立第76空间控制中队。第76空间控制中队是美空军第1个空间对抗技术部队,其任务是在美军的各种演习中,演练如何保护美国卫星和使敌方卫星失效的技能,深入探讨美军遂行空间战的程序、技术和影响。第527攻击中队的任务是,通过在美军的各种演习中,模仿企图破坏和控制空间的敌方,使空军作战人员了解空军作战对航天装备的依赖程度,并如何阻止敌方不让美军利用这些航天装备的企图。另外,还设立了空间武器学校,每年培养20多名"空间战"军官。

目前,美国空军航天部队编制人数33 669,最多时有4万多人,国防部空间相关预算的85%,即每年约70亿美元都划拨给了空军。

美国空军航天部队由三个航天联队组成,其中第 21 航天联队包括 7 个导弹预警中队、6 个卫星地面站勤务支队、3 个监视中队、3 个通信中队、2 个空军基地大队、1 个航天支援大队;第 30 与 45 航天联队包括 1 个有人驾驶航天飞行中队、1 个卫星控制中队、1 个特别保密中队、1 个卫星操作大队、1 个航天系统支援中队;第 50 航天联队包括 1 个系统综合办公室、1 个夏延山支援大队和 1 个战斗乘员组训练中队。

美国空军航天司令部组织结构如图 6-11 所示。

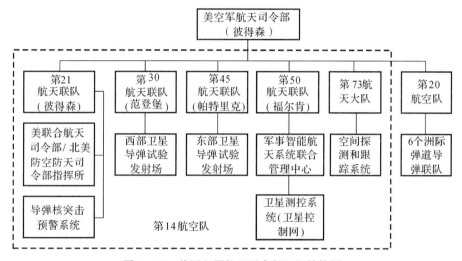

图 6-11　美国空军航天司令部组织结构图

2001 年 5 月,时任国防部长的拉姆斯菲尔德宣布,美军将重点加强空军的航天职能建设,采取的相应措施如下:任命 1 名四星上将担任空军航天司令部司令,不再由美军联合航天司令部司令和北美防空防天司令部司令兼任;指定空军为国防部的航天执行机构,负责军事航天系统的计划、规划和采办,陆军和海军要进一步明确需求,研究、开发、采办本军种专用的航天系统;指定空军副部长兼任国家侦察局局长,以利于协调空军和国家侦察局的计划;在空军总部设立"空间作战处";责成各军种加强航天专业军事教育,培养航天方面的专业人才。

2. 海军航天司令部

1983 年 10 月美国海军将海军航天大队、海军空间监视系统和舰队卫星通信系统等合并成立了海军航天司令部,由海军作战部长领导,负责管理海军的空间力量,与其他航天司令部进行航天方面的协调,参与空间力量计划、规划的制定。除利用空军管理的全军通用卫星系统外,还拥有自己的卫星系统。美国海军航天司令部设在弗吉尼亚州达尔格伦,目前编制 526人,下辖 1 个作战支援中心和 3 个作战支援分队。

美国海军航天司令部组织结构如图 6-12 所示。

3. 陆军航天司令部

美国陆军航天司令部在 1988 年 4 月组建后也归属美国联合航天司令部领导,并于 1992年与陆军战略防御司令部合并为陆军战略防御与航天司令部,承担参加国防部的空间力量活动和组织弹道导弹防御研究两大职责。目前美国陆军战略防御与航天司令部编制 606 人,下辖 4 个空间作战支援分队和 5 个联合战术地面站。1999 年 12 月 15 日,在斯普林斯成立了陆军第 1 空间作战营,陆军也开始重视空间力量的运用。

美国陆军战略防御与航天司令部组织结构如图 6-13 所示。

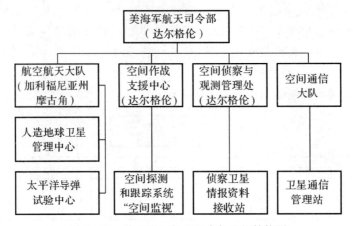

图 6-12 美国海军航天司令部组织结构图

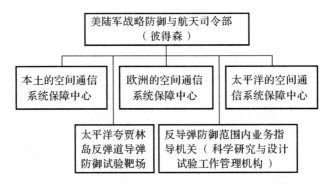

图 6-13 美国陆军战略防御与航天司令部组织结构图

(二)美军航天部队的任务

1. 联合航天司令部

美军联合航天司令部担负的主要任务如下：

(1)控制空间与空间勤务保障：控制空间是指保证美国及其盟国无阻挡地进入空间和在空间介质中的行动自由，以及必要时阻止敌方利用空间力量支援其军事行动；空间勤务保障是指为航天器的发射、在轨控制和应用于陆海空部队与特种部队提供支持；

(2)空间监视与预警：提供弹道导弹与空间攻击目标的预警信息；

(3)与弹道导弹防御局合作制定弹道导弹的防御计划，指挥导弹防御部队作战；

(4)负责信息战、网络战的研究工作。

1998 年 4 月，美国联合航天司令部公布了《长期规划——2020 年设想》，提出了四个基本作战概念，即控制空间、全球交战、全面力量集成和全球伙伴关系。这也是 2020 年前美国联合航天司令部致力要实现的四项目标。

2. 空军航天司令部

美空军航天司令部担负的主要任务如下：

（1）进行战略和弹道导弹预警；

（2）摧毁敌方的空间设施，以实现对空间的控制；

（3）通过对国防部卫星提供地面控制支援来实现对卫星的操纵；

（4）发射国防部卫星；

（5）利用空间力量配合空军的各种作战任务。

美空军航天司令部目前编制的主要武器装备如下：

（1）军用卫星系统，包括全球定位系统（GPS）、国防支援计划预警卫星（DSP）、军事星（Milstar）、国防气象卫星计划（DMSP）和侦察与监视卫星系统（如 KH-11、"长曲棍球"和各类电子侦察卫星）；

（2）运载火箭，包括"三角洲"2、"宇宙神"2、"大力神"2 和"大力神"4 等；

（3）卫星测控系统，包括空军卫星测控网（在全球范围内有 8 个跟踪站监测卫星状况）；

（4）空间监视系统，包括跟踪识别设施、陆基光电深空探测网、相控阵雷达与机械跟踪雷达等；

（5）洲际弹道导弹，包括 50 枚"和平卫士"导弹和 530 枚"民兵"3 导弹；

（6）陆基弹道导弹预警雷达。

3．海军航天司令部

美海军航天司令部担负的主要任务如下：

（1）指挥操纵包括舰队卫星通信系统在内的监视、导航、通信、环境和信息系统；

（2）满足海军在联合作战中的需求，制定海军空间力量的规划和政策；

（3）海军航天司令部所属的海军监视中心为后备力量，具有与夏延山综合设施同样的功能。当夏延山综合设施发生意外情况而无法正常工作时，它将作为后备空间监视中心和空间防御操作中心接替夏延山综合设施。

4．陆军航天司令部

美陆军航天司令部担负的主要任务如下：

（1）指挥国防卫星通信系统的各操作中心；

（2）通过地面战术部队管理国防卫星通信系统的使用工作；

（3）制定陆军弹道导弹防御设施以及部署后的反卫星武器的指挥和控制规划；

（4）保证陆军能够参与空间活动，并使用空间力量，实施陆军空间探索演示计划；

（5）加快"爱国者"反弹道导弹、战区高空区域防御系统、防空导弹、反弹道增程拦截弹、战区导弹防御系统、地面强激光装置及指挥、控制与通信系统的研制，参与未来卫星的设计工作，包括天基红外、国防卫星通信系统的后续计划、GPS-2F 和军事星等。

5．美国国家侦察局

美国国家侦察局是在国家安全委员会的精心安排下，于 1961 年 9 月悄然成立的，是负责美国间谍卫星网络运行的高度保密机关。其总部长期设在五角大楼戒备森严的 4C-956 密室中，后迁至弗吉尼亚的尚蒂利。它受国防部和中央情报局的双重领导，局长由一名空军副部长担任。

美国国家侦察局的主要任务是设计、制造和操纵美国情报界的所有侦察卫星，以确保美国始终保持全球情报优势。它负责空间侦察与监视系统设计、研制、采购以及入轨后的日常运行和管理;支持军备控制协议监督、军事演习和军事行动;根据侦察目标清单指挥控制卫星的侦察行动,将卫星侦察成果提供给中央情报局、国家安全局、中央图像与制图局和国防情报局等情报机构分析和利用。此外,美国国家侦察局还负责对世界各国的核、生、化武器和导弹进行监视。

二、俄罗斯航天部队

1962 年,苏联瓦·丹·索科洛夫斯基元帅在《军事战略》一书中明确提出了空间将成为现代战争的一个独立战区的观点。1964 年,苏联成立了空间防御司令部,负责空间和导弹防御,隶属国土防空军。1982 年,组建了"导航部"。苏联解体后,俄罗斯军队继承了苏军的空间力量,于 1992 年 8 月组建航天部队。它作为俄罗斯武装力量的特殊军种,直接隶属国防部,下辖发射部队、测控部队、莫扎伊斯基军事航天学院、国防部空间武器中央科研所。1995 年 6 月,俄罗斯出版了《航天器的作战应用》一书,全面论述了武装部队特别是空军部队在制订作战计划与执行作战任务时如何运用航天器以及对抗敌方航天器的基本理论与实际操作问题。1997 年 10 月,俄将航天部队与战略火箭部队、导弹防御部队合并,统称为战略火箭军。

2001 年 1 月 25 日,俄罗斯时任总统普京签署命令,宣布重组"天军"。2001 年 6 月 1 日,俄罗斯天军组建完毕,主要由原航天部队和导弹防御部队的两个集团军组成,直接归国防部和总参谋部领导,编制人数 9 万左右。其主要任务是发射军用卫星;对敌方的空间力量进行打击;监视美国的导弹发射装置;对美国的国家导弹防御系统实施打击。

俄罗斯航天部队下辖 3 个大型航天试验与发射场、1 个航天器试验与控制中心,其主要任务是发射军用侦察卫星等各种军用航天器。

空间导弹防御部队由导弹袭击预警系统、空间监视与防御系统、导弹防御系统组成,下辖 2 个集团军,监视着 8 500 个空间目标,能对美国全境内所有洲际弹道导弹发射场进行全天候监视。导弹袭击预警系统用来监视敌方洲际导弹和弹道导弹来袭方向及发射地域,迅速准确地报告导弹袭击情况,其预警系统指挥所 24 小时值班。该系统包括空间梯队和地面梯队两部分。空间梯队由 22 颗卫星组成,地面梯队由地面雷达系统组成。目前,俄罗斯拥有 3 部可监视美国本土的弹道导弹袭击的超地平线散射探测雷达以及 8 部超地平线远程早期预警雷达。空间监视与防御系统可以监视国外卫星等空间目标,及时掌握宇宙情况变化,测定空间目标的体积和稳定参数,查明国外航天器的作用和能力。导弹防御系统主要包括 1 个集团军,下辖若干弹道导弹发射基地,拥有 100 部导弹发射装置。

三、世界航天部队的发展

面对国际上愈演愈烈的空间争夺以及空间军事化和军事空间化进程的进一步加快,为了确保国家安全和国家利益,必须把空间安全和空间利益放到重要的战略位置。加强航天部队建设,是做好未来军事斗争准备的迫切需要。

美国在 20 世纪 60 年代初,将北美防空司令部扩展为以对付洲际弹道导弹、潜射弹道导弹为主的防天防空系统,并于 1979 年 10 月成立了"空间防御活动中心"。1982 年 9 月,美国空军组建了航天司令部。1983年美国提出"星球大战"计划。1985年9月,美国正式成立了联合军事航天司令部,统一管理国防部的航天规划,集中执行太空作战任务,这标志着"天军"在美国的实际诞生。2000年,美空军总部成立了"太空作战指挥部"。布什政府上台后,热衷奉行"控制空间、主宰全球、空间威慑、先发制人"的战略。2001年,宣布退出反导条约。2002年,宣布开始部署导弹防御系统。2004年,美空军在其出台的《空间对抗作战》中首次明确指出将把空间对抗作战作为首要任务之一,必要时先发制人,对敌方遂行反卫星作战。2006年8月,美国又在新发布的国家太空策略方针中着重强调建立具有拦截对方弹道导弹功能的各种空间系统,从而将导弹防御向太空延伸,大大增强了空间主动防护能力。

苏联则于1964年成立了空间防御司令部。1992年8月,俄罗斯在苏联国防航天部队基础上,正式把军事航天力量组建为独立的新兵种——俄罗斯军事航天部队。1997年10月,俄罗斯又把军事航天部队和导弹防御部队合并到战略火箭军。2001年6月1日,俄罗斯正式宣布组建"天军",并投入战备值勤。

美俄两国除了积极为空天一体化军事力量构建强有力的指挥管理和后勤保障机构外,也大力发展空天作战武器装备。早在20世纪60年代初,美国和苏联除大力发展各类军用卫星外,还开始竞相研制反导弹和反卫星武器,以及攻击性的太空武器。其中,尤为值得关注的是,2010年4月22日,美国空军在佛罗里达州卡纳维拉尔角航天中心成功试飞了X-37B空天飞机,这是世界上第一架完全自主飞行的空天飞机,也可将其称之为世界第一架空天战机,因为它不仅能进行侦察、导航、控制和红外探测等任务,还能携带武器在2 h内打击地球任何目标,甚至能攻击轨道空间的卫星、飞船及空间站等。2011年3月,美国又成功发射了第二架X-37B轨道试验飞行器。可以说,这是美国十多年来在空天一体化军事装备技术领域持续发展的一个里程碑。

2003年,美国空军参谋长和空军部长联合签发的《2020空军构想:全球警戒、全球到达和全球力量》中明确了未来美空军发展的核心思想,即建设一支航空航天一体化的空军部队。同年11月,美国空军又拟定了《美国空军转型飞行计划》,列出了近期(2004—2010年)、中期(2010—2015年)和远期(2015年后)研制空天武器的清单和路线图。2009年1月,美国参联会又颁布了继2002年后的最新版《空间作战》条令。它是美军多军种、多机构联合实施空间作战以及参与多国协同空间行动的基础,旨在进一步将空间军事行动纳入到联合战役、主要军事行动、战斗和交战之中,全面推进空间作战与联合作战的一体化。

综合分析,当前世界各国的空天一体化作战力量还处于起步阶段,主要是将空基和天基信息融合用于支援传统作战形式。例如,空基和天基侦察手段为传统空袭作战提供信息支持;卫星导航定位系统用于目标定位和武器制导;空基和天基信息网络融合为作战任务提供高效的指挥控制;导弹预警卫星为地面反导作战提供及时精确的信息支持等。

可以预测,在不久的将来,空基和天基技术的结合将越来越紧密,空天一体化攻防对抗体系将日益凸显其重要性。未来高性能的通信、导航、侦察、预警和气象卫星将大大增强空天一体化的态势感知、信息传输和指挥控制能力。同时,天基激光武器、天基动能武器以及空间作战飞行器等众多新概念天基武器也将会出现在未来战场,传统空军将向空天一体化的空军转变。

美、俄空天一体化作战体系及装备发展趋势见表6－14。

表6－14　美、俄空天一体化作战体系及装备发展趋势

年　代	美　国	苏联/俄罗斯
1960	空射反卫星试验 陆射核反卫星试验	设立太空防御司令部 反卫星卫星拦截试验
1970	卫兵反导系统部署和拆除	完成橡皮套鞋反导系统部署
1980	星球大战计划 F－15战斗机空射反卫星打靶试验 航天飞机投入使用	反卫星卫星拦截试验 研制 DOS－7K 改型空间战斗站 陆基和天基激光反卫星试验 "暴风雪"号航天飞机首飞
1990	1991年第一次空天一体化作战（海湾战争）	反导激光系统试验
2000	每两年一次太空战演习 EELV/MSP 验证试验 2004年前开始部署导弹防御系统（MD）	2001年6月1日成立天军 "安加拉"火箭系列投入使用 空射运载火箭投入使用
2010	天基激光器（SBL）集成飞行试验 第二代 TSTO－RLV/SMV 投入使用 微卫星星座投入使用	反卫星武器将投入使用
2020	导弹防御系统投入使用 天基激光器投入使用 SOV/SMV/CAV 投入使用 天基合成孔径雷达（SAR）	改进型反导系统投入使用 天基激光器投入使用 高能微波武器投入使用 TSTO－RLV/SMV 投入使用

注:EELV——渐进性一次使用运载火箭;MSP——军用空间飞机;TSTO——两级入轨;RLV——重复使用运载器;
　　SOV——空间作战飞行器;SMV——空间机动飞行器;CAV——通用航空飞行器。

今后航天部队建设发展的主要方向如下：

(一)加快发展航天装备

航天装备是空间力量建设的物质基础,具有技术含量高、系统结构性强、资金投入大、研制周期长等特点,受国家经济实力、科技水平和工业基础等客观条件的制约。因此,以美、俄为代表的世界空间军事大国为加速航天装备的发展,确立了以下原则:

(1)重点突破。由于航天装备建设投资巨大,任何国家都难以在所有技术领域中保持领先地位,发展航天装备必须分清主次先后、轻重缓急,集中人力、物力和财力,确保迅速突破关键技术,研制出急需的武器装备。重点突破的关键在于,发展航天装备必须与国家经济发展紧密协调,把握未来军事斗争的需要、军事技术领域的变革和航天装备建设的趋势,加强战略研究和顶层设计。在正确的发展战略指导下,从战略全局上确定重点目标、重点任务,确定优先发展的关键技术和关键装备。

（2）配套发展。航天装备的对抗是体系与体系之间的对抗,任何单件高性能的装备虽具有一定的作用,但如果脱离了整个武器、系统的支撑,将很难发挥其应有的作战效能。航天装备的配套发展,首先要求各种航天装备系统内部配套合理,比例适当,使侦察、导航、通信、指挥、打击和后勤保障等系统形成一个作战整体;其次要求航天装备与其他军兵种主战武器装备紧密配合,提高整体作战能力。

（3）国际合作。航天装备高度复杂,需要投入的人力、物力十分巨大,使得任何一个国家单独承担都愈加困难。即使是美国这样的空间军事大国,也在积极寻求空间技术领域的国际合作。广泛开展国际合作,引进国外先进的空间技术和武器装备,是一个国家尽快提高本国空间技术水平,填补关键领域的"空白",加快整个航天装备发展进程的重要途径。

（二）大力培养军事航天人才

从某种意义上说,未来空间军事斗争既是高新技术的竞争,更是具有高技术知识军事人才之间的较量。没有大批高素质的军事航天人才,就无法熟练掌握航天装备,无法创造和有效运用空间作战战法,更无法赢得未来空间军事斗争的胜利。大力培养军事航天人才,是空间力量建设的重要内容。

目前,世界各空间军事大国都非常重视加强空间作战的教育训练,以培养军事航天人才。例如,美军为了加快空间力量建设,于 2000 年成立了空间作战学院,不仅教授现代空间技术知识,培养精通空间技术的专家,而且还以空间作战作为军事演习背景,使学生熟悉未来空间作战的程序和方法,为美军培养未来空间作战的专门军事人才。

军事航天人才,既应具备一般军事人才的共性要求,还应具备体现与未来空间作战相适应的特殊要求。军事航天人才应是具有先进的军事思维、较高的谋略水平,精通航天装备,既懂作战理论又懂空间专业技术的人才。因此,培养军事航天人才在人才类型结构上,应着重培养作战指挥、工程技术等各类人才;在人才素质要求上,应着重人才的科技性、通用性、综合性和超前性;在人才文化层次上,应注重高学历和复合人才培养。

（三）不断创新军事航天理论

空间力量是空间时代的产物,是 21 世纪的新型作战力量。在建设模式、作战思想、作战原则和战场环境等方面,与陆、海、空等作战力量有显著区别。先进的军事航天理论,是空间力量建设和作战运用的灵魂与先导。它通过深入研究空间作战的规律及对未来信息化战争的影响,为空间力量建设和作战运用提供正确的指导,在一定程度上可弥补航天装备的劣势。以"前瞻性"军事理论的突破带动军事力量建设,是历史上军事力量建设的普遍规律。

建立先进的军事航天理论,应重点研究空间作战的特点、规律及形态,空间作战的指导思想、实施原测、组织形式、基本样式和基本手段,空间作战对未来战争的影响,空间力量在联合作战中与其他作战力量结合运用的原则和方法,联合作战中对空间作战行动的指挥控制等问题。由于空间力量技术高度密集,作战环境异常复杂,作战行动受到技术因素的严格制约,因而军事航天理论既要遵循一般军事原则,又要体现空间战场环境和航天装备的特殊性,具有一般军事原则与专门技术相互融合的特点。为此,军事航天理论的研究必须注重新方法、新思路,采取定性与定量相结合的方法,广泛运用计算机模拟仿真、虚拟现实等手段进行研究。

总之,将未来空间军事斗争的需求作为今天空间力量发展的着眼点,重视"前瞻性"研究,不断创新军事航天理论,始终是空间力量建设的不竭动力。

思 考 题

1. 美国空军由哪几个部门组成？其组织结构构成是怎样的？
2. 美国空军下辖哪几个作战主司令部？
3. 美国空军航天司令部的驻地在哪里？其组织结构构成是怎样的？
4. 美国海军航空兵现有几个航空母舰大队？每个航空母舰大队由哪几种舰艇组成？
5. 俄罗斯航空力量主要由哪些军/兵种组成？
6. 俄罗斯空军主要的战略导弹有哪几种型号？
7. 俄罗斯空军新军事改革的目的和内容是什么？
8. 为什么以色列空军成为其国防军中的"龙头老大"？
9. 当前印度推行怎样的军事战略？其中空军的战略任务是什么？
10. 当前日本航空自卫队正在实施怎样的战略转变？正在建立怎样的体制？
11. 美军航天部队的主要任务有哪些？
12. 俄罗斯天军是什么时间组建的？其组织结构构成是怎样的？
13. 俄罗斯航天部队的主要任务有哪些？
14. 今后世界航天部队建设发展的主要方向有哪些？

参 考 文 献

[1] 陈坚. 世界各国军事力量手册[M]. 北京:解放军出版社,2006.

[2] 常显奇,李云芝,罗小明. 军事航天学[M]. 北京:国防工业出版社,2002.

[3] 顾同祥. 当代外国军事力量[M]. 北京:海军指挥学院出版社,1993.

[4] 李巨泰. 世界军事力量写真[M]. 北京:长征出版社,2000.

[5] 陈辉. 沙漠之鹰——以色列军事力量素描[M]. 上海:华东师范大学出版社,2002.

[6] 彭征明. 世界战略空军发展的历史与趋势[J]. 国防与军队建设史研究,2010(3):56-59.

[7] 柴水萍,王明涛,范乔乔. 2009 年美国空军态势报告[J]. 世界空军装备,2009(4):10-18.

[8] 庞旭,苏恒山. 美国空军 2010 年态势报告[J]. 外国空军军事学术,2010(3):1-9.

[9] 李大光,查长松,黄炼. 美国新军事战略分析[J]. 海军工程大学学报(综合版),2012,9(2):64-68.

[10] 姜永伟,李洁,李华. 对俄罗斯新军事改革的研讨[J]. 现代军事,2012(6):70-74.

[11] 姜永伟. 俄罗斯空军新一轮军事改革研究[J]. 军事信息参考,2010(5):26-38.

[12] 王海生. 俄太空军事力量透析[J]. 环球军事,2004(10):22-24.

第七章　空天力量的发展趋势

　　未来战争将是陆、海、空、天、网一体的信息化战争,空天战场必将成为未来战争的主战场。空天一体是航空军事力量和航天军事力量的有机集成与融合,包括空间信息作战力量、防空反导作战力量、远程精确打击力量以及空间攻防对抗作战力量等重要内容,将成为未来打赢高技术信息化战争的决定性因素,将成为世界空军力量发展的大趋势。本章主要介绍"空、天、网"一体化作战以及未来空天力量的主要特征及发展趋势。

第一节　"空、天、网"一体化作战

　　随着航天技术的发展和空间力量的增强,空中战场与空间战场的联系更加紧密,空中力量与空间力量进入相互依存、相互作用、相互制约的新阶段,空天力量正在趋于一体。"空、天、网"一体作战,是指以航空、航天空间为战场空间,基于网络系统平台,以航空航天力量为主,在其他有关力量的配合下,为达成一定的作战目的,根据统一计划和统一指挥,在空天战场共同进行的以空天威慑、空天支援和空天攻防为主要手段,以夺取空天优势为目的的作战行动。

　　空天网一体化作战是随着航空航天力量的发展而产生的一种新的作战形式,也是世界各国对航空航天优势激烈争夺的必然结果,自从 1957 年人类进入太空以来,航天技术的军事应用就显示出其独特而巨大的作用,只是由于其初期往往应用于战略层面,还没有直接应用于战役、战术作战层面,因而在很长的时间内没有在战场作战方面表现出特殊的威力。在世界各国争夺航天优势的过程中,航天技术飞速发展,各种新型航天器不断研制成功,在其数量和质量达到作战应用水平后,航天支援的能力急剧增强。1991 年海湾战争以来,当它在战场上开始系统应用时,就引发了作战样式和作战效果的显著变化。

　　由于航天、航空空间天然一体的自然属性,航天力量进入战场支援作战行动,在空中战场表现得最为直接也最为有效。在航天支援下,空中作战得到了范围广阔的情报支援、通信支援、导航定位支援、气象信息支援,空中力量实现了史无前例的远程作战、精确打击和连续突击能力,促使整个战争的进程大大加快。航天力量与空中力量紧密结合,形成了新的作战形式,具有强大的作战威力。

　　当前,美国正把航天航空环境作为一个无缝隙的作战空间,通盘考虑航空与航天技术和装备的发展,同时促使美军在部队编成上出现一系列新变化。空天网一体化作战作为军事领域的重要趋势,必将对军事变革和转型产生极为重要的影响。

　　目前,航天力量与空中力量相结合的实践中,航天力量的作用还主要表现在信息支援方面。展望未来,在航空航天技术飞速发展的推动下,空天作战将在广阔的战场实现实战行动的结合,远程快速精确地完成各种作战任务。可以预言,空、天、网一体化作战在信息化条件下局部战争中的作用将越来越大,作战任务将越来越繁重。

一、作战样式

(一)空天作战的发展阶段

空天作战涉及多种高新技术,随着军事实践的不断推进在发展进程上具有明显的阶段性。

1. 初级阶段

空天作战的初级阶段,是指空中力量在航天支援下进行作战。航天系统对于空中作战只发挥信息支援作用,而没有实施火力支援和配合行动,这是空天作战初级阶段的基本特征。

航天力量发展50多年来,已经形成了系统的航天力量体系和信息支援能力。近几场局部战争中,军事强国运用航天系统,对空中作战给予了全面的信息支援。在航天系统全面的信息支援下,空中力量实现了战场单向透明,对作战对手的情况了如指掌;实现了远程精确打击,使作战对手难以防御;实现了实时指挥控制,在国内基地即可操控海外战场作战,等等(见图7-1)。尽管航天系统只是对于空中作战发挥出信息支援的作用,但是已经使空中作战的能力获得巨大提升。

图 7-1　卫星拍摄的地面目标图片

2. 中级阶段

空天作战的中级阶段,是指航天力量开始形成火力作战能力。此阶段航天系统已经形成在太空作战的基本能力,空中力量开始参与、支援航天力量的作战行动,这是空天作战中级阶段的基本特征。

航天技术的不断发展,首先实现了比较系统的太空信息支援能力,同时也在走向航天武器实用化。航天武器实用化,最先成功的主要是地对天的打击武器,例如各型太空拦截导弹,同时,还有属于装备性质的地对天电子干扰设备,但它不属于火力打击。实现地对天的武器打击或火力打击,是运用一系列复杂的太空监视、跟踪、测控以及火箭发射、制导技术的结果,具有明显的技术难度。从军事强国航天军事应用的过程看,实现航天火力打击,要晚于实现航天信息支援。因此,可以认为实现航天火力打击是空天作战的中级阶段。

目前,军事强国的导弹防御系统建设已经取得了实际成果,定向能武器、其他动能武器正在紧锣密鼓地研制和试验之中。这些情况说明,以导弹防御为主要标志的空天作战的中级阶段正在迅猛发展之中,这对发展中国家既构成了严峻的挑战。

3．高级阶段

空天作战的高级阶段，是指空中力量与航天力量高度融合的共同作战。此时，空中力量与航天力量已经成为整体的作战力量，共同在空天战场进行各种作战行动，这是空天作战高级阶段的基本特征。

航天技术军事应用的结果，终将发展产生一系列能够用于实战的太空武器。空中作战武器和信息技术也会继续发展。这些先进技术成果的综合运用，就为实施航空航天领域的共同作战提供了必不可少的物质条件。运用这些先进的武器装备，就可以在航空战场、航天战场同时实施互相联系、互相配合的一体作战，这就是空天作战的高级阶段。

航空航天力量同时在航空航天战场，按照统一的计划和指挥，实施有机结合的整体作战，是空天作战高级阶段的基本特征。这个阶段的作战，武器装备极为复杂，作战行动互相交织，作战范围非常广阔，是过去所有作战都无法比拟的。目前，世界各国还没有具备实施这种作战的技术水平和实际能力，在短时间内还难以实施这样的作战。但是从长远的角度看，却是未来的发展方向和发展趋势。

(二)空天作战类型

1．按照作战性质区分

当前世界各国对空天作战的分类还没有固定的模式，主要依据本国的国情、军情、军事理论体系的不同而划定。根据作战实际，考虑进攻与防御是一切作战行动的基本类型，因此将其划分为空天进攻作战、空天防御作战两种基本类型。在实际作战中，这两种作战往往是互相交织、互相影响、互相作用的。

(1)空天进攻作战。空天进攻作战是指以空天力量为主，在其他军事力量及民用力量的配合下，为达成一定的作战目的，按照统一的意图和计划实施的以空天突击为主的主动性作战行动，对这种作战，外军也称为空天袭击。

(2)空天防御作战。空天防御作战是根据统帅部的战略意图，以航空航天力量为主，在其他武装力量和防空力量的配合下，以挫败敌空天袭击，保卫己方重要目标安全为基本目的而实施的一系列防空防天作战行动。

2．按照作战层次区分

在作战理论中，按照作战的范围大小、力量多少、时间长短等因素，可以将作战区分为战略作战、战役作战、战术作战(战斗)等几种情况。依据这样的方法，空天作战可以划分为以下三种情况。

(1)空天战略作战。空天战略作战是为实现预定的战略目的，在统帅机构的指挥下，空天战略集团在空天战场实施的范围广阔、时间较长、对战争全局具有重大影响的作战行动。

(2)空天战役作战。空天战役作战是为达成战争的局部目的或全局性目的，空天战役集团在统一指挥下进行的由一系列战斗组成的作战。它具有鲜明的联合作战的特征，也可以是联合作战的主要组成部分。

(3)空天战术作战。空天战术作战也可称为空天战斗，是空天部队、分队在较短的时间和较小的空间内，在战役内进行或者单独进行的作战行动。

3．按照作战任务区分

和其他作战力量一样，空天作战力量也可以担负多种作战任务，而且按照不同作战任务区分出不同的作战行动或形式。

（1）空天信息作战。空天信息作战就是充分利用空天信息系统和信息化武器装备，干扰或摧毁敌军的信息系统，保护我方信息系统色遭攻击和破坏，夺取信息优势的行动。

（2）空天支援作战。空天支援作战是指为了提高其他军兵种作战力量的进攻或防御作战能力，利用各种航天和航空平台，从太空、空中为其提供信息支援、火力支援和运输支援的作战行动。

（3）空天特种作战。空天特种作战是以空天特种作战力量为主，在其他力量的支援配合下，在空天作战指挥机构统一指挥下，为达成特定作战目的而实施的作战。主要执行特种侦察、袭击敌要害目标、反恐作战以及战斗支援、心理战等作战任务。

（4）空天战略投送。空天战略投送是指运用空天运输力量快速向多维战场运送作战人员、武器装备及各种作战物资的作战行动，空天一体战略投送已成为力量投送的重要手段，主要包括空中投送、跨大气层投送、太空投送三种类型。

4. 按照作战阵位区分

空天作战的武器比较复杂，行动比较多样，为了便于研究具体的作战问题，还可以根据空天作战武器的不同作战阵地位置来划分其作战行动。

（1）地基作战。地基作战是指部署于地面的作战力量，对敌地面目标、空中目标以及太空目标实施的进攻性或者防御性作战行动。它主要包括导弹部队对敌地面的太空基地、测控基地、导弹基地或其他重要目标进行的远程精确打击行动；防天导弹部队对敌发射的太空武器、远程导弹的拦截作战行动；防空导弹部队对敌空中的飞机、弹道导弹、巡航导弹等目标的拦截作战行动；新装备部队使用新型武器装备，对敌太空目标、弹道导弹进行的电子干扰、定向能武器的照射或摧毁行动。

（2）空基作战。空基作战是指部署于空中的作战力量，对敌地面目标、空中月标以及太空目标实施的进攻性或者防御性作战行动。它主要包括空中平台对敌地面目标的干扰、突击行动；空中平台对敌空中目标的干扰、攻击、拦截作战行动；空中平台对敌太空目标的攻击作战行动。

（3）天基作战。天基作战是指部署于太空的作战力量，对敌地面目标、空中目标以及太空目标实施的进攻性或者防御性作战行动。它主要包括太空平台对敌太空目标的干扰、攻击、拦截、捕获行动；太空平台对敌地面目标的突击行动；太空平台对敌空中目标的攻击、拦截作战行动等。

（三）未来空天作战样式

未来战场将向立体化、纵深化发展，陆、海、空、天、网一体化的作战原则进一步得到发展，"天战"将难以避免，"制天权"成为未来战争获胜的关键。航天大国正在部署建立完备的航天飞机（空天飞机）、空间站、载人飞船三位一体的载人航天体系，并将形成一支可用于控制外层空间、夺取制天权的部队——天军。

空天一体战具有更加丰富的作战样式，空天一体作战较之以往单一的空中作战，其样式将更加丰富。除了传统的空中作战样式外，还会有以下几种新的样式。

1. 空天一体信息作战

空天一体信息作战即在空天战场上利用航空、航天装备，将空中与太空的信息作战手段有机融合与运用，为夺取和保持空天战场上的制信息权而展开的空天一体的信息对抗活动。它包括空天一体电子战、空天一体网络战和空天一体情报战等。

2. 反卫星作战

反卫星作战即综合运用部署在地基和空基的各种作战武器或利用其他信息作战手段,对敌方卫星进行硬摧毁或软杀伤的作战行动。

3. 反弹道导弹作战

反弹道导弹作战即利用部署在地基和空基的各种作战武器,在空天一体侦察、预警系统的支援下,对敌方来袭的弹道导弹或弹道导弹发射平台予以摧毁的作战行动。

二、作战特点

1. 空天兵器综合运用,作战快速高效

空天作战是一种以密集型高技术和信息化武器为基础的联合作战,能够运用各种空天武器,摧毁对方的空基平台、天基平台和洲际弹道导弹等目标,对敌实施更远、更快、更准的高位势打击,使敌军难以防御和机动。空天作战能够利用空天系统为联合作战部队监视敌军情况,提供敌方态势、目标位置并进行实时导航;利用天基平台的定向能武器和动能武器摧毁地面的重要目标,或者用地面的高能武器摧毁空中目标;运用空天信息系统的侦察信息,提高武器命中精度和毁伤程度以及提供作战效果的信息,结合作战效果进行综合评估。

现代战斗机的飞行速度是每秒钟几百米,一小时几千千米;航天器的运行速度是每秒钟几千米,每小时几万千米,航天对接的测控精度已经达到几厘米。现代一次空战可能只需要几分钟,空天武器的激光射击就更快,是按照光速计算的。所有这些,都说明空天作战行动具有很高的速度。同时,空天作战的高速度,也大大加速了其他战场的作战进程。未来的战争,将在更高的速度和更快的节奏下进行。

空天作战的武器系统,一般可以分为三大类:一是支援系统,二是防御系统,三是进攻系统。这些武器系统中,包括空间武器、空中武器、地面武器等各种各样的武器装备,这些武器装备运用得当,能够在不同时间、不同地点、不同条件下,对不同目标有效发挥硬杀伤、软杀伤的作用,成为空天作战灵活有效的手段。与空中作战相比,空天作战具有更大的作战威力以及更强的战场支援能力,整体作战效能显著提高。

2. 多维空间作战,自动化程度很高

空天作战将使用多种武器装备在多维空间作战,其武器装备从技术构成看,是航空航天技术、航空航天材料、微电子技术、信息技术、计算机技术、光学遥感技术以及定向能武器和生物工程等高技术群体的综合产物——空天高技术,是集多种高新技术于一体的密集型信息化系统。从作战系统看,空天兵器是侦察系统、通信系统、指挥系统、控制系统、武器攻击系统及保障系统等若干个系统互相联结而成的高度自动化系统,它可使空天作战行动形成一个高度协调的作战控制整体。从作战行动看,空天作战的作战环境和执行的作战任务是综合性的行动,是地面、空中、太空等多维空间整体高度协调的作战行动过程,这一过程将是一个高度自动化的过程,它要求空天作战的指挥、保障等方面也要提高自动化水平。

3. 空天武器技术复杂,保障难度加大

空天武器装备种类很多,系统技术复杂,加之处在特殊的空天环境,空天机动频繁,工作条件艰苦。随着新式武器装备的逐渐增多,信息技术的应用逐渐扩展,空天武器系统自动化程度提高,从而使武器装备的维护、检修、供应的难度提高,这些情况不仅出现在空中作战力量的保障方面,更突出的是表现在航天力量保障方面。

据统计,俄罗斯的"和平"号空间站在运行的 15 年中共发生了近 2 000 次故障,其中近 100 次故障一直未能排除,空间站的宇航员约 2/3 的工作时间用于进行设备的保养和维修。由此可见,未来空天作战的保障工作是十分繁重而复杂的。

4. 作战环境和作战要求特殊,对人员素质要求高

空天作战的战场在航空航天空间,需要部队连续实施作战行动。航空航天武器装备的信息化、智能化、自动化程度高,需要高素质的作战、指挥、技术人员进行操作。未来的空天一体进攻作战极有可能出现无人战斗或机器人对抗的场面。参加空天作战的飞行员、宇航员和地面相关作战人员、指挥人员,专业水平要求高。这些人员将在航空空间或航天空间进行作战,在地面或空中,对天、空、地情况进行侦察、监视和识别,或对航天器进行操作控制和维修等,在战时情况下,工作任务非常繁重艰巨。因此,对空天作战人员的科技素养、身心素质、工作能力等要求较高。

三、作战力量

空天作战力量是对担负空天作战任务的各种部队的统称。空天作战力量在实施军事威慑、空天实战、参加非战争军事行动等方面具有独特而显著的作用。由于世界各国政治、军事体制的差别以及对空天作战认识上的差异,各国空天力量的构成和编制体制也不尽相同,空天作战力量一般包括天基作战力量、空基作战力量、地基作战力量。

(一)天基作战力量

以航天空间为基本活动空间,其任务是从太空对敌方目标实施侦察、监视和打击,保护己方目标不受敌方的威胁或破坏。它通常由天基火力打击部队、天基支援部队和航天保障部队组成。

1. 天基火力打击部队

天基火力打击部队是指使用太空武器对敌方目标实施火力打击或抗击的部队。天基火力打击部队是专门在太空实施作战行动的部队,目前还处在萌芽阶段,世界上仅有美、俄等少数国家公开宣称组建了天基火力打击部队,其具体的构成和作战方式还没有形成成熟的模式。

天基火力打击部队可能担负的主要任务是太空威慑、太空突击和太空防御。太空威慑是指天基作战部队以太空军事打击能力相威胁,通过显示强大的天基作战实力,向敌方表示己方的作战决心,形成强大的军事压力,达成慑止其军事行动的目的。太空突击是指天基作战部队使用动能、定向能等天基武器,直接摧毁敌方各类军事目标,从而达成作战意图。太空防御是指天基作战部队使用各种天基作战兵器,从太空阻止和破坏敌方的威慑和进攻,保护己方重要目标不受敌方破坏。

2. 天基支援部队

天基支援部队是指在外层空间对其他战场作战行动直接提供作战支援的部队。它主要使用各种天基装备,对己方地面(海上)、空中和太空作战实施情报、预警、通信、导航、气象等支援保障,其任务主要是搜索、发现、识别和跟踪监视各类目标,掌握空天环境动态,为部队提供太空、空中、地面的各种情报信息,直接支援战场的作战行动,通常由天基侦察预警、卫星导航定位、卫星通信等部队组成。

太空作战支援保障力量以信息为纽带,可以将陆、海、空、天各种力量要素紧密地连接在一起,把精确制导武器系统、信息支持系统、电子战系统和指挥自动化系统有机地链接,构成新一

代的作战体系,从而大大提高主战武器装备的作战效能。空天信息资源已成为战争胜负的重要因素,现代战争首先是围绕信息的获取、传输、处理和分发展开的,并贯穿于战争的始终,影响着战争的胜负。为了避免陷于被动挨打的困境,必须确定空天力量在信息领域的主体地位,发展太空信息系统,争夺太空信息优势,为夺取空天优势提供保证。

3. 航天保障部队

航天保障部队是指保障天基作战力量顺利实施作战和支援任务的部队,其主要任务是为天基作战力量提供发射、回收、测控、跟踪以及维护、保养等技术和后勤保障。航天技术保障部队对天基作战行动进行技术支援和保障服务,主要由航天发射和回收部队、航天测控部队、管理部队和维护保养部队组成。

(二) 空基作战力量

空基作战力量是以航空空间为基本活动空间的作战力量,其任务是从空中对敌方目标实施侦察监视和打击,保护己方目标不受敌方的威胁和打击。按照作用和任务,通常可分为空中作战部队、空中支援部队和航空保障部队。

1. 空中作战部队

空中作战部队是指以航空空间为基本活动空间,以火力与敌军直接对抗,对敌方目标实施打击或抗击的部队,通常包括歼击航空兵、强击航空兵,轰炸航空兵部队等。

(1)歼击航空兵部队是实施空中战斗的主要力量,也是空中突击的重要力量,具有高速机动和猛烈攻击能力,能够在各种气象条件下歼灭敌空袭兵器,在争夺制空权、空中掩护和突击敌地(水)面目标方面具有重要作用。

(2)强击航空兵部是航空火力支援的主要力量,也是空中进攻的重要力量,具有高速机动和猛烈突击的能力,能够消灭、压制敌战术、作战纵深内的小型、活动目标,在空中进攻作战和支援陆、海军作战中具有重要作用。

(3)轰炸航空兵部队是空中进攻的主要力量,也是航空火力支援的重要力量,具有猛烈突击、远程作战、全天候出动能力,能够摧毁敌作战、战略纵深目标,在争夺制空权、削弱敌军作战能力等方面具有重要作用。

2. 空中支援部队

空中支援部队是指从空中对空天攻防作战行动直接提供作战支援的部队。航空技术和信息技术的发展,使空中力量的武器系统化、装备系列化趋势日趋明显,空中作战支援保障力量的地位与作用也不断提高。以航空器为平台,为空中、地面、海上甚至太空的作战行动提供情报、通信、运输、电子对抗等支援,强化空中作战力量的战斗,已经成为一项重要任务。空中支援部队是现代空中力量的重要组成部分,对空中作战的成败具有重要影响。空中支援部队主要包括侦察航空兵、运输航空兵、电子对抗兵部队等。

(1)侦察航空兵部队是空中侦察的主要力量,能够及时获取敌宽大正面和深远纵深的情报,对保障作战指挥和作战行动具有重要作用。

(2)运输航空兵部队是空运、空投的主要力量,也是保障空降作战的主要力量,具有广泛机动和远程快速输送的能力,对保障部队机动和补给具有重要作用,运输航空兵的战斗行动,具有出动应急性强、战斗空间广、强度大、战场情况复杂,自卫能力弱,受敌威胁严重等特点,运输航空兵遂行的战斗任务,通常具有事关全局的性质。

（3）航空电子对抗兵部队是对敌实施电子侦察、电子干扰和反辐射攻击的专业力量，是空中作战力量的重要组成部分，具有测定敌电子设施的技术参数和位置，削弱、破坏其使用效能的能力。它通常协同其他兵种共同作战，也可以单独遂行电子对抗任务，对夺取电磁优势具有重要作用。航空电子对抗部队，包括航空电子对抗侦察部队、航空电子干扰部队和航空反辐射攻击部队。

3. 航空保障部队

航空保障部队是指为空基作战部队和支援部队顺利实施作战动提供各种保障的部队，包括战勤保障、后勤保障和装备保障部队。

（1）战勤保障部队是为保障空中作战部队顺利实施作战行动，提供通信、导航、飞行调配、气象等战斗勤务保障的部队。航空器的技术特点决定了空中作战勤务保障工作的复杂性，为确保航空器能顺利完成作战任务，需要大量的、种类繁多的专业人员和设备进行保障。

（2）后勤保障部队是保障空中作战的人力、物力、财力和警卫等力量的统称，战时由空军建制力量和地方支前力量组成。后勤保障力量通常包括后勤人员、后勤物资、后勤装备和后勤设施。

（3）航空装备保障部队是对航空装备进行准备、维护、维修的保障部队，主要任务是组织实施飞行机务保障、技术检测和机务修理，保持和恢复航空装备的良好状态，保证作战、训练任务的需要和机务安全。

（三）地基作战力量

地基作战力量以地面（海上）为基本活动空间，任务是从地面（海上）对敌方空中和太空目标实施侦察监视和打击，或经由航空航天空间对敌地面目标实施打击。同时，保护己方目标不受敌方的威胁和打击。按照作用和任务，通常可分为地基空天作战部队和地基空天侦察监视部队。

1. 地基空天作战部队

地基空天作战部队是指在地面（海上）与敌进行直接火力对抗的空天力量，通常包括导弹部队、防空反导部队、高射炮兵部队等。

（1）战略和战术导弹部队是指使用弹道导弹或巡航导弹投送弹药对敌、目标实施远程打击或拦截的部队，是空天力量体系的重要组成部分。反导导弹部队是国家的战略力量之一，具有核打击和常规打击两种作战能力，既能独立实施核突击和常规导弹突击，又能与其他核战略部队共同实施核打击，也能与其他军兵种部队联合实施常规作战。

（2）防空反导部队是由各种防御导弹系统和作战人员有机结合形成的防空作战力量。目前，各国军队的防空反导部队虽然归属不一，但其作为地面（海上）防空主力的地位却是一致的。防空反导部队是实施对空防御的主要力量，具有良好的射击精度、较强的作战威力和较好的机动能力，能够在昼夜间各种气象条件下，独立或者协同其他防空力量遂行对空作战任务。随着导弹技术的发展，防空导弹已经具有拦截各种导弹、太空目标的能力，防空导弹部队正在发展成为防空反导导弹部队。

（3）高射炮兵部队是对空防御的重要力量，装备多种口径的高射炮武器系统，具有迅猛的火力、较强的机动能力，能够在昼夜各种气象条件下持续进行战斗，能有效对付敌中、低空空袭目标，能协同其他防空力量遂行对空作战任务。随着新概念武器的不断开发应用并正式装备部队，一些新的地基空天作战力量将逐步编入空天作战部队的序列中，如地基定向能打击力量、地基动能打击力量等，这些部队主要使用一些新概念武器弹药，如激光武器、动能武器等对太空、空中和其他空间的目标实施打击。

2．地基空天侦察预警部队

地基空天侦察预警部队是指在地面(海上)为空天攻防作战提供情报侦察和预警的部队，通常包括太空侦察预警部队、对空侦察预警部队、地面技术侦察部队。

(1)太空侦察预警部队主要担负探测、跟踪和识别各种空间目标的任务，通常由空间监视系统(PASS)、光学观测站、雷达跟踪站和光电观测站组成，执行空间目标跟踪任务，从空间目标的运行数据中判明导弹、卫星或空间"杂物"，计算出目标轨道，推算出导弹弹着点。

(2)对空侦察预警部队主要担负对空中情况的侦察监视任务，及时判明空中威胁，为作战部队提供决策依据。雷达兵是国家空中情报预警系统的主体，是地基对空侦察预警量的重要组成部分，是保障空天作战指挥、引导的重要力量。

(3)地面技术侦察部队是实施侦察预警的特种力量，以无线电侦听等方法获取敌情信息，在对敌实施侦察预警方面具有重要而独特的作用。

第二节　临近空间飞行器

一、概念、分类用特点

临近空间飞行器，顾名思义是指能够在临近空间执行特定任务的飞行器。美国空军航天司令部司令兰斯·洛德上将在空军空间战研讨会上曾指出，携带有效载荷进入临近空间领域运行的临近空间飞行器(平台)应包括热气球、飞艇，以及其他"持久稳定、效费比高、生存力强和反应迅速"的系统。基于上述认识，临近空间飞行器可定性描述为能持久稳定运行于临近空间、执行特定任务的各种飞行器。

依据分类方法的不同，临近空间飞行器有多种类型。根据任务用途可将其分为临近空间信息平台和临近空间运输平台；从推进角度来划分，可以分为自由浮空器和可控飞行器；根据飞行方式和原理划分，又可分为轻于空气的飞行器和重于空气的飞行器；根据飞行速度的不同，还可以分为低动态($Ma<3$)和高动态($Ma>3$)飞行器两类。

从目前的发展情况看，临近空间飞行器主要包括自由浮动气球、飞艇、无人飞机和高超声速飞行器(HCV)等，常用分类方法是根据飞行方式和原理划分，以及根据飞行速度划分两类。其类型包括的典型飞行器见表7-1。

表7-1　临近空间飞行器的分类

划分方法	根据飞行方式和原理划分		根据飞行速度划分	
类　型	轻于空气的飞行器	重于空气的飞行器	低动态飞行器 ($Ma<3$)	高动态飞行器 ($Ma>3$)
飞行器	自由浮动气球、轻型飞艇	重型飞艇、无人飞机、高超声速飞行器	自由浮动气球、飞艇、高空/超高空无人长航时无人机	再入式滑翔飞行器、高超声速飞行器、火箭/组合巡航型动力飞行器

目前,尽管世界各国提出了多种临近空间飞行器方案,但具有重大突破的研究热点主要集中在平流层飞艇、超高空气球和高超声速飞行器上。平流层飞艇、超高空气球和高超声速飞行器的设计思想、主要特点和当前面临的主要技术挑战见表7-2。

表7-2 典型临近空间飞行器的设计思想、主要特点和当前面临的主要技术挑战

类型	设计思想	主要特点	主要技术挑战
平流层飞艇	采用航空飞行器设计思想,具有较大的气囊,气囊中填充氦气,依靠空气浮力来平衡飞行器的质量,依靠螺旋桨的推力机动	可定点悬停,可进行低速水平飞行,机动性好	抗腐蚀、防渗漏材料,能源,推进与定点控制,操作控制
超高空气球	具有较大的气囊,气囊中填充氦气,依靠空气浮力进入临近空间,无推进装置	优点是简单、成本低,缺点是阻力大、定点与机动性差	抗风,防腐、防渗漏材料
高超声速飞行器	采用航空飞行器设计理念,采用氢、航空煤油等作为燃料,依靠空气动力到达临近空间	飞行速度大($Ma>5$)、高度高(大于25 km)	高超声速动力,热防护,飞行器/推进系统一体化,飞行控制等

从表7-2可以看出,上述这些临近空间飞行器的主要特点包括生存力强、效费比高、运行持久稳定、利于目标观测等,具体可概括如下:

(1)特殊的运行环境和设计可使其免于一般威胁。从飞行器运行的空间环境来看,临近空间飞行器主要飞行在平流层和中间层区域内,这里的气候条件良好,不像低空气球那样会遭遇恶劣天气的破坏,而且该区域超出了地面防空火力的有效射程,受到常规威胁的可能性较低。

从飞行器本身的设计原理来看,有些临近空间飞行器的气囊由许多氦气填充的独立小气袋组成,且填充压力较小,即使受到炮火攻击,泄漏速度也较慢,飞行器有充裕的时间返回基地或回收数据。有些临近空间飞行器采用无金属骨架的软体结构,外层用防电磁波探测的复合材料和玻璃纤维制造,雷达反射面积较小,几乎没有雷达回波和红外特征信号,很难被探测到。

(2)地面覆盖优势明显。与飞机相比,临近空间飞行器覆盖范围更为广阔。与卫星相比,由于其能长时间悬停在目标区域上空,可实现直接覆盖,便于连续观测;而卫星一般为周期性重访目标区域,观测周期相对较长,且探测误差相对较大。另外,临近空间飞行器飞行高度比卫星低,飞行速度比飞机慢,因此更易探测到小型目标,探测精度更高(雷达等传感器在临近空间的灵敏度比在空间时高数十倍)。如采用编队飞行技术,临近空间飞行器在覆盖范围等方面的优势将更加突出。经试验演示,无线电设备搭乘气球飞往高空,能使它们的覆盖半径从16 km扩大到约644 km,这为改善近距空中支援作战、持久侦察、监视和情报收集提供了巨大潜力。

(3)能持久稳定地运行在目标区域上空。临近空间飞行器的最大优势是滞空时间长,可以在某个站驻留几个月乃至一年,工作时间一般只受天气、故障和例行维修的限制,而飞机在空中的飞行时间是以小时来计算的,且受气候条件影响严重。临近空间飞行器能安静并且平稳地完成升降和飞行,这对其携带高科技监视设备至关重要。另外,可驻留临近空间飞行器位置相对固定,可用多种方法定位(如地面精密测量雷达),具有系统独立性,战时可不依赖卫星定位系统。

(4)可实现快速响应。首先,临近空间飞行器大多不需要动力发射架,可携带有效载荷随时应急升空,实现快速机动部署,同时可按需移动位置,完成任务后可安全回收。其次,由于临近空间飞行器运行高度比卫星轨道低,传输信息的路径相对较短,既避免了长距离传输带来的信号损失,又有效保障了信息的及时传递。另外,一些高超声速临近空间飞行器速度不断提升,如 X-43A 已于 2004 年 11 月创下 $Ma=10(11\ 260\ km/h)$ 的飞行纪录,它突出的快速反应能力,使紧急情况下实现"全球到达,全球作战"成为可能。

(5)制造成本及运行费用相对较低。目前,一个 40 m 长的软式飞艇的造价约为 200 万美元,远低于价值几千万美元的航空无人飞行器和数亿美元的预警机、卫星。与卫星相比,用于通信的飞艇成本在 2 000 万~3 000 万美元,而一颗通信卫星包括发射费用在内总成本为 2.5 亿美元。在运行方面,临近空间飞行器可依靠自身提供的升力到达预定区域上空,即便借助推进器升空,与飞机相比也可降低约 30% 的能耗和飞行费用,另外临近空间飞行器只需少量的维护工作就可连续使用,维修费用远低于飞机和卫星。

(6)可重复使用性。大多数临近空间飞行器都可以回收重复使用,能够方便地追加新型任务载荷,对任务载荷升级换代快。

(7)良好的运行特性。超高空气球、平流层气球等临近空间信息平台的噪声、振动、冲击、加速度小,温度和空气湿度可保持较稳定的水平,可为有效载荷提供较好的工作环境。而且,这样的临近空间信息平台不需要昂贵的火箭发射,运行过程中也不需要消耗大量燃料,其运行成本较低,同时有利于环境保护。

二、发展历程

(一)超高空气球

自从 1783 年 6 月,世界上第一只大型热气球在法国升空,人类便开始了利用气球探索空间奥秘的实践活动。从那以后,各种各样的气球相继问世。到了 20 世纪初,气球的飞行高度已达到 2 万多米。随着飞机的出现,气球曾一度遭到人们的冷落。后来,由于人工合成高分子材料的出现,人们制出了质量轻、强度高、低温性能好、价廉质优的气球,使气球有可能达到更高的高度,进入了平流层。1947 年 9 月,美国人用塑料薄膜制成了一个 $850\ m^3$ 的气球,载着 30 kg 重的宇宙线探测仪器,首次成功进行了宇宙线探测飞行。之后,气球作为运载工具被越来越广泛地用于各种各样的科学试验。

由于高空气球在空间科学研究中起着非常重要的作用,并且具有价格低廉、安排试验灵活、飞行次数多、试验周期短、姿态稳定、易于回收等突出优点,世界上几乎所有最著名的空间机构和空间科学研究部门都拥有完善的气球技术系统,并大力开展气球科学观测。美国是发展高空科学气球最早、技术最先进的国家,能够制造并发放体积上百万立方米、载荷数吨的零压式高空气球。美国的国家气球站直接隶属于 NASA,美国空军也有自己的气球系统。此外,世界上较著名的气球机构还有法国国家空间中心下设的气球部、印度基础研究所的国家气球站、日本宇宙科学研究所的气球部等。另外,俄罗斯、加拿大、澳大利亚、巴西、阿根廷等国也拥有较大型的气球设施,都可以发放百万立方米的气球。据统计,现在全世界有 30 多个永久性的气球站和数十个流动发放点。每年有数百个气球升空进行各种研究,取得了许多极其宝贵的科学数据,成为整个空间研究活动中十分活跃的有机组成部分。

美国在高空气球的科学应用上有很长的历史,在 20 世纪六七十年代,高空气球常用于高空飞行试验。在美国"海盗"号火星探测器的许多模拟火星大气环境试验中,研究人员就利用高空气球将试验飞行器升到预定高度,再将飞行器抛出或者用火箭助推,使飞行器达到试验条件。但是,那时的高空气球最长的工作时间只有几十小时,并且随着昼夜温度的变化,气球的飞行高度有很大的变化。这些条件使得气球无法作为长时间观察监视的平台。

近20年,随着科学技术的发展,一些关键技术,如蒙皮材料技术、气球超压技术等,有了很大突破,使得高空气球开始逐步用于科学观察等目的。

1989年至今,NASA、美国空间和天文研究院(ISAS)及Raven公司等单位,在长时观察用的高空气球技术方面做了很多研究,从最初的长时气球(LDB)发展到现在的超长时气球(ULDB)。

(二)平流层飞艇

20世纪70年代后,基于以下3个主要因素,飞艇技术的再度兴起:①科学技术的发展推动了航空技术的现代化。为了提高飞机的性能,人们在航空材料、航空工艺制造、航空电子设备、航空发动机技术、航空理论研究等各方面投入了大量的人力物力,这些航空基础技术的跃进不仅为飞机的发展提供了坚实的基础,同时也为飞艇的现代化准备了条件;②能源危机和噪声污染的问题迫使人们考虑选用更节省能源、噪声污染更小的运输工具;③技术和经济的发展增加了新的需求形式,而飞艇则有可能满足这方面的某些要求。

近年来,为了满足后勤运输、区域通信、防空反导、对地侦察等军事方面的需求,世界各国均发展了多型平流层飞艇,其中比较有代表性的有美国用于后勤运输的“海象”飞艇、用于防空反导的HAA飞艇、用于高空侦察的“攀登者”飞艇和ISIS飞艇等,英国用于护航和反潜巡逻的“天舟”500和“天舟”600飞艇,用于远程运输的“天猫”-1000和“天猫”-200飞艇等,俄罗斯用于空中侦察的DKBA DP-600飞艇等。

以美国的HAA飞艇(见图7-2)为例。该飞艇艇长152.4 m,直径为48.7 m,其主体结构使用的是柔韧的纤维复合材料,既轻便又坚固。其表面由高强度质量比(即所能承受的极限受力与质量的比值)织物材料覆盖,要比广泛应用于商业领域的飞艇表面材料更轻更坚固。HAA飞艇高度自动化,其飞行控制与传统的软式飞艇十分相似,工作原理与填充了氮气的普通飞艇一样。飞艇上安装有4台电动机(飞艇两侧各有2台),为飞艇提供动力。HAA飞艇表面安装的薄膜光电电池组可以吸收太阳能,除了可以产生推动飞艇前进的部分动力外,还可以提供大约10 kW的额外动力以保证飞艇搭载设备的正常使用。原型飞艇将能够在高空中停留一个月以上,而最终任务型飞艇则可以停留一年左右,其主要作战任务就是长时间停留在美国大陆边缘地区的高空中,监视可能飞向北美大陆的弹道导弹、巡航导弹等目标。HAA飞艇还可以在战区上空不间断地监视敌方部队的运动去向,甚至携带激光测距瞄准仪,为美军的巡航导弹及其他制导炸弹指示目标。HAA飞艇项目的实施由美国导弹防御局牵头,按照其导弹防御系统构想至少将有10艘飞艇分布美国太平洋沿岸和大西洋沿岸。每艘飞艇都将配备先进的可覆盖直径为1 200 km圆形区域的监视雷达和其他传感器,对任何来袭的洲际导弹和巡航导弹提供预警。HAA飞艇可以运载1 814 kg的任务设备,在地面指挥站的控制下到达约20 km的准静地轨道高空并停留一段相当长的时间,这些都是无人机望尘莫及的。由于飞行高度很高,因而HAA飞艇既可以避开敌方飞机的攻击,又可以使其搭载的传感器获得更佳的探测效果,同时其雷达还可以发现地面雷达很难发现的超低空突袭中的飞机或巡航导弹。当然,HAA飞艇可以返回基地进行维护和保养,这一点侦察卫星是做不到的。最近有消息称,美图导弹防御局将可能让HAA飞艇装载武器系统,其最终功能将逐渐演变为与无人机类似。如果真是这样的话,HAA飞艇的军事应用范围将进一步得到扩大,并具备更强的主动攻击性。

图 7 - 2 美国 HAA 高空飞艇

(三)高超声速飞行器

1942 年 10 月,德国研制的 V - 2 火箭发射成功,1944 年 9 月 6 日首次投入作战使用。第二次世界大战期间,大约向英国伦敦等地发射 4 300 多枚。V - 2 火箭发射成功,向人们展示了获得更高飞行速度的可能性,激发了人们对高超声速飞行的巨大兴趣与热情。

1946 年 2 月,美国人以 V - 2 火箭为基础,研制成功了一种二级火箭。飞行试验中,最大飞行速度超过了 8 000 km/h,这是世界上第一个高超声速飞行器。

美国从 20 世纪 50 年代末开始 X - 15 高超声速飞机的研究工作。从 1959 年 6 月首飞至 1968 年 10 月,共飞行 177 次,最大飞行马赫数达到 6.06,飞行高度 108 000 m,这是世界上第一架以火箭为动力的高超声速飞机。

航天方面,1957 年苏联发射了第一颗人造卫星,1961 年第一艘载人飞船"东方"号升空,被认为是空间时代的开始。围绕着美、苏两国在战略导弹和航天器方面的激烈角逐,超声速和高超声速空气动力学得到迅速发展。

20 世纪 60 年代以来,以火箭为动力的高超声速空天飞行器,如各类导弹、卫星、载人航天器、空间实验室、空间站和大型运载工具等,有了很大发展。

俄罗斯、美国先后研制成功了一系列载人飞船,如俄罗斯的"上升"号和"联盟"号;美国的"水星"号、"双子星座"号和"阿波罗"号等,还先后研制了多种货运飞船。由于飞船在运载能力、机动性和可重复使用等方面的局限性,20 世纪 70 年代,世界各国出现研制和发展空天飞机的热潮,美、英、法、俄、日本和印度等都提出了各自方案。1981 年美国成功发射了世界上第一架航天飞机"哥伦比亚"号,先后共建造了 6 架。

航天飞机采用垂直发射、水平降落方式,可重复使用,有效载荷能力强,原设想可以大幅度降低发射成本。但实际使用中发现,航天飞机的研制费非常高,每次发射费也超出先前估计,高达 1 亿多美元,而且故障率高、维护周期长。1986 年和 2003 年"挑战者"号和"哥伦比亚"号两次发生重大事故。美国意识到,未来进入空间、控制空间、进行太空探索、向空间站运送人员和货物,迫切需要研究和发展新的空天飞行器。

美国从 20 世纪 50 年代末开始对超燃冲压发动机技术开始探索性研究,经历了 50 多年的曲折道路,到 90 年代初、中期取得了突破性进展。90 年代初期开始执行"国家空天飞机"(NASP)计划,但由于超燃冲压发动机和其他方面的技术难题难以突破,1994 年 NASP 终止,花费 30 多亿美元。

1996 年开始执行"先进高超声速吸气式推进计划"（Hyper - X），其目的是研究并演示可用于高超声速飞机和可重复使用天地往返系统的超燃冲压发动机。Hyper - X 计划的代表性成果是 X - 43A 飞行器（见图 7 - 3）。1999 年 10 月第一架 X - 43A 交付试飞。2004 年 3 月 27 日飞行速度达到了马赫数为 7，持续飞行 8 s，11 月 16 日飞行速度达到马赫数为 10，持续飞行 10 s。

图 7 - 3　X - 43A 高超声速飞行器

1995 年，美国空军启动了"高超声速计划"（HyTech，后改名为 HySet 计划），第一阶段目标是将碳氢燃料双模态超燃冲压发动机应用于马赫数为 4～8 的高超声速导弹。第二阶段目标是研制马赫数为 8～10 的高超声速飞机。HyTech 计划的最大成果是 X - 51 高超声速巡航导弹。

X - 51 高超声速巡航导弹（见图 7 - 4）有一个扁平的头部、弹身中部设有 4 片可以偏转的小翼（襟翼）和腹部进气道，它的设计飞行速度为马赫数 5（近 6 000 km/h）。X - 51 导弹采用了乘波构型设计概念，通过专门设计的尖锐头部，可以形成按精确角度分布的激波系，使激波系产生的所有压力直接作用在导弹下方，从而为导弹提供额外升力。同时，头部形成的激波系还能起到压缩空气的作用，有助于 X - 51 发动机的燃烧过程。进气道的压缩空气经过一个隔离段后，将气流调节到适合于燃烧室工作需要的稳定压力，随后和雾化了的 JP - 7 喷气燃料混合点火燃烧。因为高超声速飞行产生的温度高达 4 500℃，燃料还可作为冷却剂，以避免发动机壁面被熔化。

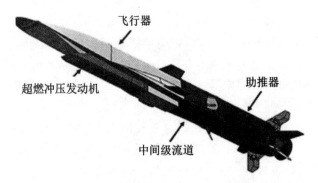

图 7 - 4　X - 51 高超声速飞行器（后段为试验用推进器）

与洲际战略弹道导弹相比，X - 51 导弹具有更大的机动优势，当带有 X - 51 导弹的作战飞机升空后，地面决策指挥官可以有充分的时间对各种情报做出及时的反应，作战飞机既不用像潜艇那样要寻找有利的攻击位置，发动攻击的决策指令也不需要由总统办公室做出，因为即使情报错误造成错误攻击它会带来的破坏也比洲际战略弹道小得多。此外，由于 X - 51 不需要载机冒着危险飞过他国领空,特别是有核国家,从而无须担心会引发国际纠纷甚至存在引发核大战的风险。

迄今为止,X-51共进行了2次试验飞行。首次试验于2010年5月进行,在此次试验中,飞行器速度达到了马赫数为5,但未能实现点火时间达到300 s的目标,第二次飞行试验于2011年6月进行,由于超燃冲压发动机未能转入完全工作状态而提前终止。据称,未来还需要进行若干次试验,以便为研究人员提供更多有关空气动力、发动机性能和加热等方面的数据。

2002年2月,美国国防部高级研究计划局(DARPA)和海军研究中心联合建立"高超声速飞行计划"(HyFly),目标是发展6Ma的高超声速巡航导弹,采用普通碳氢燃料超燃冲压发动机,射程1 100 km。2002年5月成功完成全尺寸、完全一体化的高超声速巡航导弹发动机的第一次地面试验。2003年进行了多种速度(马赫数分别为3.5,4.1和6.5)和重要状态的自由射流超燃冲压发动机的试验。飞行试验计划于2004年开始,11月达到马赫数为4,2005年达到马赫数为6。

2003年,美国空军和国防部预先研究计划局(DARPA)联合开展了"从本土实施武力发送与应用"技术验证计划,即FALCON计划,简称"猎鹰"计划,该计划的目标是在飞行中研制并验证高超声速技术,这些技术将确保美国在近期和远期具备执行全球快速精确打击任务的能力,同时验证可负担得起的、快速发射的运载器。"猎鹰"计划采用的技术途径是对一组通用的技术进行改进,使其更加成熟。通用技术将在2010左右提供作战能力,以执行从美国本土发射的快速全球打击任务,还将在2025年左右研制出可重复使用的高超声速巡航飞行器(HCV)。这些关键技术包括高升阻比气动外形、轻质耐久高温材料、热管理技术与弹道(如周期性飞行弹道)、目标修正和自主飞行控制等。"猎鹰"计划将通过试飞一系列高超声速技术飞行器(HTV)来演示验证用于未来HCV的关键技术,包括HTV-1、HTV-2和HTV-3三种高超声速技术飞行器(见图7-5)。

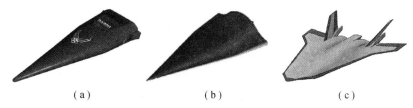

（a）　　　　　　　　　（b）　　　　　　　　　（c）

图7-5　"猎鹰"计划中的高超声速技术飞行器

(a)HTV-1;(b)HTV-2;(c)HTV-3X

三、军事应用

临近空间飞行器的特点决定了其在情报收集、情报传输、快速反应等方面具有重要的军事应用价值。临近空间飞行器将作为军用航空器和军用航天器的有效补充,成为未来联合作战中一支新的重要力量。美军的一份报告中将"联合作战空间"(JWS)定义为"临近空间"与"空间"之和,进一步明确了临近空间在联合作战中的地位。

(1)可用作通信中继平台。临近空间飞行器作为战场高空通信中继平台,其通信不受地形的限制,可实现超视距通信,对稀路由、大容量、大范围的军事通信特别有意义。临近空间飞行器飞行高度在 20 km 之上,其通信的视距覆盖直径为 1 000 km(比常规地面无线电系统传播范围大一个量级),面积为 8×10^5 km²,可以有效地完成战区指挥、协同与机动通信。与卫星相比,其传输距离近,传输损耗比卫星低 65 dB,可以实现小天线、低功率传输。利用高超声速飞行器快速反应的特点,可以在战时通信卫星(如 GPS 卫星)被敌方破坏的情况下,及时填补空间通信的空白,实现战场不间断通信保障。国际电联已经规定 47.9～48.2 GHz 为平流层平台工作频率,更高的频率更利于实现大容量信息传输。

2005 年年初,美军通过在"战斗天星"(Combat Sky - Sat)高空气球上装载 2 个相连的 PRC - 148 无线电台,用于地面部队战术通信的无线电通信试验,起转发器作用的气球飞行在 20～30 km 的高空,转播来自地面和空中电台的超视距广播信号。在 12 次的飞行试验中,美国空军空间作战实验室成功地把超视距电台通信范围半径从 16 km 扩展到 600 km 以上。

(2)可用作侦察监视平台。临近空间飞行器具备全天候、全天时工作能力,能方便快速地在特定时间、特定空间部署小型低轨侦察监视有效载荷,扩大覆盖范围,并提高对特定作战区域的侦察监视能力。临近空间飞行器装上侦察传感器(红外与光谱)、全波段监听器可对战场情况及时监测、侦听,也能够与预警飞机和侦察卫星构成三维一体的侦察体系,有效弥补预警机飞行高度低(10 km)、探测距离小(400 km)、存在移动探测的技术误差,以及侦察卫星系统综合费用高等不足,发挥情报收集的整体优势,实现对目标区域的完全覆盖和全面监测。

美国约翰·霍普金斯大学应用物理实验室正在开发的一次性使用式临近空间飞艇——高空侦察飞行器(HARV),可快速部署到约 30 km 高的预定位置,利用所装载的传感器提供全天候覆盖,执行超视距通信中继或情报、监视和侦察任务。按设计,HARV 能携带 22.7～45.41 kg 的传感器负载,持续工作 2～5 周,是保卫国土安全和满足军方侦察与通信需求的理想平台。该实验室期望能在近期制造出技术验证样机并进行演示。另外,高超声速飞行器可以在战场上空飞行,随时掌握作战区域敌情变化,更加及时准确地提供战场信息,与各种侦察卫星相比,高超声速飞行器具有更大的使用灵活性、更广的活动空间、更好的实时性,以及更强的综合侦察能力和生存能力。

(3)可用作卫星有效载荷和空间武器的试验平台。卫星有效载荷试验通常借助于飞机、系留气球或者临时设立的高塔来进行,这种方式存在高度低、覆盖范围小、受大气影响大等缺陷,与空间环境相差甚远,无法达到理想的试验效果。临近空间环境可提供平稳的飞行条件,临近空间飞行器携带卫星有效载荷到达高于 20 km 的高度,可以在更加接近于真实环境条件中进行试验。同样,随着空间武器的研究和发展的不断深入,临近空间飞行器也将成为空间武器试验平台的最佳选择。

(4)可用作装备兵力投送平台。2003 年的伊拉克战争期间,由于土耳其方面拒绝美军借道土伊边界从北部进攻伊拉克的要求,致使美军南北夹击伊军的计划未能实现。由此,装备与兵力的快速投送问题引起美军的高度重视。随着对临近空间研究的升温,临近空间飞行器有可能成为装备兵力投送的理想工具。

美军正在研究的一种用于装备兵力投送的重型飞艇"海象"(见图 7 - 6)被赋予"空中运输舰"的美称。"海象"既结合了空运的快捷,又兼顾了海运的大载重量,能够在 3～4 天运送 1 800 名士兵或 500 t 武器装备到达世界上任何地点,航程超过 11 000 km。2005 年 1 月,美国国防先进研究项目局(DARPA)公布了"海象"发展计划的指标征询书,2005 年 6 月授予"海象"发展计划第一阶段的合同,原计划 2008 年把一架"海象"技术验证飞艇送上高空。

（5）可用作临近空间武器作战平台。随着高新技术的迅速发展,动能武器、定向能武器等一些新概念武器引起了世界各国的关注,空间武器逐渐走向前台,空间军事化趋势不可阻挡。目前资料显示,美军方可能的应用包括,在临近空间飞行器上装载不同频段的干扰机,对敌方进行无线电干扰;加装激光发射装置,将地面发射的激光束反射到各种目标上;采用小型动能炸弹直接撞击地面目标。

图 7-6　空中运输舰——重型飞艇"海象"想象图

以打击地面目标为例,与弹道导弹相比,高超声速飞行器及其武器系统的最大优势在于飞行弹道和落点可在飞行中随时调整,拦截武器即使探测到发射也难以有效拦截,因而高超声速飞行器对弹道导弹防御系统有非常高的突防概率,其末段飞行速度的马赫数高达 10～20,让远隔洲际的坚固建筑和深埋地下百米的目标也变得弱不禁风。据报道,美国空军近年来重新启动了空天飞机计划,美国战略司令部已经制订了研制空天飞机的计划。按该计划,2025 年将研制出一架真正意义的空天飞机,其飞行速度将达到马赫数为 15,携带多种武器（5 443 kg有效载荷）,在 2 小时内打击 16 656 km 距离上的目标,可与多种不同的目标进行交战,并进行目标重新确定,可重复使用。军事专家普遍认为,一旦高超声速武器成熟,它带给军事世界的冲击绝不会亚于当年的核武器。

巨型临近空间飞行器可作为地面到轨道之间的运载器,将诸如宇宙飞船、人造卫星等航天器运抵预定高度并发射入轨,另外,巨型临近空间飞行器在临近空间犹如一个"临近空间站",也可作为临近空间飞行器系统（设备）的补给和维修平台。

由许多飞艇构成、长约 3.2 km 的"黑暗天空站"（Dark Sky Station）就是美国空军设计的一个永久性有人驾驶平台。该平台设在 30.5 km 的高空中,用作宇宙飞船从地面到轨道间的高空中转站、第三方飞行设备补给站以及远距离操纵的无线电通信中继站。另一种是设计长约 2 km 的高空轨道飞艇"轨道攀登者"（Orbital Ascender）,它能停留在 30～42 km 的高空,也能在地面到轨道之间往返飞行。这种巨型飞艇可在 3～9 天的时间内从地面飞抵轨道,从而创造出一种不用火箭就把人和货物运送至地球轨道上的新型安全运送方式。

德国的 Sanger 计划研制的两级入轨的高超声速飞行器（见图 7-7）,其起飞总重为 366 t,能将 3 t 的有效载荷送至国际空间站或将 7.7 t 有效载荷送至 200 km 的地球低轨道。采用这种方式,可大幅降低人类开发太空的成本,即从目前的每磅约 10 000 美元降到约 1 000～2 000美元左右。同时可利用现有机场、易于服务、具有自运送能力;起降地域也可扩大,发射和回收的时间窗口也较大;安全性、可靠性也较目前的火箭发射提高 2 个数量级以上。

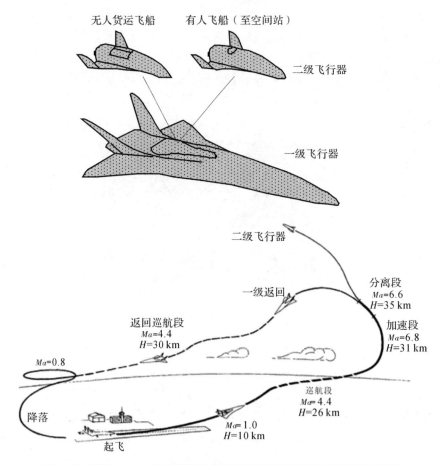

图 7 - 7 德国 Sanger 计划研制的高超声速飞行器及其飞行剖面示意图

第三节 未来空天力量的主要特征与发展趋势

一、无人化

未来战争形态将表现为包括信息力、火力、机动力、防护力和保障力在内的整个武器装备体系的攻防对抗,战场将更加透明,作战决策行动更接近实时,不接触的精确攻击正在成为现实,无人作战将部分取代有人作战功能,协同作战与体系对抗将更强。与此同时,战场毁伤效果更强,消耗性与破坏性更大,作战人员的生命在战争中面临的威胁也更大。因此,未来的作战,特别是在战争初期可能要尽量减少作战人员直接介入高风险战斗,或者说是作战人员自身身体脱离接触战场,尽量采用无人化作战平台和武器,以减少战场对作战人员的直接伤害,也使得未来战争人员伤亡性更小,舆论压力也小。

这种军事需求变革的牵引,技术飞速发展的推动,以及装备发展注重经济可承受性的要求,使得世界各国开始注重发展既经济又先进的武器装备,以期用武器装备和军事技术能力的战场优势来取代作战人员上的数量优势。无人化作战武器装备的发展恰恰适应了这种军事需求的转变,相关技术的发展又为发展无人化平台提供了必要的物质技术基础,像无人机、无人潜水器和军用机器人这样的无人化作战平台将越来越受到重视,无人武器装备的种类将得到新的发展,由"机器人战士"组成的集机械化、信息化、电子化、机动化和隐身化为一体的部队将成为未来战争的一支重要力量,未来战争将可能出现无人化战场。

(一)军用无人化技术

微电子、光电子、纳米、微机电、计算机、信息处理、通信与网络、隐身、新材料、动力以及航空航天等高新技术的迅猛发展,使得信息化战场上的军事装备越来越呈现无人化的趋向,而且其势头日益强劲。机器人、无人飞机及无人潜艇正方兴未艾,在战争中担负起越来越多样而繁重的作战任务。无人机在近期几场局部战争,尤其是在海湾战争中夺取信息主动权方面的成功运用与出色表现,使智能无人化技术装备得到迅速发展(见图7-8)。

1. 军用智能化无人技术

军用智能技术是人工智能技术在军事领域里的具体应用,是以作战为目的,利用人工智能技术研制各种智能化武器装备的技术,是适应战场军事装备无人化趋势而提出的军事高技术新概念。人工智能技术虽源于计算机技术,但又超乎计算机技术,已形成独立完整的学科体系,涉及现代数学、计算机技术、认知科学、仿生科学、遗传工程、语言学、逻辑学、哲学和未来学等科学领域,具有广泛的科学技术基础,是一门综合性边缘学科,是20世纪三大科技成果之一,其主要内容包括机器人、专家系统、智能机及智能接口、机器视觉及图像理解、语音识别与自然语言理解、武器精密控制与灵巧武器、自动目标识别、无人驾驶载体、神经网络技术等。其中,神经网络技术是与控制和决策密切相关的一种最重要的技术。

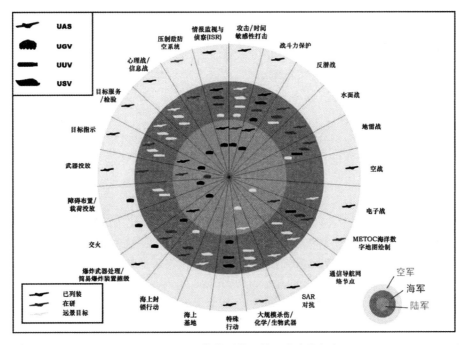

图7-8　无人作战系统目前和未来的任务

UAS—无人机系统;UGV—无人地面平台;UUV—无人潜航器;USV—无人水面艇

(1)高性能计算技术。高性能计算是促进科技创新、经济发展、社会进步及国家安全的战略制高点技术，世界各主要发达国家无不对此高度重视。自20世纪70年代开始研究以来，高性能计算机经历了向量机、共享主存多处理机、大规模并行处理系统等几个阶段。近年来，美国相继推出高性能计算与通信、加速战略计算创新等计划，将高性能计算领域的国际竞争推向高潮。

(2)神经网络技术。由于神经网络技术是机器学习的一种机制，即具有大量简单处理单元（称为神经元）的执行高度并行处理的，更接近于生物计算系统的一种计算机体系结构，多年来人们一直在着手研究神经网络技术在军事电子装备中的应用。神经科学、克隆技术以及生物技术的发展，有可能研制出生物神经网络芯片，使其具有人脑一样的功能，并可与活的神经网络结合起来进行控制运算甚至判断等。随着神经网络硬件的实现，将为武器系统带来革命性的变化，对诸如自主系统、传感器数据的自动化处理、实时图像处理和自适应信号处理与控制等应用项目有着显著的意义。

(3)机器人技术。机器人技术是计算机科学的一个分支，主要研究机器来实现人的某些智能活动的有关理论、技术和方法，其研究结果将突破当今计算机只能完成逻辑运算、逻辑推理的框框，使之与信息（语言、图像）理解系统、处理系统、专家系统、知识库等结合起来，组成一个包含人的经验因素和知识在内的体系，这个体系就是智能计算机系统。

未来先进的计算机技术将成为探索新的有关知识数学表示法的动力。利用形式化结构和描述战场关键信息的知识表示的先进技术将会提高软件的可靠性。在人工智能的研究和应用方面，包括机器人在内的无人化智能作战平台的发展将最为迅速。指挥控制计算机化、攻击手段机器人化的数字化部队有可能取得突破性进展。随着计算机的智能化，通信、传感和其他信息技术的发展和提高，系统装备将朝分布式硬件、环境综合、智能决策、远程监视侦察、无缝通信和全数字化技术方向发展，未来信息化单兵、数字化部队乃至机器人部队将有可能成为现实。人工智能最有前途的一个应用领域是专家系统。所谓专家系统，是一种以知识为基础、具有专家解题能力的计算机软件系统，在军事上，专家系统主要是为指挥员服务。

(4)"人-机"接口技术。在人的要素方面，视觉显示技术、力度反馈控制、低数据传输率的优化信息表示法，及由单个操作手控制多个系统的工作量优化等技术将会有所进展。数字处理芯片的发展使得语音处理与合成技术日趋成熟，自然语言理解可望取得令人鼓舞的成就，根据口头命令识别话音的软件也将随着技术改进而被广泛采用，多语言之间的实时同步翻译的梦想将成为现实。在超媒体领域，用户可使用多种不同的信息做匹配导航，出现辅助形式的能使便携机显示手写体字符的誊写软件。

立体可视化技术将会广泛应用，手机、电话、电视、电脑一体化的趋势将成为一种潮流。灵境技术，或称虚拟现实技术，是继多媒体技术之后的新一代"人-机"系统接口技术及高级仿真技术。它将通过头盔显示器、数据手套显示器、数据手套等辅助传感器材，使人可以"浸入"计算机生成的虚拟环境直接观察事物的内在变化，并能与之发生"交互"作用，产生一种"身临其境"的真实感。

(5)分布网络计算技术。预计将会通过网络支持团体活动协同工作的团体软件（Groupware）；在计算机通信方面将实现全战场直到全球"透明"的连通安全，电文、图形、图像和电视等信息统一处理，经济上可承受性的无缝通信。可以预期，通过推行信息资源标准化等计划，建立一个全球信息数据库和融合中心网络的目标将指日可待。届时，可在任何时候、任何地方,向任何需要的指挥员和武装部队提供作战所需的任何信息,即指挥员将不受地域限制能检查"作战空域"内的所有有关信息。

(6)生物计算机技术。计算机的一个重要发展就是出现了 DNA 计算机。DNA 是遗传物质脱氧核糖核酸的英文缩写。DNA 分子中的密码相当于存储的数据,DNA 分子间可以在某种酶的作用下迅速完成生物化学反应,从一种基因码变为另一种基因码,反应前的基因码可以作为输入数据,反应后的基因码可以作为运算结果,在制造这种生物计算机时,首先挑选一些 DNA 片段分别代表不同的变量,以片段之间的接合和断开序列代表"与"和"或"逻辑判断,然后运用生物技术手段加以控制,探测并分离出生物材料中具有与特定判断相应特征的部分,那么就可以制成一种新型逻辑判断计算机。目前,DNA 计算机已经可以对赫母霍兹等数学问题求解。预计在未来 20 年有可能出现与微电子芯片融合的高性能 DNA 计算机,例如可用于高性能计算的基因芯片和生物计算机。

(7)智能结构技术。随着军用智能技术的发展,各种智能结构武器将对未来作战产生深远影响。智能结构最初受到关注是在 20 世纪 70 年代末期,美国将光导纤维埋置在复合材料内部,使结构功能产生了显著改善。自此,智能结构技术得到广泛承认,发达国家纷纷进行研究开发。智能结构为结构技术的发展注入创新性的活力,它所具有的卓越性能将对 21 世纪的武器装备产生重大影响。

(二)军用无人化武器装备

军用无人化武器装备是智能化无人技术在军事装备领域的具体应用,主要包括两大类:计算机辅助专家系统和无人武器平台系统。

1. 计算机辅助专家决策系统

计算机辅助决策技术包括管理信息系统技术、决策支持系统技术以及地理信息系统技术等,它是借助计算机的高速运算和逻辑推理能力以及作战综合数据库等,对大量数据信息进行管理、分析、加工、推理,为指挥员迅速准确地做出科学决策提供帮助。另外,专家系统也可用于辅助决策。决策支持系统正是为克服传统的管理信息系统的弱点并在此基础上发展起来的,决策支持系统不仅能管理大量的、广泛的数据,更重要的是,由于采用模型和模型库技术,获得了较强的数据分析能力,包括数据融合技术、推理技术,主要辅助较高层次的决策者进行决策。从发展的趋势看,专家系统作为一种使用推理模型的应用的发展成为一种智能型的决策支持系统。

专家系统是以专家知识为基础的知识处理系统,在这种系统中,让计算机完成专家的有关作用,解决专门领域中的实际问题,适用于一些输入信息变化规律相对稳定而决策方案种类较固定的决策问题。

如今,计算机辅助系统被大量应用在作战模拟中。作战模拟就是使用计算机模拟作战,用来训练指挥员的组织指挥能力,或者对实际战争进行预测,指导指挥作战。作战模拟的主要工作就是模拟战场环境、军事行动、作战过程。

2. 无人武器平台系统

无人武器平台系统是运用神经网络技术的目标自动识别、目标跟踪、雷达与声呐信号识别图形与图像处理等人工智能技术,而研制现出的无人机、无人装甲及智能机器人等武器平台系统。

(1)军用无人机。由于无人机具有结构简单、体积小、质量轻、机动性好、飞行时间长、成本低、便于隐蔽、无需机场跑道、可多次回收重复使用、可作超越驾驶员生理极限的高速飞行、可深入被核生化污染地区的上空探测取样等执行危险性极大的作战任务等鲜明优点,使得无人平台特别是无人机在近几场局部战争被大量地使用,而且在未来战场上的用途将越来越大,成为世界各军事大国武器装备发展的重点。

从作战任务来看,未来军用无人机的发展将主要体现在无人侦察机、无人作战飞机、反辐射无人机和微型无人机等方面。

1)无人侦察机。当今无人机军事应用发展最成熟的就是无人侦察机。这种无人机在近几场局部战争中都有非常出色的表现,为赢得战争胜利提供了重要保证。

2)无人作战飞机。目前世界主要军事强国已着手开始研究和评估无人作战飞机的军事效用和实战使用价值,并投巨资探索论证各种设想方案,通过技术改造与全新研制的途径发展各种类型无人作战飞机,以便能在近期和远期拿到无人作战飞机。如图7-9所示为美国捕食者无人机。

图7-9　美国捕食者无人机

3)反辐射无人机。反辐射无人机的发展是无人机在未来电子战领域应用的重要扩展,这种发展和应用的潜力恰恰来源于无人机自身具备的体积小、机动灵活、不载人、被发现率低、突防能力强以及风险代价小等优点。反辐射无人机与反辐射导弹类似,都是用来攻击敌方各种地基雷达目标。但比较而言,反辐射无人机的成本更低,攻击的机动性更强,而且可以从几百或几千千米飞到敌方雷达目标上空实施攻击,反辐射无人机可以长时间在目标上空巡逻搜索,待敌方雷达开机时再发起攻击。目前,世界许多国家都在研制反辐射无人机,其中以色列的"哈比"、德国的"达尔"及南非的"云雀"最为典型。

4)微型无人机。目前,当今世界最小的无人机应属美国海军研究实验室开发的SENDER小型固定翼无人机。该机长120 cm,重4.5 kg,有效载荷1.1 kg,飞行速度70～160 km/h,航程180 km,航时2 h。随着纳米技术与微机电系统的迅速发展,小型无人机的发展将逐步走向微型化,在体积和质量上将呈数量级下降,比SENDER更轻、更小、更机动灵活的微小型无人机将可能问世,只有几厘米或十几厘米大小的微小型无人机群将可能在21世纪战场上投入使用,执行侦察成像、生化武器取样、情报搜集、目标定位、通信中继以及发射致命武器等作战任务。

(2)军用机器人。军用机器人是指用于执行军事任务的机器人。所谓机器人,它是一种机械与电子系统和传感器相结合制成的具有人的某些智能的自动化机器。

军用机器人是机器人发展的一个重要方面。由于现代武器系统正在朝着自动化、智能化、发射后不用管、杀伤力更大的方向发展,战争更加激烈、残酷、多变,破坏性更强,消耗更大,人员生命在战争中受到的威胁也更大。因而,用机器人代替真人,在战争中从事最危险的工作,已成为目前各国军用机器人发展的重点方向。这就为机器人在军事领域内的应用提供了广阔的前景,并成为加速军用机器人发展的强大推动力。目前,军用机器人在外国陆、海、空三军中应用已非常广泛,在陆上有用于武器、弹药搬运、装卸、站岗、放哨、警戒、巡逻、侦察用机器人;用于在恶劣地形与危险情况下抢救、防化、布雷、排雷和处理爆炸物的机器人;用于在核、生物、化学战环境下维修车辆、驾驶坦克和其他战斗车辆进行战斗的机器人;在海上有用于深水打捞、水下探测、海上救援、海上巡逻、布设水雷和排除水雷的机器人;在空中有用于情报侦察、照相、电子战、对地攻击和执行试验等任务的机器人(一般称为无人驾驶飞行器);在航天领域有用于月球探测,在轨道上修理或回收人造卫星的遥控机器人等。

二、隐身化

隐身技术也称隐形技术或低可探测技术,其目的是通过各种隐身手段,降低己方目标的各种可探测特征信号,从而降低目标被敌方探测系统侦察、跟踪的概率,降低被敌方武器击中的概率,提高飞行器的战场生存能力。

从 20 世纪 70 年代至今,隐身技术已经历了几十年的研究和发展,出现了多种实现隐身的技术,这些技术有的已得到广泛运用,有的还处于技术研究阶段。但总体说来,隐身性能已成为未来先进飞行器的一个重要技术指标。在未来日趋激烈的空战中,隐身性能好的飞机将占据压倒性的优势,可实现先敌发现、先敌攻击,从而首先消灭敌人。随着世界各国探测技术的不断提高,防空力量的不断增强,对于深入敌后进行特殊战略任务而又缺乏大规模火力支援的飞行器来说,良好的隐身能力可提高其战场生存能力和突防能力。

在 1991 年海湾战争中,美军派出了 42 架 F-117A 隐身战斗机,出动 1 300 余架次,投弹约 2 000 t,在仅占 2% 架次的战斗中攻击了 40% 的重要战略目标,自身却没有受到任何损失。从 F-117 隐身飞机的优异表现可以看出,隐身武器在未来战争中将发挥重要的作用。

目前,世界各国都在大力发展本国的隐身军用飞行器,美国在隐身技术的发展上起步最早,并处于世界领先水平,其中 F-117 战机和 B-2 轰炸机已在实战中显示出了优良的性能。而紧随其后,俄罗斯的第五代战机也拥有良好的隐身性能。此外,世界各军事大国都在进行该方面的研究,如法国研制的幻影战斗机,阿帕奇隐身导弹;日本的 ASM-1 型,ASM-2 型反舰隐身导弹等。隐身技术具体说来,就是尽量降低武器系统的雷达、红外、激光、电视、可见光及声音等特征信号,使敌方各种探测设备很难发现,探测和跟踪。进入 21 世纪,世界各军事强国已研制出自己的隐身飞行器,隐身技术的发展也进入了新的阶段。如图 7-10 所示为 F-117 隐身战斗机。如图 7-11 所示为 B-2 隐身轰炸机。

图 7-10 F-117隐身战斗机

图 7-11 B-2隐身轰炸机

(一)隐身技术

按不同的标准,隐身技术可以进行不同的分类,若按是否需要消耗能量来区分,可以分为有源隐身技术和无源隐身技术,而无源隐身技术可以分为雷达隐身、红外隐身、激光隐身、可见光隐身、声音隐身技术等。

1. 有源隐身技术

有源隐身技术,即在进行隐身的过程中需要消耗能量,主动采取措施降低武器系统自身的声音信号、可见光信号、雷达信号、红外信号等的一种隐身技术,故也称为主动隐身技术。在进行飞行器有源隐身设计时,无须考虑隐身设计对飞行器气动性能的影响,无须改变飞行器原有的气动布局,这样可以使飞行器在具有隐身性能的条件下,同时具有良好的气动性能。

2. 无源隐身技术

无源隐身技术是指无须消耗能量而进行武器系统隐身的传统式隐身技术,也称为被动隐身技术。根据不同的特征信号或探测手段,无源隐身技术可以分为雷达隐身、红外隐身、可见光隐身和声音隐身等。目前,飞行器采取的隐身措施主要是降低其雷达信号和红外信号,所以主要是指雷达隐身技术和红外隐身技术。

(1)雷达隐身技术。雷达隐身技术的目的是减小己方目标的雷达回波强度,即减小己方目标的 RCS(雷达散射面积),从而降低己方飞行器被敌方雷达系统发现的概率,主要包括外形隐身技术和材料隐身技术。

1)外形隐身技术。通过合理设计导弹的外形以及布局,达到降低导弹 RCS 的目的,从而实现对雷达探测器的隐身。进行外形隐身技术主要从武器系统的局部和整体两个方面进行考虑。飞行器是一个由许多不同的散射源组成的非常复杂的散射场,在进行隐身设计时需要兼顾总体散射场和局部散射源二者的关系。进行总体外形隐身设计时,应尽量减小飞行器的结合尺寸,减少表面突变,改变各种强绕射类型为弱绕射类型。

外形隐身技术的研究经过了 40 年的发展,已得到了较广泛的运用,目前外形隐身技术对飞行器 RCS 的减小几乎已做到了极限,要进一步降低飞行器的 RCS,需要进行新隐身机理的研究。

2)材料隐身技术。材料隐身技术是雷达隐身技术的重要组成部分,在外形隐身技术将飞行器的 RCS 做到最优的情况下,采用雷达吸波材料(RAM)可以进一步降低飞行器的 RCS。材料隐身技术的隐身机理是应用吸波材料的某些特性,如电感应、磁感应、电磁感应、电磁散射等,将入射电磁波能量转化为其他形式的能量而耗散掉,从而减小雷达回波强度,降低飞行器的 RCS。美国研制的 F-117 隐身战机、B-2 隐身战略轰炸机以及 F-22 隐身战斗机,法国的"阿帕奇"隐身导弹,英法合作研制的"风暴前兆"隐身导弹等,都大量使用了雷达吸波材料,用来减小机体对雷达波的反射。

(2)红外隐身技术。任何飞行器都不能避免发动机的发热以及飞行过程中的气动加热问题,因此,都会产生强烈的红外信号,由于红外探测水平的不断提高,红外制导武器的精度大大增加,对飞行器的战场生存构成了巨大的威胁。为提高飞行器的战场生存力,降低被红外制导武器击中的概率,需要发展红外隐身技术。红外隐身技术是指利用各种红外隐身手段降低自身红外信号,使目标与背景对比度降低,从而降低被敌方红外探测系统发现的概率,实现对红外探测器的隐身。飞行器的红外辐射主要来源于三个部分:发动机的加热、机体的气动加热和机体对阳光的吸收。在实现红外隐身时,可以通过四个方面进行:降低目标自身的红外辐射强度;改变飞行器自身的红外辐射特性;改变红外辐射传播过程;采用光谱转换技术。与雷达隐身一样,红外隐身技术亦可通过外形隐身设计和材料技术实现。

(3)可见光隐身技术。可见光隐身技术,又称为视频隐身技术。在近距离格斗中,视频隐身显得尤为重要。其目的是减小自身的可见光信号,降低被敌方光学探测设备发现的概率。传统的视频隐身,主要是通过光线的散射以及自身目标的迷彩伪装而实现。

目前,世界各军事大国在视频隐身方面的研究主要是进行视频隐身材料的研制。美国的食肉鸟隐身战机和法国的海天一色幻影-2000战机都是具有优秀视频隐身性能的飞行器(见图7-12、图7-13)。其中幻影-2000战斗机属于传统型视频隐身,其在飞机外表面涂装了迷彩形成伪装色,飞机背部迷彩图案与自然环境色彩相似,底部色彩与天空背景相似,从而使其在飞行过程中,不易被光学设备观测到。

图7-12 幻影-2000战机

图7-13 美国食肉鸟隐身战机

(4)声音隐身技术。声音隐身技术的目的是降低目标的声音特征信号,以用来对抗敌方的声音探测系统。声音隐身技术是相对较新的一个研究方向,通常需要进行声音隐身的主要是舰艇,尤其是潜艇。由于现代战争中对低空低速飞行器的使用大量增加,为提高其战场生存力,避免因噪声过大而暴露目标,必须进行声音隐身设计。低空低速飞行器,其螺旋桨、旋翼的转动以及发动机的进气、排气和燃烧都会形成较大的噪声,容易被敌方利用而发现目标。

3.新型隐身技术

(1)等离子隐身技术。等离子的研究始于20世纪六七十年代。研究表明,等离子体对入射的电磁波有吸收、衰减和折射的作用,此外,有研究表明等离子体还能改善飞行器的气动性能,减小飞行时的阻力。等离子隐身具有吸波频带宽、兼容性好、隐身效果好、无须改变飞行器的气动布局等优点,所以在未来隐身飞行器的设计中,等离子隐身技术必将得到广泛运用。

从20世纪90年代开始,美国和俄罗斯在等离子的产生上进行了大量研究,相比之下,俄罗斯更优于美国。20世纪末,俄罗斯已研制出第一、第二代等离子发生器,并全面进行了地面和飞行试验,它不仅能减弱雷达反射信号,还能通过改变反射信号的频率而实现隐身。目前,俄罗斯已研制出第三代等离子发生器,其利用电弧放电原理产生等离子,可以利用飞行器周围的静电能量来减小飞行器的RCS。俄罗斯研制的第三代等离子体发生器还能作为转发器和天线,能够将与它共振的雷达波经延迟后转发回去,在雷达上产生一个与飞行器真实位置不同的假目标。目前,俄罗斯的SU-47金雕隐身战机,主要运用等离子隐身和材料隐身的复合隐身技术,而其外形上并未进行特殊的隐身设计,这样保证了其优良的气动隐身性能。此外,美国在 20 世纪末也研制出了等离子隐身天线。鉴于等离子隐身技术的潜在优良性能,英、日、法、德等国在 20 世纪初也开始大力研究等离子隐身技术。

(2)全频谱隐身技术。全频谱隐身技术是目前隐身飞行器研究的一个新方向。它是指飞行器同时具有雷达隐身、红外隐身、视频隐身等多种隐身性能的一种技术,目前,研究的重点是全频谱隐身材料的研制。美国是开展全频谱隐身技术研究最早的国家,已制出一种新型涂层,该涂层由三种不同的吸波材料组成,底层为雷达吸波材料,中层为红外吸波材料,外层为可见光迷彩涂料。该涂层在整个电磁波段都具有良好的吸波作用,这样使飞行器在电磁波段、红外波段、可见光波段都具有良好的隐身性能,实现飞行器的全频谱隐身。目前,美国、德国、瑞典等国正在积极研制多波段隐身材料,可实现可见光、近红外、中远红外和雷达毫米波四个波段兼容的隐身。

(3)微波传播指示技术。大气层湿度、温度的变化等会使在其中传播的雷达波作用距离发生变化,使雷达波覆盖范围产生空隙,即盲区。此外,雷达波在大气中传播时会形成传播通道,在通道之外几乎没有雷达波能量。微波传播指示技术就是利用计算机预测雷达波在大气中的传播情况,计算盲区位置以及雷达波波道的位置,从而引导飞行器在雷达盲区和雷达波道外进行飞行,这样可以逃过敌方雷达的侦查和跟踪,达到隐身目的。

(4)仿生技术。自然界中有很多生物天生就是隐身专家,由于生理结构的不同,体积相仿的生物,其雷达散射截面可能相差很大。正是因为如此,在进行飞行器隐身设计时,可以仿造其良好的隐身生理结构,实现隐身。目前对仿生隐身技术的研究还处于初级阶段,由于生物的多样性和复杂性,对各生物不同生理特性的了解还不全面,因而仿生技术在飞行器隐身设计中广泛运用还需要时间,但不可否认,未来隐身飞行器将会采用更多的生物技术。

(5)智能隐身技术。智能隐身技术突出的特点是自主性和实时性。它是指隐身目标对环境具有自动感知功能、信息处理功能、自主响应,自动、实时调节自身特征信号实现隐身的一种技术。目前智能隐身技术的研究集中在智能隐身材料研制方面,智能隐身材料主要有可见光智能隐身材料、红外智能隐身材料、智能蒙皮等。

4. 隐身技术的发展趋势

经过几十年的发展,目前传统隐身技术已经得到了较广泛的运用。在隐身飞行器的发展中,美国处于世界领先水平,而世界各军事强国也在大力发展本国隐身技术。21 世纪,随着隐身技术研究的不断深入,其发展出现了新的趋势。

(1)从以往的单一隐身技术,朝着全面的、兼容的隐身技术发展;

(2)隐身程度的要求不断提高;

(3)随着有源技术的出现,未来飞行器将会是优秀的气动性能和隐身性能的统一体,并且逐渐出现"低能耗有源隐身技术";

(4)随着隐身机理研究的进步,安全性问题也会得到足够的重视,在未来等离子隐身技术的实现中,由于放射性物质对飞行员身体健康的影响,核放射性元素法将会被非核方法取代;

(5)新型隐身材料的研制将会出现覆盖波段更宽、更轻便、更易维护、性能更好的趋势。

(二)卫星隐身

随着卫星的广泛应用和空间军事化步伐的加快,卫星的安全和生存能力面临日趋严峻的威胁。卫星运行不仅具有较准确的轨道特征,而且长时期受到太阳光的照射,暴露性十分严重,很容易被探测、跟踪、侦察和监视。为提高卫星的安全和生存能力,一方面是应使得在轨卫星难以被发现,亦即降低在轨卫星的可探测性;另一方面,对卫星进行探测、侦察的主要技术途径是采用光电技术和雷达技术,具有多基、实时、主/被动探测的特点,探测波段涵盖微波、毫米波和光学全谱段,即紫外、可见光、红外谱段等。因此,卫星隐身是反侦察的积极措施,是卫星安全防护和提高生存能力的重要方面。

卫星隐身就是针对卫星在轨所面临的探测威胁,采取降低卫星可探测性的技术措施,以达到卫星在轨难以被发现、难以被击中、难以被消灭的目的。另一方面卫星处于恶劣的空间环境,以及卫星本身技术复杂,且受到体积、质量和功耗的严格限制,卫星隐身技术难度大,隐身设计往往不被重视。随着空间技术的发展、卫星对抗的不可避免,卫星的隐身设计势在必行。

在当今空间对抗领域,军事大国在研究攻击卫星的同时,选定研制隐身卫星作为卫星安全防卫重要措施之一,并在很早以前就已开展了这方面的研究工作,目前已进行到第三代隐形卫星的研制。

美国正在研制具备隐身能力的侦察卫星,这项计划已经秘密实施了十几年,一直被视为最高军事机密之一。美国《华盛顿邮报》援引匿名美国官员的话说,在 400 亿美元情报预算中,划拨给隐形间谍卫星项目的资金是其中最大一笔单项开支,该项目一直在一个名为“朦胧”(Misty program)的高度机密计划下得到资助,主要由洛克希德·马丁公司负责研发,目前已经进入最后的第三阶段。按照计划,美国有望在未来 5 年里将第三代隐形间谍卫星投入使用。美国早在 1990 年 3 月 1 日发射的“阿特兰蒂斯”号载人航天飞机上就搭载了首颗隐身卫星。《华盛顿邮报》援引内部消息说,大约 10 年过后,美国又发射了第 2 颗经过改进的隐身卫星,目前仍在太空运行。按照“朦胧”计划,美国将发射的第三代隐身间谍卫星取代第二颗试验卫星。

据美国有关部门介绍,美国第一颗隐身侦察卫星名为“未来图像建筑师”。根据设计要求,该隐身侦察卫星吸收了目前军用航天系统中广泛使用的最先进的电子、天线和数据传输技术,具备定位、跟踪、识别地面移动目标及利用地形、植被进行隐蔽伪装目标的能力。“未来图像建筑师”隐身侦察卫星可持续不间断地监视地球表面和海洋上的指定区域,对敌方进攻装备部署的转移和活动以及使用大规模杀伤性武器进行导弹打击的准备具有早期预警能力。根据美国解密的专利的报道,2004 年底,罗伯特提交了一份隐身卫星的专利申请,这项专利概述了可能减弱或消除光学和雷达信号的方法。他的发明被称为“可膨胀卫星舱”,外壳具有雷达隐身能力,它利用雷达吸波材料和特殊几何形状将雷达波反射到难以被检测的角度。另外,外壳还涂上颜色使其更难以被光学探测发现。

俄罗斯也在加紧发展自己的隐身卫星。据俄罗斯《科学信息》杂志报道,俄罗斯航天设备制造科研所的专家们正在研制体积比奶粉桶稍大、质量 5 kg 的“最低配置技术”纳米卫星,并有望在未来几年飞赴太空。与其他类型的卫星相比,纳米卫星的优点在于体积小、质量轻,不易被侦察发现,其质量一般在 1~10 kg 之间,设计相对简单且制造周期短,便于在太空很快部署。

三、智能化

随着以信息技术为核心的高新技术应用于军事领域,武器装备的发展变成了以物质、能量、信息为基础,以信息为核心,具有信息力这种崭新能力的“聪明的”智能体,并逐步呈现出智能化特性。智能化是通过武器装备系统中那些具有类似人的"感官"(各种传感器)与"中枢神经"(信息传输设备)、"大脑"(自动化指挥控制系统)、"肢体"(以各种弹载、车载、机载、舰载计算机的人机结合体构成的精确打击武器)等所构成的多元一体化武器系统来实现的,预示着人类战争经过冷兵器战争、热兵器战争、机械化战争、信息化战争后进入智能化战争的时代。

(一)智能化作战

智能作战是指在信息作战条件下,运用智能化武器和手段,以实现高效指挥控制和实施精确与灵巧打击为主旨的高技术作战形式。从本质上讲,它是人的智能向信息战场和武器系统的辐射和延伸。从作战程序和手段看,智能作战包括两大方面:一是智能化的指挥控制战;二是智能化武器的攻防对抗。智能作战的主要标志是智能化武器群及智能化作战手段的出现。智能化作战具有以下四个主要显著特征。

1. 指挥高效化

未来战场智能化指挥控制将实现四个转变:计算机将由运算、存储、传递、执行命令转向思维、推理;信息处理将转向知识处理;手功能的延伸将转向脑功能的延伸;指挥控制作战的电子战、心理战、实体摧毁、信息欺骗和军事保密将主要转向网络作战,最终实现指挥控制作战的高度智能化。科索沃战争中北约指挥 3.8 万多架次飞行任务,从不同机场、不同方向、不同高度、不同时间对南联盟进行协调一致的打击,没有 C^4I 系统的智能支持,靠人工指挥难以实现。

2. 打击精确化

在精确制导武器中,无论采用哪一种制导方式,都离不开具有高速信号处理和反馈能力的控制装置,它主要用以高速实时处理大量信息,确定武器飞行方向,并控制跟踪执行机构,把武器引向目标。采用微电脑控制后,可使每个战斗车辆、武器平台与战场 C^4I 系统联网,还将进一步提高导弹命中的精度和战斗性能。精确战已成为 21 世纪军队的重要作战思想和原则。

3. 操作自动化

未来各种先进武器和各类飞机、舰艇、战车、火炮系统、反导武器系统等,以及将大量出现的无人驾驶飞机以及无人驾驶自主式坦克、战车等智能武器,将全面实行计算机智能控制,实现高度自动化。

4. 行为智能化

武器装备行为智能化,主要是指其具有自记忆、自寻找、自选择、自跟踪、自识别等"智能",从而极大地提高武器装备的战斗性能和战斗力。美国列入研制计划的军用机器人达 100 多种,美军一些部队已经开始装备应用型机器人。可以预见,除机器人战争外,21 世纪将会出现智能导弹战、智能指挥控制战、智能网络战、智能无人机战、智能坦克战、智能地雷战等 。

(二)智能化武器

智能武器指的是具有人工智能、可自动寻找、识别、跟踪和摧毁目标的现代高技术兵器,通常由信息采集与处理系统、知识库系统、辅助决策系统和任务执行系统等组成,能够自行完成侦察、搜索、瞄准、攻击目标和收集、整理、分析、综合情报等军事任务。随着高技术的迅猛发展,人工智能技术在军事领域中得到了广泛的应用,武器装备的智能化趋势日益显著。

1. 智能军用机器人

军用机器人是一种用于军事领域的具有仿人功能的自动机。自 20 世纪 60 年代崭露头角以来,军用机器人作为一支新军发展迅速,目前已经发展到第三代。这种机器人以微电脑为基础,以各种传感器为神经网络,其巨大的军事潜力、超人的作战效能,使其成为未来高技术战争舞台上一支不可忽视的军事力量。目前智能军用机器人正在朝着拟人化、仿生化、小型化、多样化方向发展。

2. 智能车

智能车是由智能计算机控制中心、信息接收和处理系统、指令系统及各种传感器元件组成的具有坦克、车辆和火炮功能的新型武器装备。其中,智能坦克主要担负战场作战、侦察和扫雷任务,如加拿大"金戈斯"一次可开辟100 m长、8 m宽的通路,扫描宽度为1.83 m,扫雷速度为16 km/h。智能火炮能够执行战场自行监控、自主行动、自动射击任务,如美国的"徘徊者"多用途机器人,装备有防空导弹,可自动控制导弹的发射。

3. 智能弹头

智能弹头包括智能导弹、炮弹、炸弹等,是把人工智能技术应用于弹头,使其具有某些智能行为。它依靠弹体内计算机和图像处理设备,在发射后能自主寻找、判定、选定和攻击目标,并能发现和攻击目标的薄弱部位,命中精度比普通弹药高30~40倍,作战效能是其百倍。

(三)智能无人作战系统

美国军事专家预测未来战争可能是在人类控制下,由智能无人系统进行对战的战争。智能无人系统主要是指具有智能、自主性、能自由活动的机器装置,是一种机械与电子系统和传感器相结合的具有人的某些智能的自动化机器,包括无人飞机、无人战车、无人舰艇、无人潜航器、机器动物和自主自行式机器人等等。

1. 地面智能机器系统

美国国防高级研究计划局已经提出了无人驾驶地面战车计划,制造射程远、续航长、具备跨越障碍能力和大负荷能力的无人地面车。同时也在研究可携带机器人的机器人,遇到狭小通道时,可放出携带的小型机器人去执行任务。英国的蛇形机器人间谍,受到损坏后也能继续移动,并能使用光学、音频和其他传感器来建立敌人活动的图像。

2. 无人机系统

无人飞机已经广泛应用于现代高科技局部战争,而且可以预见是未来作战的主角之一。目前美国在无人机领域已经处于绝对领先的地位,而且美国的军事思想一直主张打高科技、低伤亡甚至零伤亡的战争来避免国内民众的反战情绪,所以美国非常重视无人机系统在战场的实际使用。

3. 无人智能集群系统

无人智能集群系统作为未来重点发展的作战系统之一,将使战场呈现崭新面貌。已经正式列入美国国防财政预算的美陆军"未来作战系统"投资数额高达150亿美元,这是美国陆军现代化的重要部分。"未来作战系统"的核心部分是高科技坦克、战术机器人以及网络化的指挥与控制系统。

四、网络化

网络化作战是以信息技术为核心的新技术革命推动的结果,也是军事理论发展的最新成果。近期,国外网络化作战的理论和实践得到了持续稳步的发展,总体发展态势是更向战术应用层面发展,不断提高武器的网络化作战水平。数据链、网络瞄准、通信网络、动态组网等一系列关键技术也得到了良好的发展,为网络化作战理论和概念付诸实践提供了技术支持和保障。

网络化作战理论和概念自提出以来,备受关注,目前已经历了十余年的发展。美国一直未停止对其进行完善和深化研究,以逐渐加深对网络化作战的认识,如图 7 - 14 所示。

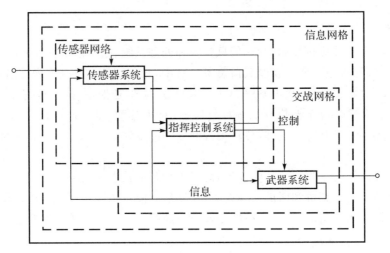

图 7 - 14　网络中心战的结构模型

(一)国外网络化作战的发展态势

随着网络化作战理论与概念的不断完善,网络化作战在世界各国得到了持续的推进和发展。

(1)网络化作战引起世界各国的广泛重视,纷纷推进网络化作战能力的实现。网络化作战概念自提出以来,就得到了世界各国广泛的积极响应,各国纷纷推进其网络化作战能力的建设进程。

法国国防采购局在 2005 年底授予工业联盟一份为期 7 年的价值 1.29 亿欧元的合同,为未来作战空间系统做准备,使诸多武器系统能够协同开发并且实现网络化。此外,法国还将演示类似美国协同作战能力的多平台网络。法国舰艇建造局和泰利斯公司曾研发一种多平台态势感知演示验证系统(TSMPF),TSMPF 是法国海军未来协同作战能力(CEMP)的基础,TSMPF/CEMP 项目意在论证一系列协同态势感知技术,使众多平台共享战术态势数据,具有实战能力的 TSMPF/CEMP 将在 2015 年左右装备舰队。

(2)注重研究网络化作战环境下的新技术概念研究,提高武器网络化打击能力。网络化作战需要新技术的支持,但同时也催生出一些新的技术概念以提高武器网络化作战能力。雷锡恩公司导弹系统分部通过联网攻击效应演示验证了在未来网络化战场空间中作战人员可进行精确交战。验证使用的战斧 Block Ⅳ 巡航导弹、联合防区外发射武器(JSOW)、发射后锁定型幼畜导弹等 3 种不同的攻击武器与先进野战火炮战术数据系统、指控系统和综合实时战术瞄准系统连成网络化战场。在网络化战场中,雷锡恩公司演示了从传感器发现目标到指控系统决定攻击目标,以及最后攻击并摧毁目标的全部作用链的能力。

(3)重视网络化作战试验与仿真,加强相关设施建设。验证网络化作战最好的方法是试验与仿真,美防务公司重视网络化作战试验与仿真,将注意力转到网络化作战试验与仿真设施的建设方面。诺斯罗普·格鲁曼公司建有计算机战综合网络中心,洛克希德·马丁公司建设了创新中心,波音公司则成立了若干综合中心,雷锡恩公司建成了网络综合和实验中心。

(4)有人飞机和无人机的网络化作战能力取得进展,逐渐成为网络化作战的核心。先发制人、全球反应等新的作战理念的转变要求战斗机、轰炸机和直升机要逐步融入网络化作战中。诺斯罗普·格鲁曼公司现已开展一项 F/A-22 战斗机的现代化项目,即为该机的通信、导航和识别系统增加功能,以增强网络化作战能力。美国空军的 B-52 作战网络通信技术项目也处于系统设计开发阶段合同,该项目使 B-52 具有参与网络化作战能力,有利于增强远程打击能力。美国陆军和波音公司决定改进型阿帕奇将拥有与美国陆军未来作战系统相匹配的网络化作战能力。

网络化作战依赖强大的信息支持,侦察机、预警机和电子情报飞机将在网络化作战中发挥不可替代的作用。英国皇家空军 E-3D 望楼机队将通过升级成为网络化作战的核心,网络连接和盟军互操作正在成为英国皇家空军的猎迷 R.1 电子情报搜集飞机的关键功能。扫描鹰、捕食者、全球鹰、龙眼等无人机在未来网络化作战的战场态势感知、通信中继、目标定位、损伤评估乃至精确打击等方面都具有独到的优势。一系列先进网络中心技术已得到验证,如 2 架装有自动控制软件的扫描鹰长航时无人机可执行地面目标确定、跟踪等情报监视侦察任务,为美国陆军和空军武器发射提供实时精确信息,并对作战损伤评估提供支持。

(二)网络化作战关键技术

1. 数据链技术

网络化武器的一个重要特点是武器之间实现组网。作为链接各种作战平台、实现信息资源共享、最大限度地发挥武器作战效能的数据链技术在网络化作战中发挥着越来越重要的作用。

数据链技术是在数字通信技术的基础上,利用各种先进调制解调、纠错编码、通信组网及网络管理、信息融合、远距离光学通信、实时图像传输和自动目标识别等技术发展而成的。在网络化作战中数据网络管理技术、数据安全技术是关键技术。

目前,Link 系列数据链在网络化作战中仍占主导地位,主要应用的有 Link 4/11/16 等。美国空军、海军及海军陆战队的所有飞机都已加装 Link 16。作为 Link 11 改进型的 Link 22 可以取代 Link 11。与此同时,由于 Link 系列数据链的数据传输率无法满足 ISR 图像传输的要求,一些更适于网络化作战的数据链逐渐发展起来,如通用数据链(CDL)、多平台通用数据链(MP-CDL),MP-CDL 将成为美军方装备的第一个完全网络化的 CDL。

2. 信息融合技术

网络化作战是通过信息优势达成决策优势进而转化为作战优势的。网络化作战的体系结构主要由传感器网、交战网和信息网组成,使得网络化作战将极大地依赖信息融合技术对众多来源的传感器输出数据自动进行一致而有效的融合,提高信息精度,消除信息冗余。随着网络化作战思想的不断深入,信息融合技术的重要性将越来越凸现,成为各类武器装备具有网络化作战能力所面临的巨大技术挑战之一。

在军事应用上,信息融合是对来自多源的信息和数据进行检测、关联、相关、估计和综合等多级多方面的处理,以得到准确的状态和身份估计、完整及时的战场态势和威胁估计。目前,信息融合技术的理论体系不断完善,形成了自己的研究领域及研究方法,主要研究内容包括信息融合的功能模型、体系结构、信息融合系统工程、融合的算法及其应用、系统辅助支持功能的设计、系统需求分析及性能评估方法等。信息融合算法可分为概率统计类、不确定性数学类、模糊数学类、基于智能理论类、基于随机集与关系代数类。检验级和位置级属于较低级别的融合，数据多为同类传感器数据，如雷达组网；属性级融合属于较高级别的融合，融合在决策层、特征层或数学层上进行；态势评估级及威胁估计级的融合属于高级别的融合，参与融合的信息包含有前几层融合结果的目标状态、分类信息以及各类数据库情报。

3. 网络瞄准技术

网络瞄准技术是目前仍处于试验和验证阶段的一种制导技术，是美军列入网络化作战所需的针对联网的制导武器而发展的一项关键技术。

由于对地面机动目标跟踪难、定位难、打击难，因此美军打击地面活动目标存在实时性差、精度不高、易造成附带损伤、己方人员易遭攻击、作战费用高昂等问题。美军认识到单一地发展传感器、武器、通信设备及规划工具，已不能满足未来作战的需要，必须将过程、系统、技术、战术结合起来统筹考虑，并将这种在探测、指挥控制、信息处理传输与打击之间实现深层次互联的作战方式称为"网络瞄准"。这也是为适应网络化作战发展的要求而研究的一种新概念和新技术。网络瞄准技术的重点是瞄准和打击技术。在网络瞄准体系中，地域分散的多个传感器协同工作，生成精确的目标瞄准信息，然后将信息直接发送给网络化武器，在武器飞向目标的途中，瞄准信息将不断更新，从而确保精确打击。可见，网络瞄准技术利用广阔空间内的多种传感器和武器，形成传感器-传感器、传感器-武器之间的网络通信，对短暂停留的机动目标给予快速定位和精确打击。

目前，针对网络目标瞄准技术，美国制定了多项计划，如用于打击地面机动目标的经济可承受的地面机动目标交战（AMSTE）、先进战术目标瞄准技术（AT3）、战术目标瞄准网络技术（TTNT）、武器数据链网络（WDLN）、QU INT 网络技术（QNT）等。通过试验验证，这些计划显示出良好的发展和应用前景。

4. 无线自组网技术

网络化作战需要较高的灵活性和抗毁性，网络已变得同武器平台一样重要，网络规模应能根据实际需要方便快捷地扩大和缩小。为此，一种新的网络技术——AdHoc 网络技术应运而生。

AdHoc 网络是一组带有无线收发装置的移动终端组成的一个多跳临时性自治系统，移动终端具有路由功能，可通过无线连接构成任意的网络拓扑结构，能够在没有固定基站的地方进行通信。这种网络可独立工作，也可与因特网或蜂窝无线网络连接。与其他通信网络相比，它具有以下特征：无中心网络的自组性、动态变化的网络拓扑结构、多跳组网方式、有限的无线传输带宽、移动终端的有限性、网络的分布式控制、网络可扩展性不强、存在单向无线信道、生存周期相对短暂，其路由发现协议与传统固定网络的路由发现协议有明显不同。目前，已有数十种以自组网为网络环境的路由协议，主要包括动态源路由协议、区域路由协议、目的节点序列距离矢量协议、临时排序路由算法协议等。未来，Adhoc 网络技术的发展趋势是制定自组网标准；发展层间信息共享技术；研究基于可自适应策略控制的自组网；关注多种无线网络的融合等。

目前，AdHoc 网络技术已在网络化作战中被大量采用。美国国防高级研究计划局于2005 年 2 月公布的新的战略规划中将 Adhoc 网络技术等新型网络技术列为重点研究内容。此外，为满足网络化作战的需要，美军已推出近期无线数字电台（NTDR）、联合战术无线电系统（JTRS）、宽带网络波形以及战术瞄准技术等多种军事应用。

思 考 题

1. 空天作战的发展包括哪些阶段？各阶段有什么特点？
2. 空天作战类型包括哪些？
3. 未来空天作战有哪些样式？
4. 简述空天作战力量包括哪些。
5. 未来空天作战无人化的含义是什么？
6. 军用无人化技术包括哪些？
7. 军用无人化武器装备包括哪些？
8. 隐身的目的是什么？
9. 隐身技术包括哪些？
10. 卫星隐身如何实现？
11. 智能化作战的含义是什么？
12. 网络化作战的关键技术包括哪些？

参 考 文 献

[1] 谢础,等.航空航天技术概论[M].北京:北京航空航天大学出版社,2004.
[2] 李红军.航空航天概论[M].北京:北京航空航天大学出版社,2006.
[3] 昂海松,等.航空航天概论[M].北京:科学出版社,2007.
[4] 王云主.航空航天概论[M].北京:北京航空航天大学出版社,2008.
[5] 王万春.空天作战概论[M].北京:空军军事职业大学,2010.
[6] 牛轶峰,等.无人作战系统发展[J].尖端科技,2009(5).
[7] 李大光.军用无人化技术与装备[J].国防技术基础,2010(2).
[8] 李大光.军用无人化技术与装备(续一)[J].国防技术基础,2010(3).
[9] 李大光.军用无人化技术与装备(续二)[J].国防技术基础,2010(4).
[10] 贺媛媛.飞行器隐身技术研究及发展[J].飞航导弹,2012(1).
[11] 黄汉文.卫星隐身概念研究[J].航天电子对抗,2010(6).
[12] 陈建宁.网络中心战的信息流及其作战特点[J].计算机与信息技术,2007(15).
[13] 施荣.国外网络化作战及其关键技术的进展[J].中国电子科学研究院学报,2007(2).
[14] 金恒刚.未来作战武器智能化的发展趋势[J].国防科技,2005(11).